国家级精品课程配套教材

工业和信息化普通高等教育“十二五”规划教材立项项目

光电缆线务工程（上）——电缆线务工程

孙青华 主编

张志平 李丽勇 黄红艳 副主编

人民邮电出版社

北京

图书在版编目（CIP）数据

光电缆线务工程. 上，电缆线务工程 / 孙青华主编
. -- 北京 : 人民邮电出版社，2011.5（2021.1重印）
21世纪高职高专电子信息类规划教材
ISBN 978-7-115-24933-3

Ⅰ. ①光… Ⅱ. ①孙… Ⅲ. ①光缆通信－通信线路－高等职业教育－教材 Ⅳ. ①TN913.3

中国版本图书馆CIP数据核字(2011)第043390号

内 容 提 要

本书以电缆工程的视角讲述了电缆线务工程的基础知识以及电缆线路施工、维护、管理的内容及方法。从实用的角度，对电缆识别、电缆接续、电缆线路施工、维护以及故障处理等工程应用进行了具体的阐述，同时介绍了相关的安全技术规程。

本书紧跟当前通信工程发展趋势，结合电缆线务工程实际应用，深入浅出、清晰而完整地介绍线务工程的内容，具有很强的实用性。

本书可作为通信工程、网络工程等专业高职高专教材或相关专业本科生教材，也可作为通信行业线务员职业技能鉴定的培训教材，是通信工程技术人员实用的参考书。

21 世纪高职高专电子信息类规划教材

光电缆线务工程（上）——电缆线务工程

◆ 主　　编　孙青华
　副 主 编　张志平　李丽勇　黄红艳
　责任编辑　贾　楠

◆ 人民邮电出版社出版发行　北京市丰台区成寿寺路 11 号
　邮编　100164　电子邮件　315@ptpress.com.cn
　网址　http://www.ptpress.com.cn
　北京九州迅驰传媒文化有限公司印刷

◆ 开本：787×1092　1/16
　印张：18.75　　2011 年 5 月第 1 版
　字数：480 千字　　2021 年 1 月北京第 3 次印刷

ISBN 978-7-115-24933-3

定价：36.00 元

读者服务热线：(010) 81055256　印装质量热线：(010) 81055316
反盗版热线：(010) 81055315

前言

在通信已成为信息化时代社会基础的今天，通信线路作为信息最主要的传输手段，已成为通信系统的不可替代的神经中枢。不论是普通的电话通信、数据通信还是今天 3G 移动通信、卫星通信，通信线路是主要的传输载体之一。电缆作为最早、最成熟的通信媒介，在接入网和驻地网的信息传输中发挥着重要作用。

本书以工程的视角讲述了通信网构成以及电缆线路施工、维护、管理的内容及方法。从实用的角度，对架空杆路、管道、直埋、墙壁等电缆线路敷设进行了详细介绍，具体介绍了电缆接续、成端、配线、割接等工作。由于通信工程技术发展很快，本书在内容广泛、实用和讲解通俗的基础上，尽量选用最新的资料。

学习本书所需要的准备

学习本书需要具备初步的现代通信技术的基础知识。对通信技术有一定了解的读者都会在本书中得到有益的知识。

本书的风格

本书力图编排成为一本实用的电缆通信工程的实施指南，内容包括了电缆识别、电缆接续、电缆线路施工、维护以及故障处理等完整的过程。本书含有大量的图表、数据、例证和插图，力求达到讲解深入浅出。线务工程内容比较复杂，而且不少内容有前后的关联性，本书尽可能用形象的图表及实例来解释和描述，为读者建立清晰而完整的电缆线务工程的内容体系（见下图）。

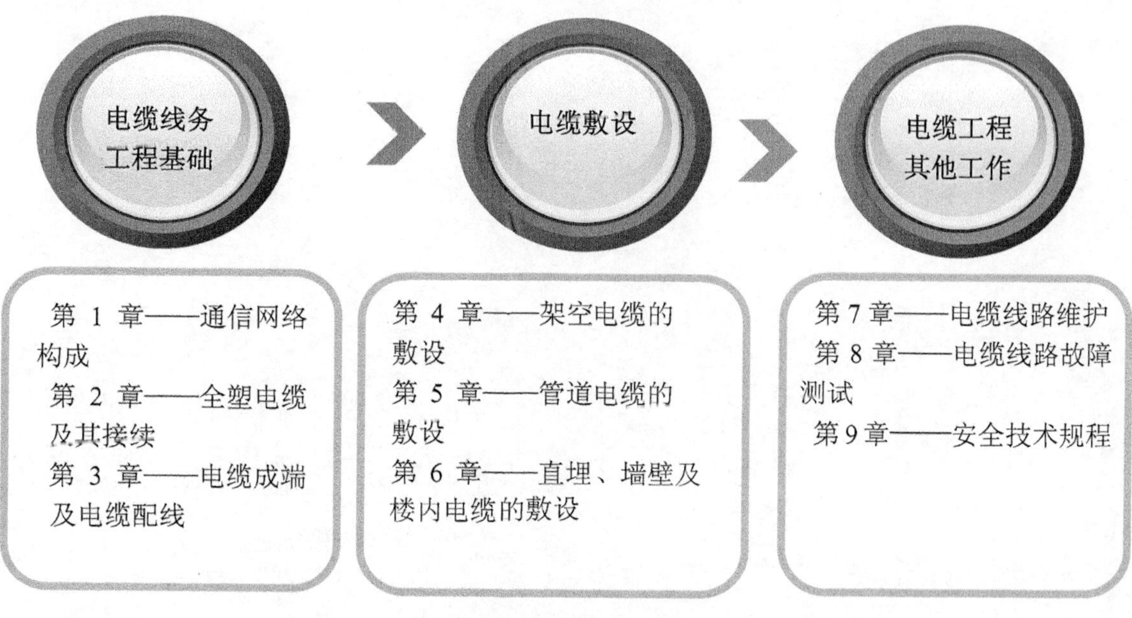

本书各章节的关系图

在每章的开始明确本章的学习重点及难点，引导读者深入学习。本书在编写过程中，为配合教、学、做一体的教学形式，结合每章教学内容，设计了教学情境，使教学与实践有机结合在一起。

通信工程是当前最有活力的领域之一，书中的内容紧跟当前发展的脚步。与当前的工程实际紧密结合。

在本书的编制过程中，我要特别感谢石家庄邮电职业技术学院杨斐、李影、杨延广的支持与建议。

本书第 1 章、第 2 章、第 3 章、第 7 章、第 8 章由张志平编写；第 4 章、第 5 章、第 6 章由李丽勇编写；第 9 章由黄红艳编写。全书由孙青华统稿，黄红艳也参与了统稿工作。

由于编者水平有限，书中难免存在不足之处，恳切希望广大读者批评指正。

孙青华

2010 年 12 月

目录

第1章 通信网络构成

本章教学说明

- 详细介绍本地电话网
- 介绍通信网的基本概念及长途电话网

本章内容

- 通信网概述
- 长途电话网
- 本地电话网

本章重点、难点

- 通信网的拓扑结构、传输系统结构
- 本地电话网的网络结构及用户线路的内容

本章学习目的和要求

- 掌握通信网的基本概念
- 掌握本地电话网的相关内容
- 理解通信网的传输系统结构
- 了解通信网的分类和通信网的拓扑结构
- 了解长途电话网

本章实做要求及教学情境

- 考察中国移动、中国联通或中国电信等运营商机房

本章学习能力要素及基础要求

- 课前预习本章内容
- 掌握通信网络的结构，理解其在通信工程中的内涵
- 查阅有关通信的资料

本章学习方法建议

- 课前预习与课后及时复习相结合

- 在掌握基本内容的基础上，独立完成作业
- 重点内容要熟记要点

本章建议学时数：2 学时

1.1 通信网概述

- 通信网络的各种拓扑结构在实际通信工程施工中应该如何理解？

1.1.1 通信网的基本概念

通信网是由一定数量的节点和连接节点的传输链路组成，能够将各种语言、声音、文字、图像、图表、数据等信息变换成电磁信号，并且按照一定的规则实现任何时间、任何地点、任何方式、任何内容、任何人或通信终端之间信息传输的通信体系。简单的通信网示意如图 1-1 所示。

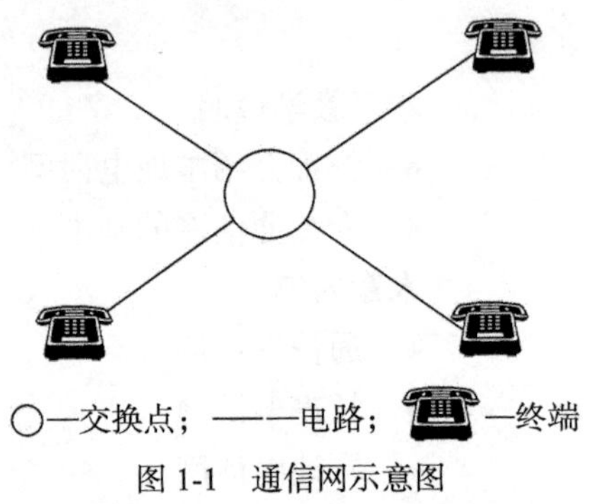

图 1-1　通信网示意图

从构成上看，一个完整的通信网络包括硬件和软件两部分，其中，硬件是构成通信网的物理实体，一般包括终端设备、传输设备、交换设备等 3 部分电信设备；软件是为了使全网协调合理工作的各种协议和规则，如信令方案、各种协议、网路结构、路由方案、编号方案、资费制度、质量标准等。

1.1.2 通信网的分类

通信网从不同角度可划分为不同类别，主要分为以下几类。

1．按传输信道形式分类

按传输信道形式分为以下两类。

① 有线通信网：如电缆、光缆等。

② 无线通信网：如长波、中波、短波、超短波、微波、卫星等。

2．按业务种类分类

按业务种类分为电话网、电报网、传真通信网、数据通信网等。

3．按通信范围分类

按通信范围分为以下 3 类。

① 本地网：包括大城市本地网、中小城市本地网。

② 长途网：负责连接本地网间的长途电信业务的网络。

③ 国际网：连接国家之间的电信网络。

1.1.3　通信网的拓扑结构

通信网拓扑结构是描述交换中心间、交换中心与终端间邻接关系的连通图，直接决定网络的效能、可靠性和经济性。通信网的拓扑结构形式主要有网状网、星形网、复合型网、环形网、总线型网等。

1．网状网

网状网中任何两个节点之间都有直达链路相连接，在通信建立的过程中，不需任何形式的转接。具有 N 个节点的完全互连网需要有 $N(N-1)/2$ 条传输线路。N 值越大，传输线路数越大，传输线路的利用率越低，因此，网状网是一种不经济的网络结构。但其冗余度较大，网络稳定性、可靠性较好。

2．星形网

星形网是在地区中心设置一个中心通信点，地区内的其他通信点都与中心通信点有直达链路，而与其他通信点之间的通信都经过中心通信点转接。具有 N 个节点的星形网需要有（$N-1$）条传输线路。N 值较大时，相对网状网可节省大量传输线路，但需设置转接中心而增加费用。这种结构中，当转接中心的交换设备的转接能力不足或发生故障时，将会对网络的稳定性、可靠性造成很大影响。

3．复合型网

复合型网由网状网与星形网复合而成。复合型网在通信量较大的地区间构成网状网，在通信量较小地区可构成星形网，吸取了网状网和星形网的优点，比较经济合理，并具有一定的可靠性。

4．环形网

各站点通过通信介质连成一个封闭的环形。环形网容易安装和监控，但容量有限，网络建成后，难以增加新的站点。

5．总线型网

总线型网在计算机通信网中应用较广，在这种网中一般传输的信息速率较高，要求各节点或总线终端节点有较强的信息识别和处理能力。

1.1.4　通信网的传输系统结构

完整的固话通信传输系统包括用户终端、交换设备、多路复用设备、传输终端设备及传输信道。通信传输系统的一般结构如图 1-2 所示。

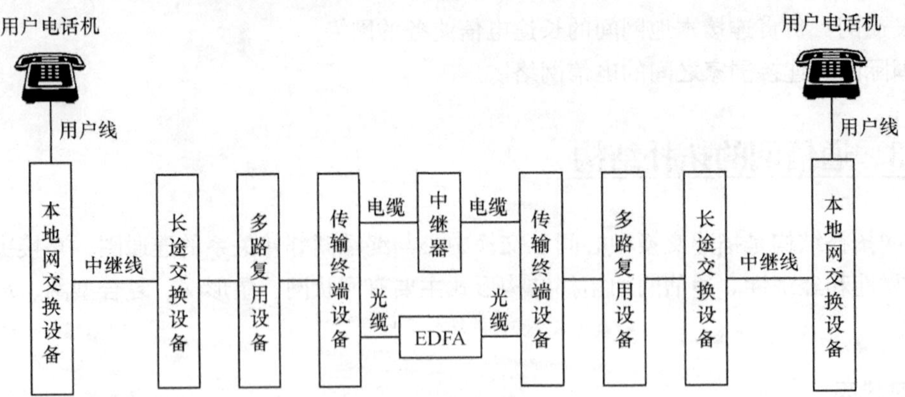

图 1-2　通信传输系统结构图

图 1-2 中，用户电话机是用户终端设备，通过它把语音信号转换成电信号，或者进行反变换。交换设备可以实现局内用户间的信号交换，还可以实现同其他局的用户连接或转接。多路复用设备可以实现多路信号的汇接。传输终端设备把待传输的信号转换成适合信道传输的信号或进行反变换等。传输信道是指作为传输介质或信号载体的通信线路，通信线路已经经历了从明线、电缆到光缆，敷设方式从架空、直埋到管道的过程，随着我国信息化建设步伐进一步的加快，通信线路还将有巨大的发展。

通信线路网划分为长途网、本地网和用户接入网 3 部分，下面以电话网为例进行介绍。

重点掌握

- 通信网的传输系统结构。

1.2 电话网

1.2.1 长途电话网

国内长途电话网是指用户进行长途通话的电话网。1998 年，由原信息产业部颁布了现阶段我国电话网的新体制，明确了我国长途电话网的两级结构和本地电话网的两级结构。长途电话网的两级结构如图 1-3 所示。

DC1 为一级省际交换中心，设在省会、自治区首府和直辖市，其主要功能是汇接所在省（自治区、直辖市）的省际和省内的国际和国内长途来、去、转话话务和 DC1 所在本地网的长途终端话务。

DC2 为二级交换中心，也是长途网的终端长途交换中心，设在省各地（市）本地网的中心城市，其主要功能是汇接所在地区的国际、国内长途来、去话话务和省内各地（市）本地网之间的长途转话话务以及 DC2 所在中心城市的终端长途话务。

一般来说，DC1 的各个交换机间采用网状网，设置低呼损路由；DC1 与其下属的 DC2 之间采用星形网，设置低呼损路由；同一汇接区的所有 DC2 之间，视话务关系的密切程度可设置低呼损或高效直达路由；不同汇接区的 DC1 与 DC2 之间，视话务关系的密切程度也可设置低呼损或高效直达路由。

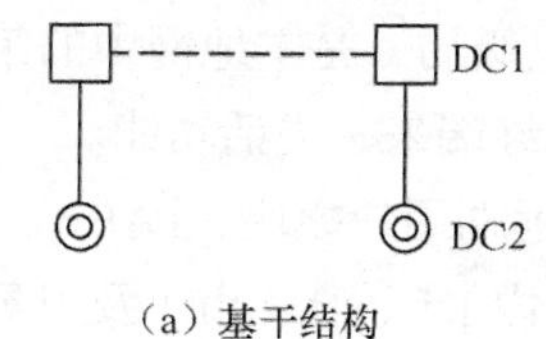

（a）基干结构

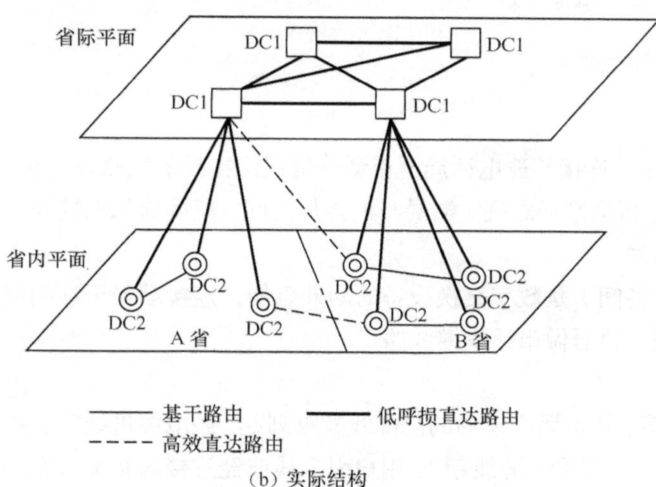

（b）实际结构

图 1-3　长途电话网的两级结构

1.2.2　本地电话网

1．本地电话网的基本结构

本地电话网是指在同一个长途编号区范围内，由端局、汇接局、局间中继线、长市中继线，以及用户线、电话机组成的电话网。

同一个本地网的用户之间呼叫时，只按照本地网的统一编号即本地电话号码拨号，呼叫本地网以外的用户时则需拨“0”+长途区号+本地号码。

现阶段，我国本地电话网为两级结构，如图 1-4 所示。图 1-4 中，DTm 为本地网中的汇接局，DL 为本地网中的端局，PABX 为专用自动用户交换局。

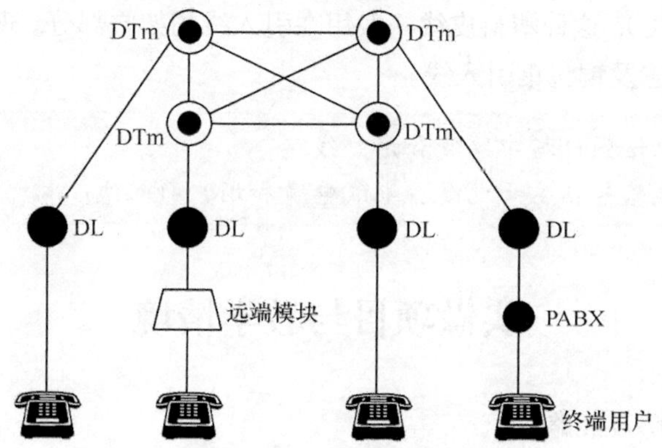

图 1-4　本地电话网的两级结构

本地电话网中，DTm 是 DL 的上级局，是本地网中的第一级交换中心，DL 是本地网中的第二级交换中心，仅有本局交换功能和终端来、去话功能。

根据组网需要，DL 以下还可接远端用户模块、PABX、接入网用户接入装置。根据 DL 所接的话源性质和设置的地点不同，有市内 DL、县（市）及卫星城镇 DL 以及农村乡镇 DL 之分，但其功能完全一样并统称为端局（DL）。

2. 本地电话网的线路

（1）中继线

① 长—市中继线：连接长途电话局至市话端局或汇接局的线路称为长—市中继线。

② 市话中继线：市话端局之间、端局与汇接局之间、汇接局与汇接局之间的中继线路称为市话中继线或局间中继线。

远端模块（或设备间）是数字交换设备的局外延伸，连接端局至远端模块的线路，实际上是交换设备的级间连线，也看做市话中继线路。

（2）用户线路

① 用户线路内容：从市话交换局的总配线架纵列起，经电缆进线室、主干电缆、交接箱设备、配线电缆、分线设备（分线盒、分线箱）、用户引入线或经过楼内暗配线至用户电话机的线路称为用户线路，如图 1-5 所示。

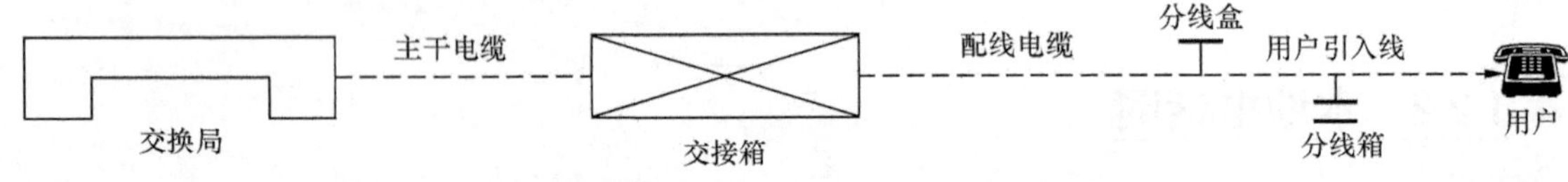

图 1-5　用户线路示意图

② 主干电缆：

- 当采用交接配线时，是指从总配线架到交接箱的电缆；
- 当采用直接配线时，是指从总配线架到配线点或某配线区的第 1 个配线点的电缆。

主干电缆一般采用架空、管道、直埋、墙壁等敷设方式。

③ 配线电缆：配线电缆是指从交接箱或第 1 个配线点到分线设备的电缆。一般采用架空、管道、墙壁等敷设方式。

④ 用户引入线：用户引入线是指从分线设备到用户电话机的连线。用户引入线为钢心塑料绝缘平行线（或称塑料皮线），这种塑料皮线一般用在引入线的架空部分。现在已开始采用小对数的带加强芯或自承式的铜芯及铜包钢引入线。

- 本地电话网包括中继线和用户线路。
- 用户线路包括主干电缆、配线电缆和用户引入线。

实做项目与教学情境

实做项目：参观机房及线路

目的：参观中国移动、中国联通或中国电信机房，了解线路的源头及其总体情况。

本章小结

本章主要介绍通信网的基本知识。

① 通信网是由一定数量的节点和连接节点的传输链路组成，能够将各种语言、声音、文字、图像、图表、数据等信息变换成电磁信号，并且按照一定的规则实现任何时间、任何地点、任何方式、任何内容、任何人或通信终端之间信息传输的通信体系。可以按传输信道、业务种类、通信范围等分为不同种类，其拓扑结构主要有网状网、星形网、复合型网、环形网和总线型网等。

② 长途电话网是指全国各城市间用户进行长途通话的电话网，具有 DC1、DC2 两级交换中心，形成两级结构。

③ 本地电话网是指在同一个长途编号区范围内，由端局、汇接局、局间中继线、长市中继线，以及用户线、电话机组成的电话网，具有两级结构。其线路主要包括中继线和用户线路两部分内容。

习题

1-1　简述通信网的概念及其分类。

1-2　简述通信网的拓扑结构。

1-3　试画出传输系统的一般结构图。

1-4　简述长途网的概念并画出其两级结构图。

1-5　简述本地网的概念并画出其两级结构图。

1-6　试述本地网线路包含内容。

第2章 全塑电缆及其接续

本章教学说明

- 重点介绍全塑电缆的结构、扣式接续、模块接续
- 介绍热缩套管封合、剖管封合
- 了解全塑电缆的电气特性

本章内容

- 全塑电缆的分类与型号
- 全塑电缆的结构
- 全塑电缆的电气特性
- 全塑电缆的接续
- 全塑电缆的接头封闭

本章重点、难点

- 全塑电缆的结构
- 扣式接续、模块接续
- 热缩套管封合、剖管封合

本章学习目的和要求

- 掌握电缆的分类及其型号
- 掌握全塑电缆的结构
- 掌握全塑电缆的接续方法
- 了解全塑电缆的电气特性
- 了解全塑电缆的封闭方法

本章实做要求及教学情境

- 认识电缆结构
- 通过实际动手操作，掌握电缆的接续及封闭方法

本章学习能力要素及基础要求

- 课前预习相关内容
- 掌握全塑电缆的结构及其接续方法

本章学习方法建议

- 预习复习结合
- 观察实际电缆与课堂学习结合
- 通过动手操作理解电缆的接续
- 寻求教师答疑与学习反馈结合

本章建议学时数：8 学时

2.1 全塑电缆的分类与型号

探讨

- 电缆有什么具体类型吗?

2.1.1 全塑电缆的分类

全塑市内通信电缆的常见类型如下。

- 按电缆结构类型分——非填充型和填充型。
- 按导线材料分——铜导线和铝导线。
- 按芯线绝缘结构分——实心绝缘、泡沫绝缘、泡沫/实心皮绝缘。
- 按线对绞合方式分——对绞式和星绞式。
- 按芯线绝缘颜色分——全色谱和普通色谱。
- 按缆芯结构分——同心式（层绞式）、单位式、束绞式、SZ 绞。
- 按屏蔽方式分——单层涂塑铝带屏蔽、多层铝及钢金属带复合屏蔽，而屏蔽带又分绕包和纵包。
- 按护套分——单层塑料护套、双层塑料护套、综合护套、粘接护套、密封金属/塑料护套和特种护套。
- 按外护层分——单层、双层钢带铠装和钢丝铠装塑料护层。
- 按用途分——传输模拟信号和传输数字信号。
- 按敷设方式分——架空、管道、直埋、水底电缆等。

2.1.2 全塑电缆的型号

为了区别不同电缆的结构和用途，按照用途、芯线结构、导线材料、绝缘材料、护层材料、外护层材料等，分别用不同的汉语拼音字母和数字来表示，称为电缆型号。电缆型号是识别电缆规格程式和用途的代号，按照原邮电部行业标准（YD2001—92），全塑电缆型号的表示方法如图 2-1 所示，其意义如表 2-1 所示。

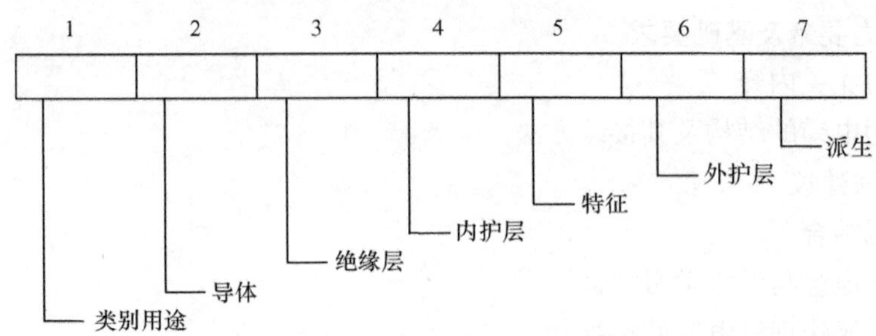

图 2-1 全塑电缆型号示意图

表 2-1 电缆型号中各代号的含义

项目	内 容
类别用途	H 市话电缆；HE 长途通信电缆；HJ 局用电缆；HP 配线电缆
导体	G 钢；L 铝；T 铜（可省略不标）
绝缘层	M 棉纱；V 聚氯乙烯；Y 聚乙烯；YF 泡沫聚乙烯；Z 纸（可省略不标）；YP 聚乙烯发泡带实心皮
内护层	A 铝-聚乙烯综合粘接护层；BM 棉纱编织；G 钢管；GW 皱纹钢管；L 铝管；LW 皱纹铝管；Q 铅包（可省略不标）；S 钢-铝-聚乙烯；V 聚氯乙烯；Y 聚乙烯；AG 表示铝塑综合粘接护层的复合铝带是轧纹的
特征	B 扁、平行；C 自承式；J 交换机用；P 屏蔽；T 填充石油膏；Z 综合电缆兼有高、低频线对
外护层	02 聚氯乙烯套；03 聚乙烯套；20 裸钢带铠装；21 钢带铠装纤维外被；22 钢带铠装聚氯乙烯套；23 钢带铠装聚乙烯套；30 裸细圆钢丝铠装；31 细圆钢丝铠装纤维外被；32 细圆钢丝铠装聚氯乙烯套；33 细圆钢丝铠装聚乙烯套；40 裸粗圆钢丝铠装；41 粗圆钢丝铠装纤维外被；42 粗圆钢丝铠装聚氯乙烯套；43 粗圆钢丝铠装聚乙烯套；441 双粗圆钢丝铠装纤维外被；241 钢带-粗圆钢丝铠装纤维外被；2441 钢带-双粗圆钢丝铠装纤维外被
派生	−1 第一种；−2 第二种；−252，252kHz；−120，120kHz

【例 2-1】 请说明 HYA、HYFA、HYPA、HYFAT、HYPAT23、HYV、HPVV、HJVVP 电缆型号的含义。

解 根据图 2-1 及表 2-1，上述几种常见的电缆型号的含义如下。

HYA：铜芯实心聚烯烃绝缘，涂塑铝带粘接屏蔽，聚乙烯护套，市话通信电缆。

HYFA：铜芯泡沫聚烯烃绝缘，涂塑铝带粘接屏蔽，聚乙烯护套，市话通信电缆。

HYPA：铜芯泡沫/实心皮聚乙烯（聚烯烃）绝缘，涂塑铝带粘接屏蔽聚乙烯护套，市话通信电缆。

HYFAT：铜芯泡沫聚乙烯（聚烯烃）绝缘，石油膏填充，涂塑铝带粘接屏蔽聚乙烯护套，市话通信电缆。

HYPAT23：铜芯泡沫/实心皮聚乙烯（聚烯烃）绝缘，石油膏填充，涂塑铝带粘接屏蔽聚乙烯护套，双层防腐钢带绕包铠装外护层，市话通信电缆。

HYV：铜芯实心聚乙烯绝缘，聚氯乙烯护套，绕包铝箔带，市话通信电缆。

HPVV：铜芯聚氯乙烯绝缘，聚氯乙烯护套，绕包铝箔带，市话通信电缆。

HJVVP：铜芯聚氯乙烯绝缘，聚氯乙烯护套，绕包铝箔带，局用通信电缆。

通常电缆型号后面排列一组数字用来表示具体的电缆规格，主要有以下两种。

- 星绞式电缆，其排列顺序为

星绞组数 × 每组芯线数 × 导线直径（mm）

- 对绞式电缆，其排列顺序为

芯线对数 × 每对芯线数 × 导线直径（mm）

具体实例如 HYA-100 × 2×0.32，表示铜芯实心聚烯烃绝缘、涂塑铝带粘接屏蔽、聚乙烯护套、容量 100 对、对绞式、线径为 0.32mm 的市内通信电缆。

- 为什么会有不同类别的电缆？
- 你能读出几种电缆型号？

2.2 全塑电缆的结构

全塑市内通信电缆包括缆芯、屏蔽层、电缆护套和外护层几部分。

2.2.1　缆芯结构

缆芯主要由芯线、缆芯扎带、包带层等组成。

1．芯线

芯线由金属导线和导线绝缘层组成。

（1）导线材料

导线目前使用较多的是退火软铜线，特殊情况下有铜包钢、青铜、钢、镀锡铜线等。线径主要有 0.32mm、0.4mm、0.5mm、0.6mm、0.8mm 等 5 种，又以 0.32mm、0.4mm 使用较多。导线的表面应均匀光滑，没有毛刺、裂纹、伤痕和锈蚀等缺陷，必须具有良好的导电性、柔软性和足够的机械强度。

（2）导线绝缘层

导线绝缘层的作用是保证芯线间及芯线与护层之间具有良好的绝缘性能。一般是在每根导线外包裹一层不同颜色的绝缘物，绝缘物主要采用聚烯烃塑料（高密度的聚乙烯、聚丙烯或乙烯-丙烯共聚物等高分子聚合物）或者聚氯乙烯塑料。绝缘层的主要结构有实心绝缘、泡沫绝缘、实心/泡沫绝缘等，如图 2-2 所示。

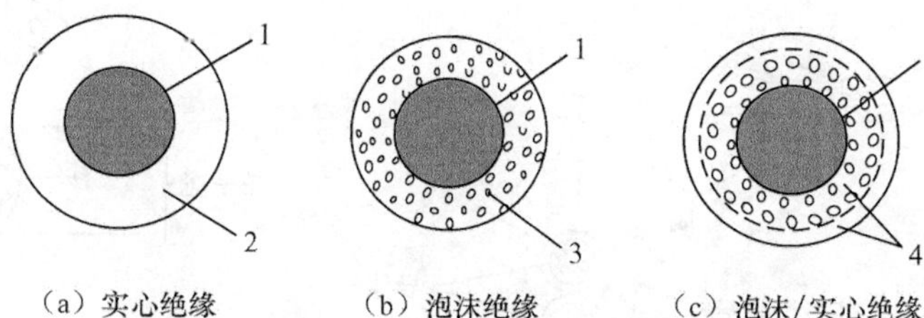

（a）实心绝缘　（b）泡沫绝缘　（c）泡沫/实心绝缘

1—金属导线；2—实心聚烯烃绝缘层；3—泡沫聚烯烃绝缘层；4—泡沫/实心皮聚烯烃绝缘层

图 2-2　电缆芯线绝缘层结构图

采用不同绝缘结构，主要是为了改善电缆的性能，以适应不同用途电缆的需要。通常要求绝缘层有稳定的介质特性，有较好的柔软性，有一定的机械强度，不得有裸露和针孔。

具体绝缘结构如下。

① 实心绝缘：实心聚烯烃绝缘的特点是耐电压性、机械性和防潮性能好，加工方便。实心绝缘层厚度一般为 0.2～0.3mm。实心绝缘电缆适用于架空电缆和要求张力较大的场合，是使用量最

多、应用范围最广的一种电缆。

另外，聚氯乙烯只有实心绝缘结构，其阻燃性较好，适用于成端电缆。

② 泡沫绝缘：泡沫聚烯烃绝缘是在发泡剂的作用下挤制出来的，绝缘层中有封闭气泡形式的微型气塞，形成空气-塑料复合绝缘。绝缘体中空气所占空间的比例称为发泡度，大约为33%。发泡的作用在于降低绝缘层的含塑量，空气是最好的绝缘体，它具有较低的介电常数，在同等工作电容和同等外径条件下能够容纳较多的对数。与实心绝缘相比，在相同外径电缆中可提高容量20%左右。这种电缆目前主要用于大对数中继电缆和高频信号的传输。有时为使填充石油膏电缆不增大外径而又具有与不填充石油膏电缆相同的传输效果，也采用泡沫绝缘。

③ 泡沫/实心皮绝缘：泡沫/实心皮绝缘共有两层，内层靠近导线部分为泡沫层，发泡度为45%～60%；外层即表层为实心塑料皮层，厚约为0.05mm。其具有独特优点：耐压强度高，绝缘芯线在水中的平均击穿电压可达6kV；由于实心塑料皮的作用可防止或减少各种填充剂的渗入，用在填充石油膏电缆中较理想；绝缘层的针孔故障概率小；在全色谱电缆中，只要对表皮着色即可，减少了颜料消耗，又减少了由于颜料引起的电容改变和颜料与发泡剂的相互作用；避免了铜导线与着色泡沫绝缘接触而引起的聚烯烃寿命缩短；芯线表面质量好，外径均匀。

2．芯线扭绞

全塑市内通信电缆线路为双线回路，必须构成线对（或四线组），为了减少线对之间的电磁耦合，提高线对之间的抗干扰能力，便于电缆弯曲和增加电缆结构的稳定性，线对（或四线组）应当进行扭绞。扭绞是将一对线的两根导线或一个四线组的4根导线均匀地绕着同一轴线旋转，电缆芯线沿轴线旋转一周的纵向长度称为扭绞节距。

芯线扭绞常用对绞和星绞两种。对绞是把两根导线扭绞到一起成为一对，一根为a线，另一根为b线；星绞是把4根导线扭绞到一起成为一组，4根线分别为a、b、c、d，如图2-3所示。芯线扭绞成对（或组）后，再将若干对（或组）按一定规律绞合（绞缆）成为缆芯。

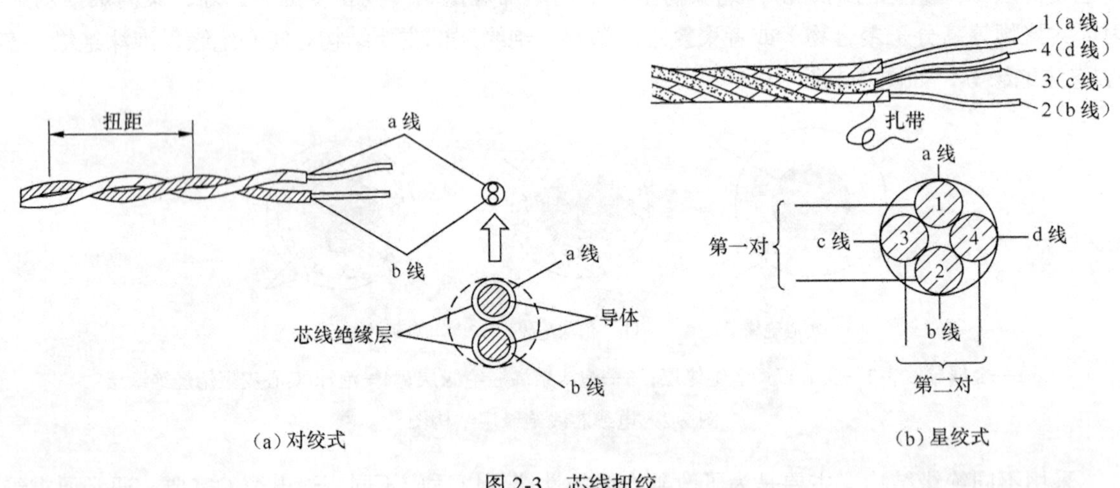

图2-3　芯线扭绞

3．缆芯包带

在绞缆完成后，为保证缆芯结构的稳定性，必须在缆芯外面重叠绕包或纵包一两层缆芯包带作为缆芯包层，然后再用非吸湿性的扎带疏扎牢固。

缆芯包带通常采用聚酯、聚丙烯、聚乙烯或尼龙等制成的复合材料，这种复合材料要求具有介电性、隔热性、非吸湿性，一般为白色。

缆芯包层的作用是保证缆芯在加屏蔽层和挤压塑料护套后以及在使用过程中，不会遭到损伤、变形或粘接。

4．缆芯色谱

缆芯色谱目前通常采用全色谱，全色谱的含义是指电缆中的任何一对芯线，都可以通过各级单位的扎带颜色以及线对的颜色来识别，换句话说给出线号就可以找出线对，拿出线对就可以说出线号。

（1）芯线色谱

① 对绞型芯线一般以 25 对为一个基本单位，扭绞成 25 种不同色标的线对，具体如下。

领示色（a 线）色谱：白、红、黑、黄、紫。

循环色（b 线）色谱：蓝、橘、绿、棕、灰。

其具体线对序号及色谱如表 2-2 所示。

表 2-2　　基本单位线对色谱表

线对序号		1	2	3	4	5	6	7	8	9	10	11	12	13
色谱	a 线	白	白	白	白	白	红	红	红	红	红	黑	黑	黑
	b 线	蓝	橘	绿	棕	灰	蓝	橘	绿	棕	灰	蓝	橘	绿
线对序号		14	15	16	17	18	19	20	21	22	23	24	25	
色谱	a 线	黑	黑	黄	黄	黄	黄	黄	紫	紫	紫	紫	紫	
	b 线	棕	灰	蓝	橘	绿	棕	灰	蓝	橘	绿	棕	灰	

② 星绞型一般以 25 组为一个基本单位，扭绞成 25 种不同色标的线组，具体如下。

a 线色谱：白、红、黑、黄、粉红。

b 线色谱：蓝、橘、绿、棕、灰。

c 线色谱：青绿。

d 线色谱：紫色。

- 自己列一列星绞型色谱组合。

（2）扎带色谱

扎带为非吸湿性有色材料，用来区分不同芯线单位，一般 10 个单位以下采用单色谱扎带（整个扎带为单一颜色），11 个单位以上采用双色谱扎带（整个扎带为两种颜色），24 个单位的双色谱扎带如表 2-3 所示。

表 2-3　　双色谱扎带

序号	1	2	3	4	5	6	7	8	9	10	11	12
色谱	蓝 白	橘 白	绿 白	棕 白	灰 白	蓝 红	橘 红	绿 红	棕 红	灰 红	蓝 黑	橘 黑
序号	13	14	15	16	17	18	19	20	21	22	23	24
色谱	绿 黑	棕 黑	灰 黑	蓝 黄	橘 黄	绿 黄	棕 黄	灰 黄	蓝 紫	橘 紫	绿 紫	棕 紫

（3）备用线对线序及色谱

备用线对应置于缆芯外层，自成一束，其线序及色谱排列如表 2-4 所示。

表 2-4　　备用线对线序及色谱

线序	1	2	3	4	5	6	7	8	9	10
色谱	白红	白黑	白黄	白紫	红黑	红黄	红紫	黑黄	黑紫	黄紫

（4）基本单位和超单位色谱

① 以 25 对线组成一个基本单位，色谱及线对编号如表 2-5 所示，600 对为一循环。

表 2-5　　基本单位色谱及线对编号

线对编号	单位号	基本单位色谱	线对编号	单位号	基本单位色谱
1～25	1	蓝—白	301～325	13	绿—黑
26～50	2	橘—白	326～350	14	棕—黑
51～75	3	绿—白	351～375	15	灰—黑
76～100	4	棕—白	375～400	16	蓝—黄
100～125	5	灰—白	401～425	17	橘—黄
126～150	6	蓝—红	426～450	18	绿—黄
151～175	7	橘—红	451～475	19	棕—黄
176～200	8	绿—红	476～500	20	灰—黄
201～225	9	棕—红	501～525	21	蓝—紫
226～250	1	灰—红	526～550	22	橘—紫
251～275	11	蓝—黑	551～575	23	绿—紫
276～300	12	橘—黑	576～600	24	棕—紫

② 以 50 对线（2 个基本单位）组成一个 50 对超单位，色谱及线对编号如表 2-6 所示。

表 2-6　　50 对超单位色谱及线对编号

基本单位色谱	色谱及线对编号		
	白	红	黑
蓝—白 橘—白	1～50	601～650	1 201～1 250
绿—白 棕—白	51～100	651～700	1 251～1 300
灰—白 蓝—红	101～150	701～750	1 301～1 350
橘—红 绿—红	151～200	751～800	1 351～1 400
…	…	…	…
蓝—紫 橘—紫	501～550	1 101～1 150	1 701～1 750
绿—紫 棕—紫	551～600	1 151～1 200	1 751～1 800

③ 以 100 对线（4 个基本单位）组成一个 100 对超单位，色谱及线对编号如表 2-7 所示。

表 2-7　　100 对超单位色谱及线对编号

基本单位色谱	色谱及线对编号				
	白	红	黑	黄	紫
蓝—白、橘—白 绿—白、棕—白	1～100	601～700	1 201～1 300	1 801～1 900	2 401～2 500
灰—白、蓝—红 橘—红、绿—红	101～200	701～800	1 301～1 400	1 901～2 000	2 501～2 600
棕—红、灰—红 蓝—黑、橘—黑	201～300	801～900	1 401～1 500	2 001～2 100	2 601～2 700
绿—黑、棕—黑 灰—黑、蓝—黄	301～400	901～1 000	1 501～1 600	2 101～2 200	2 701～2 800
橘—黄、绿—黄 棕—黄、灰—黄	401～500	1 001～1 100	1 601～1 700	2 201～2 300	2 801～2 900
蓝—紫、橘—紫 绿—紫、棕—紫	501～600	1 101～1 200	1 701～1 800	2 301～2 400	2 901～3 000

④ 以 10 对线组成半单位式，色谱采用白、红两个领示色，与循环色配成 10 对线序，色谱从白蓝到红灰。

2.2.2　屏蔽层

电缆缆芯的外层包覆金属屏蔽层，将缆芯与外界隔离。

屏蔽层又称挡潮层，由涂塑铝带粘接重叠纵包而成，涂塑铝带的标称厚度为 0.15～0.2mm，涂塑层的标称厚度为 0.04～0.05mm，涂塑铝带一般分为轧纹和不轧纹两种。

屏蔽层应完整地覆盖住缆芯，重叠部分在电缆外径 10mm 以下时应不小于 3mm 宽，11mm 及以上时应不小于 6mm 宽。纵包粘接剥离强度应符合部标要求。

屏蔽层的主要作用是：减少外界电磁场对电缆芯线的干扰和影响，提供工作地线，增强电缆阻止透水、透潮的功能，增加电缆的机械强度。

2.2.3　护套

护套包在屏蔽层（或缆芯包带层）的外面，其材料主要采用高分子聚合物塑料，加工方便、质轻柔软、容易接续，护套不能有孔洞、裂缝、气泡或其他缺陷。

护套的一种材料采用低密度聚乙烯树脂加炭黑和抗氧化剂制成，防潮性能和机械强度较好，耐腐蚀，能承受日光暴晒。目前用这种材料的护套使用最广泛，能适应各种敷设方式和应用环境。

护套的另一种材料是普通聚氯乙烯塑料，具有耐磨、阻燃、柔软等特点，是发展应用较早的一种护套。

2.2.4　外护层

特殊情况下，为了抗机械损伤，提高电缆的机械强度，防止鼠类及昆虫的破坏，护套外加外

护层，外护层做成铠装层。加装铠装护层一般是在护套上纵包一层厚为 0.15mm 的钢带或涂塑钢带。对于机械强度要求高的，可纵包两层 0.15mm 或 0.2mm 的钢带或涂塑钢带，也可以绕包两层防腐钢带。

一般护套或外护层上加电缆标记，标记主要内容有：电缆型号、线对数量、导线直径、制造厂家代号及制造年份，以及长度标记等。

- 芯线绝缘结构。
- 对绞型芯线色谱。
- 绝缘层。
- 护套。

2.3 全塑电缆的电气特性

2.3.1 全塑电缆的参数

1．回路有效电阻

全塑市内通信电缆回路的有效电阻 R，由直流电阻 R_0 和交流电阻 $R_{\sim}$ 组成。

$$R = R_0 + R_{\sim} \quad (2\text{-}1)$$

全塑市内通信电缆常用于 5 000Hz 以下，电缆回路的有效电阻 R 近似等于回路的直流电阻 R_0，可根据式（2-2）确定。

$$R \approx R_0 = \lambda\rho\frac{8\,000}{\pi d^2}(\Omega/\text{km}) \quad (2\text{-}2)$$

式（2-2）中：ρ 为温度为 20℃导线的电阻系数，铜、铝、铁的电阻系数分别为 0.017 5、0.023 8 和 0.139；d 为导线直径（mm）；λ 为电缆芯线总绞合系数，即扭绞电缆芯线的实际长度与电缆标称长度之比，一般为 1.02～1.07。

电缆的电阻与电缆内的温度变化有关系，当温度不等于 20℃时，回路电阻应按式（2-3）计算。

$$R_t = R_{20}[1+\alpha(t-20)](\Omega/\text{km}) \quad (2\text{-}3)$$

式（2-3）中：R_t 为温度为 t℃时的回路电阻；R_{20} 为温度为 20℃时的回路电阻；α 为导体的电阻温度系数（铜为 0.004，铝为 0.004 6）；t 为计算时的环境温度 t℃。

另外，高频时电缆电阻的计算较为复杂，需考虑因集肤效应所产生的附加电阻和邻近效应对附近金属物的涡流损耗所产生的附加电阻，这些统称为交流电阻。

2．回路电感

电缆回路的电感决定于导线的相对位置、材料和形状等。全塑电缆传输音频信号时，回路电感的近似值可用式（2-4）计算。

$$L \approx \lambda\left[9.2\lg\frac{2a-d}{d}+1\right]\times 10^{-4}(\text{H}/\text{km}) \quad (2\text{-}4)$$

式（2-4）中：a 为两导线中心轴间的距离（mm）；d 为线径（mm）；λ为电缆芯线总绞合系数。

3．回路电容

电缆由许多线对聚集在一起，每个线对的两根导线及金属屏蔽层相当于电容器的极板，线间绝缘相当于介质，因此任何相邻线间及线与屏蔽层之间都存在电容。

回路电容分为工作电容和分布电容，a、b 线间电容为分布电容，而 a、b 线间总的分布电容之和为工作电容，它是决定传输质量的重要参数之一，全塑市内通信电缆的工作电容可按式（2-5）计算。

$$C \approx \frac{\varepsilon_r \times 10^{-6}}{83\lg\dfrac{\alpha D}{d}}(\mathrm{F/km}) \qquad (2\text{-}5)$$

式（2-5）中：ε_r 为绝缘介质的相对介电常数；α为由于芯线扭绞形式而决定的校正系数，对绞为 0.94、星绞为 0.74；D 为两根芯线间的距离（mm）；d 为芯线直径（mm）。

4．绝缘电导

电缆芯线虽然有绝缘层，但任何绝缘物质都不可能绝对不导电，因此回路上总存在着一定的漏电通道，漏电回路是并联的，并联电导相加，所以用电导参数。电缆回路的绝缘电导由直流电导 G_0 和交流电导 $G_{\sim}$ 组成，可用式（2-6）表示。

$$G = G_0 + G_{\sim} \qquad (2\text{-}6)$$

式（2-6）中：G_0 是由于介质的绝缘不完善对直流造成泄漏而引起的，会产生介质发热损耗；$G_{\sim}$ 则是在交变磁场影响下，由于介质产生循环极化而引起的。市话通信电缆中直流绝缘电导 G_0 可以忽略不计，因此绝缘电导可按式（2-7）计算。

$$G \approx G_{\sim} = \omega C \mathrm{tg}\sigma(\mathrm{S/km}) \qquad (2\text{-}7)$$

式（2-7）中：ω 为传输信号的角频率；C 为回路电容（F/km）；$\mathrm{tg}\sigma$ 为介质损耗角的正切。

从式（2-7）可知，G 与传输信号的角频率ω、电缆回路工作电容 C 和绝缘介质的介质损耗角的正切 $\mathrm{tg}\sigma$ 成正比。

2.3.2　全塑电缆的主要电气特性指标

根据中华人民共和国通信行业标准，即原邮电部于 1996 年颁布的 YD/T322《铜芯聚烯烃绝缘铝塑综合护套市内通信电缆》，全塑电缆的主要电气特性指标如表 2-8 所示。

表 2-8　全塑电缆的电气特性

序号	项目	指标
1	单根导线直流电阻（20℃）	导线标称直径 mm：0.32、0.4、0.5、0.6 电阻（Ω/km）≤236.0、148.0、95.0、65.8
2	线对直流不平衡电阻（20℃）	导线标称直径 mm：0.32、0.4、0.5、0.6 平均值（%）≤2.5、1.5、1.5、1.5 最大值（%）6.0、5.0、5.0、5.0
3	每根绝缘导线与其余导线和屏蔽接地间的绝缘电阻（20℃，直流 100～500V）	非填充式电缆，填充式电缆 电阻（MΩ•km）≥10×10^3，3×10^3

续表

序号	项目	指标	
4	绝缘电气强度（直流，kV） 施加电压时间 标称直径 0.32mm 的导线间 标称直径 0.4、0.5mm 的导线间 导线与屏蔽间	实心聚烯烃 3s、1min 2.0、1.0 2.0、1.0 6.0、3.0	泡沫聚烯烃 3s、1min 1.0、0.5 1.5、0.75 6.0、3.0
5	工作电容（0.8kHz 或 1kHz）	电缆标称线对数：10、10 以上 最大值（nF/km）58.0、57.0 平均值（nF/km）52.0±4.0、52.0±2.0	
6	工作电容差（100 对及以上填充式电缆，0.8kHz 或 1kHz）	最大值 2%	
7	电容不平衡（0.8kHz 或 1kHz） 线对与线对间电容不平衡 线对与地间电容不平衡	电缆标称线对数：10、10 以上 最大值（pF/km）250、250 平均值（pF/km）2 630、2 630	
8	固有衰减（20℃）	导线标称直径（mm）：0.32、0.40、0.50、0.60	
	10 对以上电缆：150kHz 10 对以上电缆：1 024kHz	实心聚烯烃绝缘电缆 平均值（dB/km）≤16.8、12.9、9.0、7.2 平均值（dB/km）≤33.5、27.3、22.5、18.5	
	10 对以上电缆：150kHz 10 对以上电缆：1 024kHz	实心聚烯烃绝缘填充式电缆 平均值（dB/km）≤16.0、11.7、8.2、6.7 平均值（dB/km）≤31.1、23.6、18.6、15.8	
	10 对以上电缆：150kHz 10 对以上电缆：1 024kHz	泡沫、泡沫皮聚烯烃绝缘电缆 平均值（dB/km）≤17.3、12.6、9.3、7.4 平均值（dB/km）≤36.0、29.3、18.6、24.1	
	10 对以上电缆：150kHz 10 对以上电缆：1 024kHz	泡沫、泡沫皮聚烯烃绝缘填充式电缆 平均值（dB/km）≤17.0、12.1、9.0、7.2 平均值（dB/km）≤32.9、26.5、21.8、18.0	
	10 对电缆	不大于上述值的 110%	
9	近端串音衰减（1 024kHz，电缆长度≥300m）	下面 *M* 为平均值，*S* 为标准差	
	非隔离式电缆： 10 对电缆内线对间的全组合 12、13 对子单位内线对间的全组合 20、30 对电缆或某基本单位内线对间的全组合 相邻 12、13 对子单位间线对全组合 相邻基本单位间线对全组合 超单位内 2 个相对基本单元或子单位间线对全组合 不同超单位内基本单元或子单位间线对全组合	 （*M*–*S*）≥53dB （*M*–*S*）≥54dB （*M*–*S*）≥58dB （*M*–*S*）≥63dB （*M*–*S*）≥64dB （*M*–*S*）≥70dB （*M*–*S*）≥79dB	
	隔离式电缆（电缆高频隔离带两侧线对间）： 10 对的全组合 20 对的全组合 30 对的全组合 50 对的全组合	 （*M*–*S*）≥70dB （*M*–*S*）≥77dB （*M*–*S*）≥80dB （*M*–*S*）≥84dB	

续表

序号	项目	指标	
10	远端串音防卫度	非内屏蔽电缆（150kHz）	内屏蔽电缆（1 024kHz）
	任意线对组合（最小值（dB/km））	58	41
	基本单位内或 30 对电缆内线对间的全组合（功率平均值（dB/km）不小于）	69	52
	12、13 对子单位内或 10 对及 20 对电缆内线对间的全组合（功率平均值（dB/km）不小于）	68	51
11	屏蔽铝带和高频隔离带的连续性	连续	
12	线芯混线、断线	不混线、不断线	

了解

- 了解全塑电缆的电气参数及其主要电气特性指标。

2.4 全塑电缆的接续

探讨

- 电缆为什么要接续?
- 电缆如何接续?

全塑电缆的接续方法有扣式接线子接续法、销套式接线子接续法、齿形接线子接续法、模块式接线子接续法等，但目前最常用的是扣式接线子接续法和模块式接线子接续法。

2.4.1 全塑电缆芯线接续的一般规定

1．技术要求

全塑电缆芯线接续的技术要求如下。

① 电性能要求：接头完成后，接续电阻，绝缘电阻等均应符合规定要求。

② 机械性能要求：芯线接续后应具有一定的抗张强度和抗扭强度，当芯线承受一定程度的拉力时，接头不发生折裂和松动。

③ 接续质量要求：芯线接续应无断线、地气、混线、绝缘不良等现象。

④ 应严格按照色带、色谱规定进行接续。

⑤ 严禁以绕接的方法接续全塑电缆芯线。

⑥ 严禁以二线接线子进行二线或四线接线。

⑦ 填充型全塑电缆的清洗应使用专用清洁剂。

2．选用接续材料的规定

按如下规定选用接续材料。

① 充气的电缆可采用无填充的接线子（模块）。

② 不充气的 200 对以上电缆应采用有填充的模块。

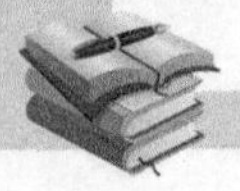

③ 填充型的或不充气的 200 对以下空气型电缆采用有填充的扣式接线子。

2.4.2 全塑电缆的扣式接线子接续

1．扣式接线子的型号

接线子的型号分类必须符合原邮电部标准《市内通信电缆接线子》的规定，其型号表示方法如图 2-4 所示，编写方法如下。

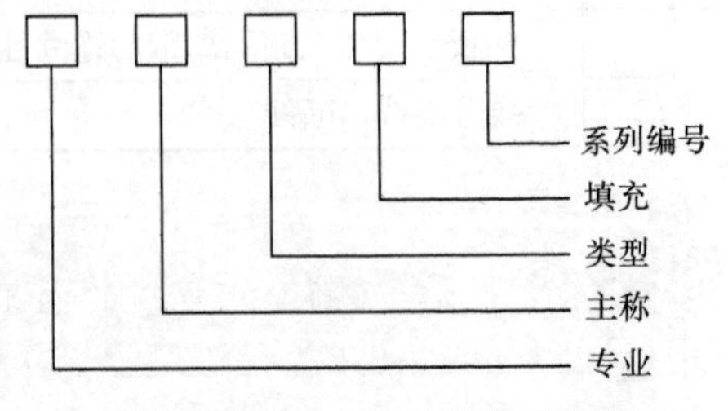

专业：H——市内通信电缆。

主称：J——接线子。

类型：K——扣式。

X——销套型。

C——齿型。

M——模块型。

填充：T——含防潮填充剂，如无填充则不写。

系列编号：1，2，…，9——系列编号。

图 2-4　接线子的型号表示方法

2．扣式接线子的结构和接续原理

国产 HJK 扣式接线子外形如图 2-5 所示。扣式接线子由扣身、扣帽（扣盖）、U 形卡接刀片 3 部分构成。扣身采用高强度透明塑料，如聚碳酸酯等。扣身上有卡线槽和进线孔，扣盖上有定位沟、镀锡铜质刀片，如图 2-6 所示。

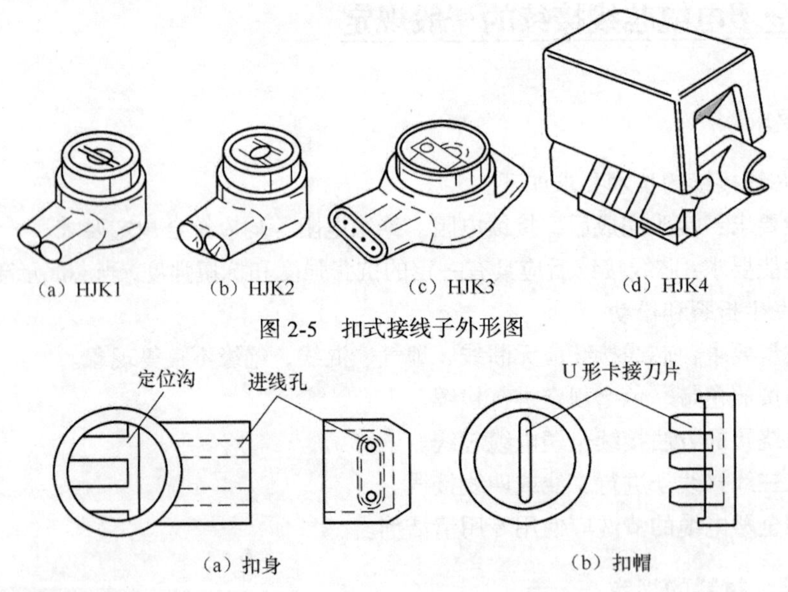

（a）HJK1　（b）HJK2　（c）HJK3　（d）HJK4

图 2-5　扣式接线子外形图

（a）扣身　（b）扣帽

图 2-6　扣式接线子结构图（2 线）

在塑料盖内镶嵌镀锡的铜合金 U 形卡接刀片，在接续时将待接芯线放入沟槽内，用专用手压钳将塑料盖压入塑料座内，芯线被压入 U 形卡接槽内。由于芯线可压入槽内比线径稍窄处，刀口可切开芯线绝缘及氧化层，卡接片能与铜线本体接触，同时能够保持一定的接续压力，形成无空

隙接续，其接续原理如图 2-7 所示。接线子内充有硅脂，具有密封、防潮和抗氧化性能。

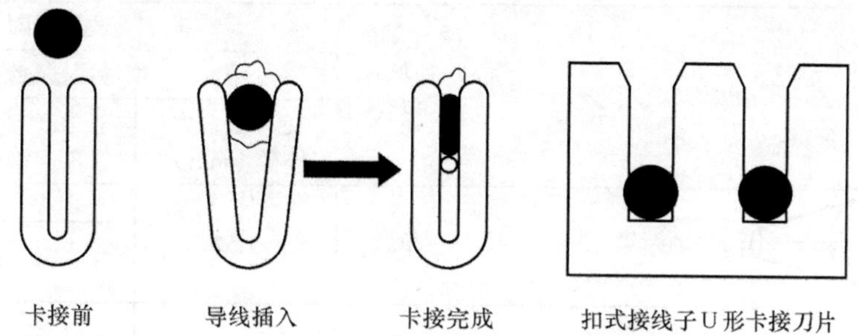

图 2-7　扣式接线子接续原理图

3．扣式接线子压线钳

压线钳（压接钳）是扣式接线子接续的专用工具，用来压紧扣帽，如图 2-8 所示为各种型号的压接钳。

① E-9Y 压接钳：带有剪线钳口，在架空作业及修理时使用，是最轻便的一种，如图 2-8（a）所示。

② E-9E 压接钳：在压紧时，钳口动作平行度好。使用功能与 E-9Y 相同，但无剪线钳口，如图 2-8（b）所示。

③ E-9B/E-9BM 压接钳：用途最广的接线钳，可适用于各种接线子，其压接钳口间距可用调节螺丝调节，如图 2-8（c）所示。

④ E-9C 压接钳：用来压接链带式的接线子，每个链带上装有接线子 10 只，可在一定程度上提高接续效率，如图 2-8（d）所示。

⑤ E-9CH 高容量压接钳：为了进一步提高接续效率，对于 50 对以上电缆的接续，可采用这种压接钳，钳下有一个铁架，用于存放链带接线子，可以连续接续，如图 2-8（e）所示。

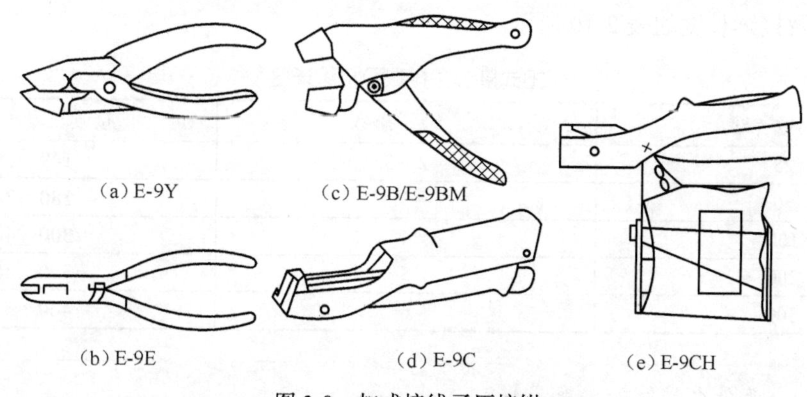

图 2-8　扣式接线子压接钳

扣式接线子压接时，为了保证接续良好，要求将待接续的接线子完全放入钳口内，钳口要平行夹住接线子扣盖和扣身上下两个平面，钳口张合时应完全平行不可偏斜。

4．扣式接线子程式

扣式接线子种类很多，分进口和国产两类，进口产品主要以 3M 扣式接线子居多，国产扣式接线子主要为 HJKT 扣式接线子。国产扣式接线子的程式及使用范围如表 2-9 所示。

表 2-9　　扣式接线子的程式及使用范围

规格型号	接线形式	连接片形式	适用范围：聚烯烃塑料绝缘：绝缘层最大外径（mm）	适用范围：聚烯烃塑料绝缘：填充或非填充聚烯烃塑料绝缘电缆（mm）
HJK1	二线接续	单式	1.52	/
HJKT1				0.4～0.5
HJK2	二线接续	双式	1.80	/
HJKT2				0.4～0.9
HJK3	三线或二线接续	双式	1.67	/
HJKT3				0.4～0.5
HJK4	不中断线路复接	单式	1.27	/
HJKT4				0.4～0.9
HJKT5	不中断线路复接	双式	1.67	0.4～0.9

5. 扣式接线子接续操作要求

扣式接线子接续操作要求如下。

① 扣式接续方法一般适用于 300 对以下电缆，或大对数电缆中接续分歧电缆。

② 全塑电缆接续长度及扣式接线子的排数应根据电缆对数，电缆直径及封合套管的规格等来确定，其排数及接续长度如表 2-10 所示。

表 2-10　　扣式接线子排数及接续长度

电缆对数（对）	接线子排数	接续长度（mm）
25	2～3	149～160
50	3	180～300
100	4	300～400
200	5	300～450
300	6	400～500

- 为什么接线子要有多排？
- 为什么要保持一定的接续长度？

6. 扣式接线子直接口接续操作步骤

扣式接线子直接口接续操作步骤如下。

① 根据电缆对数、接线子排数，电缆芯线留长应不小于接续长度的 1.5 倍。

② 剥开电缆护套后，按色谱挑出第 1 个单位线束，将其他单位线束折回电缆两侧，临时用包

带捆扎，以便操作并避免线束散乱，将第 1 个单位线束编好线序。

- 十指连心，请注意操作安全。
- 一定注意不要把线序搞乱。

③ 把待接续单位的局方及用户侧的第 1 对线（4 根）在接续扭线点扭绞 3～5 花，留长 50mm，对齐剪去多余部分，要求 4 根导线平直、无钩弯，a 线与 a 线、b 线与 b 线压接。

④ 将两根 a 线（或 b 线）插入接线子进线孔内，必须观察芯线是否插到底。

⑤ 芯线插好后，将接线子放置在压接钳钳口中，可先用压接钳压一下扣帽，观察接线子扣帽是否平行压入扣身并与壳体齐平，然后再一次压接到底。用力要均匀，扣帽要压实压平，如有异常，可重新压接。

⑥ 压接后用手轻拉一下芯线，防止压接时芯线跑出没有压牢。

⑦ 排列整齐、均匀，每 5 对（同一领示色）为一组，倒向电缆切口。

扣式接线子接续示意图如图 2-9 所示，直接口芯线接续尺寸如图 2-10 所示。

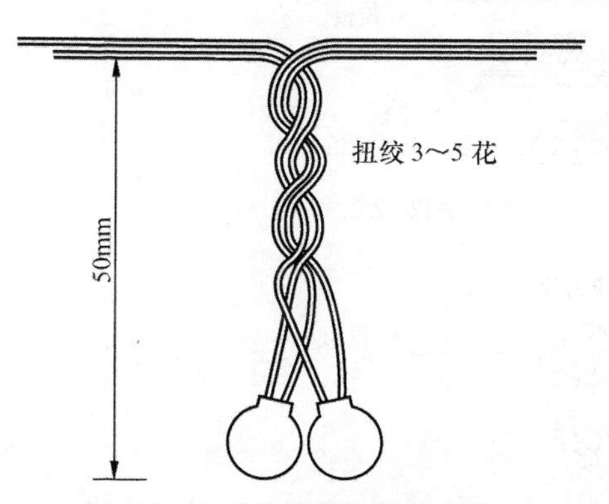

图 2-9　扣式接线子接续示意图

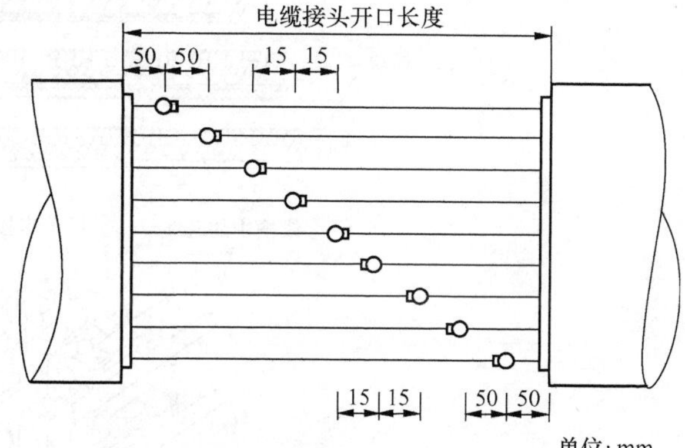

图 2-10　扣式接线子直接口排列示意图

- 扣式接线子直接口与分歧口接续操作步骤。
- 接续过程中的注意事项。

7．芯线的掏线搭接（T 字形接）步骤

芯线的掏线搭接（T 字形接）步骤如下。

① 将直通电缆芯线从 4 型或 5 型接线子侧面凹进的开口线槽套入，将扣式接线子在芯线上滑动，使扣式接线子悬挂在芯线上并放在预掏线的位置上。

② 将被搭接的电缆芯线插入 4 型或 5 型扣式接线子半通的进线孔内，通过透明的扣帽检查芯线位置及色谱，确认无误后预压扣帽，使接线子在芯线上固定。

③ 选用压接钳进行正式压接。

④ 电缆芯线的掏线搭接，常用在电缆装设分线设备的接头中，4 型接线子掏线搭接示意图如图 2-11 所示。

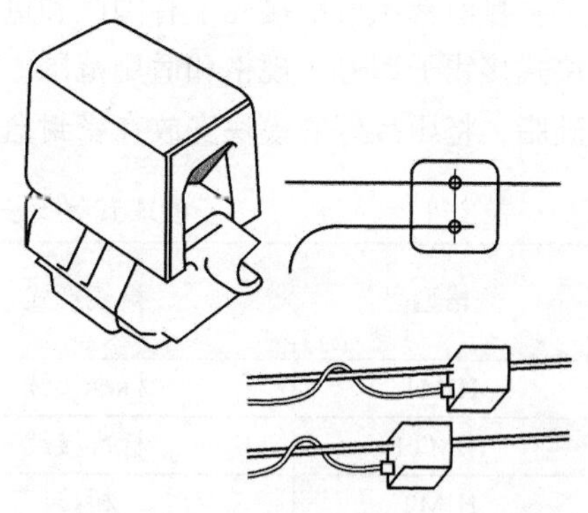

图 2-11　4 型接线子掏线搭接示意图

2.4.3 全塑电缆的模块式接线子接续

模块式接线子也称为模块型卡接排，简称模块或卡接排。具有接续整齐、均匀、性能稳定、操作方便和接续速度快等优点。一般模块式接线子一次接续 25 对。利用模块式接线子可进行直接、复接和搭接。常用于接续大对数电缆和地下电缆。

1．模块式接线子的结构和型号

（1）模块式接线子的结构

模块式接线子由底板、主板和盖板 3 部分组成。主板由基板、U 形卡接片、刀片组成。基板由塑料制成上、下两种颜色。靠近底板一侧与底板颜色相同，一般为金黄色，靠近盖板一侧与盖板颜色一致，一般为乳白色。其结构如图 2-12 所示。

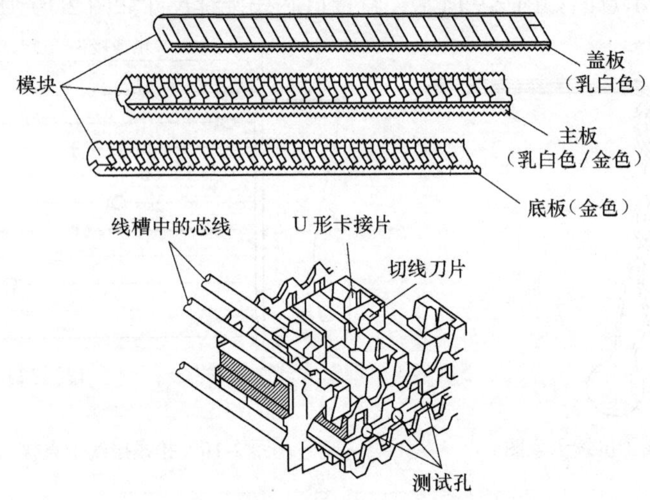

图 2-12　模块式接线子结构图

一般用底板与主板压接局方芯线，主板与盖板压接用户芯线。

（2）模块式接线子的型号

目前常用模块接线子有国产和进口两大类。表 2-11 和表 2-12 所示分别为国产和 3M 公司模块式接线子型号、规格和适用范围。HJMT1 是在 HJM1 的基础上加一个密封盒，盒内装有防潮硅脂，将压接好的模块安放在密封盒内封存，适用于填充型电缆的接续。

表 2-11　模块式接线子（HJM、HJMT）型号、规格及适用范围

规格型号	接线形式	聚烯烃塑料绝缘电缆芯线	
		接续对数	线径（mm）
HJM1	标准接续	25	0.32～0.6
HJMT1	标准接续	25	0.32～0.6
HJM2	桥接	25	0.32～0.6
HJMT2	桥接	25	0.32～0.6

表 2-12　　3M 公司卡接排型号及选用表

用途	规格型号	类别		有无硅脂保护	适用电缆线径（mm）		备注
		标准型	超小型		线径	最大绝缘外径	
一字型接续直接	4000-B	√			0.32～0.7	1.17	
	4000-D		√		0.32～0.8	1.65	
	4000-DWP		√	√	0.32～0.8	1.65	
	4000-UWP		√	√	0.4～0.8	1.65	带 4000D 防潮盒
Y 字型接续桥接	4002-B	√			0.32～0.7	1.17	
	4005-D		√		0.32～0.8	1.65	
T 字型接续搭接	4008-B	√			0.32～0.7	1.17	
	4008-D		√		0.32～0.8	1.65	

- 3M 公司是世界著名通信器材生产商，你还知道哪些公司？课外查阅相关资料。

2．模块式接线子的压接

（1）压接工具

模块式接线子接续要用专用的压接工具，压接工具主要由接线架和压接器两部分组成。接线架由接线机头 1～2 个、支架管（电缆固定架）、接线机头支架、电缆扣带 2 个、检线梳及试线塞子等组成。其主要部件介绍如下。

① 接续机头是安装模块式接线子及进行接续的部件。它由两边的金属挡板、带色谱的进线板、蓝色分线齿和两排导线固定弹簧组成。

② 电缆固定架用于安放两侧（局方和用户方）已剖开护套的电缆，两侧各由一组皮带和皮带钩组成。

③ 接续机头支架由接续机头固定夹及横动杆组成。

④ 检线梳用于检查卡线质量，左移时仅显示 a 线，右移时仅显示 b 线。

⑤ 开启钳用于开启未卡接好芯线的模块式接线子。

⑥ 测试插针用于接续完成后，从模块式接线子测试插孔插入，检测接续质量，尾部导线可接测试仪表。

压接工具构成细节如图 2-13 所示。

（2）压接操作步骤

压接操作步骤如下。

① 开启工具箱。

② 取出压接器总成并将力臂杆对称旋紧于齿轮上，装配好后待用。

③ 取出机头总成和支臂总成及锁卡总成，用拇指按下连杆定位销，将锁卡总成连杆拉伸到止点位（若使用双机头接续）。

④（若为架空电缆可在地面初步组装）将支臂总成对中抱在连杆中部。

⑤ 调节紧固手柄将机头总成调节到适当的高度和角度。

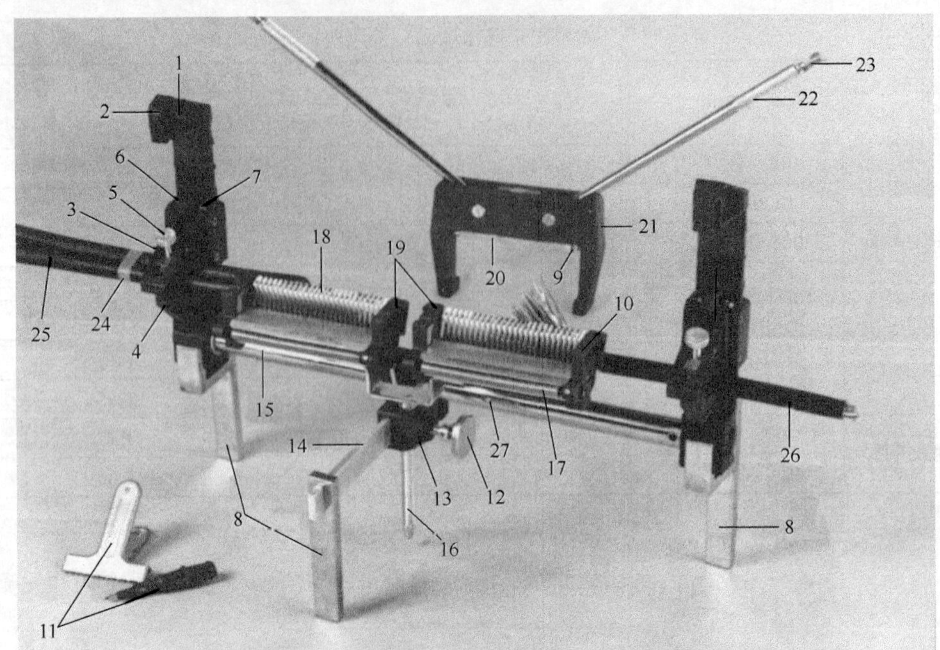

1—锁卡总成；2—锁卡上挂；3—锁卡上卡；4—锁卡下托；5—锁卡微调旋柄；6—锁卡止动滑块；
7—止动块压力调节钮；8—地面支架；9—定位销；10—定位槽；11—附件（开启钳、测试插针）；
12—紧固手柄；13—机头紧固卡；14—支臂总成；15—连杆；16—机头支架；17—机头紧线簧；
18—机头分线梭组；19—双机头总成；20—压块；21—压接器总成；22—力臂杆；23—挂钩；
24—分支电缆绞带（绑带）；25—分支电缆组；26—单电缆；27—连杆定位销

图 2-13　压接工具构成

⑥ 将初步组装的模块机用上挂悬挂在吊线上，将机器两侧的待接续电缆挂钩分别取下两只，调整好电缆的开剥长度，并分别放在锁卡下托上，使电缆轴线在锁卡外侧 30cm 内保持与连杆平行（若为分支电缆，则必须用塑胶带将分支电缆绑为一束，若在地面接续，则可用地面支架按图 2-13 将模块机支起）。

⑦ 将锁卡上卡向下压至止点位并向下压紧锁卡止动滑块，从而将电缆初步锁定。

⑧ 将锁卡微调旋柄顺时针旋转从而将电缆锁紧。

⑨ 根据电缆开剥长度重新调整机头高度和角度。

⑩ 按全色谱方式在机头上接线，接完一组后并用色谱校验板校验。

⑪ 校验无误后，将压接器压臂分开并将压接器总成垂直定位在机头总成的双侧板上的定位槽内，双手握住力臂杆相向缓慢压动，待感觉到压块与模块盖板接触到后再稍微用力压一下，听见两声轻微断线声，即压接完成（特别提示：只需压一次）。分开力臂杆取出压接器，扯下压断的线头，即可取出压接好的模块。

⑫ 当电缆芯线全部压接完毕后，即可退出电缆。

⑬ 将锁卡微调旋柄反时针旋转到位，然后用拇指和食指上下捏住止动滑块向上提起，即可将锁卡向上松开，从而将电缆取出。

⑭ 电缆取出后即可卸下机器总成，按住连杆止动销即可将连杆缩短，并按开箱原样将机器部件装于工具箱中。

压接器提供导线压接时的动力，常用手动液压器。它常由液压器主体、夹具和高压软管等组成，液压器提供 30MPa 的压强，可对顺好线的底、主、盖板进行压接，加压时先旋紧气闭旋钮，上下扳动手柄，听到液压器发出“唧、唧”声时，压接工序完成，如图 2-14 所示。

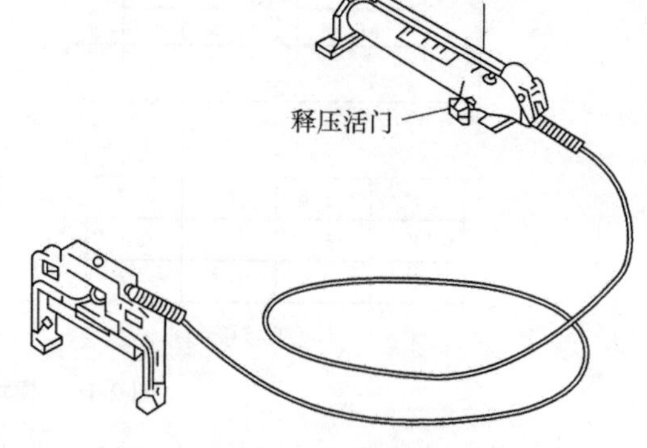

图 2-14　压接器

3．模块式接线子的接续方法

（1）准备工作和接口开长

① 准备接线工具及接续器材，安装接线架，接线机头装在接线架上。

② 电缆接线长度及模块式接线子排数，根据电缆对数、芯线直径及接头套管的直径等确定。两排模块式接线子接续尺寸如表 2-13 所示。

表 2-13　模块式接线子电缆接续开口长度参照表

对数	线径（mm）	接续开口长度（mm）	直接头直径（mm）	折回接头直径（mm）
400	0.4 0.5 0.6	432	66 74 79	69 81 107
600	0.4 0.5 0.6	432	79 89 97	89 104 133
1 200	0.4 0.5	432	107 114	135 160
2 400	0.4	483	157	198

③ 全塑电缆护套开剥长度根据电缆芯线接续长度确定，一般一字型接续（直接头）开剥长度至少为接续长度的 1.5 倍，例如，接续长度为 432mm，则护套开剥长度至少为 432mm × 1.5 = 648mm，如图 2-15 所示。

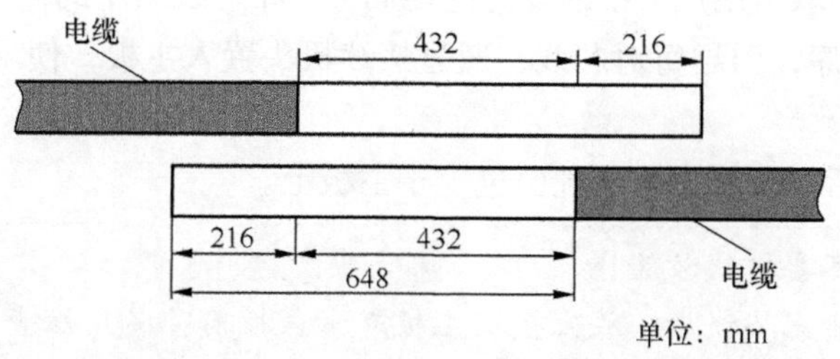

图 2-15　一字型接续开口长度示意图

若为折回直接，塑料护套开剥长度至少为接续长度的 2 倍，并另加 152mm。例如，接续长度为 483mm，则护套开剥长度至少为 483mm × 2 + 152mm = 1 118mm。为了简化计算，一般也可乘 2.5 倍，无需另加 152mm，即 483mm × 2.5 = 1 207.5mm。

④ 模块式接线子的排列。一般 1 200 × 2×0.4 以上电缆按两排模块安排，但也可根据套管长度、直径安排 3～4 排，模块式接线子的排列及间隔如图 2-16 所示。模块式接线子接续后，应排列及绑扎整齐，并应在模块盖上标明电缆线序。

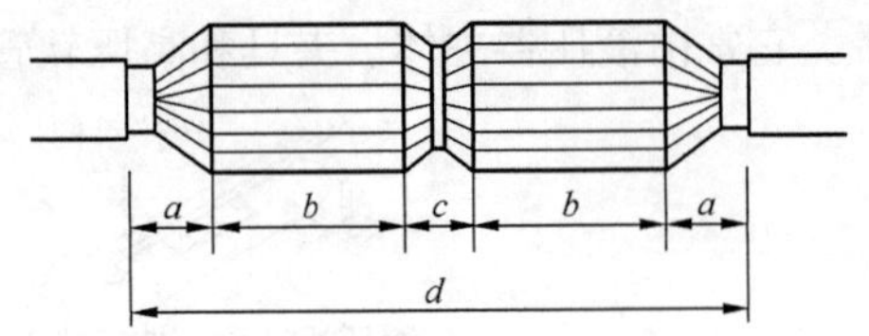

d	a	b	c
432	36	165	30
483	61.5	165	30

（a）直接接线

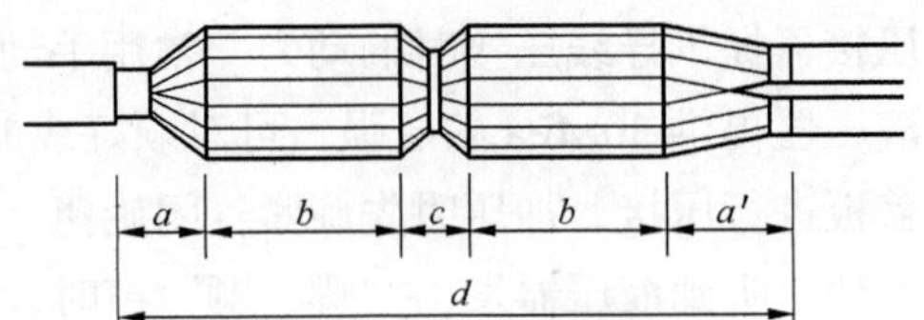

d	a	a'	b	c
432	30	42	165	30
483	45	78	165	30

（b）分歧接线　　单位：mm

图 2-16　模块式接线子的排列及间隔

⑤ 模块式接线子接续 100 对超单位的接续顺序应先下后上，先远后近。

⑥ 全塑电缆的备用线对，应采用扣式接线子接续。

（2）模块式接线子直接

模块式接线子直接步骤如下。

① 在接续器头内安装衬板，并使两端的弹簧片卡紧。

② 检查芯线固定弹簧是否符合适当的线径，接 0.4mm 的芯线时红色弹簧朝上，接 0.5mm 及以上线径的芯线时，黑色弹簧朝上。

③ 将模块的底板置于固定座内，斜角位置均在接续器的左上方，底板用接续机头上的弹片卡紧。

④ 从前下方开始，取出局向（中继线为龙头局向）相应线组，按色谱取出第一个 25 对线组，根部以色带结扎后，按照色谱次序用手的拇指和食指引导每一对芯线通过接线机头置入底板，使 a 线在左，b 线在右。

⑤ 用检查梳检查 a、b 线及色谱是否正确，将检查梳滑至左边时仅有 a 线出现，滑向右边时仅有 b 线出现。同时检查是否有二根芯线在同一线槽内，有无空线槽。

⑥ 安装主板（下为金黄色，上为乳白色）置于底板上，斜角的位置在左上方，并用接续机头两侧的弹性片卡紧。

⑦ 从前下方开始，取出用户（中继线为龙尾局方）相应线组中的第一个 25 对线组，根部以色带结扎，按照色谱次序，引导每对芯线，通过接续机头置入主板，使 a 线在左，b 线在右，重复第⑤步骤。

⑧ 25 对芯线就位后，安装盖板（乳白色）于主板上。

- 注意不要把线放错！
- 每次排完芯线后，放上模块主板或上盖板前务必用检查梳检查 a 线或 b 线是否有排错或有空线槽。

⑨ 将液压压接器固定夹内沿的凸梢置于接续器头的凹槽内。

⑩ 转动固定夹至直立位置，使套接器固定夹固定于接续器上。

⑪ 旋紧释压活门，使用手动液压器压接手柄进行压接，压紧模盖，听到 3 次排气声，说明压力已达 308kg/cm^2，应停止压接。

- 注意不要用力过大压坏模块！

⑫ 用手握住位于切除部分的芯线，上抬使芯线离开固定弹簧，同时检查芯线是否重叠和模块是否有空槽，再分 2～3 次拉去切掉的芯线。

⑬ 放松释压活门使得压接面升至原位再旋紧释压活门，然后转动压接器固定夹，使其倒向后方，并拆卸压接器，使它从接线器头上卸除，并检查模块另侧是否存在二线并槽及空槽现象。

⑭ 不断调整接续器与被接续芯线间位置，由于电缆大小不一，此距离为 5～10cm，重复上述接续步骤直到全部芯线接续完毕。

⑮ 为各接续完成的模块标注序号。

⑯ 整理模块，使模块的芯线部分朝向缆芯，模块排列成圆形，将塑料扎带扎在两模块间的芯线部分。

⑰ 用双手紧握模块，以面向局方做逆时针转动，使芯线全部包容在模块圈内以后，用聚乙烯带将模块两侧扎紧，如图 2-17 所示。

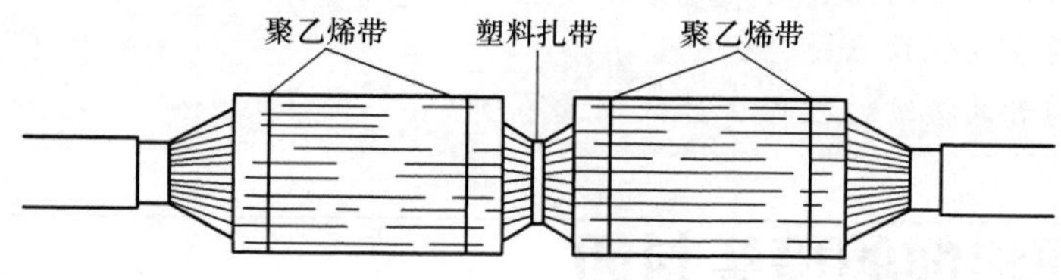

图 2-17　模块整理及包扎

（3）模块式接线子复接

模块式接线子复接步骤如下。

① 芯线复接应与相应的直接接续同时进行。

② 将被复接的分支电缆进行线序编排，使芯线束环头后，在另端电缆切口处附近固定，如图 2-18 所示。

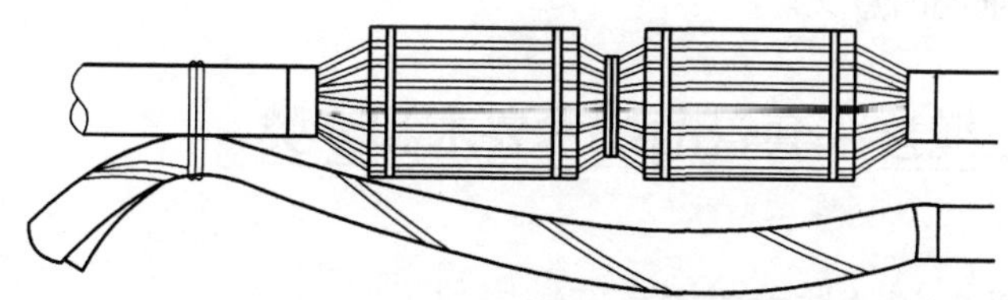

图 2-18　分支电缆固定

③ 打开主干电缆已完成接续的相应模块的盖板，在打开盖板前应仔细检查复接线束，被复接线束的超单位色带，基本单位色带与设计规定的复接线序是否相符。

④ 安装复接模块的土板于主板之上，并以手指压紧。

⑤ 取出分支电缆中的相应线束，按照色谱，通过接续机和主板，置入固定弹簧夹，使 a 线在左，b 线在右，并用检查梳检查。

⑥ 装上盖板于主板之上，与接续机头上的弹簧卡紧。

⑦ 装液力压接器，切除多余线头，并检查芯线是否重复入槽和模块空槽的现象。

⑧ 重复上述操作，直至全部复接工作完成。

整理模块，使模块的芯线部分朝向缆芯。模块排列成圆形，用塑料带扎住两模块间的芯线部分。

重点掌握

- 模块式接续步骤。
- 接续过程中的注意事项。

（4）模块接续注意事项

① 模块接续时对不同线径的处理：将细线径芯线置于模块的下方，将较粗线径的芯线置于模块上方。

② 模块 3 列排列：3 000 对及以上的大对数电缆的模块接续，为适应现有的热缩套管的最大外径，模块需分列 3 排，开口长度为 678mm。

③ 防潮措施：宜采用模块本体加防潮胶体为好，如 4000DWP。

归纳思考

对比扣式接续和模块式接续。

- 两者的适用场合有何不同？
- 两者的优缺点是什么？
- 两者的接续过程各有什么注意事项？

2.5 全塑电缆的接头封闭

探讨

- 为什么要把全塑电缆的接头封闭起来呢？有了问题岂不是很难修复？

全塑电缆线路的外界环境复杂、多变，外界影响因素较多，如气温、气候、各种自然现象、灾害等，容易对电缆线路产生影响，而根据电缆线路的维护经验，电缆线路的故障大部分又发生在电缆接头封合处，因此选用合适的封合材料和方式，正确进行全塑电缆接头封合对设计、施工和维护工作具有极其重要的意义。

2.5.1 全塑电缆接头套管的技术要求和分类

1．全塑电缆接头封闭的技术要求

全塑电缆接头封闭有以下技术要求。

（1）具有较强的机械强度，接头应能承受一定的压力和拉力。

（2）具有良好的密封性，能达到气闭要求。

（3）便于施工、维护方便、操作简单。

（4）具有较长的使用寿命。

2．全塑电缆接续套管的分类

（1）接续套管按品种分类

接续套管按品种可分为以下 4 类。

① 热缩套管：利用加热使套管径向收缩，使套管与电缆塑料外护套构成密封接头，在用户主

干电缆线路中普遍使用。

② 注塑熔接套管：利用熔融塑料在一定压力下进行注塑，使套管与电缆塑料外护套熔接成密封接头。

③ 装配套管：不使用热源，利用密封元件装配使套管与电缆外护套构成密封接头。

④ 冷缩套管（冷缩包管）：利用冷固带（俗称冷布）使接头护套与电缆外护套构成密封接头。冷固带由特殊材料制成，遇水发生化学反应，迅速缩固变硬，对电缆接头形成机械保护。冷缩包管安装操作简单、快捷，不需要采用其他辅助工具，特别适合于电缆障碍的快速修复。

（2）接续套管按结构特征分类

接续套管按结构特征可分为以下 3 类。

① 圆管式（O 型）：套管的主体部分截面为圆形或多边形的管状。圆管式套管要在电缆芯线接续前套在待接续电缆上。

② 纵包式（P 型）：套管主体沿纵向有一条或两条开口。电缆芯线接续以后，套管可纵包在电缆芯线接头之外，利用必要的连接件，使纵向开口连成一体，形成完整的密封套筒。

③ 罩式（俗称炮筒式）：套管的一端开口，另一端为圆罩形（即圆筒形）。电缆进、出口都在套管的开口端。

（3）接续套管按是否用于电缆气压维护系统分类

接续套管按是否用于电缆气压维护系统可分为以下两类。

① 气压维护用套管：用于额定气压为 70kPa 的气压维护电缆中，即接续套管能长期承受 70kPa 的内部气压。

② 非气压维护用套管：用于电缆非气压维护系统中，例如，用于不充气系统或填充电缆接头密封。正常情况下接续套管中没有恒定的高气压，但接头仍应维持密封。非气压维护用套管有加强型和普通型之分，必要时可使用加强型。

（4）接续套管按直通或分歧分类

接续套管按直通或分歧可分为以下两类。

① 直通型：套管一端进，另一端出，两端各接入一根电缆。

② 分歧型：套管的一端或两端接入两根或更多根电缆。

当套管本身的结构既允许直通使用也允许分歧使用时，可以不加区分。

2.5.2　全塑电缆接头套管的型式代号和规格

1．全塑电缆接续套管的型式代号

电缆接续套管的型式代号一般由 2～4 部分组成，各部分的表示和含义如图 2-19 所示。

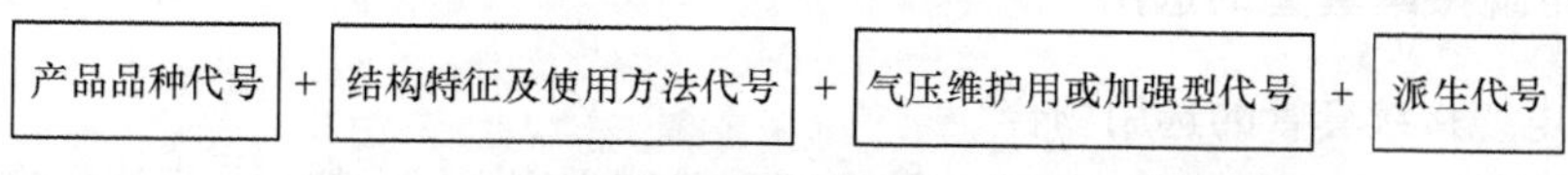

图 2-19　全塑电缆接续套管的型式代号表示方法

全塑电缆接续套管的型式代号意义如表 2-14 所示。

表 2-14　　全塑电缆接续套管的型式代号意义表

代号名称	型式分类	代号	代号名称	型式分类	代号
产品品种	热缩套管 冷缩套管 注塑熔接套管 装配套管	RS LS ZS ZP	是否气压维护或加强	气压维护用 非气压维护用加强型 非气压维护用普通型	A J -
结构特征	圆管式 纵包式 罩式	Y B Z	派生	分歧型 直接型 带气门	F - Q

2．全塑电缆接续套管规格

接续套管的规格用 D × d-L 表示，其意义如表 2-15 所示。

表 2-15　　全塑电缆接续套管规格意义表

品种代号	D	d	L
热缩套管	允许接头线束最大直径	允许电缆最小直径	接头内电缆开口距离（对于罩式套管为接头线束的长度）
注塑熔接套管		允许电缆最小直径	
装配套管		允许电缆最小直径	
备注	必须标注	不必区分可省略	必须标注

例如，RSBA-92 × 30-500 表示气压维护用纵包热缩接续套管，允许接头线束最大直径 92mm，允许电缆最小直径 30mm，接头内电缆开口距离 500mm。

2.5.3　全塑电缆接续套管的封合方法及选用

1．全塑电缆接续套管的封合方法

全塑电缆接头封合的类型有冷接法和热接法之分。冷接法主要应用于架空电缆线路和墙壁电缆线路；热接法由于气闭性好，广泛应用于充气维护的电缆线路中。

（1）冷接法

冷接法用于架空电缆、墙壁电缆和楼层电缆（采用带硅脂的接线子接续，防潮性能较好）等。接续套管多用接线盒、接线筒、玻璃钢 C 型套管、装配式套管（剖管）等。前 3 种接续套管主要应用于架空电缆，后一种适用于填充型或充气型电缆。

（2）热接法

热接法有：热缩套管封合法、注塑 O 型套管封合法和辅助 O 型套管包封法。

2．全塑电缆接续套管的选用

（1）全塑电缆接续套管的选用场合

① 热可缩套管：O 型和片型，可用于填充型和非填充型电缆，架空、管道、直埋电缆敷设时都可采用，成端电缆也能采用。

② 注塑套管：O 型只能用于聚烯烃护套充气维护的管道电缆和埋式电缆，成端电缆也能采用。

③ 玻璃钢 C 型套管：可用于非填充型不充气维护的自承式和吊挂式架空电缆。

④ 接线筒：一般用于 300 对以下的架空、墙壁、管道充气电缆。

⑤ 多用接线盒：用于非填充型不充气维护的自承式或吊挂式架空电缆。

⑥ 装配式套管（剖管）：包括用于充气型架空、管道、直埋电缆的机械式套管和用于非充气型填充电缆的装配式套管。

一般选用 O 型圆筒形套管时，施工现场（如人孔内）要有置放套管的空间（电缆接续前，将套管穿入电缆的一端）。而片型及 C 型套管是包在接口外纵向封闭的套管，适合于无置放接头套筒空间的场合。

（2）全塑电缆接续套管的选型

掌握各种型号规格的接续套管能适用的电缆程式，在工程施工及维护中有积极意义，常用接续套管的型号规格如表 2-16～表 2-20 所示，表中电缆为 0.4mm 线径，采用 4000D 型模块。

表 2-16　　国产热缩套管（RSB 或 RSBAQF）型号规格

序号	型号规格	接头外径（mm）	电缆最小直径（mm）	接头开口长度（mm）	适合电缆对数
1	RSB-30/12-250	35	15	250	10～50
2	RSB-45/15-300	45	15	300	25～100
3	RSBAQF-62/15-350	62	15	350	100～200
4	RSBAQF-62/15-500	62	15	500	200～300
5	RSBAQF-75/25-500	75	25	500	300～400
6	RSBAQF-92/30-500	92	30	500	400～600
7	RSBAQF-122/38-500	122	38	500	160～800
8	RSBAQF-160/55-500	160	55	500	160～2 000
9	RSBAQF-200/65-500	200	65	500	2 000～2 400

表 2-17　　国产热缩套管（RSY 或 RSYQF）型号规格

序号	型号规格	接头外径（mm）	电缆最小直径（mm）	接头开口长度（mm）	适合电缆对数
1	RSYF-18/9-170	18	9	170	5～10
2	RSYF-23/12-210	23	12	210	10～25
3	RSYF-30/15-250	30	15	250	25～50
4	RSYF-40/18-300	40	18	300	50～100
5	RSYF-50/22-400	50	22	400	150～200
6	RSYF-60/25-500	60	25	500	250～300
7	RSYF-75/27-500	75	27	500	300～400
8	RSYF-85/30-500	85	30	500	500～600
9	RSYF-100/37-500	100	37	500	800～1 000
10	RSYF-125/45-500	125	45	500	1 000～1 200
11	RSYF-150/50-500	150	50	500	1 200～1 400
12	RSYF-175/55-500	175	55	500	1 400～1 800
13	RSYF-200/55-500	200	55	500	1 800～2 400
14	RSYF-200/65-720	200	65	720	2 400～3 200

表 2-18　　充气型热缩套管（XAGA1000）型号规格

序号	型号规格	接头外径（mm）	电缆最小直径（mm）	接头开口长度（mm）	适合电缆对数
1	XAGA1000-62/15-350	62	15	350	100～200
2	XAGA1000-62/15-500	60	15	500	200～300
3	XAGA1000-92/30-500	92	30	500	400～600
4	XAGA1000-122/38-500	122	38	500	800～1200
5	XAGA1000-160/55-500	160	55	500	1 600～2 000
6	XAGA1000-200/65-720	200	65	720	2 400～3 200

表 2-19　　非充气型热缩套管（XAGA550）型号规格

序号	型号规格	接头外径（mm）	电缆最小直径（mm）	接头开口长度（mm）	适合电缆对数
1	XAGA550-43/8-200	43	8	200	10～50
2	XAGA550-43/8-500	43	8	500	100～200
3	XAGA550-75/15-500	75	15	500	200～300
4	XAGA550-92/25-500	92	25	500	400～600
5	XAGA550-122/30-500	122	30	500	800～1 000
6	XAGA550-160/42-500	160	42	500	1 000～1 600
7	XAGA550-200/50-500	200	50	500	1 800～3 200

表 2-20　　冷缩套管（充气加强型）型号规格

序号	型号规格	铝衬套直径（mm）	铝衬套长度（mm）	适合电缆对数
1	LSBAQ-30-250	30	250	10～30
2	LSBAQ-30-300	30	300	10～30
3	LSBAQ-40-250	40	250	30～50
4	LSBAQ-40-380	40	380	30～50
5	LSBAQ-50-350	50	350	50～100
6	LSBAQ-50-500	50	500	50～100
7	LSBAQ-60-350	60	350	100～200
8	LSBAQ-60-550	60	550	100～200
9	LSBAQ-75-350	75	350	300～400
10	LSBAQ-75-570	75	570	300～400
11	LSBAQ-92-640	92	640	400～600
12	LSBAQ-92-750	92	750	400～600
13	LSBAQ-100-660	100	660	600～800
14	LSBAQ-100-750	100	750	600～800
15	LSBAQ-122-750	122	750	800～1 200
16	LSBAQ-160-750	160	750	1 200～1 800
17	LSBAQ-200-500	200	500	1 800～2 400
18	LSBAQ-200-750	200	750	2 400～3 200

注：冷缩套管的规格代号与热缩套管有所不同，如表 2-20 所示，型号规格中第 1 个数字代表铝衬套直径，第 2 个数字代表铝衬套长度。

- 了解各种套管的型号及其使用场合。

2.5.4　全塑电缆热缩套管的封合

1．热缩套管组件

根据电缆外径、接头开长、接头外径及电缆保气要求等，选择合适型号规格的进口、国产产品。热缩套管一般成套使用，包括热缩套管及其相关组件，如图 2-20 所示，其实物照片如图 2-21 所示。

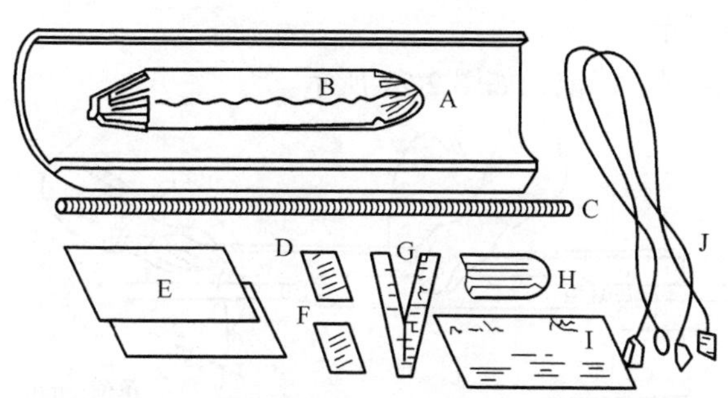

A—热缩包管；B—金属内衬筒；C—不锈钢夹条（拉链）；D—夹条连接扣；E—铝箔（隔热铝箔）；F—清洁剂；G—砂皮条；H—分歧夹；I—施工说明书；J—屏蔽连接线

图 2-20　热缩套管组件

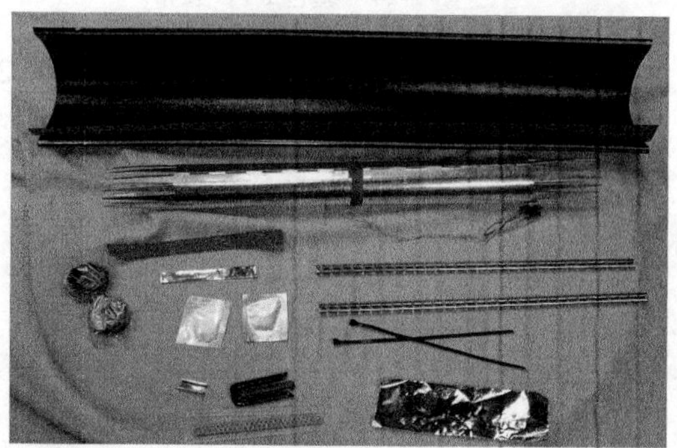

图 2-21　热缩套管实物照片

2．热缩套管安装方法与步骤

热缩套管安装方法与步骤如下。

① 电缆芯线接续完毕后，在电缆两端口处，安装专用屏蔽线。将排列好的模块用无粘胶性聚脂薄膜带从中间开始向两端进行往返 3 次交叉包扎，如图 2-22 所示。全塑电缆接头封合前，应对芯线进行电性能测试，确认无故障时，进行芯线包扎。

② 在电缆接续部位，安装金属内衬套管，并把纵剖面拼缝用铝箔条，或用 PVC 胶带粘接固定，如图 2-23 所示。

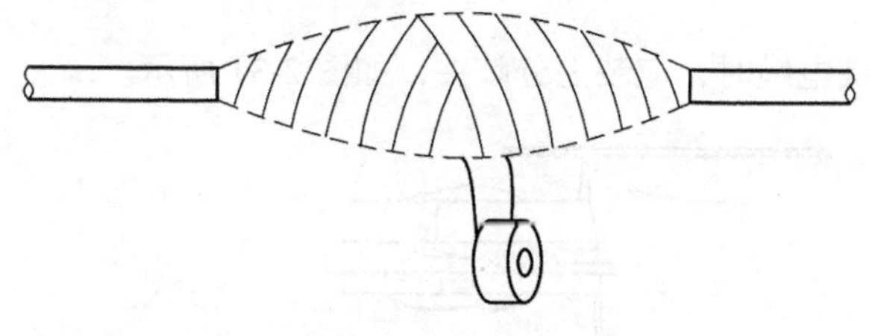

图 2-22　芯线包扎

图 2-23　安装金属内衬套管

- 电缆接头的金属内衬套管应置于接头的中间。

③ 把内衬套管的两端全部用 PVC 胶带进行缠包，如图 2-24 所示。

④ 用清洁剂清洁内衬管的两端电缆外护层，长度为 200mm，如图 2-25 所示。

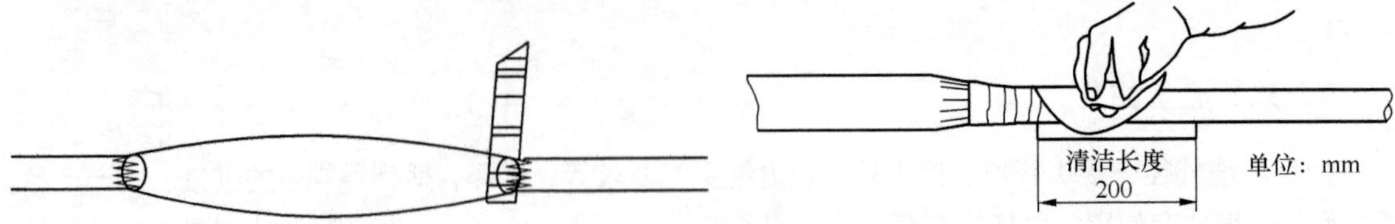

图 2-24 缠包 PVC 胶带

图 2-25 清洁电缆外护层

⑤ 用砂布条打磨电缆清洁部位，如图 2-26 所示。

⑥ 在热缩套管两侧向内 20mm 处的电缆护套划上标记，如图 2-27 所示。

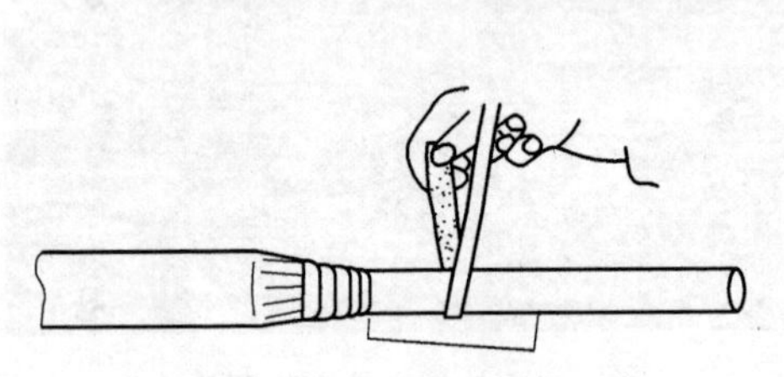

图 2-26 打磨电缆

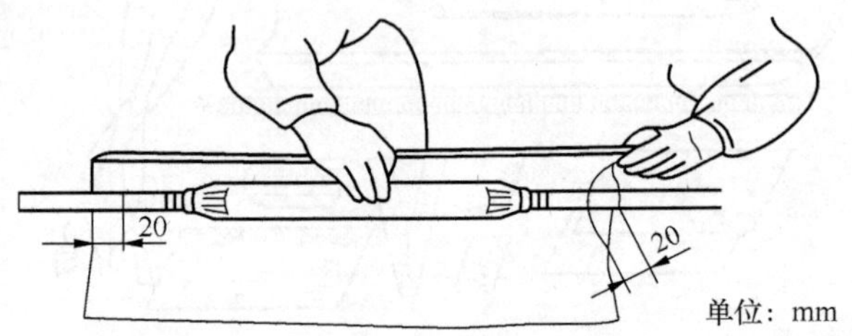

图 2-27 电缆护套上标记

⑦ 把隔热铝箔贴缠在电缆所划的标记外部，如图 2-28 所示。

⑧ 用钝滑工具平整隔热铝箔，以避免划破，如图 2-29 所示。

⑨ 用喷灯加热金属内衬管和铝箔之间的电缆护层约 10s，其表面温度 60℃左右，如图 2-30 所示。

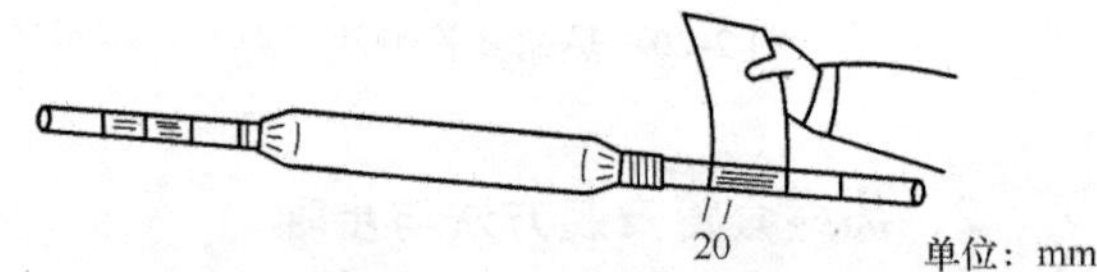

图 2-28 缠贴隔热铝箔

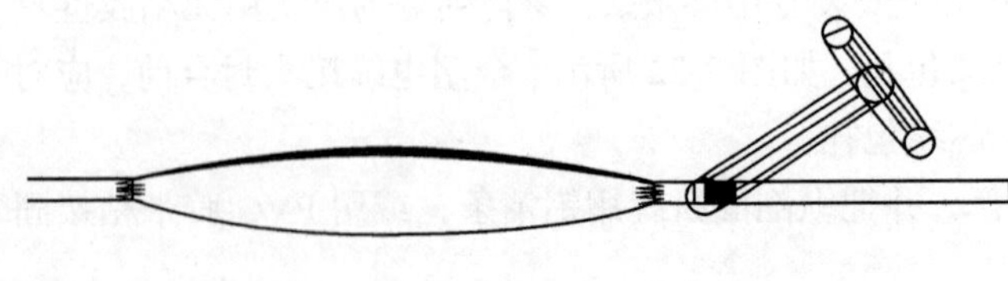

图 2-29 平整隔热铝箔

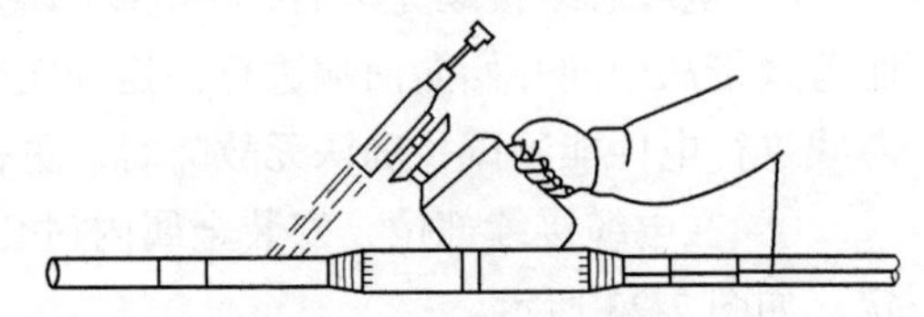

图 2-30 加热电缆护层

⑩ 将热缩套管居中装在接头上，如遇有分歧电缆时，应装上分歧夹，如图 2-31 所示。

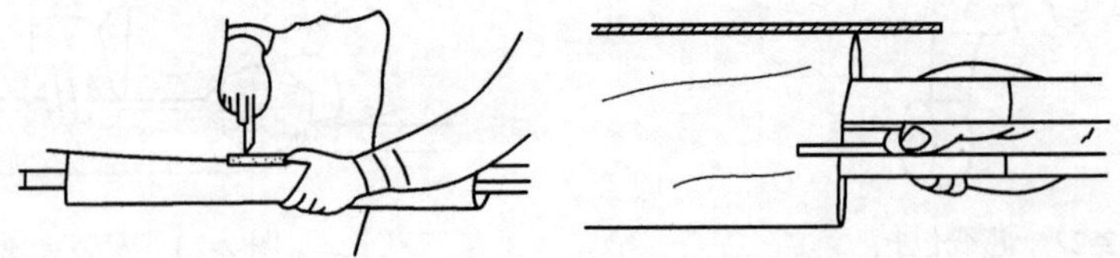

图 2-31 安装热缩套管

● 内衬套管的纵向拼缝要与热缩套管夹条成 90°。遇有分歧电缆时，小电缆应在大电缆的下方。电缆接头的一端，最多以 3 条电缆为限。

⑪ 遇有分歧电缆的一端，距热缩套管 150mm 处应用扎线永久绑扎固定后，方可加热烘烤热缩套管，如图 2-32 所示。

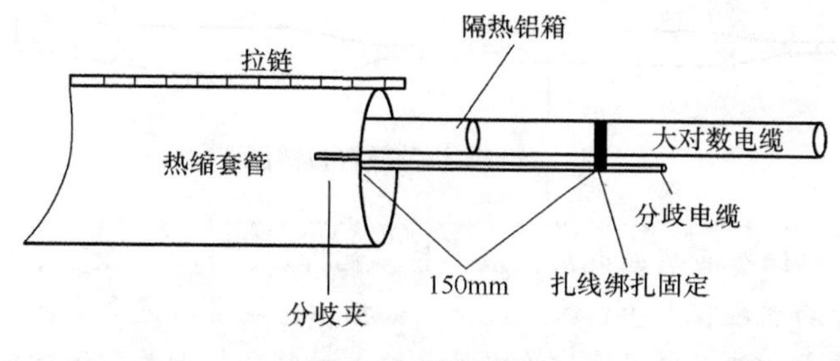

图 2-32 绑扎固定

⑫ 用喷灯首先对热缩套管夹条（拉链）两侧进行加热，使热缩套管拉链两侧先收缩，然后再从热缩管中下方加热，如图 2-33 所示。

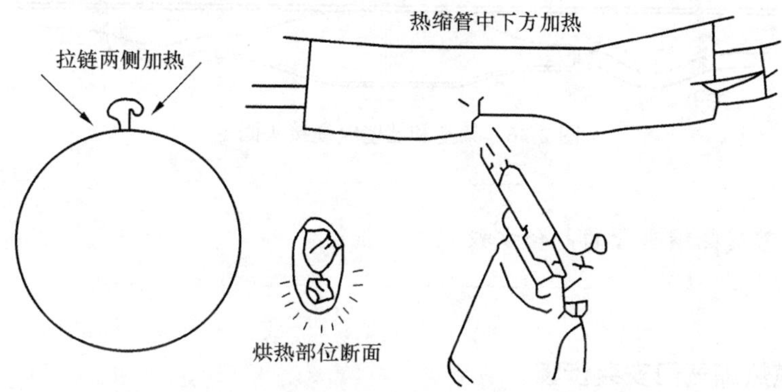

图 2-33 拉链两侧及热缩管中下方加热

- 在封合热缩套管时，使用喷灯必须小心，喷灯头不能直接接触热缩套管，火焰要求中等、均匀。

⑬ 热缩套管下方加温收缩后，喷灯向两端（先向任一端）圆周移动加热，加热到弯头处，用锤子柄轻轻敲打热缩管两端弯头处夹条，直至温度指示漆均变色，热缩套管完全收缩，再把喷灯圆周移动加热移向另一端，直至整个热缩管收缩成型，如图 2-34 所示。

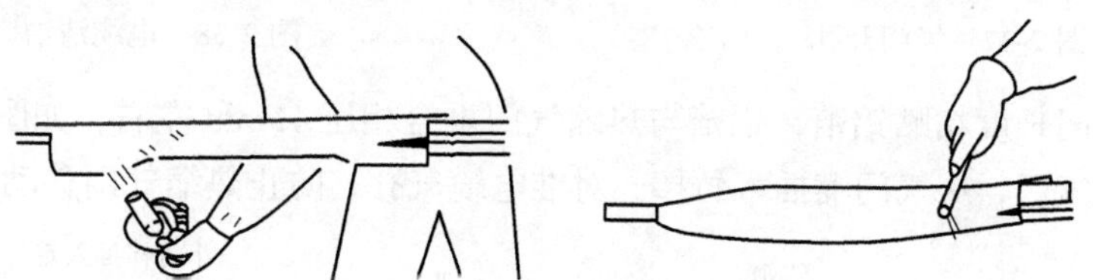

图 2-34 喷灯移动加热并敲打弯头

- 当遇到热缩套管收缩最小内径大于电缆的外径时，可采用一段适当大小的塑料电缆（带有热缩端帽）或用尼龙棒，插入热缩套管内，形成二分歧。

⑭ 整个热缩套管热缩成形后，再对整个夹条两侧均匀加热约 1min，然后用锤子柄轻轻敲打热缩管两端弯头处夹条，使热缩管夹条与内衬套紧密粘合，如图 2-35 所示。

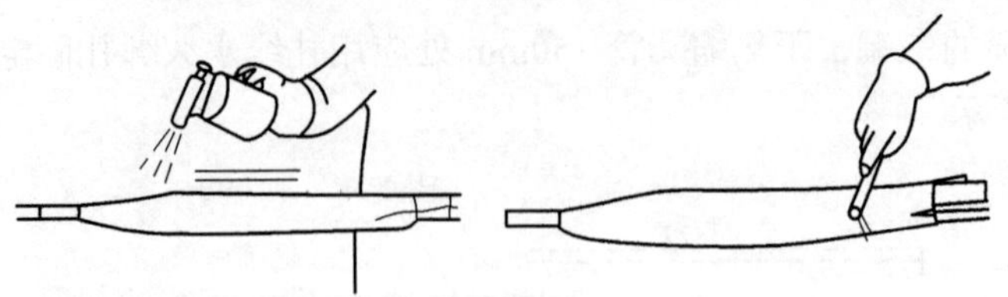

图 2-35　加热及敲打拉链图

- 整个热缩套管热缩成形，应平整、无折皱、无烧焦现象，温度指示漆应变色，套管两端应有少量热熔胶流出，如指示色点没有完全变色，或套管两端无热熔胶流出，应再次用喷灯（中等火焰）对整个热缩套管进行加热直到达到要求。

⑮ 架空和墙壁电缆接头固定。要求接头位置稍微高于电缆，形成接头两端自然下垂，使雨水往下流，接头的夹条（拉链）必须安放在套管下方，如图 2-36 所示。

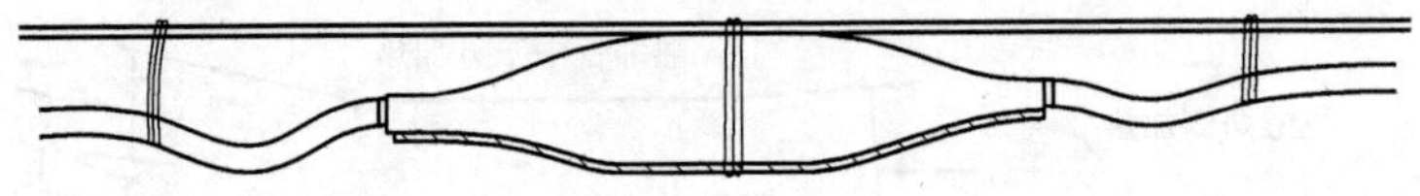

图 2-36　架空和墙壁电缆接头固定

- 掌握热缩套管的封合步骤。

3．全塑电缆热缩气门安装步骤

充气维护的电缆线路，气门的修理、更换、安装是日常维护工作中经常遇到的工作内容。安装步骤如下。

① 用电工刀在电缆上开出气孔，开孔直径 5～8mm，注意不得伤及电缆芯线，如图 2-37 所示。

② 用清洁剂清洁电缆，然后用砂布条打磨电缆 350mm（开孔两侧各 175mm），如图 2-38 所示。

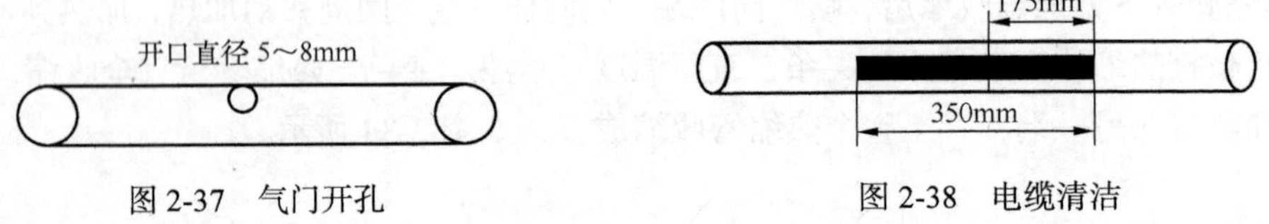

图 2-37　气门开孔　　图 2-38　电缆清洁

③ 按热缩气门长度粘贴铝箔，铝箔与热缩气门重合相压 15mm 左右，如图 2-39 所示。

④ 包上热缩气门，从气门嘴插入竹棒，对准电缆气孔，防止热缩气门移动，如图 2-40 所示。

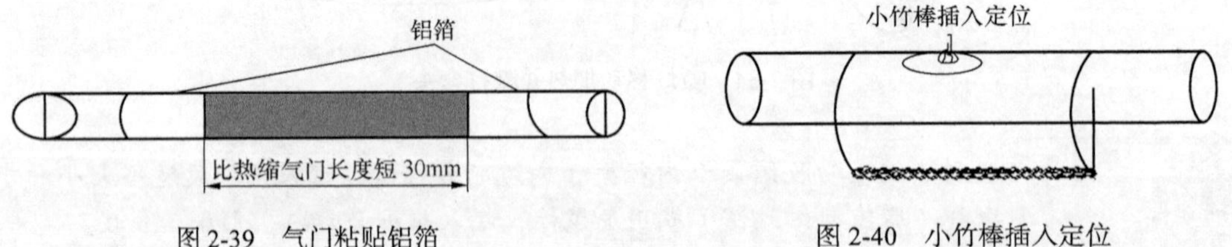

图 2-39　气门粘贴铝箔　　图 2-40　小竹棒插入定位

⑤ 按照热缩套管类似操作，对热缩气门进行加热烘烤成型，待热缩气门冷却后取出竹棒，再旋上气门。

⑥ 正确选择全塑电缆热缩气门规格。

常用全塑电缆热缩气门规格及其适用的电缆对数如表 2-21 所示。

表 2-21　全塑电缆热缩气门

规格	收缩前内径	收缩后内径	全长（mm）	用途	适应电缆对数
RSQ-30/15	30	15	200	全塑电缆专用气门	50～150
RSQ～40/18	40	18	200		150～300
RSQ～50/25	50	25	200		300～500
RSQ～60/30	60	30	250		500～800
RSI～70/37	70	37	300		800～1 200
RSI～80/45	80	45	300		1 200～1 600
RSI～90/55	90	55	300		1 600～2 100

2.5.5　全塑电缆剖管灌注封合

全塑电缆剖管灌注封合法属于冷接法，采用预制组装件和灌注密封胶，施工方便、封合质量可靠、操作技术简单、可重复使用、易学便于推广，目前广泛用于填充型市内通信全塑电缆接头封合。

双剖管封合方法目前使用较多，剖管管身由两个硬聚丙烯（或有机玻璃）半圆剖管组成。其两端各附管盖（端帽），管盖外侧有单管或双分歧管两种形式，均为不同外径圆锥形管，适合于分歧不同外径电缆。剖管外面有 3 个大卡箍固定，在电缆两侧扎密封带，加装塑料网套支撑条，并能把电缆屏蔽层连通。剖管以 3M 公司 RJ 系列产品居多，下面以 3M 公司产品为例进行介绍。

1．3M 公司 RJ 系列剖管型号、规格

3M 公司 RJ 系列剖管的型号、规格表示法如图 2-41 所示。

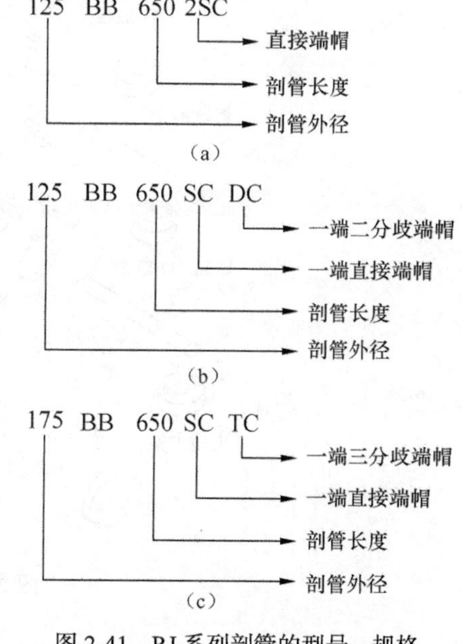

图 2-41　RJ 系列剖管的型号、规格

2．3M 公司 RJ 系列剖管规格选用要求

（1）该系列剖管适用于填充石油膏电缆或非填充石油膏，非充气维护方式的电缆接续。

（2）接头套管内应灌满聚氯基甲酸密封剂，防止水的侵入。

（3）3M 公司 RJ 系列剖管规格选用如表 2-22 所示。

表 2-22　3M 公司 RJ 系列剖管规格选用表（单位：mm）

3M 剖管规格	剖管尺寸 直径 × 长度	直接端帽 最大直径	分歧电缆最大直径			电缆开口长度	所需灌入的密封剂容量（g）	适用的电缆对数
			A	B	C			
125BB6502SC	125 × 650	64	-	-	-	480	7 200 二听、二袋	400-0.4～600-0.6

续表

3M 剖管规格	剖管尺寸 直径×长度	直接端帽 最大直径	分歧电缆 最大直径			电缆开 口长度	所需灌入的密 封剂容量（g）	适用的电缆对数
			A	B	C			
125BB650SCDC	125×650	64	64	64	-	480	7 200 二听、二袋	400-0.4～400-0.7 500-0.4～500-0.5 600-0.4
175BB6502SC	175×650	94	-	-	-	480	15 000 5 听	800-0.5～1 200-0.5
175BB650SC7C	175×650	94	90	77	61	430	15 000 5 听	800-0.4～1 000-0.4
225BB6502SC	225×650	101	-	-	-	480	2 400 8 听	1 800-0.4～2 400-0.4
225BB650SC7C	225×650	101	98	91	61	480	24 000	1 200-0.4～2 400-0.4

3．3M 公司 RJ 系列剖管组件

RJ 系列双剖管组件如图 2-42 所示。

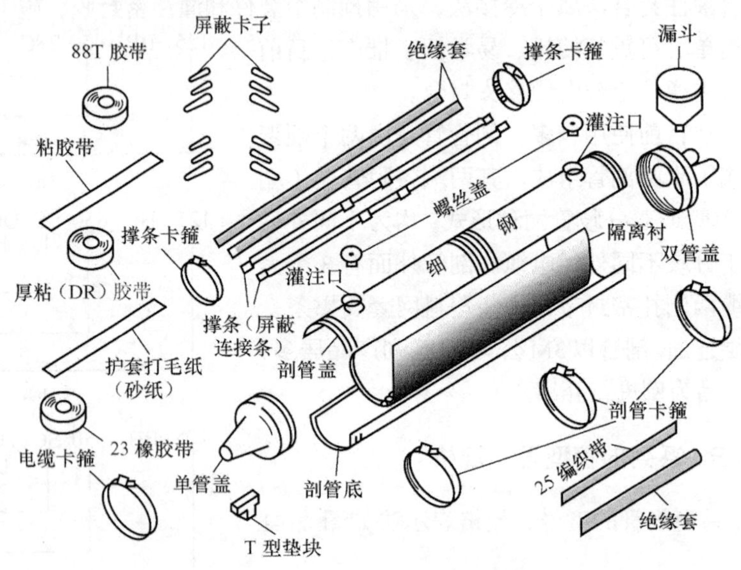

图 2-42　3M 公司 RJ 系列剖管组件

4．3M 公司 RJ 系列剖管安装步骤

3M 公司 RJ 系列剖管安装方法和步骤如下。

（1）开剥电缆护套和套管盖

剥去电缆接头两侧的护层，在电缆开口的两端用砂布条各打磨 200mm 左右，用 88T 胶带相互重叠缠包电缆两端各 200mm，剥除芯线外的包带，在电缆切口端部留长 20mm，如图 2-43 所示。

88T 胶带是聚氯乙烯弹性带基于强胶粘剂的组合，提供了最小体积防潮的电气保护和机械保护。具有绝好的耐磨性、防潮性、耐酸、碱腐蚀及抗环境变化能力（包括抗紫外线）。

（2）屏蔽线连接夹及屏蔽连接条的安装

安装屏蔽线连接夹及屏蔽连接条步骤如下。

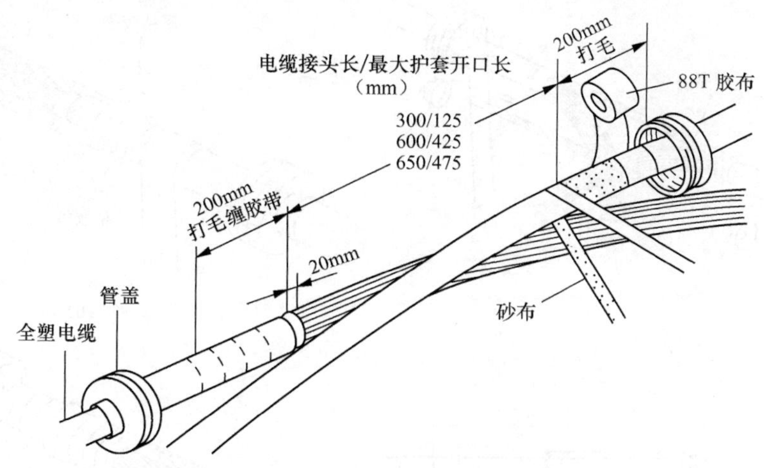

图 2-43　开剥电缆护套及套管盖

① 将屏蔽连接夹的塑料填靴插入电缆屏蔽层与大包纸（或涤纶带）护层中间，两个塑料填靴的安装位置互成 180°，如图 2-44 所示。

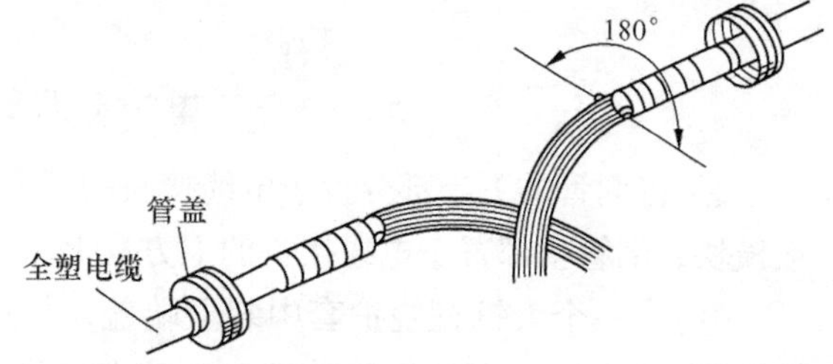

图 2-44　塑料填靴安装

② 将屏蔽线连接夹的金属基座插在塑料填靴上，不要损伤金属基座的牙纹，如图 2-45 所示。

③ 剪开电缆切口处包扎的 88T 胶带，安装屏蔽连接头，将屏蔽连接夹的上盖压在电缆的外护层上，网状塑料绝缘套套在屏蔽金属拉力条上，如图 2-46（a）所示。屏蔽金属拉力条两端的凹槽朝外安装在屏蔽连接夹上，用螺母旋紧，最后用不锈钢紧固夹把屏蔽金属拉力条及电缆夹紧，如图 2-46（b）所示。如果是分歧接头，分歧电缆的屏蔽线安装方法如图 2-46（c）所示。在屏蔽金属拉力条旁 12mm 处，用生胶带缠包在电缆护层上，用 DR 胶带紧包在生胶带的外面 2～3 层，DR 胶带的白色部分应朝外，然后用 88T 胶带将整个屏蔽接头全部缠包一层，如图 2-46（d）所示。

DR 胶带是乙丙橡胶带基，高低压绝缘，自粘性胶带，黑白双色，工作温度 90℃，应急温度 130℃。

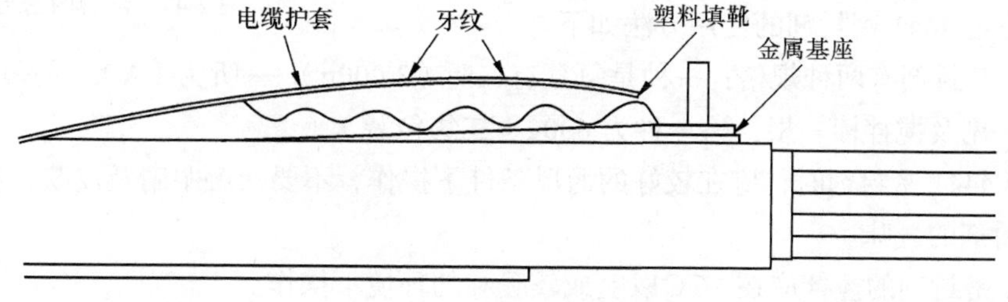

图 2-45　屏蔽线连接夹安装

④ 上述工作完毕即可进行电缆芯线的接续。

（3）剖管的安装

安装剖管步骤如下。

① 先将 88T 胶带从电缆开口处重新剥除。

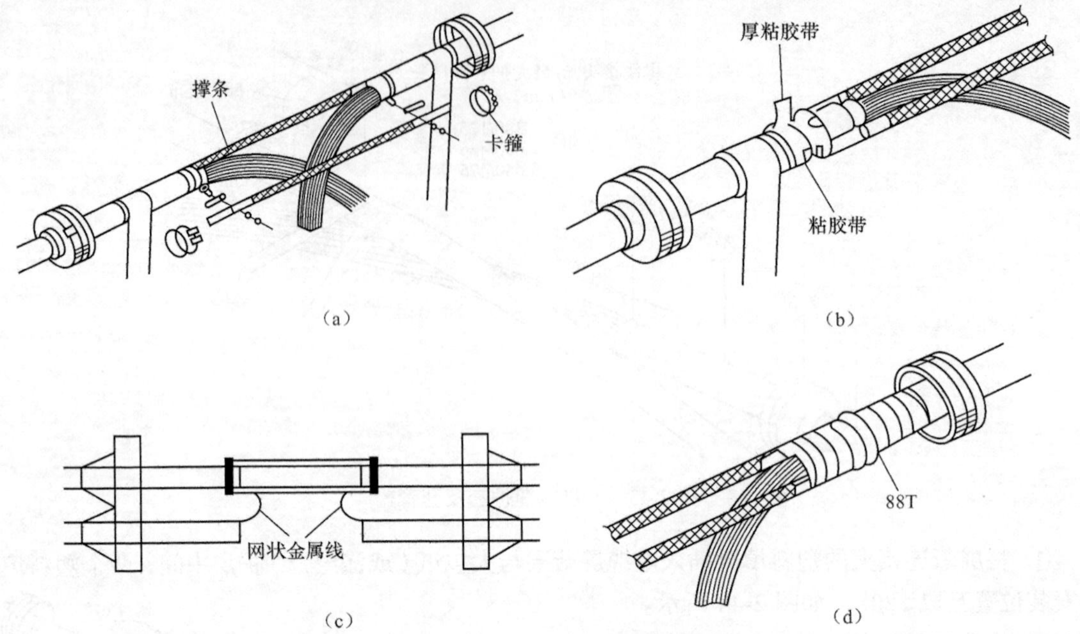

图 2-46　屏蔽金属拉力条安装

② 将剖管的下半部分置于电缆接头的下方，尼龙空芯衬垫也置于电缆接头的下方，并包容接续模块，剖管上部置于电缆接头的上方，上、下两部分合拢时，应注意榫舌与沟槽完全吻合。

③ 将一个大钢箍绕护套中装上端盖，并用大钢箍牢牢地固定，用 LR 胶带或 88T 胶带将盖端与电缆外护套密封。

（4）剖管的密封方法

剖管密封方法如图 2-47 所示，其步骤如下。

① 将已全部封装好的剖管，一端抬高 25mm 左右，将漏斗置于接头低一端的浇灌口。

② 将已充分调匀的密封剂倒入漏斗，直至剖管满，并将管内的空气赶出为止（另一端已溢出）。

③ 将两个揿钮盖塞入灌口内。

④ 3M 公司 4441 密封剂的使用方法如下。

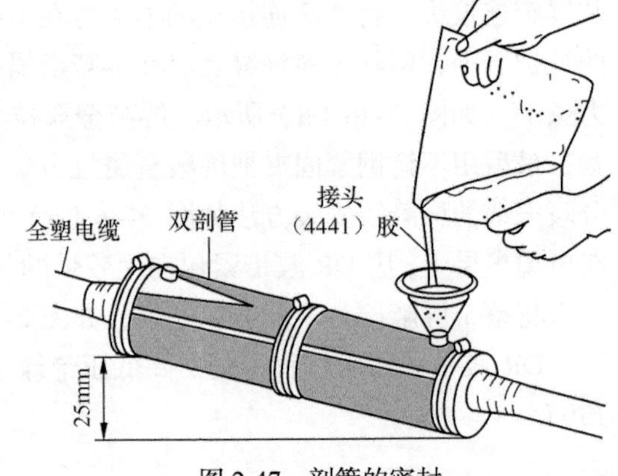

图 2-47　剖管的密封

- 4441 密封剂有两种规格：一种是每盒有二听（3 000g），一听为（A），另一听为（B），内有塑料手套一副及搅拌棒一根；另一种为 600g（二袋包装）。
- 搅拌 4441 密封剂时，应在较好的通风条件下操作，不要接触眼睛及皮肤，应避免长时间的吸入该密封剂的气味。
- 4441 密封剂的搅拌应在 16℃以上或较暖和的环境下操作。
- 搅拌前将小听（A）的液体倒入大听（B）内，搅拌时间应在 2min 以上。
- 搅拌完毕后，应立即倒入剖管内。

（5）剖管的放置

① 剖管内密封剂凝固后把剖管放在托架上，托架如图 2-48 所示。

② 用托架支撑剖管放置于人孔托板上，放置形式如图 2-49 所示。

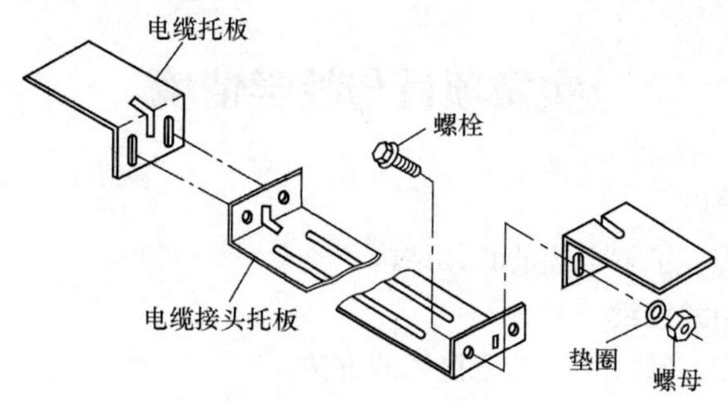

图 2-48　双剖管电缆头托架

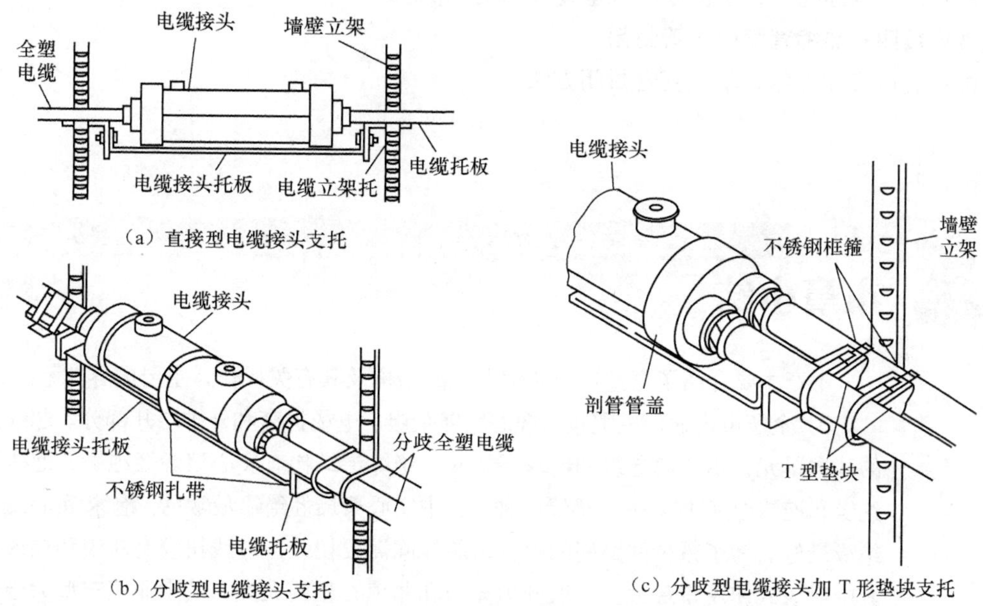

图 2-49　双剖管在人孔内的放置形式

③ 如果在墙壁上支托，当主架中心距离小于 90cm 时，则放置方式如图 2-50 所示。

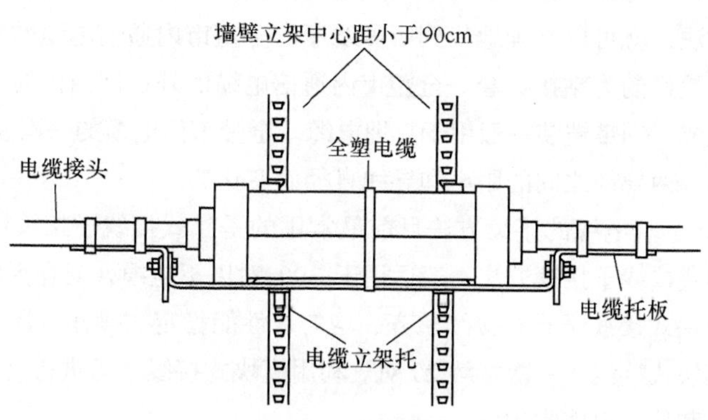

图 2-50　墙壁放置形式

● 了解剖管的封合方法。

实做项目与教学情境

实做项目一：认识电缆

目的：通过观察电缆，了解电缆的具体结构。

实做项目二：电缆扣式接续

目的：通过实际操作，掌握扣式电缆接续的方法。

实做项目三：电缆模块式接续

目的：通过实际操作，掌握模块式电缆接续的方法。

实做项目四：热缩套管或剖管封闭

目的：通过实际操作，掌握套管封闭方法。

本章小结

本章主要介绍了全塑市内通信电缆的结构及其有关操作，主要内容如下。

① 全塑市内通信电缆包括缆芯、屏蔽层、电缆护套和外护层几部分。芯线是电缆的基本单元，由金属导线和绝缘层组成，绝缘层结构有实心聚烯烃绝缘、泡沫聚烯烃绝缘和泡沫/实心皮聚烯烃绝缘 3 种，其中实心聚烯烃绝缘最常见，泡沫/实心皮聚烯烃绝缘最好。为了减少回路间的串音，芯线间需要扭绞，芯线扭绞有对绞和星绞两种，其中对绞式使用量最大。一般分填充型和非填充型两大类，其中非填充型为当前全塑市内通信电缆的主流。电缆的型号用汉语拼音字母和数字表示，表达电缆的类别、绝缘、屏蔽、护套、特征和外护层等内容。全塑电缆全色谱具有给出线号就可找出线对的优点，大对数全塑电缆均采用全色谱，只要熟练掌握了各级单位的组成以及色谱的识别方法，就可以准确地找到所需线序。全塑市内通信电缆的护套目前使用广泛而防潮性能较好的为粘接护套。全塑市内通信电缆的外护层由内衬层、铠装层、外被层 3 部分组成，钢带铠装一般用于直埋电缆。全塑市话电缆的一次参数 R、L、C、G 是随着频率、两导线之间的距离和导线直径而变化的。

② 全塑电缆的接续方法目前最常用的是扣式接线子接续法和模块式接线子接续法。扣式接线子接续方法一般适用于 300 对以下电缆，或在大对数电缆中接续分歧电缆。模块式接线子具有接续整齐、均匀、性能稳定、操作方便和接续速度快等优点。一般模块式接线子一次接续 25 对。利用模块式接线子可进行直接、复接和搭接，大对数电缆和地下电缆常用。

③ 全塑电缆线路的外界环境复杂、多变，外界影响因素较多，根据电缆线路的维护经验，电缆线路的故障大部分又发生在电缆接头封合处，因此选用合适的封合材料和方式正确进行全塑电缆接头封合对设计、施工和维护工作具有极其重要的意义。目前常用的主要包括热缩套管、注塑熔接套管、装配套管等。

习题

2-1　简述全塑电缆绝缘层结构。

2-2　简述全塑电缆结构。

2-3　简述全塑电缆的电气特性。

2-4　简述全塑电缆扣式接线子接续步骤。

2-5　简述全塑电缆模块式接线子接续步骤。

2-6　简述全塑电缆热缩套管的封合步骤。

第3章 电缆成端及电缆配线

本章教学说明

- 介绍电缆入局建筑、成端电缆
- 介绍交接箱、分线设备
- 介绍电缆配线方式

本章内容

- 电缆入局建筑
- 成端电缆
- 电缆交接箱
- 主干电缆网配线
- 电缆分线设备
- 配线电缆网配线

本章重点、难点

- 交接箱、分线设备的安装
- 电缆进线室、电缆测量室
- 成端电缆的制作、主干电缆网配线

本章学习目的和要求

- 掌握电缆交接箱、分线设备的相关技术要求及其安装方法
- 掌握成端电缆的制作方法
- 掌握电缆配线方法
- 了解电缆入局建筑的形式及其要求

本章实做要求及教学情境

- 参观运营商的机房
- 安装交接箱电缆、安装分线盒电缆

本章学习能力要素及基础要求

- 课前预习相关内容
- 掌握用户线路的内容
- 通过实践操作掌握成端设备

本章学习方法建议

- 预习复习结合
- 观察机房、实践操作与课堂学习结合
- 自学与探讨结合
- 寻求教师答疑与学习反馈结合

本章建议学时数：6 学时

探讨

- 还记得用户线路的内容吗？

本地电话网线路一般从市话交换局的总配线架（MDF）纵列起，经电缆进线室、主干电缆、交接箱设备、配线电缆、分线设备、引入线或经过楼内暗配线最终到达用户电话机，如图 3-1 所示。

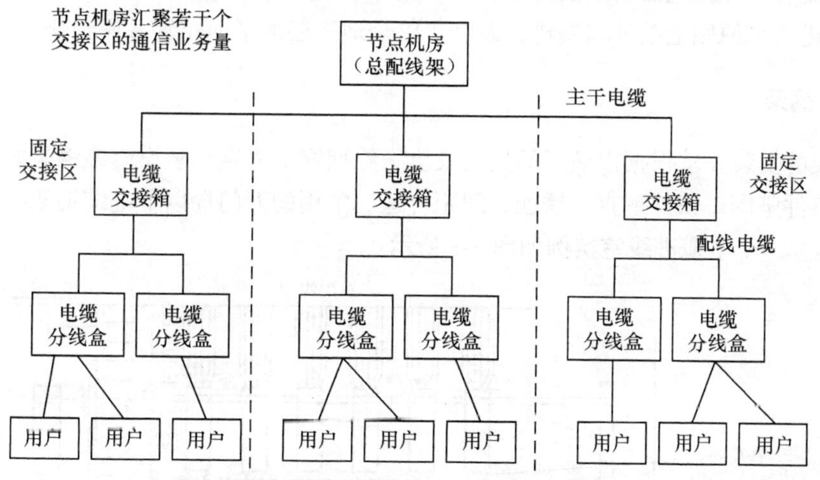

图 3-1　本地电话网用户线路示意图

图 3-1 中，交接箱与分线盒合称为成端设备，在用户线路中起着重要的连接作用。电缆进线室到总配线架一般要进行电缆成端，即形成成端电缆。主干电缆、配线电缆属于电缆配线内容。

3.1 电缆入局建筑

3.1.1 电缆进线室

1. 电缆进线室基本概念

线路敷设完毕后须引入局所，使用户与局内电信设备相连接，才能实现通信的目的。电缆线路的进局方式，可根据电缆的敷设方式、进局电缆的条数和局所的周围环境、总配线架的位置和局所

的容量等因素来选定。一般情况下电缆入局方式采用地下入局方式。地下入局方式就是电缆首先引入电缆进线室，然后由电缆进线室引入机房总配线架。因此，电缆进线室是连接局内外的重要建筑。

电缆进线室也称电缆室或水线房，是局内设备和局外线路相互衔接的地方。它的位置应建筑在电缆测量室（简称测量室）的下面或者附近，并要求离局前人孔较近，其规模应根据局所的终局容量而定。在建筑上要求安全坚固、具有良好的防水防火性能。为了支撑电缆，在电缆进线室还应安装钢架，同时应考虑留有安装自动充气维护设备的位置。

电缆进线室的建设主要考虑以下因素。

① 电缆进线室在建筑物中所处位置应便于外线电缆进局。

② 电缆进线室的大小应按局所终期容量考虑，外线电缆引入电缆进线室所需的进局管道和隧道的大小也应按终局容量考虑。

③ 电缆进线室应为专用房间，除小局的电缆充气维护外，不应与其他房间共用，电缆进线室与测量室的关系密切，应邻近测量室，最好设置在测量室的下面，便于进线和维护，节省投资。

④ 电缆进线室的布置应便于电缆的施工和维护，要求整齐美观，符合经济原则。

⑤ 电缆进线室内的电缆布置应统一安排有序，各方向进线能够通向任何上线孔洞不受阻挡，并符合电缆弯曲半径的技术要求，以免损坏电缆。

⑥ 在满足容量和工艺需要的前提下，尽可能压缩占用房间的面积和净高，以节省投资。

⑦ 电缆进线室原则上贴外墙安排，以利于整个地下层的平面布置并得到合理利用。

2. 电缆钢架

电缆钢架的安装要求根据市话网的发展及机房终期容量而定。装设电缆钢架要求横平竖直，不得倾斜。铸件坚固、铁件平直无锈蚀、间距合适。常用的万门局以下电缆钢架的安装规格示例如图 3-2 所示，一个电缆进线室实例如图 3-3 所示。

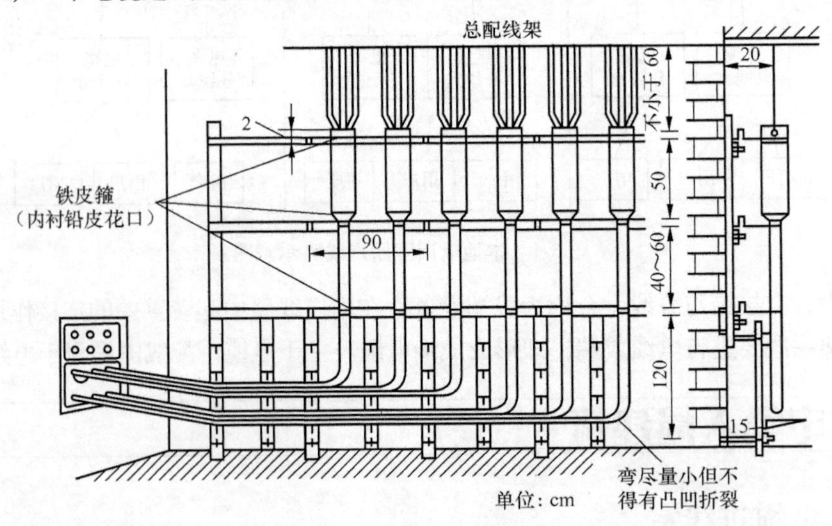

图 3-2　电缆钢架示意图

3. 电缆进线室的上线方式

电缆入局以后，要由电缆室钢架引上至总配线架，主要采用集中或分散上线方式。目前，一般采用分散上线为主，辅以集中上线形式。

（1）集中上线

图 3-3　电缆进线室实例

集中上线是将外线电缆集中纳入一个上线孔洞，引到上层地板下面或高架上做成端接头，然后再分散引向总配线架外线侧成端。集中上线对电缆进线室的形状和位置无特殊要求，需要的建筑面积较小，对同层的其他房间布置影响小；其缺点是成端电缆的排列设计及引上总配线架很复杂，成端电缆的使用量多，从成端分歧接头出来到总配线架间弯曲很多，相互交叠，扩建或维护调整不方便。由于集中上线的缺点较多，故在一般情况下不予采用。如属原有房屋建筑结构和面积受到限制，测量室位置与电缆进线室位置无法安排在邻近相对应的位置不能采用分散上线时，集中上线仍可考虑采用。

（2）分散上线

分散上架式的电缆进线室一般为狭长形，所需面积较大，要求位于测量室下面。对准总配线架的每一直列各开一个上线孔，在电缆室内分成小容量的成端电缆，每一条成端电缆分别经由每一个上线孔直接引至总配线架的相应直列上。

分散上线的成端电缆通常来自总配线架直列正下方的成端接头，成端电缆比较短，弯曲少，整齐美观，施工维护和扩建方便，对保证电缆质量有利。

由于总配线架排成一长列，局所容量越大，测量室就越长，与其相对应的电缆进线室也就越长，这样有时就要影响到同层其他房间的布置。

- 电缆进线室是非常重要的建筑，请注意其相关要求。

3.1.2　电缆测量室

1．电缆测量室基本概念

电缆测量室主要放置总配线架及相关设备，如图 3-4 所示。

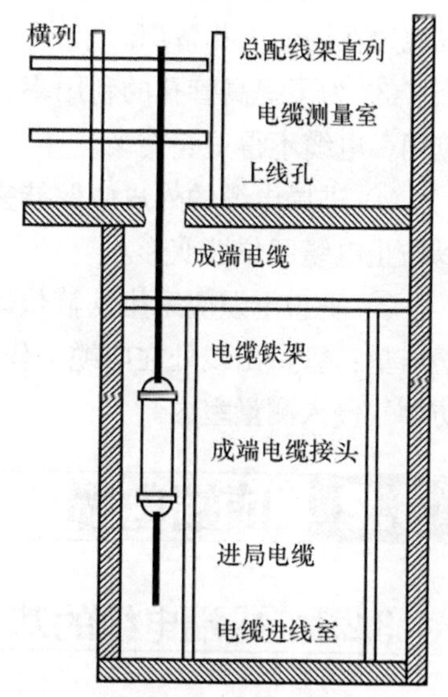

图 3-4　电缆进线室与电缆测量室关系

2．总配线架

总配线架（MDF）安装在市话局测量室内，设备出入线路和传输线路的总汇，所有市内电话的外线均应接至 MDF，再由 MDF 接至相关设备。通过 MDF 可以随时调整配线和测试局内外线路，并可使局内线免受外来雷电及强电流的损伤，所以 MDF 是全局通信线路的枢纽。MDF 一般由横列、直列铁架、成端电缆线把、保安器弹簧排、保安器、实验弹簧排、端子板和用户跳线等部分组成。

横直列铁架用于支持电缆及弹簧排等设备。

保安器弹簧排装于铁架直列上，用于连接外线及跳线，安装保安器用。

保安器安装于保安器弹簧排上，由炭精避雷器和热线轴所组成。

试验弹簧排及端子板均安装在 MDF 的铁架横列上。在试验弹簧排上可将局内外线切断，利用横列的测试塞孔，可进行局内外线路的障碍测试，以便及时进行查修。

用户跳线的作用是调度和沟通局内外线路，通过跳线连接入局电缆和交换机。

总配线架安装的一般要求如下。

① 总配线架底座位置应该与电缆线孔相对应，必要时应该按照防震要求对总配线架进行加固，配线架的垂直倾斜误差不能大于 3mm，水平误差不能大于 2mm。

② 跳线环位置横竖方向均应平直整齐，依据设计文件的要求、电缆的走向和路由，接插用户电缆到配线架上。

③ 配线架插接部位应该紧密牢靠，接触良好，插接端子不能够弯曲或者折断。

④ 配线架接线排和架间电缆的两端都必须有明显的标识，注明电缆的序号范围，便于查线以及测量等维护工作。

⑤ 电缆芯线与配线架端子应该一一对应，不得错接、漏接。

⑥ 内外线间的跳线经最靠近内外线接线的跳线环后，再上接线端，相邻跳线最好采用不同颜色的芯线，以便于查找，所有经过跳线环的跳线应均匀整齐。

- MDF 是局外线路和局内设备的连接枢纽，掌握其作用和连接方法。

3.1.3 施工和维护中进局电缆应遵循的原则

在施工和维护中，进局电缆应遵循一定原则，主要有以下几点。

① 进局电缆对数的选择应根据总配线架竖列容量而定。

② 每条进局电缆的对数不小于总配线架的每列容量，不足时也应满足本列容量，可使空闲芯线甩置在局前人孔备用。

③ 为了提高管孔的利用率，进局电缆占用管孔应布放较大对数的电缆，支架托板位置应合理应用，电缆不得重叠交叉。

④ 进局电缆的外皮应保持完整无损，弯曲处应符合曲率半径的要求。全塑电缆应有定位措施，以防止电缆回位性变形。

⑤ 垂直电缆应采用铁箍垫以铅皮或塑料带固定于钢架上；平放电缆的铁托板上应包以铅皮或塑料垫；管口出线处在电缆上作衬垫后应封堵，以防进水；上线孔或槽道也应采取封堵措施，以防潮气侵入测量室内。

3.2 成端电缆

3.2.1 成端电缆的基本概念

电缆成端就是根据需要更换一段电缆，要具有与环境要求相适应的性能，以保证线路状况良好。

室外成端主要是指全塑电缆与分线设备或交接箱相连时，把聚烯烃绝缘的电缆更换为阻燃的电缆。但就目前来看，室外成端最重要的是抗潮而并无防火要求，因此，全塑电缆可以直接与分线设备或交接设备相连，即室外可以成端也可以不成端。

局外电缆主要是聚烯烃的芯线绝缘层和护层，虽能抗潮却不能阻燃，而室内成端不但要抗潮，而且还要阻燃，甚至还要耐磨和经受温度变化，因此需要成端。

局内成端电缆专指局外电缆引入电缆进线室钢架上后，到室内配线架更换的那段电缆，室内使用，要求阻燃、抗潮、耐磨，如图 3-5 所示。

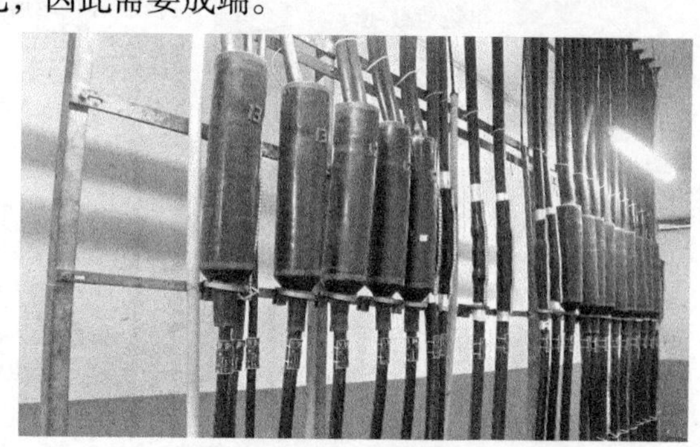

图 3-5　电缆成端

成端电缆的一般规定如下。

① 市话全塑电缆成端有局内总配线架成端和交接箱成端。

② 成端电缆应采用非填充型 HPVV 或 PVC 电缆。

③ 成端电缆芯线接续套管不应与终端堵塞（气塞）合二为一。

④ 成端电缆的把线部分不允许有接续点。

⑤ 未使用的备用芯线卷成螺旋状，预留在成端电缆外护层切口外。

3.2.2　成端电缆制作

1．成端电缆量裁

如果成端电缆只有一条时可以采用单裁法。做两条或更多条时应采用双裁法。双裁法是将一条电缆从当中分裁为两条，双裁后两条电缆的线序号相反，一条从外向里编号，一条从里向外编号，编裁方法如图 3-6 所示。

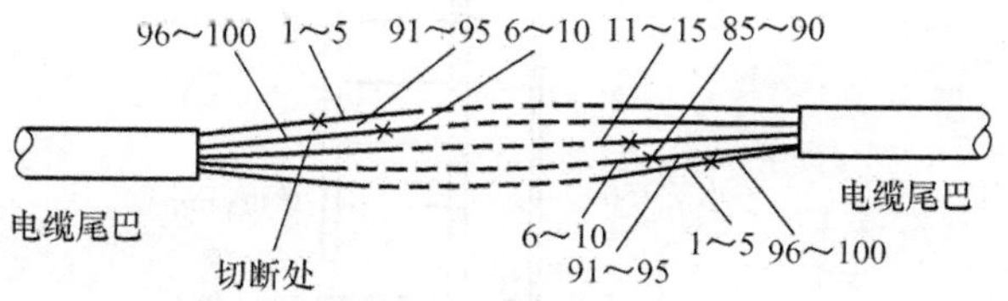

图 3-6　双裁法成端电缆

2．成端电缆竖列编扎

编扎竖列把线根据配线架的高度采用不同程式的保安排容量。有穿线板的采用扇形编扎，采用 20 回线保安排时把线每 5 对一出线，打双扣，如图 3-7（a）所示；无穿线板的按梳形编扎，把线每一对一出线，打单扣，如图 3-7（b）所示。

采用每块 100 回线保安排时，把线每 100 对一出线，打双扣，扎成 Z 形弯，用塑料扎带（尼龙扎带）扎紧，如图 3-8 所示。

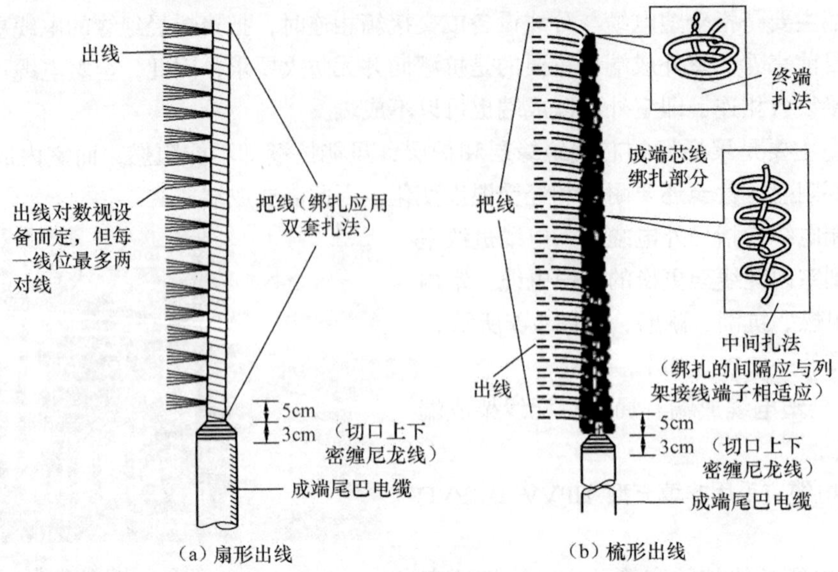

图 3-7　成端电缆 20 回线把线编扎方法

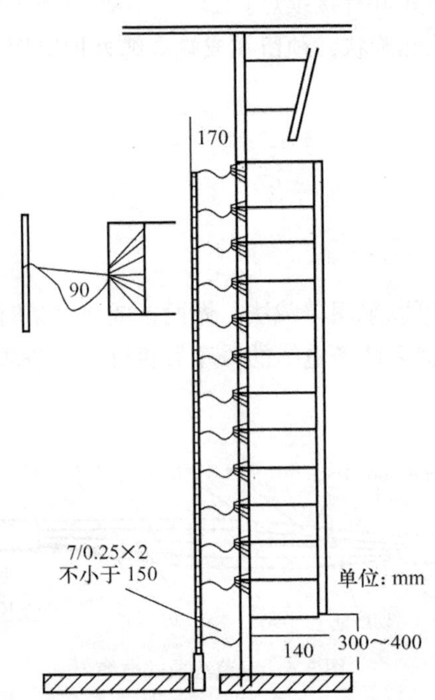

图 3-8　成端电缆 100 回线把线编扎方法

编扎把线注意事项如下。

① 编扎成端把线时，必须顺直，不得有重叠扭绞现象。用蜡浸麻线扎结须紧密结实，分线及线扣要均匀整齐，线扣扎结串连成直线，然后缠扎 1～2 层聚氯乙烯带（顺压一半）作为保护层，缠扎要紧密整齐、圆滑匀称。

② 布设把线时，应先在配线架的横铁板上选定把线位置。在该处缠 2 层塑料条，再将把线顺入直列，上下垂直、前后对齐、不得歪斜，再用蜡浸麻线将把线绑扎在横铁板上。

● 成端是非常重要的工作，也非常烦琐，要认真细致！

3.2.3　全塑电缆成端接头

全塑电缆成端接头有以下两种方法。

1. 热注塑套管法

成端接头就是成端电缆与局外引入电缆的接续封闭，热注塑套管法是常用的成端接头方法，如图 3-9 所示。其操作步骤如下。

① 将局外引入电缆（如 HYA 电缆）端头剥开 650mm 以上，并将单位芯线约 50mm 处用 PVC 胶带扎牢。在电缆切口处安装屏蔽地线（规格根据电缆对数而定）。用自粘胶带固定小塑料管，将堵塞剂料灌注入小塑料管内，待 24h 凝固后用 80kPa 压力做充气试验。

② 在堵塞小管下边约 50mm 处，采用热注塑方法注一个内端管，将大外套管套在 HYA 电缆上。

③ 根据上列电缆的外径在外端盖上打孔及打毛处理，然后套在电缆上。芯线采用模块接线排压接的方法进行接续。

④ 如果外套管内容量较大，25 回线模块排可加装防潮盒，用非吸湿性扎带或 PVC 胶带将接线排捆扎牢固，测试检查有无坏线对。

⑤ 大套管与内端盖之间的接缝处打毛清洁，装好模具进行注塑，要求大套管正直。

⑥ 如果芯线接续模块已加装防潮盒，外端盒打毛后采用自粘胶带密封，并在外边缠两层 PVC 胶带保护。

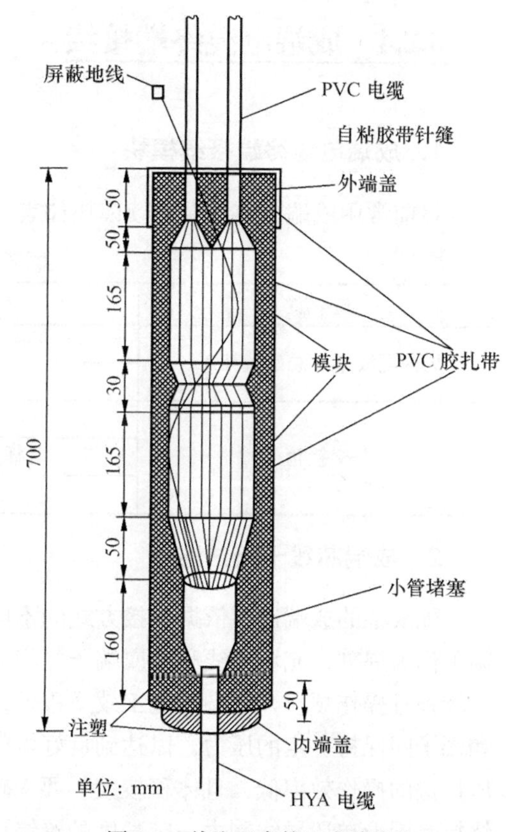

图 3-9　热注塑套管法成端接头

⑦ 一般接线模块在大套管内必须注入 442 胶（填充电缆接头使用的 442 胶），灌满为止。再盖好外端盖，将大套管与内端盖之间的接缝处打毛清洁，采用自粘胶带密封，在外边缠两层 PVC 胶带保护。

⑧ 引出的屏蔽地线与地线排连接牢固。

2. 热可缩套管法

热可缩套管成端接头方法，与电缆接续的热缩套管封闭类似，其步骤如下。

① 根据成端接续接头对数的大小可采用 O 型和片型热可缩套管，并做清洁处理。

② 将电缆摆好位置，划线并剥去外护套，在每个单位的芯线端头约 50mm 处用 PVC 胶带扎牢，并在电缆切口处安装屏蔽地线。芯线接续采用模块接线排。

③ 接续后进行测试，无坏线对后再用非吸湿性扎带或 PVC 胶带扎牢，同时恢复缆芯包带或

缠两层聚脂膜带。

④ 安装铝衬，铝衬两端采用 PVC 胶带扎牢，要求铝衬位置端正。

⑤ 将热可缩外套管摆放在接头中央，根据要求在电缆接口两端用金属带保护，同时在上列电缆一端装好分歧夹。

⑥ 如采用片型热可缩套管时，先把片型位置放好，装好金属拉链，电缆上装金属粘胶带，并在上列电缆一端装好分歧夹。

⑦ 采用乙烷枪进行热可缩套管加热烘烤，要求先烤中间后烤两端、火焰要均匀，烤至热可缩管花纹变色，两端流出热溶胶为止。

⑧ 片型管的金属拉链外应多烤，烤好后采用木锤轻轻击打，使金属拉链与铝衬紧密贴合。

3.2.4 成端电缆终端接续

1．成端电缆终端接续模块

目前常用成端电缆终端接续模块如表 3-1 所示。

表 3-1　成端电缆终端接续模块

位　置	终端接续模块	与成端芯线连接的方法
局内配线架（总配线架）	针孔绕接式	绕接法
	科隆模块式	卡接法
交接箱	科隆模块式	卡接法
	插入旋转卡接式	卡接法
	3M 模块式	卡接法

2．成端芯线卡接法连接

配线架的成端连接依据连接方式的不同，分为焊接与无焊连接两类。焊接是用低熔点合金（焊锡）作为焊剂，充填导线和金属端子之间的空隙，使导线和端子形成可靠的电气连接，施工安全性较差且操作烦琐，成端的施工效率极低，目前已很少使用。无焊连接是用适当的方法，使导线和端子间保持一定的压力，以达到良好电气接触。无焊连接有螺丝压接、绕接和卡接 3 种，螺丝压接法的操作效率低，且体积较大，要求较多的操作空间，只在极小容量的用户交换机中沿用。绕接是圆形单股导线剥去一定长度的绝缘皮，用绕接工具，在一定张力下，按螺旋方式使铜线芯紧密地连续排绕在绕接柱上，也已不多用。目前，一般成端连接只采用卡接法。

卡接的全称叫绝缘移位连接（Insulation Displacement Connection，IDC），其接线端子叫卡接片，它通常是一个有卡接窄缝的金属片，缝的两边形成两个悬臂翼，缝的宽度比导线的直径略窄一点，用卡接工具施力把导线卡入缝中的相应位置上就完成了连接。卡接片的结构有单卡口和双卡口之分，而纵断面也因层叠数不同而分为单层、双层和 3 层卡接片。

通常把若干对（例如 10 对或 8 对）卡接片装在塑料外壳内，组成一个接线单元，10 个或 16 个接线单元组成一个模块，模块有内线模块和外线模块之分。

卡接式的成端操作是最简单的，不需剥除绝缘层，只需用一简单卡接工具将导线推入卡接片缝内的相应位置上，并能同时切断多余的线头，使连接一次完成，同时拆除和复接也很容易，提

高了成端操作的效率。所以在现阶段被广泛使用，是成端连接中在我国应用最广的一种。

（1）卡接片的主要形式

目前配线架成端模块的卡接片形式繁多，其形状、受力情况、材料特性、大小和材料消耗等各不相同。卡接片设计各有特点，按其形状的不同区分，主要的有普通片状卡接片、扭转式卡接片和管状卡接片 3 类。

① 普通片状卡接片。

普通片状卡接片的基本形状为带卡接口的片状铜片，导线卡入的方向与卡接片成 90°。片状卡接片大体可分为两大类，即厚型片状卡接片和薄型片状卡接片。

厚型片状卡接片的头部（卡线部份）是暴露在外面的，其厚度一般为 0.8～1.2mm，悬臂较长，下部有宽槽，卡接片体积较大，材料消耗较多。

薄型片状卡接片的厚度一般为 0.3～0.8mm，通常把接线部位陷入塑料壳体中，体积较小，材料消耗降低。

② 扭转式卡接片。

扭转式卡接片是以 45°角斜装在塑料壳体中，导线卡入的方向与卡接片呈 45°角。当导线卡入时，卡接片两翼各有一个棱角割破绝缘层并接触导线，而翼片则呈扭转变形，所以叫扭转式卡接片。这种设计的最大特点是能在同一个卡接片的缝隙内卡接 2 根线径相同的导线，这是因为卡接片两翼的顶端是被塑料壳体约束住的，而其中间部位可以自由移动，当导线卡入时，从两翼的被约束处进入缝隙，这就保证可靠地穿透绝缘层，然后导线进入缝隙到规定位置，使卡接片扭转变形，在导线位置处缝隙的张开最大，呈腰鼓形，而缝口的大小不变。当第二根导线被卡入时，仍按上述过程，当导线到达规定位置后，卡接片总的有效性负荷均匀地加在两根导线上。扭转式卡接片对导线略有损伤，但两个棱角造成的伤口不在同一截面上。

③ 管状卡接片。

管状卡接片，卡线的狭缝是将金属片卷成圆管形而留剩下来的。这种设计利用卷成圆形的金属片具有的弹力，夹持导线而形成连接，在同一个缝隙中也能卡接两根导线。

（2）卡接工具

由于在接续的结构上没有相应的国际标准和国家标准，使得配线产品的生产厂商众多，各个厂商有自己各种不同的卡接式模块，都有各自的专用工具，用来把导线压入卡接片中，这些工具基本上不能通用。

为了方便用户的施工和维护，采用标准的模块接口，简化和统一卡接工具也是很有必要的，各厂商都应该尽量使自己的内、外线和不同种类的配线设备使用一个接口的卡接工具，不但降低自己的制作成本，同时方便用户的操作。

3．终端接续模块与电缆芯线的连接

成端电缆在配线架上端子排上线时，确认端子排的正面后，按照先左后右、先上后下的原则，根据用户电缆的色谱图的标识颜色进行穿线、卡线。

注意电缆的剖头处应该平齐，不得损伤芯线的绝缘。电缆内部芯线的分线应该按照色谱的顺序完成，不允许将每组电缆芯线的互绞打开。

（1）总配线架的终端模块与电缆芯线连接

总配线架（MDF）的终端模块与电缆芯线连接一般采用科隆模块式，面对模块，上面一行线槽

接跳线，下面一行线槽接成端电缆，10 对科隆模块终端接线对序号及 a、b 线规定如表 3-2 所示。

表 3-2　科隆模块终接线对序号

线对序号	第 1 回线		第 2 回线		第 3 回线		第 4 回线		第 5 回线	
模块线槽号（自左向右）	1	2	3	4	5	6	7	8	9	10
a、b 线	a	b	a	b	a	b	a	b	a	b
线对序号	第 6 回线		第 7 回线		第 8 回线		第 9 回线		第 10 回线	
模块线槽号（自左向右）	11	12	13	14	15	16	17	18	19	20
a、b 线	a	b	a	b	a	b	a	b	a	b

注：每一模块 10 回线。

（2）交接箱的终端接续模块与电缆芯线连接

交接箱的终端接续模块与电缆芯线连接可采用科隆模块式、3M 模块式或旋转卡接模块。

① 采用科隆模块式操作方法同（1）。

② 采用 3M 模块式操作方法如下。

- 模块形式：每一条模块 25 回线。
- 成端电缆芯线压接在本体一底板间，跳线压接在本体上方一面。
- 25 对 3M 模块终接线对序号及 a、b 线规定如表 3-3 所示。

表 3-3　3M 模块终接线对序号及 a、b 线规定

线对序号（第 n 回线）	1		2		3		…	24		25		备注
模块线槽号	1	2	3	4	5	6	…	47	48	49	50	模块线槽编号自左向右
a、b	a	b	a	b	a	b	…	a	b	a	b	

③ 旋转卡接模块：旋转式模块有直立式和斜立式两种。

- 直立式模块每一条模块 25 回线。
- 模块背面 25 对色谱塑料芯线接成端电缆，跳线接入模块正面接续端子。

25 对旋转模块线对序号及 a、b 线规定如表 3-4 所示。

表 3-4　旋转模块线对序号

模块 线序 / 模块 芯线 色谱 / 模块 线序	1 6 第 11 对 16 21		2 7 第 12 对 17 22		3 8 第 13 对 18 23		4 9 第 14 对 19 24		5 10 第 15 对 20 25	
	a 线	b 线	a 线	b 线	a 线	b 线	a 线	b 线	a 线	b 线
第 1 对～第 5 对	白	蓝	白	橘	白	绿	白	棕	白	灰
第 6 对～第 10 对	红	蓝	红	橘	红	绿	红	棕	红	灰
第 11 对～第 15 对	黑	蓝	黑	橘	黑	绿	黑	棕	黑	灰
第 16 对～第 20 对	黄	蓝	黄	橘	黄	绿	黄	棕	黄	灰
第 21 对～第 25 对	紫	蓝	紫	橘	紫	绿	紫	棕	紫	灰
模块正面端帽颜色	白	橘	白	橘	白	橘	白	橘	白	橘

了解

- 了解各种接续方法。

3.3 电缆交接箱

3.3.1　交接箱的结构及规格

1．交接箱结构

交接箱由箱体外壳、底座、接线排、跳线环、标志牌等构成。交接箱内右侧一般有供安装气压表、气门嘴、气压告警器的固定架，箱内设有与测量室联络线端子和测试线端子相连接的位置（接线板），箱内底部设有电缆气塞接头的固定绑扎角铁架等，接线排和箱体两侧应留有100～150mm 操作空间，箱门板内侧应有存放测试夹、记录卡片和卡接专用工具的装置。交接箱结构如图 3-10 所示。

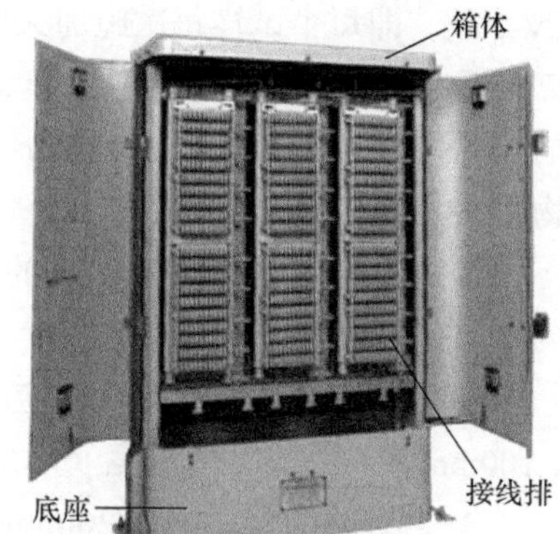

图 3-10　交接箱结构

2．交接箱形式、规格、型号

（1）交接箱形式

按交接箱内有无接线端子分为无端子交接箱和有端子交接箱。

按其接续方式不同分为压接式和卡接式两大类。卡接式又分为接线子卡接式和模块卡接式。模块卡接式细分为直卡式和旋转式。

（2）交接箱规格

交接箱的规格按其进出线对总容量（回线）可分为 150、300、600、900、1 200、1 800、2 400、2 700、3 000、3 600 对等。

（3）交接箱型号

交接箱的型号一般用进出线总容量（用阿拉伯数字表示）+ 箱型表示。以无端子交接箱为例：如 XF5-300/300Z，其中，XF5-表示无端子交接箱，( )/( )或( ) + ( )表示进线/出线（馈线/配线）最大容量对数，Z 代表产品箱型代号。箱型代号主要包括：Z 为窄型；K 为宽型；G 为高型。

3.3.2　交接箱的技术要求

1．使用环境

交接箱的使用环境要求如下。

① 环境温度：−55～ + 55℃。

② 相对湿度：<95%。

③ 大气压力：70～106kPa。

2．电气性能

交接箱的电气性能要求如下。

① 任意两端子间及任一端子与接地点间的绝缘电阻不得小于 $5 \times 10^4 M\Omega$。

② 任意两端子间及任一端子与接地点间在接通 500V 交流电时，1 分钟内应无击穿和飞弧现象。

③ 导线与接线端子间的接触电阻不得大于 $5 \times 10^{-3}\Omega$。

④ 接线端子可断簧片处的接触电阻不得大于 $20 \times 10^{-3}\Omega$，机械寿命试验后不大于 $30 \times 10^{-3}\Omega$。

3．机械物理性能

交接箱的机械物理性能要求如下。

① 箱体一般应采用金属材料。如采用非金属材料，其燃烧性能必须符合 GB4609 中规定的 FV-0 级，即每个试样每次施加火焰离火后有焰燃烧时间不大于 10s，每组 5 个试件施加 10s 火焰离火后有焰燃烧时间总和不大于 50s，每个试样第二次施加火焰后，有焰燃烧时间不大于 30s，有焰或无焰燃烧没有蔓延到夹具的现象，没有滴落物引燃脱脂棉现象。

② 箱体外表面不应有明显的机械损伤，箱体内不应有焊渣等杂物。

③ 箱体外形的最大尺寸不应超过 1 600mm × 1 100mm × 400mm（高 × 宽 × 厚）。

④ 当箱体高度大于 1 200mm 或交接箱的整体自重大于 50kg 时，必须设置用于防风抗震和起重挂索的装置。

⑤ 箱体在图 3-11 所示的各方向受载的最低负荷值如表 3-5 所示。

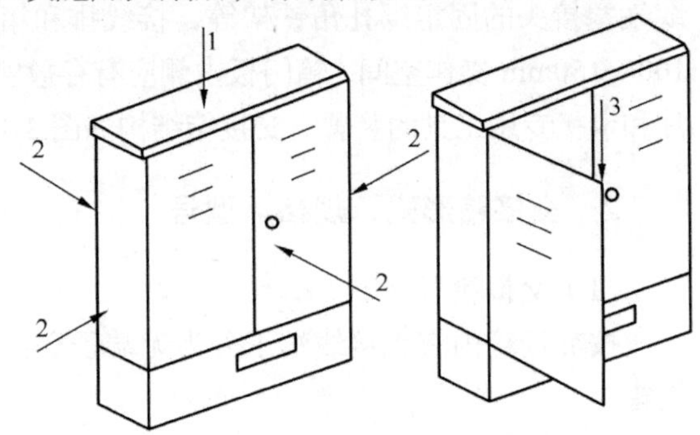

注：图中 1、2、3 均表示作用于其指示表面的垂直静压力。

图 3-11　交接箱体受力示意图

表 3-5　交接箱体各方向受载的最低负荷值

负荷名称	负荷类型	最低负荷值（N）
壳盖负荷	1	980
侧表面负荷	2	400
支撑负荷（门铰链负荷）	3	200

⑥ 箱体及门锁应开启灵活、可靠。箱门开启角应大于或等于 120°。

⑦ 箱门处于关闭状态时，其密封性能应符合 GB4208 中规定的 IP53 的要求。

⑧ 箱门把手等外露和操作部位，不应存有锋利锐角。

⑨ 各式接续器件的塑料主体燃烧性能必须符合 GB4609 中规定的 FV-0 级。

⑩ 各式卡接式接线端子适用线径为 0.32、0.4、0.5、0.6、0.8（mm）中一种或几种。

⑪ 接续好的接线端子与导线的拉脱力应符合表 3-6 所示的要求。

表 3-6　拉脱力要求

导线直径（mm）	最小拉脱力（N）	导线直径（mm）	最小拉脱力（N）
0.32	15	0.6	52
0.4	24	0.8	96
0.5	38		

⑫ 接线模块的卡接簧片重复使用次数不小于 200 次。

归纳思考

- 交接箱要满足相应的技术要求，包括使用环境、电气性能、机械物理性能等，想想为什么？

3.3.3　交接箱的安装

1．交接箱安装位置的选择

交接箱安装位置的选择应符合以下条件。

① 交接箱的最佳位置宜设置在交接区内线路网中心偏离电话局的一侧，靠近交接区入口处的第一个分支路口或配线电缆的交汇处。

② 符合城市规划要求，不妨碍交通并且不影响市容观瞻的地方。

③ 靠近人（手）孔便于出入线的地方，或利旧电缆的汇聚点上。

④ 安全、通风、隐蔽、便于施工维护、不易受到外界及自然灾害损伤的地方。

⑤ 下列场所不得设置交接箱：

- 高压走廊和电磁干扰严重的地方；
- 高温、腐蚀严重和易燃易爆工厂、仓库附近及其他严重影响交接箱安全的地方；
- 易于淹没的洼地及其他不适宜安装交接箱的地方。

警示

- 交接箱的安装位置必须要保证其安全。
- 交接箱的地线安装必须要符合要求。
- 施工过程中要注意安全。

2．架空交接箱的安装

架空交接箱适用于主干电缆和配线电缆都是架空杆路敷设，一般用于城市郊区、地形低洼、建筑比较稀少的地区。城市中心区尽量少用架空交接箱，以保持城市市容环境美观。架空交接箱如图 3-12 所示。

图 3-12　架空交接箱

架空交接箱的安装步骤如下。

① 立 H 杆。

② 安装上杆脚钉等附件。

③ 安装工作平台，工作平台的底部距地坪应不小于 3m 且不影响道路通行。

④ 安装交接箱箱体。

⑤ 穿放成端电缆。

⑥ 埋上杆铁管。

⑦ 制作箱外气塞。

注意：架空交接箱各条成端电缆屏蔽层引出线应连接在屏蔽线连接板上，屏蔽线连接板与箱体绝缘，经过有绝缘护套的地气线和地气棒连接，要求接地电阻不大于 10Ω，箱体金属部分及站台应另接一个地气棒接地。

3．落地式交接箱的安装

落地式交接箱适用于主干电缆、配线电缆都是地下敷放或主干电缆地下、配线电缆架空的情况。落地式交接箱安装位置可选择在路边或绿化带内。但地面要求平整，市政建设相对稳定、安全可靠、维护进出方便的地区。箱前应建立人（手）孔，用钢管或塑料管与箱体沟通，交接箱体应高出地面不小于 300mm，交接箱底与引进管处应做好密封防潮措施。落地式交接箱如图 3-13 所示。

图 3-13　落地式交接箱

落地式交接箱的安装步骤如下。

（1）混凝土底座的制作步骤

① 测量并确定交接箱安装位置。

② 挖掘底座、电缆铁管敷设坑。

③ 敷设电缆管，做底座浇灌模块、穿放管内铁线。

④ 编扎底座钢筋。

⑤ 浇灌混凝土。

⑥ 安放交接箱安装的预埋底框，预埋框安放应呈水平位置，且预埋底框上面应与底座上部水泥抹面持平，便于交接箱安装。

⑦ 电缆引上管应比混凝土基座高 20～60mm，管口倒钝以免伤及电缆。

（2）交接箱体的安装步骤

① 清除预埋底框及底座上的杂物、浮灰。

② 将橡胶垫圈就位。

③ 将箱体就位并紧固。

注意：落地式交接箱的屏蔽线连接板与箱体相互绝缘，电缆屏蔽线连接在连接板上并接一个地线，箱体在基座的其中一个固定螺丝上作好地线。

4．墙式交接箱的安装

墙式交接箱宜选用在街坊配线以墙壁电缆为主的配线区内。墙式交接箱的安装位置应选择在主干电缆引入、配线电缆分散容易的建筑墙面上，这个墙面要求牢固、平整、并且相对稳定，安全可靠。

室内安装宜采用下方引出电缆管形式，箱体底部距地坪 1～1.2m，箱体距墙角不小于 0.6m。室外安装宜采用上方引出电缆管形式，箱体底部距地坪 1.2～1.3m，箱体侧部距墙角不小于 1.5m。

墙式交接箱的安装步骤如下。

① 墙面凿洞，安放小号膨胀螺栓。

② 固定箱体托架。

③ 安装箱体。

墙式交接箱如图 3-14 所示。

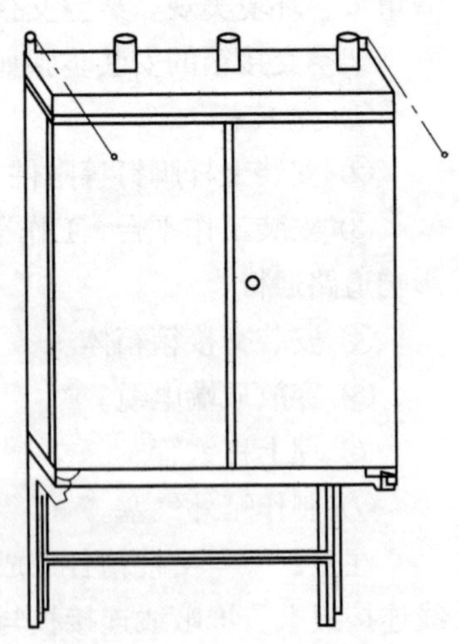

图 3-14　墙式交接箱

- 各种形式交接箱的安装方法及其注意事项。

5．交接间设置及交接配线架安装要求

交接间的位置一般应选择在朝阳通风处，面积为 10～15m^2。在住宅小区选择一层楼为宜，电缆容易进入房间。

交接配线架安装如图 3-15 所示。

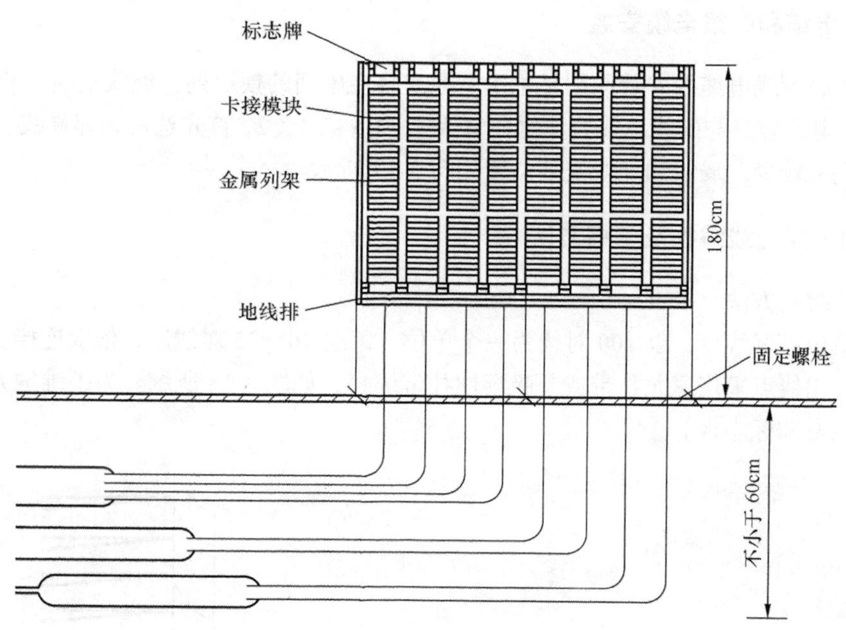

图 3-15　交接配线架的安装

交接配线架安装具体要求如下。

① 地下电缆槽道：宽不小于 600mm，深 40mm，长可以根据具体情况而定，槽道上口需装有盖板。

② 如交接间内无法做电缆通道时，也可以铺设地板。

③ 交接配线架，可分为立式和墙壁式两种。立式设置在地槽的一侧；墙壁式的上端穿钉距地面不得超过 1 800mm。接线端子可采用模块接线排和旋转卡接端子。

④ 各条电缆屏蔽接地及地气棒应连接至地线排。

6．交接箱终端气堵（气塞）的制作

交接箱终端气堵制作的要求如下。

① 交接箱终端气堵应安排在交接箱下部。

② 箱内终端气堵有预制和现场制作两种方式。

③ 箱内预制气堵规格如图 3-16 所示。

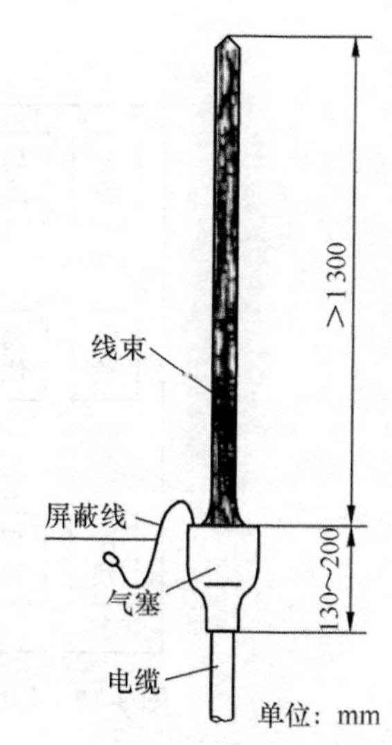

图 3-16　箱内预制气堵规格

④ 箱内现场制作气堵：穿入电缆在相应位置制作好气堵后再进行合拢接口的接续。

7．交接设备列号、线序号的排列

（1）单面开门交接箱的线序号排列

面对列架，模块自左向右顺序编号，每列的线序号自上向下顺序编号。

（2）双面开门交接箱的线序号排列

以临街箱门为正面，其内称为 A 列端，其模块自左向右顺序编号，每列的线序号自上向下顺序编号。另一面称为 B 列端，A 列端的线序号编排完毕后，B 列端再继续进行编号，编号方法同上。

8．主干电缆和配线电缆安装

主干电缆和配线电缆的安装原则是主干电缆安装在中间的模块列，配线电缆安装在两侧的模块列，且主干电缆容量与配线电缆容量之比宜为 1∶1.5 或 1∶2，首先选用相邻局线，可以节省跳线，且跳线交叉较少。局线和配线安装位置如图 3-17 所示。

9．成端电缆把线编扎及卡接方法

（1）把线绑扎方法

按色谱单位编好线序，以 100 对线为一个单位，每组 10～25 对线序，依次连接。每 10 或 25 对为一出线，出线点采用尼龙扎带或非吸湿性扎带绑扎，如图 3-18 所示。为了维护方便，每 100 对单位留有线弯和标志板。

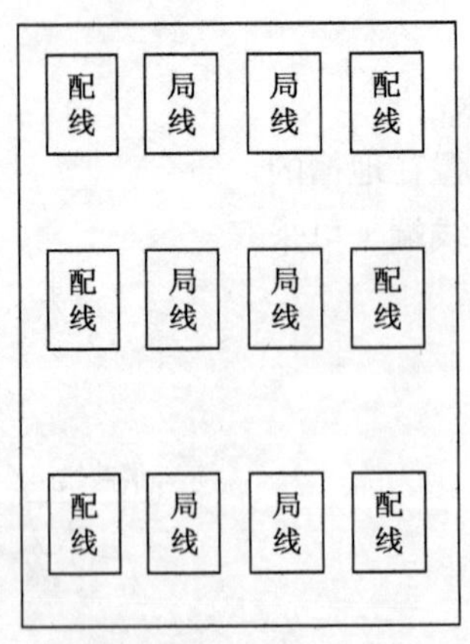

图 3-17　局线和配线安装位置

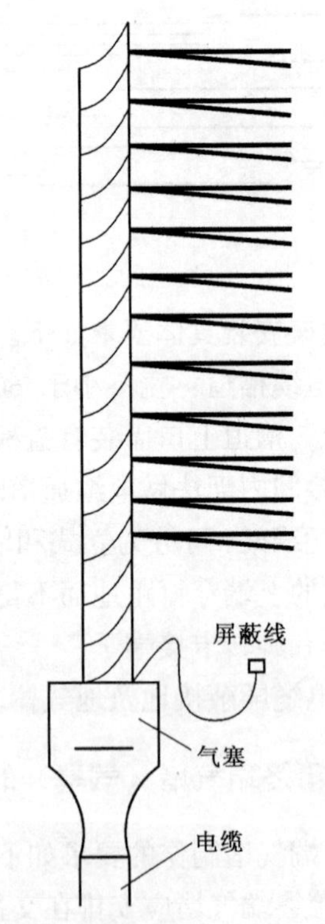

图 3-18　成端电缆把线出线示意图

（2）卡接方法

交接箱内以跳线连接主干电缆和配线电缆，跳线一般选择 0.5mm 线径，有区别 a、b 线的（绿白、黑白或红白）塑料绝缘对绞线。

直立式插入旋转模块的跳线连接，首先将跳线剪平，折弯芯线部分长 15～20mm，如图 3-19（a）所示。插入芯线后将折弯部分全部插入接续元件的孔内，如图 3-19（b）所示，用起子按顺时针方向旋转盖子 90°，这时跳线卡夹在 U 片中，露头部分自行切断脱落。在旋转前起子刀口一定要完全插入槽口内，用力不要过大，如图 3-19（c）所示。接好跳线后，再将跳线嵌入相应的标志槽内。需要拆除跳线时，只需将起子插入外盖槽口，按逆时针旋转 90°，将跳线拉出。

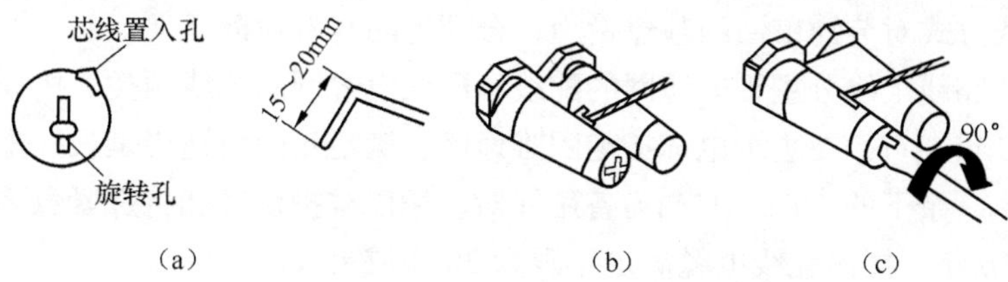

图 3-19　直立式插入旋转模块跳线连接

斜立式插入旋转模块跳线连接，只需将待接芯线直接插入元件孔内。以下操作同“直立式”插入旋转模块，如图 3-20 所示。跳线布放如图 3-21 所示。

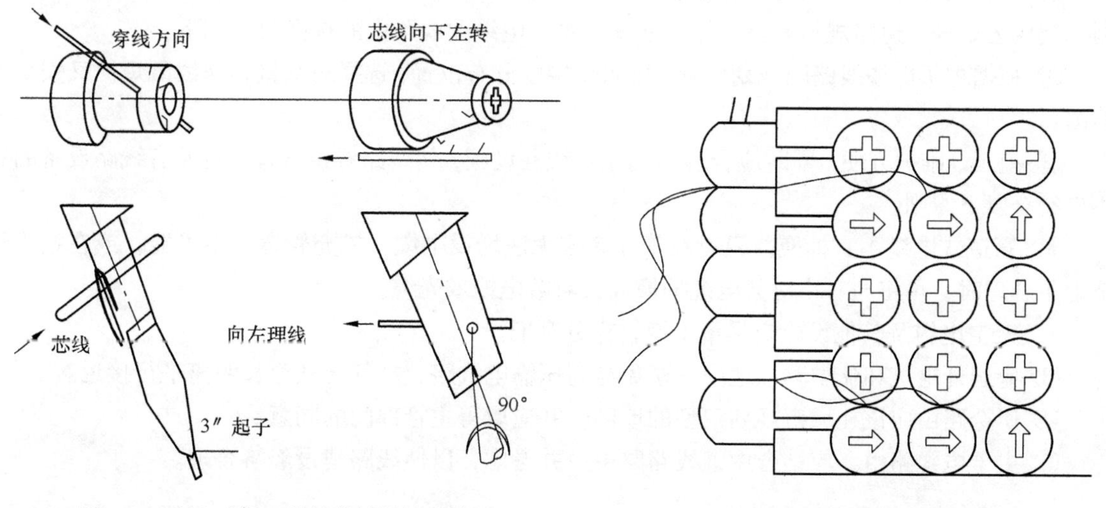

图 3-20　斜立式插入旋转模块跳线连接　　　图 3-21　跳线布放图

- 跳线布放必须经穿线环，横平竖直、松紧适度；跳线一律在模块左端引出，模块间跳线不得交叉、缠绕，跳线不得损伤导线及绝缘层，中间不得有接续点。

3.4 主干电缆网配线

3.4.1　电缆配线概述

市内通信网按用户分布状况，从市内电话局出局电缆开始，将电缆芯线分配到各个配线点，既能保证用户当前需要，又能适应未来的发展，这种分配芯线的方式称作电缆配线。

市内通信电缆线路中，电缆配线是一项非常重要的工作，它直接影响建筑费用、运营费用、技术维护及服务质量。良好的配线系统，不仅要求有较高的灵活性，而且具有较高的芯线利用率。不太好的配线系统会造成配线紊乱、调度失灵、障碍增多、积压资金等很多问题。

市内通信线路的配线方式有直接配线、复接配线、交接配线和自由配线等几种。市内通信线路的配线应根据用户分布、用户密度、自然环境、用户到电话局的距离等，采用分区配线方式。

用户线路的建造费用在市话网设备总费用上占着相当大的比重，一般在 50%以上，因此，研究配线设备和配线方式对节约市话网基建费用、合理组网有着积极意义。

市话网电缆线路线配线分主干电缆网的配线和配线电缆网的配线两类。按规定主干电缆芯线满足年限一般为 5 年左右，在主干电缆扩建困难地区，满足年限可适当延长，主干电缆芯线使用率应为 85%～90%，余下的 10%～15%为备用线对，用以维护调度和特殊紧急装机需要。一般配线电缆满足年限 10 年，楼内配线电缆满足年限为 20 年或更长。

3.4.2 主干电缆配线路由的选择

主干电缆线路网在布局时应考虑整体性和经济技术合理性。确定主干电缆线路应该以用户预测、交接区划分、道路规划等情况作为依据。主干电缆配线路由的选择要求如下。

① 根据主干电缆线路网规划要求，按照交接区分布位置，选择对交接箱送线既短捷又安全的路由。

② 施工、维护方便，同时应合理利用原有线路设施，使线路经济合理。对原有线路设备的利用应符合以下原则。

- 管道式电缆不宜抽换。只有在管孔堵塞无法增设电缆，扩充管道又不可能，或在技术经济上不合理时，可将原有小对数电缆抽换成大对数电缆或光缆。
- 架空电缆及其他设施应尽量少换，充分利旧。

③ 应避开电气和化学腐蚀地段，避免与高压输电线路、电气化铁道长距离平行接近。

④ 所选路由应该在城市规划定型的地区，并应取得主管部门的同意。

⑤ 主干电缆路由，应结合中继线路路由一并考虑，以使线路建设经济合理。

3.4.3 主干电缆直接配线

直接配线又称直通配线，局内总配线架经馈线电缆延伸出局将电缆芯线直接分配到分线设备上，分线设备间及电缆芯线间不复接，分线设备与电缆间的线序一般以 5 或 10 对为单位排列。主干电缆直接配线如图 3-22 所示。

直接配线适用于以下场合。

① 用户分散地区，局线直接引至各个配线点上，再通过皮线引向用户。

② 业务发展预测比较准确，且用户无多大变动的地区。

③ 经过交接箱的用户配线，也可采用这种方法。

④ 要求保密性强的专线及用户交换机中继线。

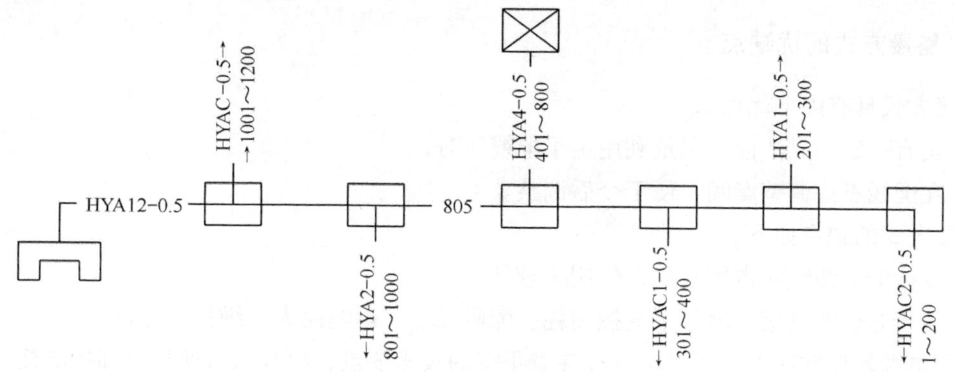

图 3-22　主干电缆直接配线示意图

直接配线的优点是配线简单，便于施工、维护和检修，线路安全可靠；人为发生障碍机会少，通信保密性强。缺点是由于电缆芯线没有复接，因而没有通融性，各个分线设备上的用户数量有较大变化时，线对调度较困难，线路设备有效利用率低，投资较大。

3.4.4　主干电缆复接配线

主干电缆复接配线是将电缆线对复接到两个以上的配线区内，再接着分配到配线点上。这种配线方式占用线对较多，最早用于提高电缆通融性和使用率的技术措施，适于发展不平衡或不稳定地区。

复接配线可分为全部复接和部分复接两种形式。

1．全部复接

全部复接通常是与主干电缆相连的两条配线电缆的对数和起讫线序完全相同，但其分线箱（盒）的数目和线序分配可不必一样。全部复接适用于在一定时期后发展成为两个单独配线区的地区。

2．部分复接

部分复接是配线电缆以部分线对相复接的配线。一般在主干与配线电缆递减时较多采用部分复接，它的灵活性比全部复接更好。部分复接配线如图 3-23 所示。

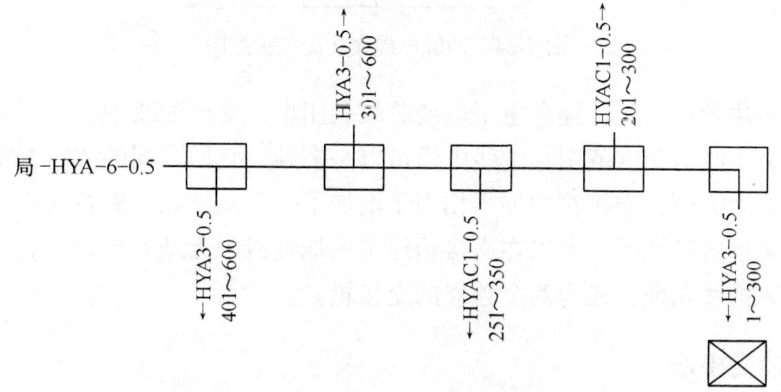

图 3-23　主干电缆部分复接配线示意图

3．复接方式的优缺点

复接方式具有以下优点。

① 具有一定的灵活性，尽量利用主干电缆线对。

② 在配线点或调整点间，便于今后调整。

复接方式的缺点如下。

① 复接的电缆线对占用较高，使用率较低。

② 由于芯线的复接，增加了复接损耗，障碍较多、影响面大、维护不方便。

主干电缆复接配线方式不经济且存在着很多的技术缺点，故我国行业规范和标准建议主干电缆配线不宜采用复接配线方式。

3.4.5　主干电缆交接配线

主干电缆交接配线（ITU-T 建议的配线方式）是指在主干电缆和配线电缆的连接处加入了中间接续设备——交接间或交接箱的配线方法。常用两级电缆交接法、三级电缆交接法、缓冲交接法和环联交接配线法等几种交接配线方式。

1．两级电缆交接法

电缆从电话局经交接箱到分线设备有两级电缆，自电话局到交接箱一段为主干电缆，自交接箱到分线设备为配线电缆。各自按不同的配线比例设计用线。两级电缆交接法配线如图 3-24 所示。

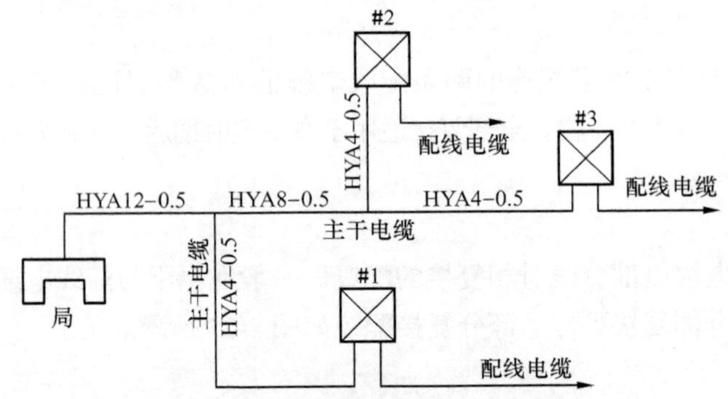

图 3-24　两级电缆交接配线示意图

两级电缆交接法的特点是：提高主干电缆芯线利用率，交接配线中，主干电缆的容量小于配线电缆容量；扩大了线对调度范围，配线电缆可以是多条，它们之间的线对调整打开交接箱即可进行；维护测试更为方便，交接箱的加入相当于增加了一个测试点，更容易确定故障段落；当线路容量增大，需要增容扩线时，可以在交接箱原来的地址或附近地方增设（或更换）另一个交接箱，各自分别接入馈线电缆，成为两个独立的交接箱。

2．三级电缆交接法

三级电缆交接配线方法是电话局到分线设备有三级电缆，自电话局到交接间（即大容量的交

接箱）为一级主干线路（容量 M_1），自交接间到交接箱为二级主干线路（容量 M_2），自交接箱到分线箱或分线盒为配线线路，相当于第三级。三级电缆交接法配线如图 3-25 所示。

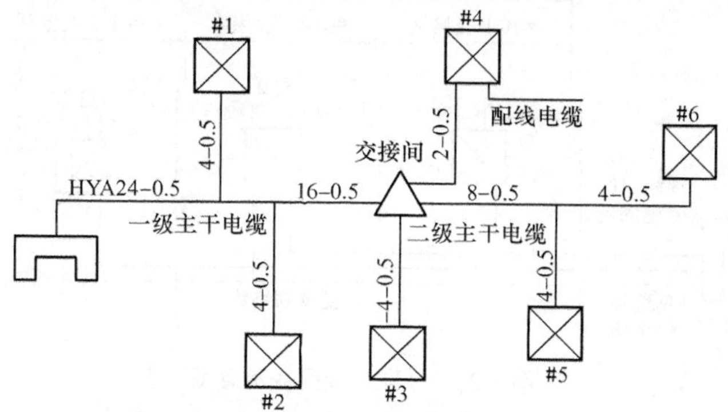

图 3-25　三级电缆交接配线示意图

三级电缆交接法特点：进一步提高主干电缆的芯线利用率，M_1 小于 M_2，每经过一级交接设备，往用户方向的电缆容量增加一次，线对调度范围更大，网络灵活性提高，线对调度可在不同交接区进行（交接间内完成，两级法只能在不同配线区进行），但用户线路经过两次跳接（交接间、交接箱各一次），线对记录管理麻烦，同时增加了交接间及其建筑费用。

对于是否采用三级电缆交接法要综合考虑，即对减少主干线缆所节约的费用与增加交接间及其建筑费用进行比较，从经济性、灵活性角度决定是否采用这种方法。目前，本地网的发展趋势是进行“大容量、少局所”改造，交接间若有必要及可能可利用撤销旧局时保留的配线架。

3．缓冲交接法

除了一般交接箱外，在适当地点装有附加的交接间称为缓冲交接间。不同方向的主干电缆线路与某些交接箱的一部分线对经过缓冲交接间交接后接入电话局，另一部分线对则直接进入电话局，如图 3-26 所示。

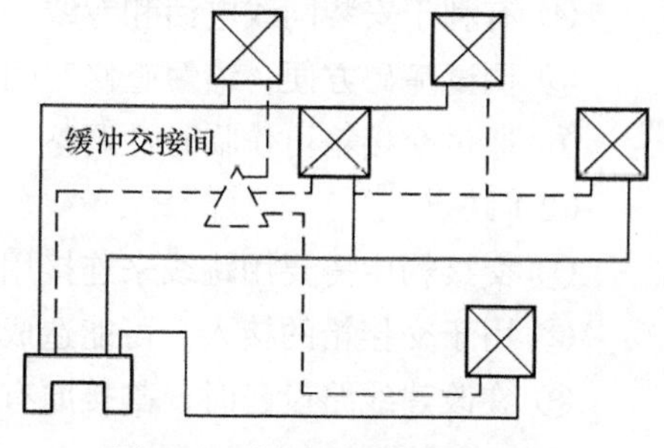

图 3-26　缓冲交接配线示意图

缓冲交接配线法的特点：具有与三级电缆交接法同样的减少备用线对和增加本地网灵活性的优点。由于进入交接间的对数减少，交接间的容量降下来，减少了交接间及其建筑费用。当某一主干线路发生障碍时，可以通过缓冲交接间而间接地使用其他主干线路的线对来保证用户畅通。但由于电缆分散，有时会引起电缆费用的增加，同时，由于线对记录更加麻烦，会增加维护工作的不便。

在具有数条平行主干路由的情况下，特别是在重要用户地区，可以考虑使用缓冲交接法。由于缓冲交接法可以使用少量的电缆供给较多的交接区使用，因而这种交接方式可作为对旧有交接区的一种很好的增援和扩建。

4．环联交接配线法

环联交接配线法是在用户比较密集的地区，即在连片交接区群的地方，交接箱除了各自分别接入专用固定的馈线电缆外，在发展到异常时期，还另外复接接入部分共用的复接馈线，供各交接箱任意选用，也可当联络线使用。环联交接法配线如图 3-27 所示。

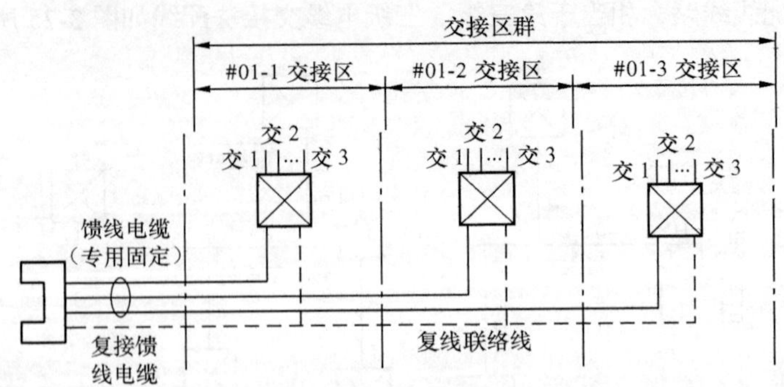

图 3-27　环联交接配线示意图

环联交接配线法的特点：省去了交接间，当交接区用户发展不平衡时，线对调度更加灵活，本箱线对不够可用临近交接箱的线对，推迟了交接箱主干电缆的扩建，但由于联络线占用了交接箱端子，增加了交接箱容量，增加了联络线线对记录，给维护工作带来了困难，一般环接交接箱不宜过多，通常为 3～4 只。

5．交接配线方式优缺点

上述几种交接配线方式共有的优缺点如下。

（1）优点

① 主干电缆备用线对少，芯线使用率高。

② 可以减少电缆复接衰减，未使用的线对均可不在交接箱上搭连。

③ 任何一段电缆发生障碍，可以自由更改而不影响全部使用。

④ 有利于安装同线电话和专线。

⑤ 测试障碍方便，缩短查修时间。

⑥ 通过交接箱可作临时性调整，可延缓电缆扩建工程。

（2）缺点

① 交接箱中需要用跳线来连接用户，必须要有正确的记录，否则以后不便维护。

② 由于交接箱的接入，可能造成绝缘降低。

③ 在改建线路设备时，割接原有线路设备入新局，有时会产生困难。

6．交接区的划分及容量

交接区是用户电缆线路网的基础。交接区的划分与确定、容量的规划都要保持相对稳定。交接区的划分及容量应符合下列要求。

（1）应按照自然地理条件，结合用户密度与最佳容量、原有线路设备的合理利用等因素综合考虑，将就近的用户划在一个交接区里。

（2）交接区的边界应以河流、湖泊、铁道、公路干线、城市主要街道、公园、高压走廊及其他妨碍线路穿行的大型障碍物为界，交接区的地理界线力求整齐。

（3）城市统建住宅小区的交接区，应按照用户就近的原则，结合小区道路、绿地、小区边界进行划分。视用户密度，可以一个小区划分一个交接区，也可以将几个小区合成一个交接区，或

者将一个小区划成几个交接区。

（4）旧市区的交接区，应根据用户的发展，结合原有配线区、配线电缆的分布和路由走向划分。

（5）对于已经建成的街区，交接区应以满足远期需要划分。对于未建成的街区或待发展地区的交接区的划分应远近结合。

（6）交接区容量的确定要因地制宜，不能拼凑用户数，以维持交接区的稳定，避免用户线路的变动。一般根据近期预测，引入主干电缆在 100 对以上的单位、院落、楼层内可单独设立交接区，如大型工矿、机关、企事业单位、宾馆酒家、大专院校等。

（7）交接区的容量应按最终进入交接箱（间）的主干电缆所服务的范围确定，一般主干电缆对数分为 200 对、400 对、600 对、800 对、1 000 对、1 200 对等几档。

- 各种配线方式的特点及其适用场合是什么？
- 交接配线法是重点掌握内容。

3.4.6　交接设备的管理

1．交接设备的编号

（1）交接箱的编号

交接箱（架）的编号以所在通信机房区的局号或局名汉语拼音代码命名，再按交接箱安装先后次序流水编号。即编号：A+B，其中，A 为局名，B 为交接箱号。

例如：606001，其中 606 表示 606 分局，001 表示第 1 号交接箱，以后 606002、606003……依此类推。

如果通信机房按局址所在市政道路命名，应按路名的汉语拼音取第一个字母缩写作为局名代号。

例如：裕华路通信机房，裕（Yu）华（Hua）通信机房汉语拼音缩写为（YH），则交接箱编号为 YH-001、YH-002、YH-003……依次类推。

编号应漆写在交接箱面板上，以利维护人员识别。

（2）交接箱内配线架编号

面对配线架自左向右顺序排列，左起为交 1 列，端子板自上而下顺序编号，第一块板为 1～100 号，其余依次类推。

2．交接电缆的编号

① 总配线架至交接箱的局线（馈线）电缆依次编号，如总配线架至第一个交接箱的主干电缆编为 01#，依次类推。

② 交接箱间如果设有联络电缆则编号为联交 01#，依次类推。

3．交接箱漆写（印）内容

电缆线序漆写（印）在箱门背面，内容如表 3-7 所示。

表3-7　　交接箱箱号、电缆、线序漆写内容

	成端设备编号原则		实例	
	分线盒	交接箱	分线盒	交接箱
直接或复接配线	主干电缆号 支缆号 分线盒号 线序	—	6506 1 2 1-10	—
一级交接配线	本局缩写-交接箱号 配线电缆号 分线盒号 线序	本局缩写-交接箱号 主干电缆号 线序 配线电缆号 线序	YH-3 1 2 1 -10	YH-3 6506 1-500 01 1-400 02 1-300
二级交接配线	一级 二级 本局缩写 -交接箱号-交接箱号 二级交接箱配线电缆号-分线盒号 线序	二级交接的交接箱 一级 二级 本局缩写 -交接箱号-J 交接箱号 一级交接配线电缆号-线序 J 本联线电缆号-线序	YH-3-24 1-2 1-10	YH-3-J4 01 1-300 J01 1-200 J02 1-300

4．交接设备的维护管理

（1）交接箱（间）管理方法

① 交接箱（间）是电缆线路装设在局外的交接设备，是局线与配线的集中点，为确保通信和设备的安全，交接设备必须设专人负责管理。

② 交接箱（间）均应配备专用锁，钥匙由测量室或专人负责管理，备份钥匙放分局办公室保管备用。

③ 凡参与交接箱（间）的施工、维护人员须持派工单借用钥匙，工作完毕要认真填写“交接箱登记簿”，清扫现场，上好门锁，钥匙及时交回。

④ 凡在交接箱（间）进行装、拆、移、改勾搭跳线时，应将改动的线对如实通知测量室，作好记录，以便账卡完整、准确、清晰、无误。交接箱内一律使用跳线连接，跳线中间不得接头。

⑤ 应派专人定期（每季一次）检查核对线对使用情况，做到图表、资料与实用线对相符。

⑥ 定期检查交接箱箱底隔板、进出电缆孔等部位有无裂缝、进潮现象，发现问题应及时封堵。

⑦ 定期检查交接箱体表面，如有锈蚀现象应及时涂漆保护。

⑧ 交接箱（间）内禁止存放其他杂物，严禁存放易燃易爆物品。

为确保全程全网通信畅通，以上管理制度，施工和维护人员应严格执行。

（2）交接设备维护质量要求规定

① 交接箱（间）必须装有门锁，箱体外壳应当严密，涂漆完整，防雨、防潮性能良好，箱内铁架、零件、地线等应安装牢固，箱门开关灵活。

② 落地式交接箱：基座应符合交接配线设计的要求，箱体的固定地脚螺丝应铸牢固，箱体与基座接缝应抹八字灰。

③ 架空式交接箱：采用的电杆、操作站台、上杆折梯、引上铁管、箱体固定螺丝、防雨棚等附属设备，应安装牢固，符合技术要求。

④ 交接设备的成端上列应符合设计要求，线径不小于 0.4mm，成端把线每 10 对一出线，芯

线绝缘层不得损伤。

⑤ 交接设备成端接头安装位置：交接间的成端接头应放在箱体底部的地板槽内并依次排列；交接箱的成端、接头套管应与固定角铁绑扎牢固。

⑥ 交接箱箱体、交接间配线架的接地应符合技术要求，局线和配线电缆的屏蔽保护地线应与交接设备的地线连接牢固。

⑦ 交接箱的底隔板应安装牢固，并有防潮措施，落地式交接箱基座进出电缆孔应封堵严密。

⑧ 交接设备内穿放跳线，应做到走径合理、整齐美观，必须穿放在跳线孔和跳线环内。

⑨ 交接设备的施工图纸、配线表格等有关技术资料应与实物、线对相符合，并放置于交接箱面板背面的专用斗内。

- 交接设备的管理对今后的维护、故障处理非常重要，必须遵守相关规定！

3.5 电缆分线设备

3.5.1 分线设备的分类、结构

分线设备是配线电缆的终端设备。按配线方式引出所需线对供用户需要，是连接配线电缆和用户皮线的设备，而且便于日常检修障碍或装拆移机等。分线设备有分线箱和分线盒两大类。分线箱是一种装有熔丝和避雷器等保安装置的分线设备，适用郊区和山区容易遭雷击或强电入侵的地段使用。分线盒一般适合不易遭雷击和强电入侵的地段使用。

1. 分类

分线设备按不同的使用方法分成以下几类。

- 按其用途不同可分为室外电缆分线盒和室内电缆分线盒。
- 按其接续方式不同可分为压接式和卡接式两大类。
- 按其安装方式不同可分为挂式和嵌式。

2. 规格

分线设备的产品按容量分为 5、10、20、30、50、100 回线等规格。

3. 标记

分线设备产品的完整标记由标准号、名称、型号构成。

标记示例：市内通信电缆分线盒 YD/T 740-95-XFO-03-10，其中 YD/T 表示通信终端，740-95 为标准号，XFO-03-10 表示总容量为 10 回线的 XFO-03 型市内通信电缆分线盒。

4. 结构形式

分线设备产品由盒体、盒盖和接线排构成，如图 3-28 所示。

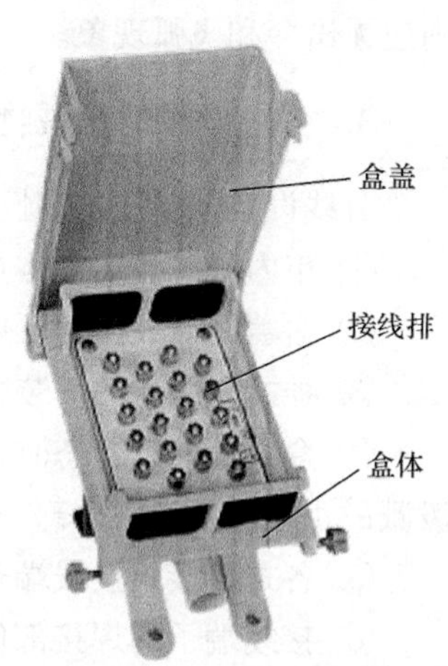

图 3-28　分线设备结构

3.5.2 分线设备的技术要求

1．使用环境

（1）室外电缆分线盒使用环境

环境温度：−50～＋55℃。

相对湿度：＜95%。

大气压力：70～106kPa。

（2）室内电缆分线盒使用环境

环境温度：−25～＋40℃。

相对湿度：＜95%。

大气压力：70～106kPa。

2．分线设备的电气性能

分线设备的电气性能主要包括绝缘电阻、接触电阻和抗电强度。

（1）绝缘电阻

① 在实验的标准大气条件下，任意两端子之间及任意一端子与金属盒体之间的绝缘电阻不应小于 5×10^4MΩ。

② 在条件实验后，任意两端子之间及任意一端子与金属盒体之间的绝缘电阻不应小于 5×10^3MΩ。

（2）分线设备的接触电阻

① 在实验的标准大气压条件下，导线与接线端子之间的接触电阻不应大于 5×10^{-3}Ω。

② 在条件实验后，导线与接线端子之间的接触电阻不应大于 3×10^{-3}Ω。

（3）抗电强度

① 在实验的标准大气压条件下，任意两端子之间及任一端子金属盒体之间承受交流有效值 500V 时，1min 内应无击穿和飞弧现象。

② 在条件实验后，任意两端子之间及任一端子金属盒体之间承受交流有效值 500V 时，30s 内应无击穿和飞弧现象。

3．分线设备的机械物理性能

分线设备的机械物理性能如下。

① 市内分线盒的盒体及各式接续器件的塑料主体应采用阻燃材料制造。

② 盒盖开启灵活，开启角不应小于 100°，以保证不影响继续操作。

③ 挂式分线盒的安装脚应具有足够的抗冲击强度。

④ 盒盖处关闭状态时，其密封性能能应符合 GB2408 中规定的 IP43 的要求，即可防止灰尘、泼溅的水花进入设备内部。

⑤ 各式卡接式接线端子的适用线径应为 0.4～1.2mm。

⑥ 接线端子的焊接部位挂锡应均匀，挂锡长度不应小于 5mm。

⑦ 接续好的接线端子与导线的拉脱力应符合表 3-8 所示的要求。

表 3-8　　分线设备接线端子与导线的拉脱力

导线线径（mm）	最小拉脱力（N）	导线线径（mm）	最小拉脱力（N）
0.4	24	0.8	96
0.5	38	1.2	120
0.6	52		

⑧ 卡接式接线端子的卡接簧片的重复使用次数不应小于 200 次。

4．分线设备的防腐性能

分线设备的防腐性能要求如下。

① 盒体外观应整洁，表面光滑平整、色泽均匀。金属材料制造的盒体，应做以防腐为目的的油漆涂覆或喷塑等工艺处理，防护膜附着应牢固，不存有挂流、抓痕、露底、气泡及发白等缺陷。盒体的外表面不允许有超过直径 1mm 的颗粒杂质或长度大于 3mm 的纤维状杂质 2 个。盒体的内表面不允许有超过直径为 1mm 的颗粒杂质或长度大于 3mm 的纤维状杂质 4 个。

② 构成接线端子的零部件应经镀镍处理，螺钉的焊接端应在镀镍之前做上锡处理。

③ 构件紧固用的螺钉、螺母和平垫圈应经镀锌处理。

- 分线设备要满足相应的技术要求，包括使用环境、电气性能、机械物理性能、防腐性能等，想想为什么？

3.5.3　分线设备的安装

分线设备在电杆及墙壁安装，不论采用木质或金属背架均要求牢固、端正、接地良好。

1．室外分线盒的安装

① 分线盒在水泥杆上采用金属背装架进行安装，如图 3-29 所示。

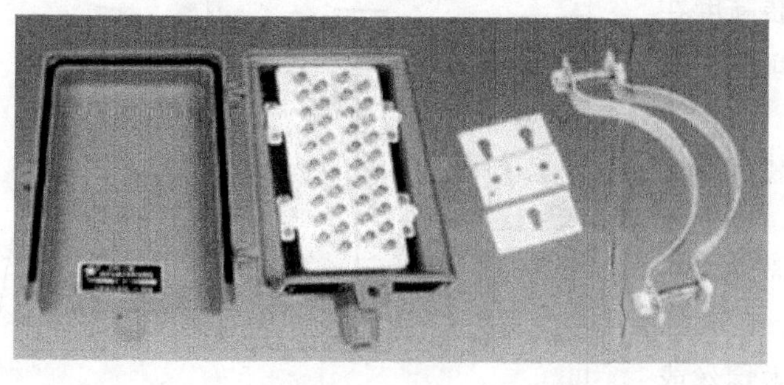

（a）分线盒金属背装架实物照片

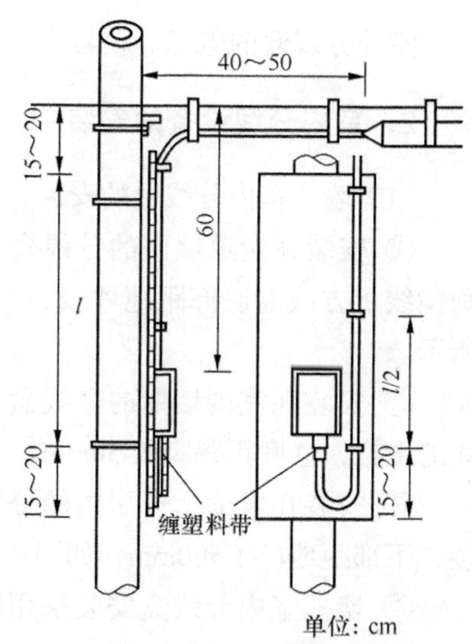

（b）分线盒在水泥杆上安装

图 3-29　水泥杆采用金属背装架安装分线盒

② 墙式室外分线盒的安装如图 3-30 所示。

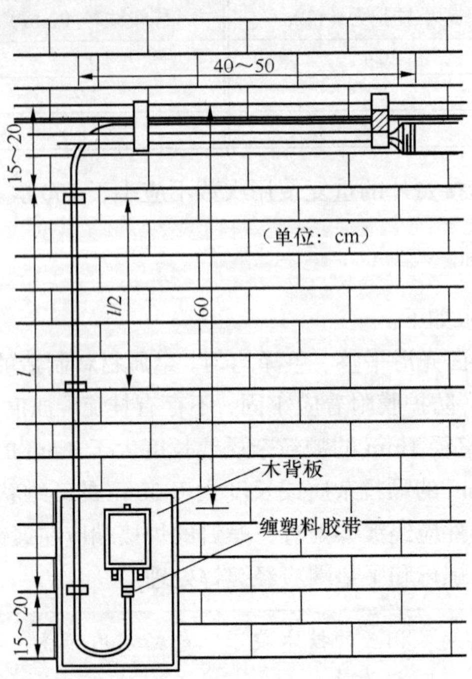

图 3-30　墙式室外分线盒的安装

③ 室外分线盒的选用及线序的标注室外分线盒的选用如表 3-9 所示。

表 3-9　室外分线盒选用表

型号	箱体外形尺寸 长（mm）×宽（mm）×高（mm）	容量（回线）	安装尺寸（mm）
XF—Ⅱ10 XF—Ⅱ20	200 × 188 × 115 300 × 188 × 115	10 20	180 × 50 280 × 50

室外分线盒的电缆、箱号、线序应漆写在箱盖正面，要求字体端正、大小均匀。

2．室内分线设备的安装

（1）墙式室内分线盒的安装

① 安装在走道墙面的分线盒，其安装高度在画镜线上方或盒底部距地坪 2 500mm，如图 3-31 所示。

② 安装在室内墙壁的分线盒，可安装在踢脚线的上方，盒底距踢脚线 50mm。

③ 安装在电缆上升房内的分线盒，应采取竖装、下部距地坪 1 500mm，如图 3-32 所示。

④ 墙式室内分线盒安装采用铅榫、木螺丝或膨胀螺栓。

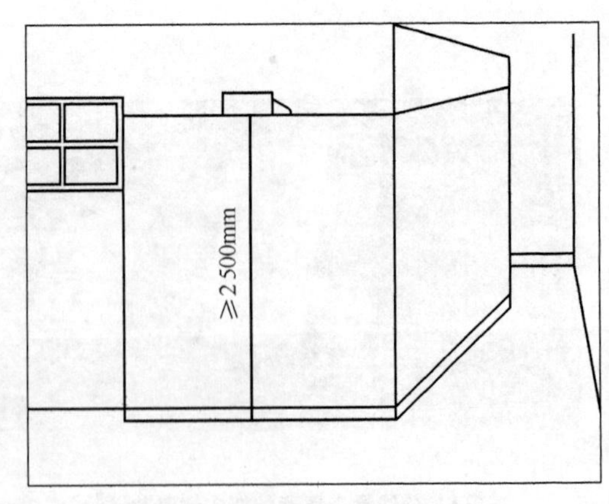

图 3-31　安装在走道墙面的分线盒

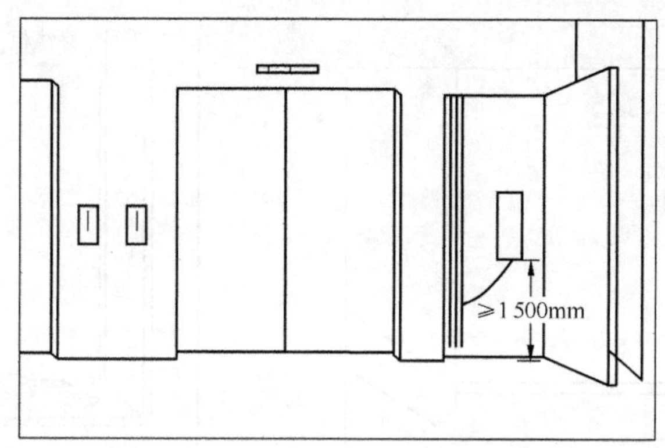

图 3-32　安装在电缆上升房内的分线盒

（2）室内分线盒的选用及线序的标注

室内分线盒的选用如表 3-10 所示。

表 3-10　室内分线盒选用表

型号	箱体外形尺寸 长 × 宽×高（mm）	容量 （回线）
XF-Ⅱ10 XF-Ⅱ20	320 × 145 × 60 320 × 145 × 60	10 20

室内分线盒的电缆、箱号、线序应漆写在箱盖正面，同样要求字体端正、大小均匀。

3．壁龛式分线箱的安装

（1）壁龛分线箱规格

壁龛分线箱规格如表 3-11 所示。

表 3-11　壁龛式分线箱规格

型号	箱体外形尺寸 长 × 宽×高（mm）	容量 （回线）
NF-IC	600 × 480 × 145	10—50
NF-IC	700 × 550 × 145	10—50
NF-IC	600 × 480 × 145	50—100

（2）壁龛式分线箱实物照片

壁龛式分线箱实物照片如图 3-33 所示。

图 3-33　壁龛式分线箱实物照片

（3）壁龛式分线箱安装

壁龛式分线箱安装分为箱体安装和箱内接续部件安装两部分。

① 箱体安装由房屋建筑施工部门按设计要求进行。

② 箱体下沿离地坪 1 000～1 300mm，箱边距墙角不小于 1 000mm，如图 3-34 所示。

③ 进入接线箱内的电缆管、用户线管长度均不得大于 15mm。管口倒钝，并铰牙纹，再用螺母将管子与箱体连接。如图 3-35 所示。

箱体、箱内接续部件的装置应牢固、合理且防潮，箱内接续部件安装包括穿线板、模板安装，模块宜安装在箱内居中位置，10 回线的分线箱内部件安装如图 3-36 所示，20 回线的分线箱内部件安装如图 3-37 所示。

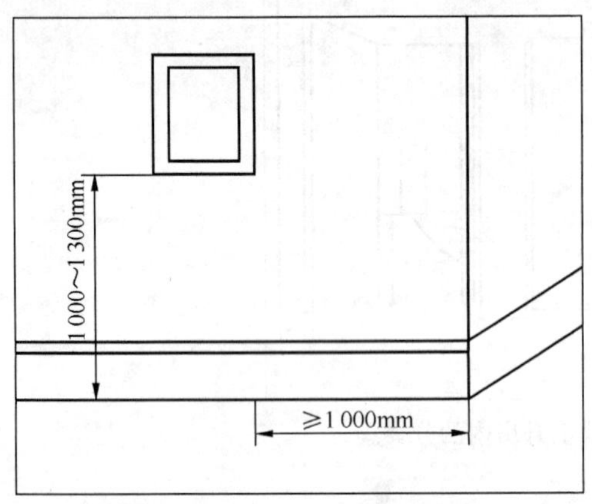

图 3-34　壁龛式分线箱安装位置示意图

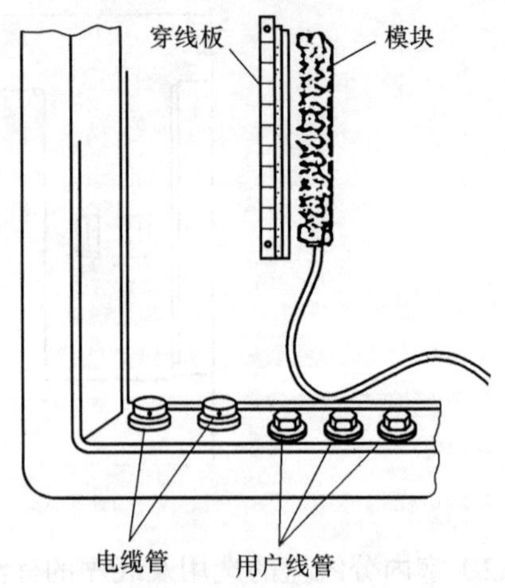

图 3-35　壁龛式分线箱的内部安装示意图

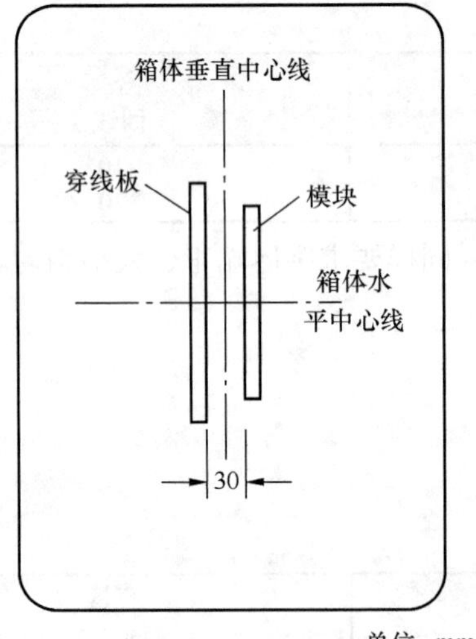

图 3-36　10 回线分线箱箱内部件安装

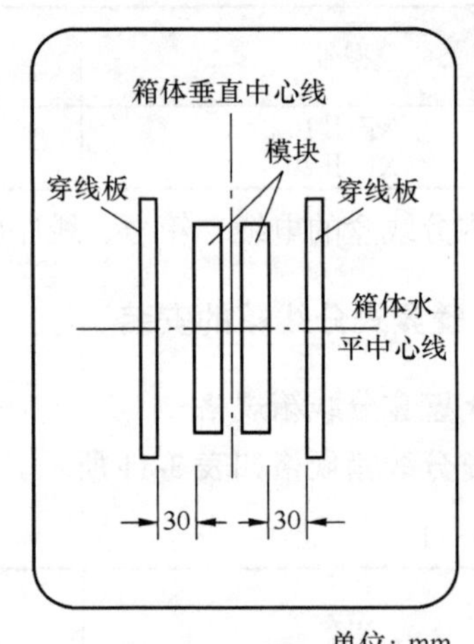

图 3-37　20 回线分线箱箱内部件安装

- 各种分线设备的安装方法及其注意事项。

3.6 配线电缆网配线

3.6.1　配线电缆的建筑方式

1．建筑方式的选择原则

在选择配线电缆的建筑方式时，既要考虑技术经济的合理，也要注意城市建设的美观，同时还要考虑到电话线路地下路由的走向。采用配线电缆的建筑方式应考虑以下原则。

① 电话密度小，原有设备大都是架空线路，且受投资限制时可采用架空方式。

② 地下配线是繁华的市区街道优选的电缆建筑方式，在无现有地下管道而投资有可能的情况

下宜采用地下配线。

③ 用户数量较多且比较稳定的地区宜采用地下配线。

④ 在繁华市区上原有的架空配线电缆一般不宜拆换到地下，但也不宜加挂容量大的配线电缆，新设电缆较多时宜放设在地下。

⑤ 建筑物系统已基本成形，现无杆路的，应考虑墙壁电缆或地下配线，也可适当地建筑局部性的杆路。

⑥ 住宅小区线路的暗管暗线，应考虑终期用户容量。

2．配线电缆的建筑方式

配线电缆有以下 4 种建筑方式。

① 架空线路：应用杆上分线设备进行配线。

② 地下电缆线路：局内馈线通过或不通过交接箱（间）接到用户列板或端子设备上进行配线。

③ 墙壁线路：通过墙上装设分线设备进行配线。

④ 住宅小区线路：通过楼内总组线箱、暗线箱（盒）至各楼层进行配线。

3.6.2　配线电缆直接配线

直接配线是把配线电缆的线对根据业务预测（设计）的用户数，直接分配到各个分线设备上，分线设备之间不复接。彼此通融性差，电缆对数一般都采用递减的方法，当不递减也不复接时，只在该接头中把多余的芯线，甩线留在接头内，如图 3-38 所示。

图 3-38（a）所示为一个配线区的电缆配线图，图 3-38（b）所示为图 3-38（a）的解剖图，图中 100 对电缆（线序 1～100）自局方至 1 号 25 对分线盒（线序 1～25），至 2 号 25 对分线盒（线序 26～50），然后递减为 50 对，再将 50 对分别接至 3 号、4 号分线盒各 25 对，这样就把 100 对电缆用直接配线的方式，将全部芯线在一个配线区内分配完毕。

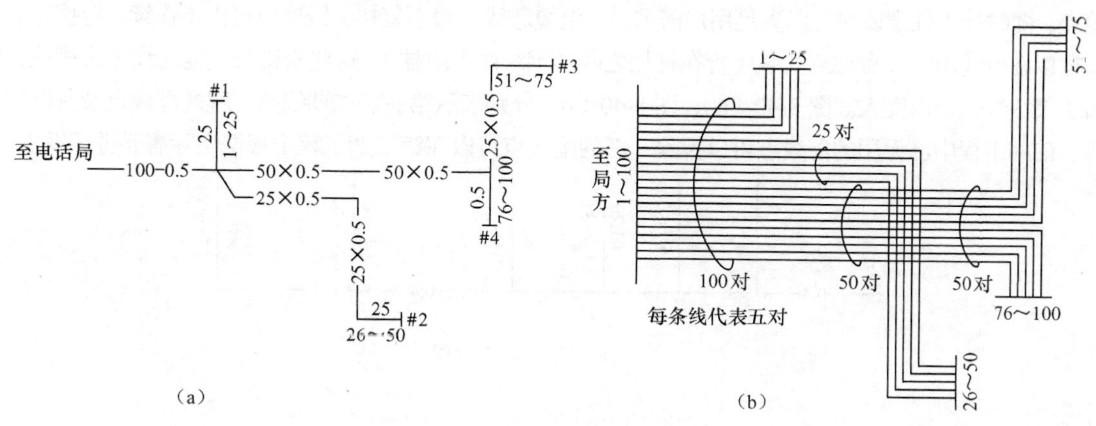

图 3-38　配线电缆直接配线示意图

3.6.3　配线电缆复接配线

用户发展的情况不是可以完全可以预测的，而线路的布置又不可能考虑到一切可能的变化。为适应这种变化，一定数量的电缆芯线相复接，即同一对线接入两、三个分线箱（盒）内，增加了线路设备的通融性，同时提高了芯线的使用率，改善设备的服务效能，复接可以按需要在少数分线箱（盒）间进行，也可在整条电缆上进行系统的复接，如图 3-39 所示。

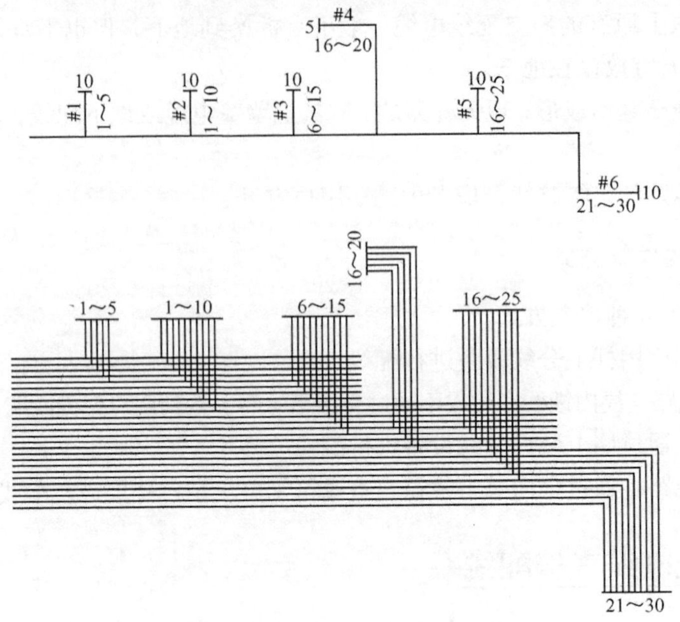

图 3-39　配线电缆复接配线示意图

在架空配线电缆的小范围内，往往采用分线设备复接。

3.6.4　配线电缆自由配线

自由配线方式是根据用户需要（包括数量和地点）来确定装设分线设备的时间和位置，并选定接线端子数量，分线盒容量与实际接入接线端子板上的芯线对数也可以不一样。它可以在配线电缆的任意地点，随时接出任意线对，以满足用户需求，其电缆芯线一般不复接，线序也可以不连续，轻便型分线盒可以在电缆沿线任意地点安装（含在杆档之间的钢绞线上附挂），这些安排与其他配线方式相比，突出了灵活性，自由度大。图 3-40（a）、图 3-40（b）分别表示第一、二期线路工程的配线点及其线序安排。前期工程中已无用的配线点可以拆除，新的配线点可以在第二期工程中根据实际需要进行设置。

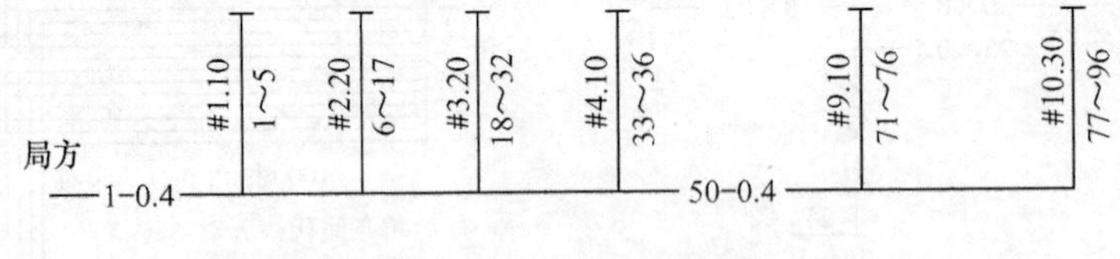

（a）第一期线序分配

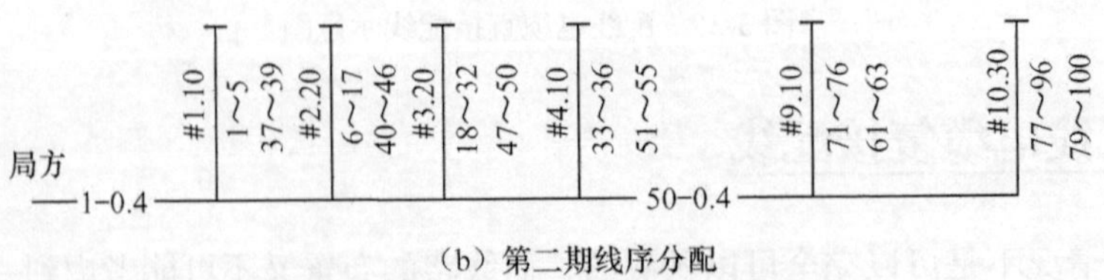

（b）第二期线序分配

图 3-40　配线电缆自由配线示意图

自由配线的电缆容量，配线电缆的满足年限一般设为 10 年，其最小容量不宜少于 30 对，最大容量 100 对，电缆芯线使用率理论上可达到 100%，但考虑留有一定富余度，电缆芯线使用率一般取为 70%～90%。

3.6.5　配线电缆交接配线

交接配线法一般适用于用户密集区域，其范围是由交接箱配出若干条配线电缆，以每 100 对电缆所覆盖的地区作为一个交接配线区，将线序直接分配至各分线箱（盒）设备上，配线区电缆芯线利用率在 70%左右。

1．交接配线的技术要求

① 配线区线序的使用规定如下。

- 在箱内安装 100 回线旋转卡接端子或模块卡接端子，线序自左至右、自上而下，一般将交接箱中间列作为局线上列，相应两旁列作交接配线上列。
- 原有配线区不论采用哪种配线方式，接入交接箱后可以保持原有的线序使用方式。
- 局线电缆（馈线）在入交接箱以前就掏出线序给用户做配线的，应将这些线序复接入交接箱内，便于调配使用。
- 由交接箱引出新做的配线区，应采用全塑 HYA 全色谱电缆。
- 从近局端小号开始分配线序，全塑全色谱电缆芯层为小号。

② 为了保证交接设备内整齐美观、线对有序、节省跳线，应按照以下操作程序进行连线。

- 首先使用同列、同组、同线序的局线与配线相接。
- 使用同列、同组、不同线序的局线与配线相接。
- 使用同列、不同组、不同线序的局线与配线相接。
- 使用不同列、不同组、不同线序的局线相接。
- 端子（包括卡接式）交接箱的主干电缆应上中间直列，配线电缆应上两侧直列。芯线线序号应与端子标志号码一致。

③ 如果采用 HPVV、HYAT、HYA、HYAC 全塑电缆，可直接上交接列（做成端堵塞）。0.32mm 线径及以下和泡沫、泡沫/实心皮聚烯烃材料绝缘电缆严禁上列。

④ 为便于施工和维护的联络，在交接箱至测量室之间应设一对专用业务联络线。

⑤ 成端接头按以下要求设置。

- 交接间的成端接头应放在地板槽内依次排列。
- 落地式交接箱的成端接头应放置在交接箱底部，并将接头绑扎牢固。
- 架空式交接箱的引上电缆应采用铁管保护，根据管径大小穿放局线（馈线）电缆，成端接头放在交接箱底部格板下，并将接头绑扎牢固。

2．交接配线电缆与配线表

（1）配线电缆及分线盒编号

① 配线电缆编号方法。配线电缆编号以交接箱（间）为单位，按接入交接箱电缆先后次序，采用流水编号方法：A+B+C，其中，A 为局号，B 为交接箱号，C 为配线电缆编号。例：YH001-#01

表示裕华电信机房 001 号交接箱，#01 电缆，YH002-#02……依此类推。

交接箱之间如果设有联络电缆，则编号为联交 1#、联交 2#等。

② 分线盒编号方法。分线盒编号应按配线电缆所属分线盒由远向近处依次排列编号。例如："01 配线电缆所属分线盒依次编号为 1 号、2 号、3 号……并漆写在分线盒板上，便于维护人员识别，如图 3-41 所示。

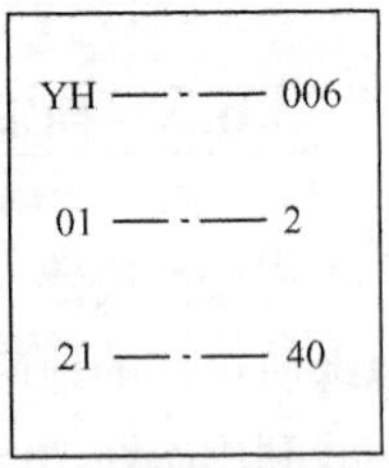

YH —·— 006

01 —·— 2

21 —·— 40

图 3-41　分线盒面板

图 3-41 中表示裕华电信局第 006 号交接箱，01 配线电缆第 2 号分线盒，第 21 号线序～40 号线序。

③ 为了保证交接设备的正常维护使用，应做到 MDF、交接箱（盒）等设备与图纸、用户卡片、交接配线表等与记录准确相符。

（2）交接配线表的要求

① 电缆配线表的内容包括电缆编号、线序、配线架列号、交接箱编号、所在街道名称、简明配线图、用户电话号码及所占线序、分线设备编号、容量、线序、芯线障碍情况等。

② 100 对全色谱电缆线序规定：心层为 1 号，所以在近局端应配大线序号。

③ 面对配线表，从左下方划第一个分线设备，陆续向右上方划最后一个分线设备。

④ 配线表可在左侧划一条蓝红线，蓝色为局方，红色为配线即用户一侧。

3．住宅小区配线

具备下列条件时交接设备可安装在建筑物内。

① 在新建小区或用户密度大的高层建筑内有专用房间时，可设置交接间，其容量可根据交接区终期所需的电缆总对数确定。

② 根据近期预测，引入主干电缆在 100 对以上的单位、楼层内可单独设立交接区。

③ 建筑物墙壁已预留壁龛时。

④ 建筑物内有干燥的楼道、通道、屋角、楼梯转角等隐蔽安全的地方。

具体方法见第 6 章。

- 配线电缆网各种配线方式的特点及其适用场合。
- 用户线路的内容你了解了吗？

实做项目与教学情境

实做项目一：参观运营商机房

目的：通过参观，了解电缆进线室、总配线架及相关附属设施。

实做项目二：安装交接箱电缆

目的：通过安装交接箱电缆，了解交接箱的结构及电缆终端接续方法。

实做项目三：安装分线盒电缆

目的：通过安装分线盒电缆，了解分线盒的结构。

本章小结

本地电话网一般从市话交换局的总配线架（MDF）纵列起，经电缆进线室、主干电缆、交接箱设备、配线电缆、分线设备、引入线或经过楼内暗配线最终到达用户电话机。以此为中心，本章介绍了以下内容。

① 电缆入局建筑，主要介绍了电缆进线室、电缆测量室的结构及其附属构件的要求，以及施工和维护中进局电缆应遵循的原则。

② 成端电缆，介绍了成端电缆的基本概念，说明了成端电缆的制作要求和方法，介绍了成端电缆接头的方法及成端电缆终端接续的方法。

③ 交接箱设备，包括其结构及规格、型号，交接箱的技术要求，架空、落地、墙壁式交接箱的安装。

④ 主干电缆网配线，介绍了主干电缆网配线路由的选择原则，介绍了主干电缆的直接配线、复接配线及交接配线等 3 种配线方式，同时说明了交接设备的管理规定。

⑤ 分线设备，包括其分类、结构，分线设备的技术要求，各种分线设备的安装。

⑥ 配线电缆网配线，介绍了配线电缆的建筑方式及其选用原则，介绍了配线电缆的直接配线、复接配线、自由配线及交接配线等配线方式。

习题

3-1　简述电缆进线室基本概念及其建设要素。

3-2　简述电缆进线室的上线方式。

3-3　简述总配线架的安装要求。

3-4　简述施工和维护中进局电缆应遵循的原则。

3-5　简述成端电缆的概念及其一般规定。

3-6　简述局内成端电缆的选择及成端电缆双裁把线编扎技术要求。

3-7　简述成端电缆成端接头做法。

3-8　简述成端电缆终端接续方法。

3-9　简述交接箱形式、规格、型号。

3-10　简述交接箱的电气性能、机械物理的技术要求。

3-11　简述交接箱安装位置的选择。

3-12　简述主干电缆配线路由的选择要求。

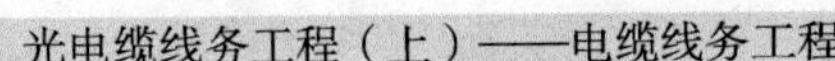

3-13　简述主干电缆网的配线方式。试画出每种配线方式的示意图。

3-14　简述交接设备及交接电缆的编号方法。

3-15　简述分线设备的种类和技术要求。

3-16　简述分线设备的安装要求。

3-17　简述配线电缆的建筑方式及其选择要求。

3-18　简述配线电缆网的配线方式。试画出每种配线方式的示意图。

3-19　简述配线电缆及分线盒编号方法。

第4章 架空电缆的敷设

本章教学说明

- 重点介绍架空电缆的敷设
- 重点介绍拉线和撑杆
- 详细介绍架空电缆的防雷
- 介绍架空电缆的维护

本章内容

- 杆路测量
- 杆路建筑
- 架空电缆敷设
- 架空线路接地装置与架空线路维护

本章重点、难点

- 杆路测量
- 拉线和吊线的制作
- 架空电缆的敷设
- 地线安装与架空线路的维护

本章学习目的和要求

- 掌握杆路测量方法
- 掌握拉线的制作与架设
- 掌握架空电缆敷设方法
- 掌握架空线路的维护要点

本章实做要求及教学情境

- 参观架空电缆
- 拉线的制作
- 吊线的架设

- 架空电缆的敷设
- 立、换杆路

本章学习能力要素及基础要求

- 课前预习相关内容
- 掌握拉线、吊线的制作
- 掌握架空电缆的敷设内容
- 了解架空电缆的维护

本章学习方法建议

- 预习复习结合
- 参观、实践操作与课堂学习结合
- 自学与探讨结合
- 寻求教师答疑与学习反馈结合

本章建议学时数：6 学时

4.1 杆路测量

在施工和日常维护工作中，由于各种原因，需要选择或更改路由、去角改直或立、换杆等工作，均要进行杆路测量。

4.1.1 杆路路由选择原则

杆路路由选择原则如下。

① 杆路路由应尽量采取短、直的路径，较少角杆，避免迂回和 S 弯，便于架设和维护工作。

② 杆路位置尽量选在定型街道的一侧，避免往返跨越。一般市区通信线路设在街道的西侧和南侧；电力线路设在街道的东侧和北侧。

③ 杆路应尽量减少与高压输电线的交叉跨越、平行和接近，以避免危险和干扰影响。

④ 杆路应避开有严重腐蚀性气体的工业区，以防腐蚀电缆和导线。

⑤ 郊区的市话杆路，应尽量设在公路或郊区大道的一边，尽量满足近、平、直的原则，避开坡度较大或土质松软的地区。

⑥ 杆路应尽量减少穿越铁路、公路和河流等障碍物，一般不应穿越厂房、广场及城市建设的预留空地，尽量避免长杆档建筑。

⑦ 杆路无论新建、改建或扩建都应符合当地城市建设部门规定。应特别注意将来道路修建和其他建筑规划，以免造成杆路日后迁移改建。遇有特殊情况应与有关单位联系，协商解决。

4.1.2 测量要求

1．确定杆位

逐段确定直线，在直线上丈量杆距，确定杆位。杆距一般规定：市区为 35～45m；郊区为 45～50m。

确定杆位时，应考虑引入线、分支线、引上电缆及拉撑设备的位置。

2．维修换杆

在维修换杆时，避免在下列位置立杆：

① 妨碍交通，易受车辆碰撞；

② 有损地下建筑物；

③ 妨碍房屋门窗开关和出入通道；

④ 角杆和特殊杆的附属设备设置困难的地区；

⑤ 其他不安全的地方。

3．合杆架设规定

市话电缆线路不应与电力线路合杆架设，在不可避免时，允许和 10kV 以下的电力线路合杆架设，但必须采取相应的技术防护措施，经周密设计并与有关方面签订协议。与 1～10kV 电力线路合杆时，电力线与通信线间净距离不小于 2.5m；与 1kV 电力线路合杆时，其净距离不小于 1.5m。

4.1.3 杆路定位方法

杆路定位测量是指在已经选好的杆路路由上丈量杆距，确定杆位及拉线、撑杆等具体位置。

1．直线段的测量

（1）直线段测量

直线段测量时，先选定角杆或终端杆位置，树立标旗或标杆（远树标旗、近树标杆），如图 4-1 所示。参加测量的工作人员明确分工，统一指挥，互相积极配合。

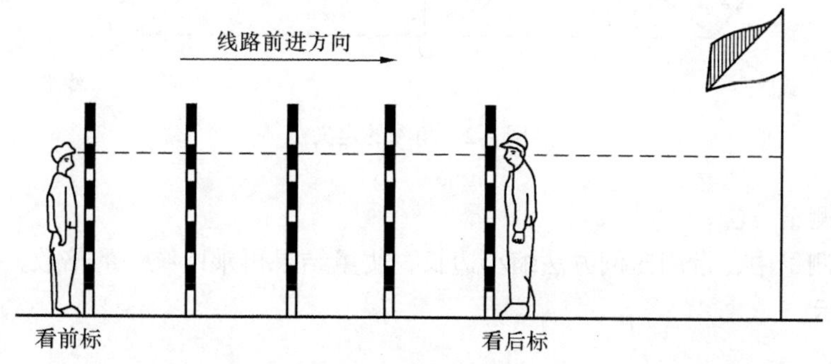

图 4-1 直线段测量

从起点处开始向标旗方向丈量杆距，每一杆距立一标杆，由看标人看直方向及标杆，以 3 根标杆对准标旗为准。在立好周围第 4、第 5 根标杆后，可将第 1、第 2 根标杆拔掉，继续向标旗方向续标，如此前后倒换着前进，凡测定的标杆位置均应打入标桩、做好记录，以备制图和查找。

（2）立杆目测

立杆定标：先在挖好杆坑旁的标桩点处，连续立 3～4 根标杆，看直，再树立终端杆或角杆与标杆对直（角杆必须留有内移量）。确定标杆之后，以此杆为准往前立下去。开始看标杆时，往前续标。当立好 4 根杆后，可以只采取用一根标杆观测电杆。

目测立杆时，目测者应首先检查杆坑位置挖得是否准确，否则应在立杆前修整。目测者立姿要端正，上下观测头稳目动，左右观测头随腰动，其左右摆度一致。观测时，上下看，电杆梢部垂直于根部；左右看电杆时要看成细杆条，如果看成粗杆条，说明前后电杆有稍微交错现象。这时需要在左右侧面观看后面电杆暴露杆面是否一致，如果杆面暴露有多有少，则说明杆位有偏差，应立即纠正。

（3）换杆目测

换杆前要观测杆位是否正确，立新杆目测时，依前后 3 根旧杆为准对直（角杆除外），目测方法同立杆目测。

2．角杆测量

线路转角（弯）的电杆叫做角杆，角杆所承受的不平衡张力的大小与线路所夹内角角度的大小有关系，内角角度越小，角杆承受的不平衡张力越大；内角角度越大，角杆承受的不平衡张力越小。线路转角的大小，可用角度 α 表示，也可用角深表示。在实际工作中，现场测量角度 α 比较麻烦，且不易准确，通常采用丈量角深的办法来代替角度测量。

（1）角深的定义

如图 4-2 所示，图中 A 为角杆位置，自角杆 A 向两侧线路进行方向各量取标准杆距 50m（或 30m），得 B、C 两点（即 $AB = AC = 50$m），量取 BC 连接线的中点 D，则角杆 A 至 D 点的长度就叫角深。角深的计量单位是 m。

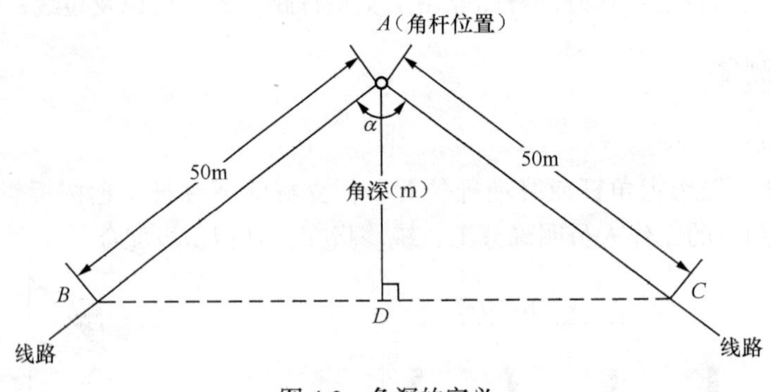

图 4-2　角深的定义

（2）角深的测量方法

在角深实际测量中，常用比例方法缩小边长，丈量结果再乘以统一的倍数，才是所测得的角深，如图 4-3 所示。

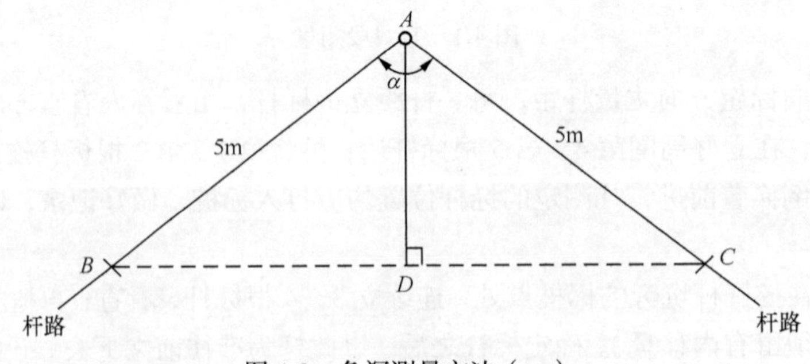

图 4-3　角深测量方法（一）

设：取 1/10 的比例，测量边长为

$$AB = AC = 5\text{m}$$

则求得角深 = 10AD。

如因地形限制时，也可参照图 4-4 所示的方法测量角深，求得角深 = 10BC。

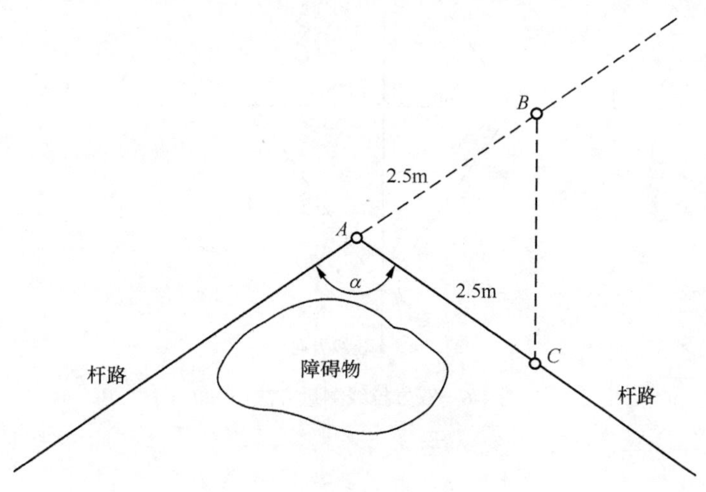

图 4-4　角深测量方法（二）

3．拉线定位

拉线定位是指要测出拉线方向，量出拉距，确定拉线入土点位置和拉线洞的位置（撑杆测定方法与拉线同，只是方向相反）。

（1）拉线方向

① 角杆拉线方向测定。可按测量角深的方法进行，角深的反方向即是拉线的方向，如图 4-5 所示。图 4-5 中 AE 即拉线方向。

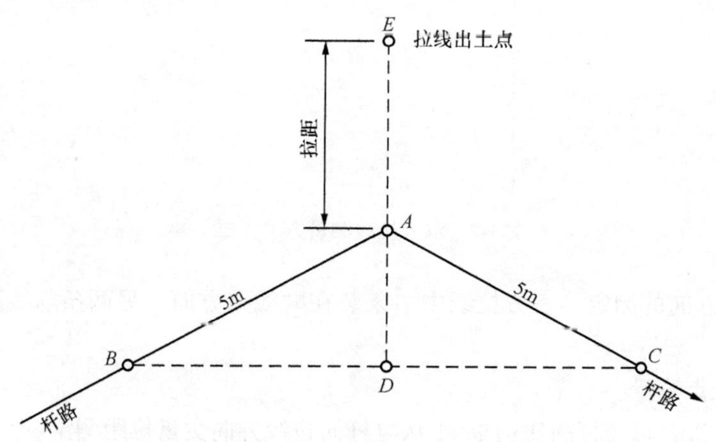

图 4-5　角杆拉线测量方法

② 双方拉线方向测定。双方（抗风）拉线的测量方法与角杆拉线测量方法相似，如图 4-6 所示，AE、AF 即为双方拉线的方向。另一种方法是利用勾股定理测量垂线，如图 4-7 所示，测定 B 点后，可延长 BA 至 S 点，则 DA、AS 分别为双方拉线的方向。

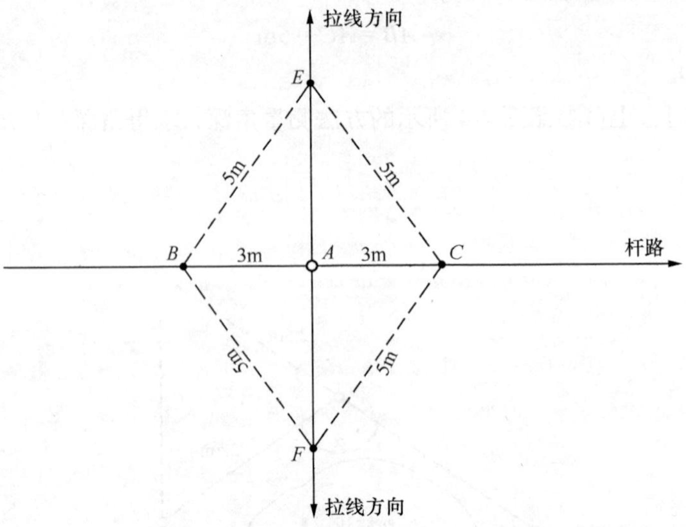

图 4-6　双方拉线测量方法（一）

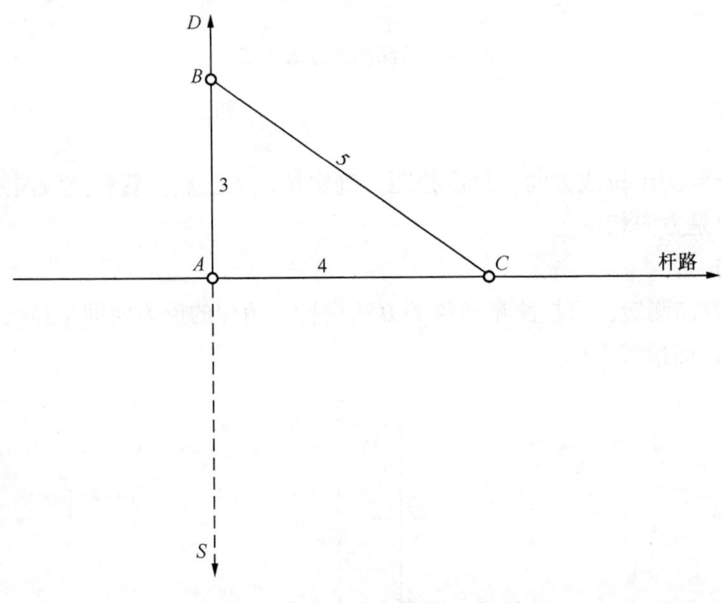

图 4-7　双方拉线测量方法（二）

③ 三方拉线方向的测定。三方拉线中一条装在顺线路方向，另两条与线路成 60° 夹角，如图 4-8 所示。

（2）拉线入土点测量

拉线入土点位置，可按杆高比例 1∶1 从电杆向拉线方向丈量拉距测定。

（3）拉线洞的测量

拉线洞的位置与拉线的距高比和拉线洞深浅有关系。当拉线的距高比等于 1 时，拉线入土点至拉线洞中心线之间的距离等于拉线地锚的埋深，当拉线距高比不为 1 时，拉线入土点至拉线洞中心之间的距离可按图 4-9 所示的方法测量。

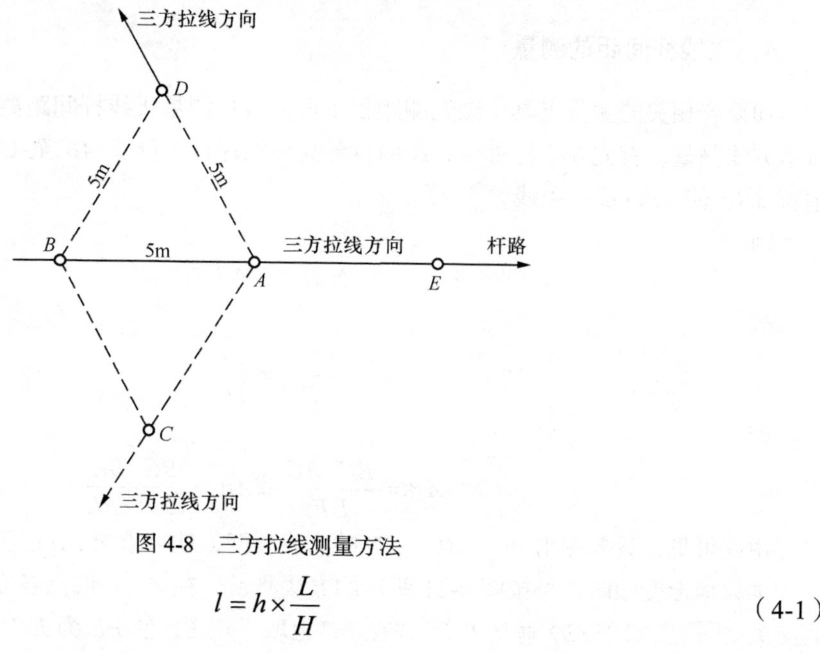

图 4-8　三方拉线测量方法

$$l = h \times \frac{L}{H} \tag{4-1}$$

式（4-1）中：l 为拉线洞中心线至拉线入土点之间的距离；h 为拉线地锚埋深；$\frac{L}{H}$ 为拉线的距高比。

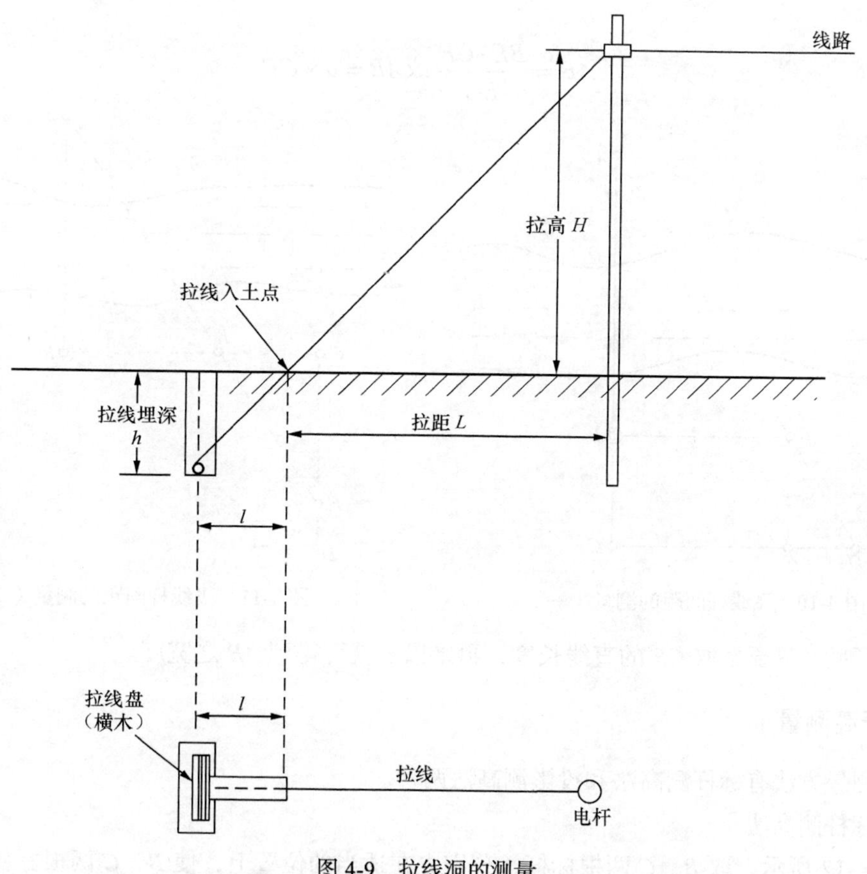

图 4-9　拉线洞的测量

4．飞线杆间距的测量

如果有相关的测量工具（激光测距仪）可以直接测量飞线杆间距离，如果没有则可按图 4-10 所示方法测量，首先在立杆处 A、B 两点各立一根标杆，延长 AB 至 C 点、做 CD 垂直 AC、BE 垂直 AB，使 AED 成一条线，

则

$$\triangle ABE \backsim \triangle EFD$$

故

$$\frac{AB}{EF} = \frac{BE}{DF}$$

即

$$AB = \frac{EF \cdot BE}{DF} \text{或} AB = \frac{BC \cdot BE}{CD - BE}$$

由此可见，只要测出 BC、BE、CD 的直线长度，就可求出 AB 的宽度。

如果地形受限时，可按图 4-11 所示的方法测量，在 A、B 两点各立一标杆，从 B 点作 BC 垂直 AB，再自点 C 作 CD 垂直 BC，并在 BC 上取一点 E，使 BE 为 EC 的整数倍（$BE/EC = a$）,视地势许可情况而定，然后作 AE 的延长线，交 CD 于 F 点，

则

$$\triangle ABE \backsim \triangle ECF$$

即

$$AB = \frac{BE \cdot CF}{EC} \text{或} AB = a \times CF$$

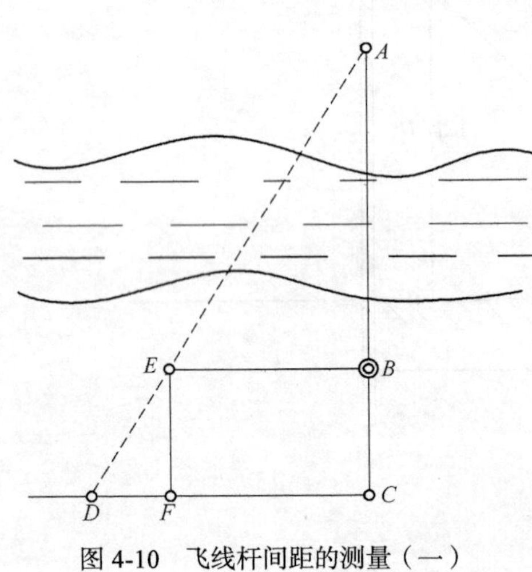

图 4-10　飞线杆间距的测量（一）

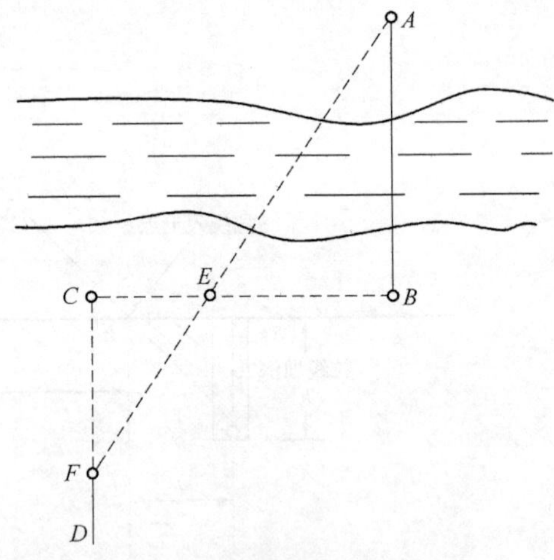

图 4-11　飞线杆间距的测量（二）

由此可见，只要量取 CF 的直线长度，再乘以 a 就可得到 AB 之宽度。

5．杆高测量

杆高测量方法有标杆测高法和投影测高法两种。

（1）标杆测高法

如图 4-12 所示，取 B、C 两根标杆，分别立在适当的位置上，使 B、C 两根标杆与被测电杆

在同一直线上，然后从 B 标杆的 D 点分别目视被测电杆的根部 A 点和顶部 G 点，则 DA、DG 两条直线分别是通过 C 标杆的 E、F 两点。量出 EF、BA、BC 的长度，根据相似三角形的原理即可求出被测电杆的高度，即

$$AG = \frac{BA}{BC} \times EF$$

（2）投影测高法

如图 4-13 所示，在被测电杆近旁立一标杆 B，分别测量出被测电杆 A 和标杆 B 的日光投影 DA、CB 的长度，则被测电杆 A 的高度为

$$AG = \frac{DA}{CB} \times BE$$

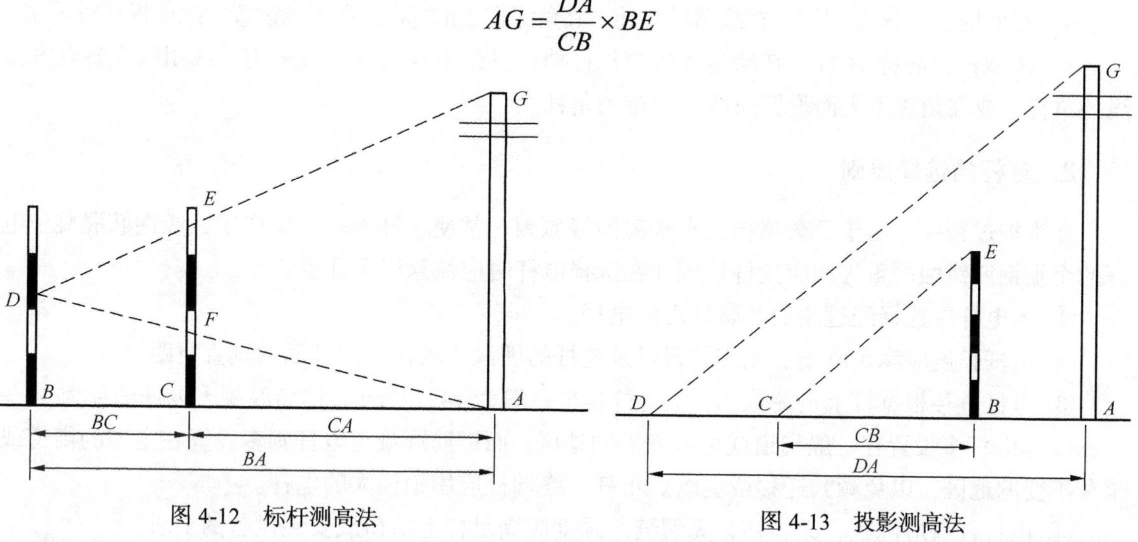

图 4-12　标杆测高法　　图 4-13　投影测高法

- 结合生活经验、物理、数学知识，寻求新的测量方法。

4.2 杆路建筑

4.2.1　杆路材料

1．电杆

电杆是架空杆路的主要支撑设备，我国市话通信线路通常采用钢筋混凝土电杆和木杆。电杆的编号表示方法为：YD 杆长-梢径-容许弯矩。电杆可分为以下 3 大类。

① 按电杆材质分类。

- 钢筋混凝土电杆：钢筋混凝土电杆通常有预应力和非预应力离心式环形电杆，预应力电杆能承受较大的负荷。
- 木制电杆：木制电杆一般为松木和杉木，目前只在特定地区使用。一般可分为防腐木杆（经浸油防腐处理的木杆）和素材木杆两种。

② 按电杆在架空干路中的地位分类。

- 中间杆：直线杆路中的电杆。

- 角杆：杆路转角处的电杆。
- 终端杆：杆路终端处的电杆（包括分线杆）。
- 其他受力不平衡的电杆：如过河或跨越障碍物的跨越杆，地形坡度变更较大的电杆等。

③ 按电杆的建筑规格分类。

- 普通杆：一般情况下使用的电杆。
- 单接杆：当要求电杆的高度较高，且所承受张力不大时采取的单根电杆接高。
- 双接杆：又称品接杆，要求电杆高度较高，且所承受张力较大，采用单接杆下部不够稳固时，应在电杆下部采用双根电杆接高。
- A 型杆：又称 A 字杆，在线路转弯处，其角深在 3m 左右，在不能设置拉线或撑杆时采用。
- H 型杆：简称 H 杆，在跨越河流等长杆档，且张力较大的地点采用，或用以代替双方拉线的单杆，或在角深不大而设置拉线有困难的角杆。

2. 电杆的选择原则

在维护过程中，由于日久糟朽、车辆碰撞等原因，常使木杆失去支撑作用，或钢筋混凝土电杆的个别钢筋锈蚀严重等均应换杆，因此在选择电杆时应注意以下几点。

① 木电杆应选择经过注油防腐处理的电杆。

② 电杆长度应满足电缆、光缆装置以及电杆的埋深要求，达到最低的垂直空距。

③ 电杆直径根据杆上负荷选用，木电杆梢径一般为 14～17cm；钢筋混凝土电杆梢径为 13～17cm。木电杆多设置在一般街道或可能变更的地区，而钢筋混凝土电杆则多设置在定型的街道或永久不变的地区，以免频繁迁移或更改。角杆、终端杆应用梢径大的电杆。

④ 电杆杆身应圆直，无腐朽，无裂缝。强度应满足杆上负荷或安装设备的要求。

⑤ 市话线路可以选用的钢筋混凝土电杆的性能、规格等如表 4-1 所示。

表 4-1　钢筋混凝土电杆的规格与技术性能

杆长（m）	梢径（m）	壁厚（cm）	弯矩位置（距杆底）（m）	容许弯矩（$K=2$）（$t\cdot m$）	杆重（kg）
6.0	13	3.8	1.2	0.69	236
6.5	13	3.8	1.2	0.73	263
7.0	13	3.8	1.4	0.74	290
7.0	15	4.0	1.4	1.19	343
7.5	13	3.8	1.4	0.95	318
7.5	15	4.0	1.4	1.25	378
8.0	13	3.8	1.6	1.12	348
8.0	15	4.0	1.6	1.27	410
8.5	15	4.0	1.6	1.30	445
8.5	17	4.2	1.6	2.00	518
9.0	15	4.0	1.8	1.34	483
9.0	17	4.2	1.8	2.05	560
10.0	15	4.0	1.8	1.64	555
10.0	17	4.2	1.8	2.50	643
11.0	15	4.0	2.0	1.95	633
11.0	17	4.2	2.0	2.95	733
12.0	15	4.0	2.0	2.08	715
12.0	17	4.2	2.0	3.49	823

注：表中水泥杆编号为 YD 类，锥度为 1/75。容许弯矩＝破坏弯矩/K，一般 $K=2$，配用杆 $K\leqslant1.8$，终端杆、角杆 $K\leqslant8$。

⑥ 由于钢筋混凝土电杆的使用年限很长，在选择电杆程式时，必须考虑到电杆在一定高度条件下，较长时间内安装电缆、光缆条数的负荷，而选用合适的容许弯矩。

⑦ 在选用钢筋混凝土电杆时，要注意到钢筋混凝土电杆干裂性能差的缺点，市话架空干路中角杆和终端杆较多，这些电杆常受不平衡力的作用，通常采用预应力电杆。

各种钢筋混凝土电杆的容许线路负荷如表 4-2 所示。

表 4-2　　通信用钢筋混凝土电杆容许负荷情况

杆高（m）	电杆容许的线路负荷情况	电杆容许弯矩（$K\leqslant2$）
6.0～6.5	二条电缆，一层线担，档距 40m	0.7～0.75
7.0	二条电缆，一层线担，档距 40m 三层线担，档距 50m	0.75～0.85
7.5	四条电缆，一层线担，档距 40m 二条电缆，三层线担，档距 50m	1.20～1.25
8.0～8.5	四条电缆，二层线担，档距 40m 二条电缆，三层线担，档距 50m 四层线担，档距 50m	1.25～1.30
9.0	四条电缆，三层线担，档距 40m 四层线担，档距 50m	1.30～1.35

注：①每条电缆按重量不超过 2.31kg/m 考虑。
②档距市区按 40m，郊区按 50m 考虑。
③电缆杆路负荷按无冰凌时最大风速 25m/s 计算。
④本表不考虑风压屏蔽系数。

⑧ 个别换杆时，应尽量考虑与原有旧杆路电杆程式一致。

3．线路铁件

线路铁件种类繁多主要有以下几种。

（1）镀锌钢绞线

镀锌钢绞线是由多根单股钢线组成，与多根单股钢丝绳相比，其所用钢丝多为普通碳素钢，钢丝均镀锌，但不扭转，故弯曲性能指标较低，柔软性能比钢丝绳差，因此镀锌钢绞线仅适用于承受一般静荷载，如架空电缆吊线和拉线等处采用，不能用于承受动荷载如起重等场合，也不能用在经常捆扎的地方、弯曲较大和经常扭转的场所。

（2）绝缘子的种类

在市话架空线路中所用的绝缘子品种较多。常用的有：通信线路针式绝缘子、蝴蝶形绝缘子、拉紧绝缘子和保护通信绝缘子。

（3）穿钉

穿钉主要用于架空线路的各个紧固连接部分。穿钉从头部形状可划分为带头穿钉带螺母垫片和无头穿钉带螺母垫片两类，每类又分为若干个规格。

（4）螺母、方垫片和圆垫片

穿钉、螺母和垫片均采用普通碳素钢制造，表面光滑、无丝扣脱落现象，互相配套，误差应在允许范围内。要求铁件全部镀锌。

（5）拉线调整螺丝

拉线调整螺丝（又称拉线双螺旋、花篮螺旋）主要用在调整拉线的松紧程度。

拉线调整螺丝杆用普通碳素钢，外框用可锻铸铁制造，其抗张强度极限不应低于 32kg/mm^2。两螺杆同心度误差为 2mm，表面光滑全部镀锌、无丝扣脱落现象，螺纹配合紧密，其间隙不应超过 0.7mm。

（6）护杆铁板

护杆铁板（又称拉线钢板）用在木电杆与拉线终端接触处，以保护木电杆。按其形状有瓦形和扁形两种，护杆铁板均用普通碳素钢制造。铁板应无锈蚀、裂缝和锻接等缺点，表面应全部镀锌。

（7）叉梁装置

叉梁装置包括叉梁与叉梁钢箍，两者配合使用在 H 杆叉撑时装置加固物。

叉梁使用 75mm × 50mm × 6mm 不等边角钢制成。叉梁和叉梁钢箍配套使用，根据钢筋混凝土电杆梢径不同 3 种配套方式。

叉梁装置均用普通碳素钢制造，并应全部镀锌。

（8）撑脚（又称线担撑脚）和攀条

撑脚用于支撑市话通信电缆的各种线担。按其用途和尺寸划分为四线钢担撑脚和八线钢担撑脚。

撑脚用普通碳素钢制造，不得有焊接、锻接的情况，其弯曲度允许偏差为总长度的 0.6%。撑脚表面应全部镀锌。

攀条用作线担间连固，它是用 30mm × 4mm 的扁钢制成，长度为 330mm。两端各有直径为 10mm 的圆孔一个，两孔中心距离为 300mm。其制造要求与撑脚相同。

（9）市话线路角钢担

市话线路角钢担又称线担，有四线角钢担、八线角钢担和加厚八线角钢担 3 种。

市话线路角钢担用普通碳素钢制造，要求平直，不应有锈蚀、裂纹和锻接等缺点。弯曲度不得超过总长度的 0.6%，表面要求全部镀锌，不应有脱皮、锌泡或明显的锌渣。

（10）拉线衬环

拉线衬环用碳素钢制造，并全部镀锌。

（11）拉线地锚

拉线地锚分为钢地锚和螺栓拉线地锚两种。

地锚铁柄用普通碳素钢制造，表面全部镀锌，不允许有裂纹、裂缝等缺点。地锚铁柄环眼部分必须锻接坚实，其他部分不应有锻接。

（12）装担用 U 形抱箍（又称 U 形穿钉）

装担用 U 形抱箍是当钢筋混凝土电杆没有预留洞孔时，采用抱箍法安装线担用的零件。

装担用 U 形抱箍根据电杆梢径不同，分为两种规格。使用材料为普通碳素钢（12mm 小圆钢），需全部镀锌。

（13）拉线、吊线钢箍

采用普通碳素钢制成，钢箍和穿钉均应镀锌。用于钢筋混凝土电杆装置拉线和架挂电缆吊线。

（14）电缆挂钩

电缆挂钩分为有锌托和无锌托两种。有锌托的电缆挂钩比无锌托质量好，承托电缆的面积较

大，但易积灰。无锌托的电缆挂钩承托电缆面积较小，由于不积灰和存储水汽，对电缆不会发生腐蚀作用。

（15）钢绞线夹板

钢绞线夹板主要供装设和固定电缆吊线，以及终端拉线和地线等用途。分为三眼单槽钢绞线夹板、三眼双槽钢绞线夹板和单眼地线夹板 3 种。

钢绞线夹板不应有砂眼、裂缝和弯曲等缺点，表面应全部镀锌，线槽要求相互吻合，不得错口。

（16）U 形钢绞线卡子

U 形钢绞线卡子（又称镀锌钢线绳轧头、钢索卡等）的作用与三眼双槽钢绞线夹板相同。

（17）撑杆用椭圆钢箍和撑杆用拉线条

椭圆钢箍和拉线条是撑杆与钢筋混凝土电杆的连接结构的装置零件。椭圆钢箍和拉线条采用扁钢制成，表面需全部镀锌。

部分线路铁件实物照片如图 4-14 所示。

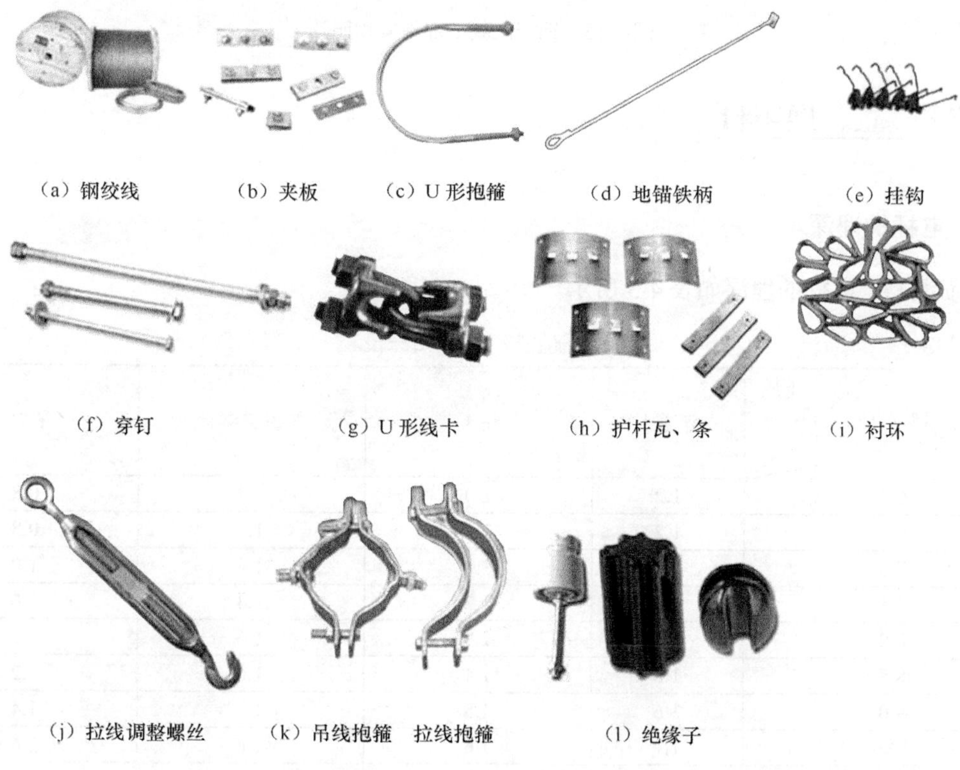

图 4-14　线路铁件实物照片

4．钢筋混凝土部件

钢筋混凝土主要部件有卡盘、底盘及拉线盘。

（1）卡盘

在钢筋混凝土电杆杆路中，角杆有时角深很小、负载很轻，且不能装设拉线时，可以采用卡盘代替拉线。

（2）底盘

钢筋混凝土电杆由于自重较大，如在土质松软的地区以及装有拉线的终端杆和角杆时，应在电杆根部垫以底盘，目前采用的底盘有两种，即方形和圆形。方形的重量较轻，使用材料较少；圆形较重，但与电杆底部能较密切配合。

（3）拉线盘

拉线盘是用作拉线地锚，以节约木材。拉线盘分甲型和乙型两种。

钢筋混凝土部件实物照片如图 4-15 所示。

（a）卡盘　　（b）底盘　　（c）拉线盘

图 4-15　钢筋混凝土部件实物照片

4.2.2　立、换电杆

1．电杆的埋深

钢筋混凝土电杆的埋深如表 4-3 所示。

表 4-3　钢筋混凝土电杆洞深表

土质 / 埋深（m） / 杆长（m）	普通土	硬土	水田、湿地	石质
6.0	1.2	1.0	1.3	0.8
6.5	1.2	1.0	1.3	0.8
7.0	1.3	1.2	1.4	1.0
7.5	1.3	1.2	1.4	1.0
8.0	1.5	1.4	1.6	1.2
8.5	1.5	1.4	1.6	1.2
9.0	1.6	1.5	1.7	1.4
10.0	1.7	1.6	1.8	1.6
11.0	1.8	1.8	1.9	1.8
12.0	2.1	2.0	2.2	2.0

注：①表中适用于中、轻负荷区市话线路，重负荷区或土质松软地区线路的杆洞洞深应按本表规定值再另加 10～20cm。
②12m 以上特种电杆洞深按设计规定实施。

2．杆坑的要求

杆坑的要求如下。

① 挖掘杆坑，一般都在标桩的前后，角杆杆坑均在标桩中心稍向内角一侧，深度符合要求。
② 杆坑遇有坚石，需采取爆破时，应严加注意安全事项。
③ 在杆坑地表有临时堆积泥土的地方挖掘杆洞时，洞深应以永久地面算起。
④ 在斜坡地区挖洞时，洞深从洞下坡口往下 15～20cm 处计算。
⑤ 杆洞应为圆形或长方形，四壁应与洞底呈垂直关系。
⑥ 高大电杆的杆洞可挖成梯形有台阶的杆洞，并在立杆侧挖顺杆槽（马道）。

3．立杆

立杆前应首先检查杆洞是否符合要求，如有不符，应进行修整，并应清理现场，检查一切立杆工具是否牢固可靠，施工人员严格遵守安全技术操作规程，统一指挥，相互配合，确保施工安全。

竖立电杆，最好采用吊车等立杆机械，但如果不具备机械立杆条件时，可采用以下方法立杆。

（1）杆叉法立杆

一般 10m 以下的木制电杆，可用杆叉法、夹杠法或杆叉与夹杠法混合使用，如图 4-16、图 4-17 所示。树立角杆还可使用手扳葫芦。

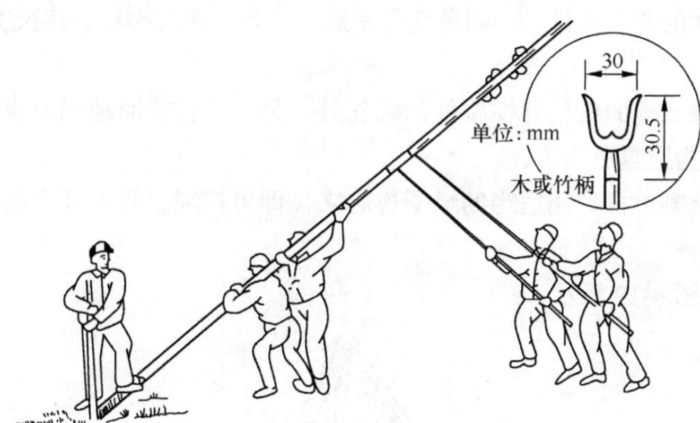

图 4-16　杆叉法立杆

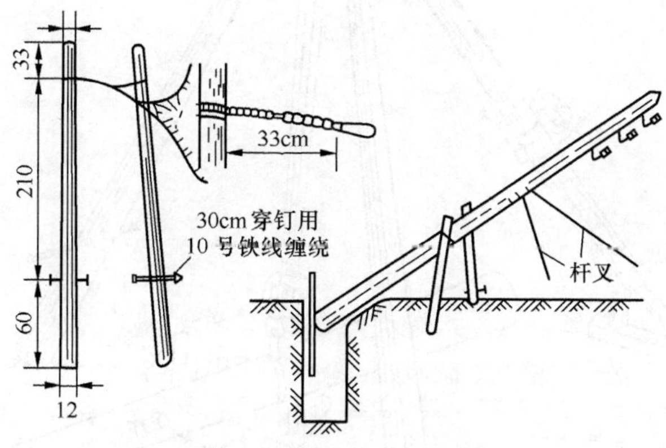

图 4-17　杆叉和夹杠立杆

（2）扳网法立杆

扳网法立杆如图 4-18 所示。

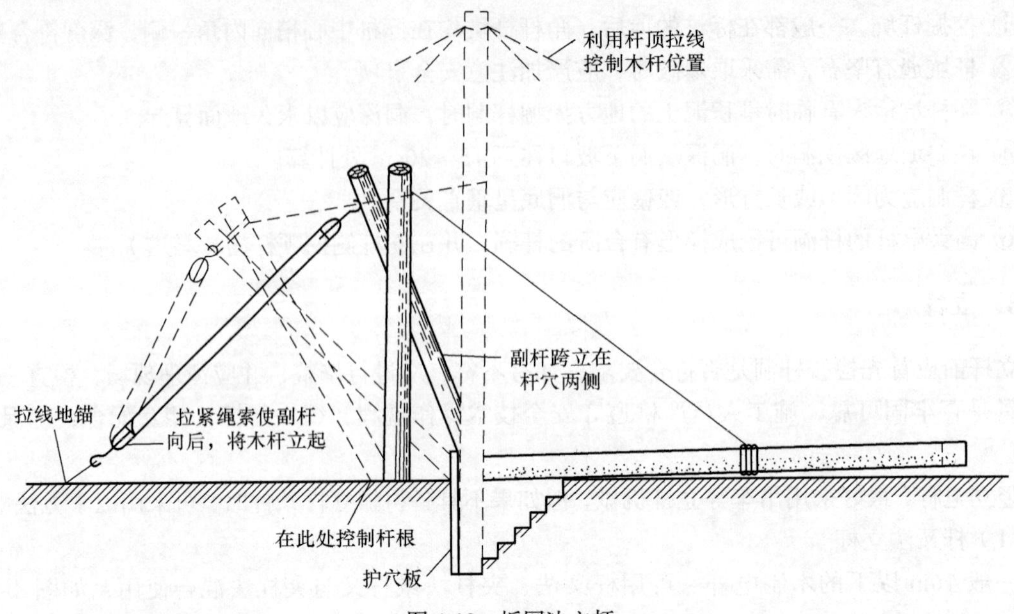

图 4-18　扳网法立杆

① 利用较为粗壮的两个木杆，一端绑扎起来成人字形，作为副杆，其长度是被竖立电杆的长度的一半。

② 将一只三轮或双轮的滑轮扎在副杆的绑扎处，另一端在临时地锚上也扎一只同样的滑轮，作为绳网，如能改换为搅盘更为方便。

③ 副杆与钢筋混凝土杆，用适当的绳子连起来，即可拉绳，将电杆立起。

（3）三脚架法立杆

三脚架立杆法如图 4-19 所示。

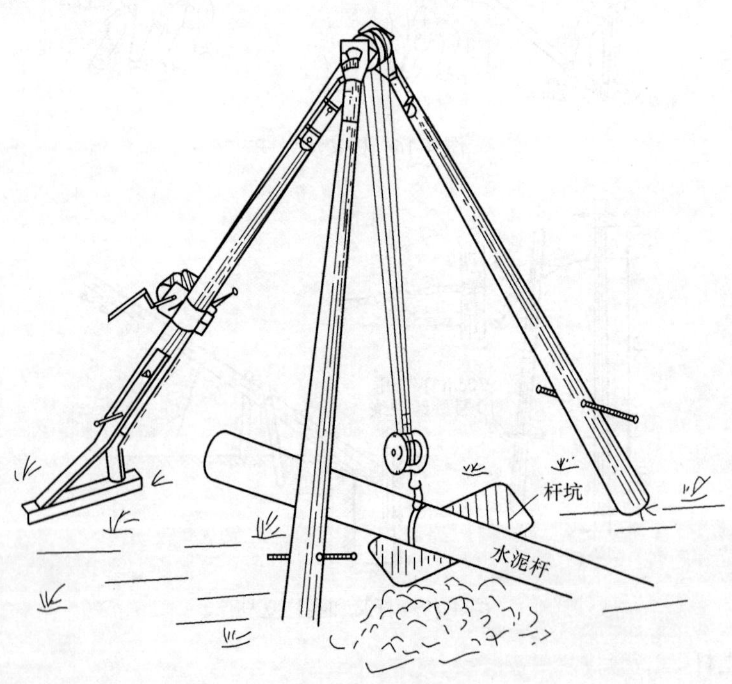

图 4-19　三脚架立杆法

选择两根梢径为 7～8cm，长 5.5～6.0m 的杉木杆作脚子，在杆梢扎固一个插销。

再选择一根梢径为 8～9cm，长约 6m 的杉木杆，作为主杆，在杆梢上镶装一组三轮滑轮，同时在距根部约 1.2m 处装设一台约 2t 的小型搅盘机，利用 7 × 19 × 5.5 的钢丝软绳固定在搅盘机上，通过杆顶上的定滑轮到挂钩上的动滑轮，绕成传动网。

吊立钢筋混凝土电杆的位置，一般标准为 1/75 锥缩度的钢筋混凝土电杆，可按 1m 取 0.44m，作为电杆自重的中心。

吊杆前，应随时检查各部位衔接是否良好。

一切准备好后，即可摇动搅盘机。将电杆吊起，使电杆进入杆坑，再慢慢放松钢丝绳（注意摇动搅盘机时打手势），将杆放置杆位。

目前已有专用的金属三脚架，如具备则优先考虑使用。

- 杆坑深度必须达到要求。
- 立杆过程中注意施工安全。

4．电杆树立后应达到的要求

（1）直线杆

直线杆应达到以下要求。

① 直线线路的电杆位置，应在线路路由中心线上，电杆的中心垂线与路由中心线左右偏差不多于 5cm。

② 电杆本身应上下垂直，左右不歪，前后对齐。

③ 电杆上的线担、分线设备组装应符合规定。

（2）角杆、终端杆

角杆、终端杆应达到以下要求。

① 钢筋混凝土电杆的角杆应立在线路转角点以内（即线路夹角平分线）10～15cm，木杆应立在线路转角点以内 20～30cm，如因受环境所限，装撑木的角杆杆位可不采取内移措施。

② 角杆立起后，杆梢应向线路转角点以外倾斜一个杆梢左右，待线路线条收紧后，再回到转角点上。

③ 终端杆立起后，杆身应向张力反侧（即拉线侧）倾斜 10～20cm。

5．回土夯实

电杆立入杆洞，经看正，扶直后，应立即回土夯实，并应达到以下要求。

① 回土夯实应分层进行，每回土 30cm 夯实一次。

② 回土回至需做杆根装置部位时，应按规定处理妥善后继续回夯土夯实。

③ 土便道立杆，杆根应培土 5～10cm（指高出原有地面部分）。

④ 水泥砖或有路面的人行道上立杆，杆根不易培土，但应与原地面平齐。

⑤ 郊区立杆，应将回填余土培在杆根周围，一般高出地面 10～15cm。

6．更换电杆

（1）更换普通杆方法

① 顺线路贴旧杆挖坑，顺立新杆，立正埋固，用绳索将新旧电杆捆绑在一起，再把旧杆上的设备移至新杆上，最后把旧杆顺线路放倒。

② 杆上装有拉线时，先将拉线放松，挖出旧杆根，拔出原杆位，把新杆立于原位，回土半坑，用绳索把新旧电杆捆绑在一起，将旧杆上的设备移到新杆上，再解开拉线中部，拆除拉线上把移至新杆上，收紧拉线，放倒旧杆。

③ 将旧杆拔出后，应彻底清除坑内腐朽木屑，以防腐蚀新杆。

（2）更换角杆方法

① 更换角杆前，应先检查拉线地锚是否良好，否则应先更换地锚，再换角杆。

② 校对原角杆位置是否正确，在正确的角杆位置挖坑立杆，一般在原角杆的角深内侧挖坑，把旧杆拨到内角，清理原杆位，把新杆立好埋固，做好角杆拉线，再移杆上原有设备，最后把旧杆拆除。

- 立杆的方法、步骤。
- 换杆的方法、步骤。

4.2.3 电杆编号

为便于架空杆路维护管理和统计分析设备情况，电杆应该编号，其编号方法与城市大小、街道的分布和线路敷设情况有关，应根据本地区具体情况而定。下面介绍电杆编号的原则。

架空线路电杆编号：由交换局（所）号、街道系统代号（或街道名称）、电杆顺序号 3 部分组成，其编号原则如下。

① 单局制的局，交换局（所）号可省去。

② 杆号应写在面向街道的一侧。

③ 杆号的最后一个字或杆号牌的下边缘，距地面高度 2.0～2.5m，编号处有障碍物时，可以向上移动，不能向下移动。

④ 杆号标志方法，一般油浸木杆采用钉牌方式；水泥电杆采用喷涂或书写方式；素材木杆两种方式均可采用。

⑤ 杆号字体要端正醒目，大小一致，字迹清楚明显，无油漆下流和模糊不清现象，以利维护。

⑥ 一个杆号表示一根电杆，H 型杆、A 型杆，均只列一个杆号，高拉桩、撑杆均不编杆号。

⑦ 在同一市区内或同一交换局（所），其编号方法及杆牌规格应统一。

⑧ 在日常维护管理时，必须建立新设电杆给号、拆除电杆消号、换杆及时编号及必要的改号制度。

电杆编号具体要求如图 4-20 所示。

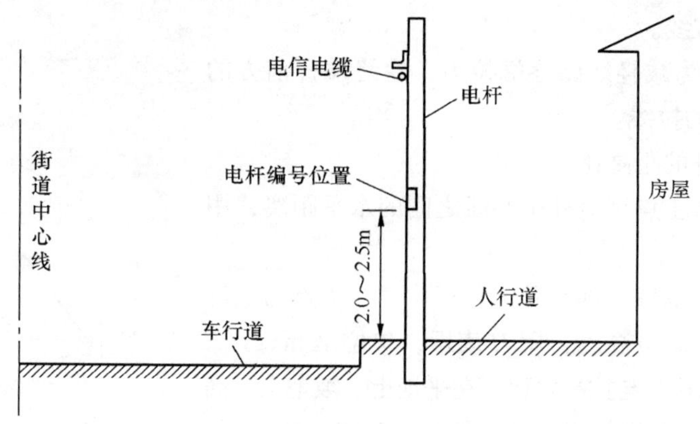

图 4-20　电杆编号

4.2.4　拉线

1．拉线的作用和种类

（1）拉线的作用及决定因素

一般电杆只能承受杆上线路设备的重量和风力对杆线设备的负荷，对于导线或电缆产生的不平衡张力（如角杆、终端杆、跨越杆等），通常采取固根装置，以增加电杆与土壤的接触面积，或采取拉线、撑杆等装置给以反作用力来达到力的平衡。拉线和撑杆的程式主要决定于以下因素。

① 杆路的负载（按设计线路的总容量计算）。

② 电杆所能承受的线路负荷。

③ 角深的大小。

④ 拉线和撑杆的距高比。

（2）拉线的种类

拉线按其作用不同分为以下几种。

① 角杆拉线：又称转角拉线，设在角杆上，用以平衡角杆两边的线条张力的合力。

② 顶头拉线：又称终端拉线，装设在终端杆、直角转角杆、分线杆上，用以平衡线路终端的导线张力。

③ 双方拉线：装设在线路行进方向的两侧，用以防止电杆在风力作用下倾倒。

④ 四方拉线：其中两条装设在线路行进方向的两侧，作用同双方拉线；另两条装设在顺线路方向，用以防止因冰凌而大量断线造成成排倒杆或顺线路倾斜。

⑤ 三方拉线：又称跨越杆拉线，装设在跨越铁路、河流等跨越杆上，其中一条必须是背向长杆档按顺序线路方向装设。

⑥ 高桩拉线：在线路靠近公路、田间大道或遇有障碍物不能装设落地拉线时，为了保持拉线与地面有一定的隔距而设立的。

⑦ V 形拉线：用于不平衡张力较大的电杆而地锚的埋设受到条件限制时采用。

⑧ 平行拉线：作用与 V 形拉线同。

⑨ 杆间拉线：架空电缆改接地下电缆，在顺线方向无法打拉线时，可装设杆间拉线。

⑩ 吊板拉线：由于线路受地势影响，而无法正常装设拉线的地方，也无法采用高桩拉线和撑

杆时，可采用吊板拉线。

⑪ 泄力拉线：为减轻线路终端拉力，在终端杆前方的1～2根电杆上装设的拉线。

（3）拉线和撑杆的距高比

拉距：自拉线入土点至电杆中心线之间的水平距离，用L表示，单位是m。

拉高：自拉线在电杆上部的固定点至拉线入土点与电杆中心线水平线之间的垂直高度，用H表示，单位是m。

距高比：拉线的拉距与拉高之比。在平地上、坡地上、高拉桩上的距高比定义，分别如图4-21、图4-22和图4-23所示。

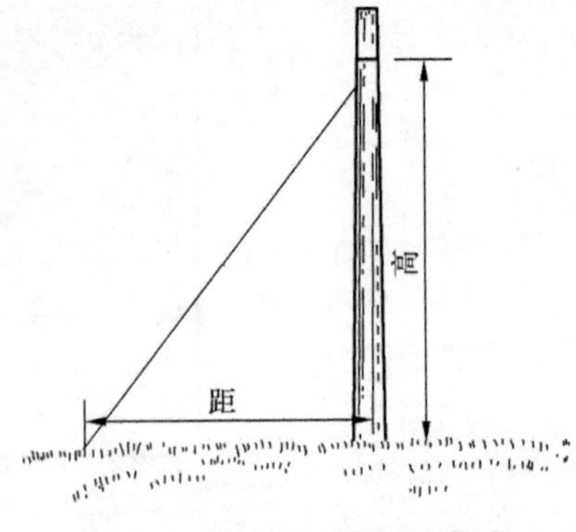

图4-21　平地上的拉距和拉高

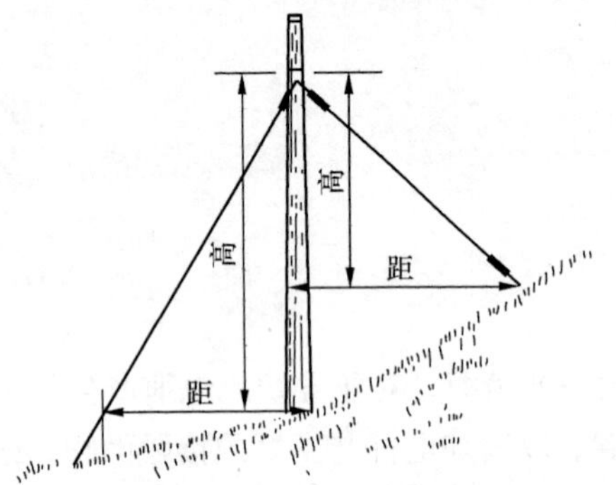

图4-22　坡地上的拉距和拉高

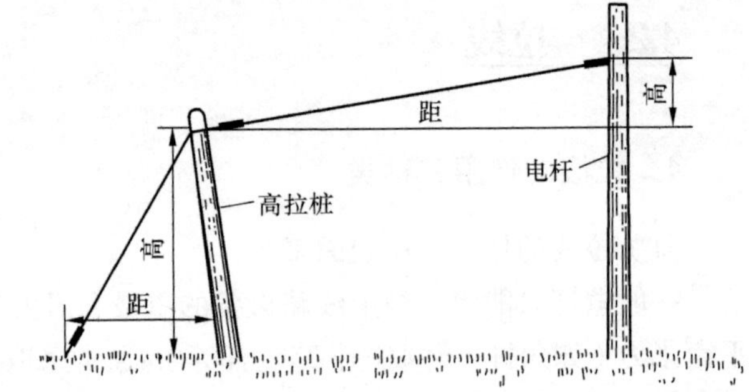

图4-23　高拉桩的拉距和拉高

拉线的距高比，一般取作1，因地形限制时，可适当伸缩，但不得小于0.75，双方及四方拉线中，相对应的两条拉线的距高比应尽量相等；高桩拉线上的副拉线的距高比不得小于0.75；撑杆的距高比为0.6，不得小于0.5。

2．拉线装置

（1）一般要求

① 接线材料选用。

拉线材料一般采用镀锌钢绞线，或用4.0mm线径镀锌钢线扭合制成，当扭合拉线需5股或5股以上时，应尽量采用镀锌钢绞线。常用镀锌钢绞线与4.0mm线径镀锌铜线扭合拉线对照情况如表4-4所示。

表4-4　铜线扭合拉线与钢绞线对照表

铜线扭合拉线的股数	相当于钢绞线拉线的程式
5	1 × 7/2.0
7	1 × 7/2.2
9	1 × 7/2.6
12	1 × 7/3.0

镀锌钢绞线、铜线要求必须无伤痕，镀锌完好，无脱皮和锈蚀现象，中间不得有接头。

② 拉线装设方位。

侧面拉线，应装在线路行进方向的两侧，与线路垂直；顺线路的拉线应装在线路中心线上，

如图 4-24 所示。

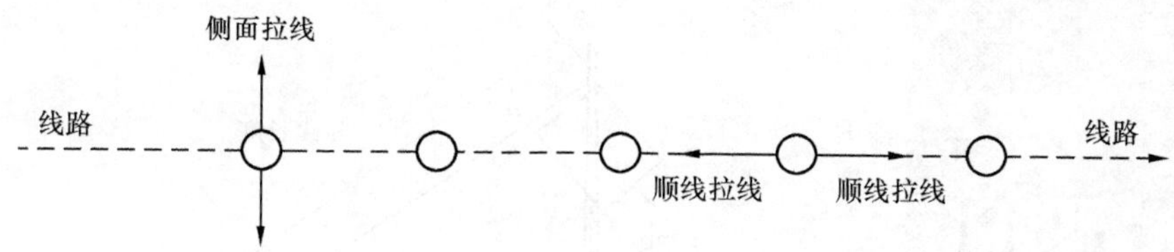

图 4-24　侧面、顺线拉线装设方位

角杆拉线，应在角平分线的延长线上，位于线路合力的反侧（角深在 15m 以内时），角深超过 15m 时，应装设两条拉线，每条拉线分别装在对应的线条张力的反侧，两条拉线的入土点应互相内移 60cm，如图 4-25 所示。

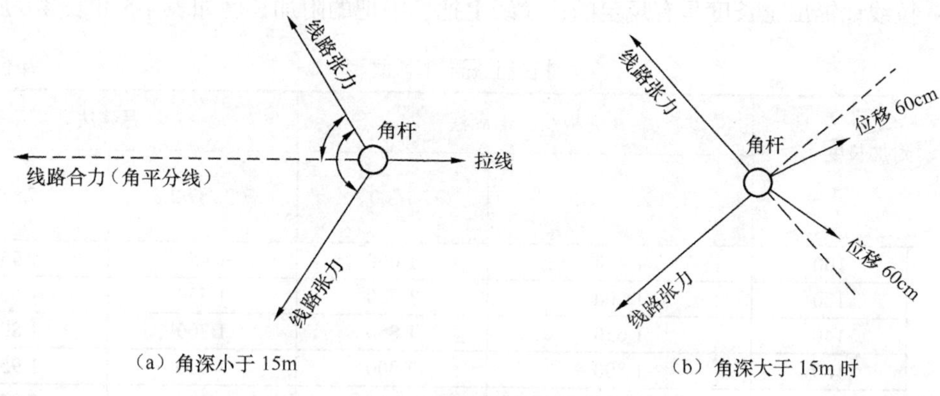

图 4-25　角杆拉线装设方位

跨越铁路、河流等跨越杆装设 3 方拉线时，可采用 T 形或 Y 形 3 方拉线，其方位如图 4-26 所示。

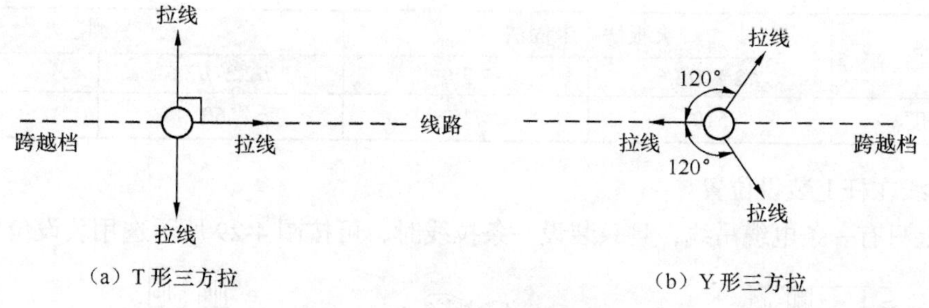

图 4-26　T、Y 形拉线装设方位

拉线方位偏差：双方、顶头拉线不超过 10cm；角杆不超过 5cm。

③ 拉线标志。

人行道上的拉线易被行人碰触时，应在地面上设置拉线标志，如图 4-27 所示。

④ 拉线长度的计算。

拉线各部分长度如图 4-28 所示。

剪裁拉线时，应考虑拉线上把、中把的附加长度，因此，从图 4-28 可知拉线全长如下式所示。

拉线全长 = 拉线长度 + 上把附加长度 + 中把附加长度 + 适当消耗量

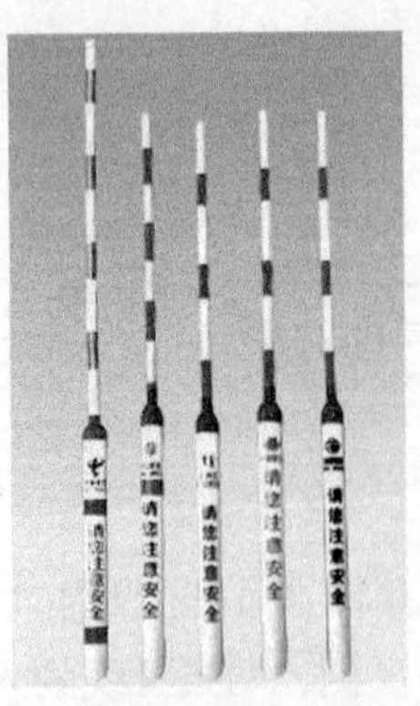
图 4-27　拉线标志

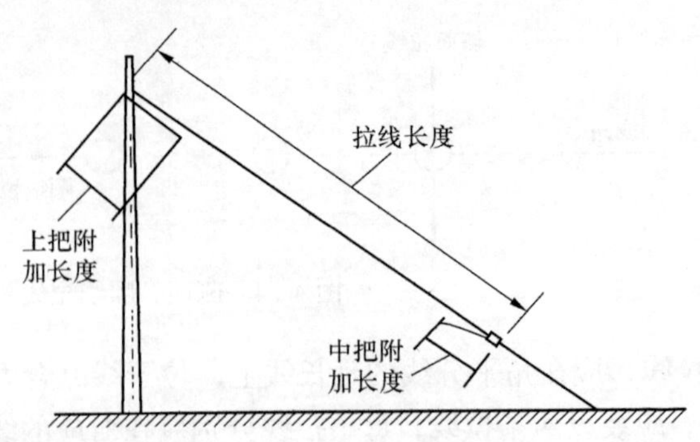

图 4-28　拉线各部分长度示意图

其中：拉线地锚出土长度是有规定的；拉线上把、中把的附加长度如表 4-5 和表 4-6 所示。

表 4-5　拉线上把附加长度表　单位：mm

电杆种类 \ 梢径 \ 附加长度 \ 拉线程式		夹板法、卡固法		另缠法	
		7/2.2-7/2.6	7/3.0	7/2.2-7/2.6	7/3.0
木电杆	100	1 400	1 600	1 450	1 550
	120	1 500	1 700	1 550	1 650
	140	1 650	1 850	1 700	1 800
	160	1 800	2 000	1 850	1 950
	180	1 900	2 100	1 955	2 050
	200	2 050	2 250	2 100	2 200
水泥电杆		510	710	560	660

表 4-6　拉线中把附加长度表　单位：mm

拉线程式	夹板法、卡固法		另缠法	
	7/2.2-7/2.6	7/3.0	7/2.2-7/2.6	7/3.0
附加长度	510	710	560	760

（2）拉线在杆上装设位置

① 杆上只有一条电缆吊线，且只装设一条拉线时，可按图 4-29 所示选用装设位置。

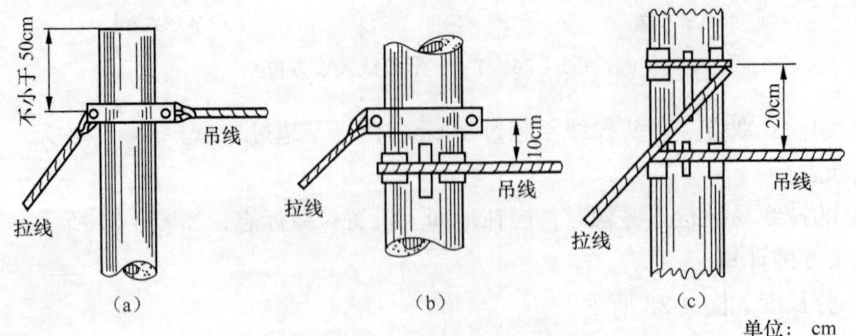

图 4-29　单条拉线装设位置

② 杆上有两条电缆吊线，且装设两条或 V 形拉线时，其拉线装设位置如图 4-30 所示。

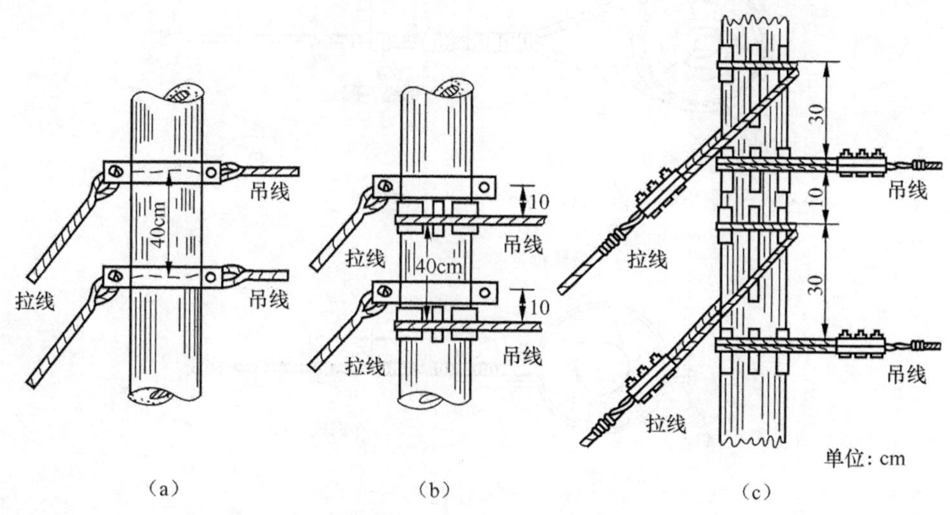

图 4-30　双条拉线装设位置

（3）拉线与电杆结合方式

① 在木杆上：钢绞线或钢线扭合拉线的上把一律绕电杆两圈后进行缠扎加固，在拉线与电杆缠扎处加装瓦形护杆板和条形护杆板各两块，如图 4-31 所示。

② 在钢筋混凝土杆上：拉线与钢筋混凝土杆宜用抱箍法结合，如图 4-32 所示。

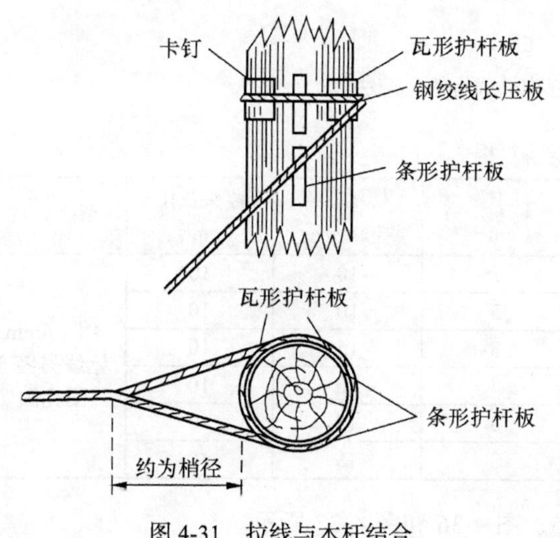

图 4-31　拉线与木杆结合

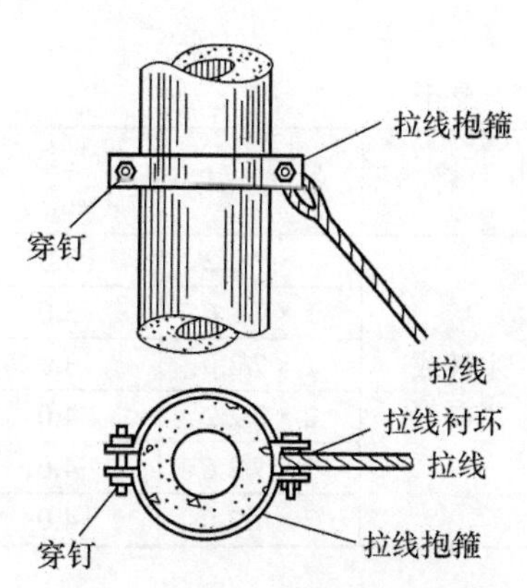

图 4-32　拉线与钢筋混凝土杆结合

（4）拉线上把扎固法

拉线上把有另缠法、夹板法和卡固法等扎固法。

① 另缠法：用镀锌钢线缠扎。

钢绞线拉线上把在木杆上缠扎方法如图 4-33 所示。在钢筋混凝土杆上的缠扎方法如图 4-34 所示。拉线上把另缠规格如表 4-7 所示。

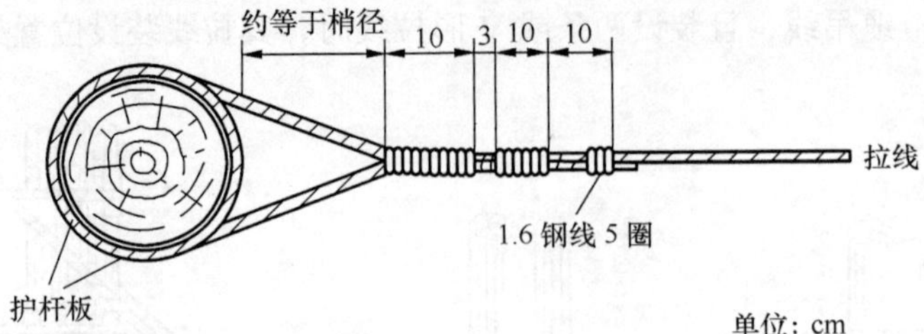

图 4-33　7/2.2 拉线上把另缠法

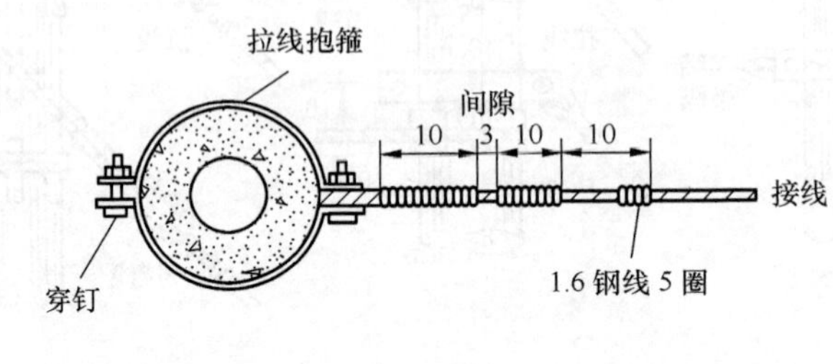

（a）

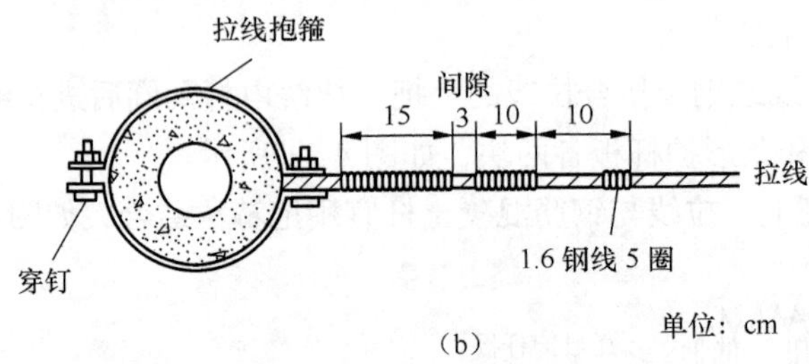

（b）

图 4-34　钢筋混凝土杆抱箍式拉线另缠法

表 4-7　　拉线上把另缠规格

电杆种类	拉线程式	缠扎线径（mm）	首节长度（cm）	间隙（cm）	末节长度（cm）	留头长度（cm）	留头处理
木杆或水泥杆	1 × 7/2.2	3.0	10	3	10	10	用 1.6mm 钢线另缠 5 圈扎固
	1 × 7/2.6	3.0	15	3	10	10	
	1 × 7/3.0	3.0	15	3	15	10	
	2 × 7/2.2	4.0	15	3	10	10	
	2 × 7/2.6	4.0	15	3	15	10	
	2 × 7/3.0	4.0	20	3	15	10	

② 夹板法：用三眼双槽夹板夹固，如图 4-35、图 4-36 和图 4-37 所示。

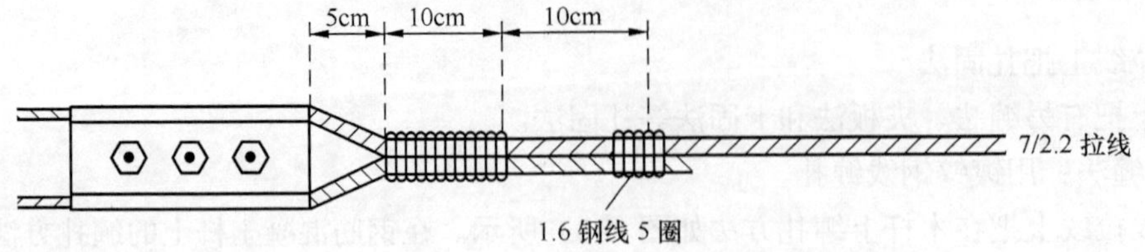

图 4-35　7/2.2 拉线上把夹板法

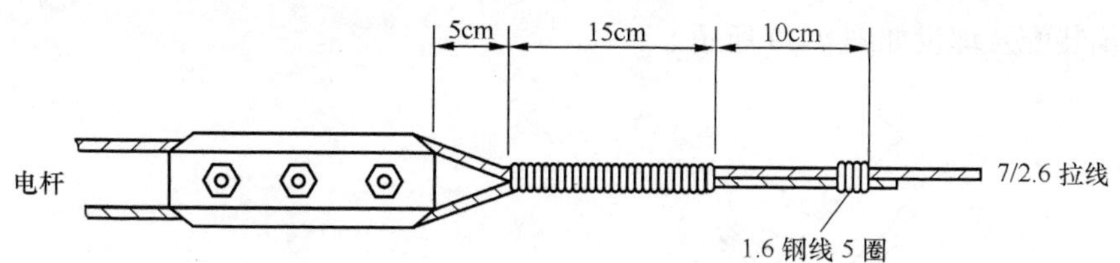

图 4-36　7/2.6 拉线上把夹板法

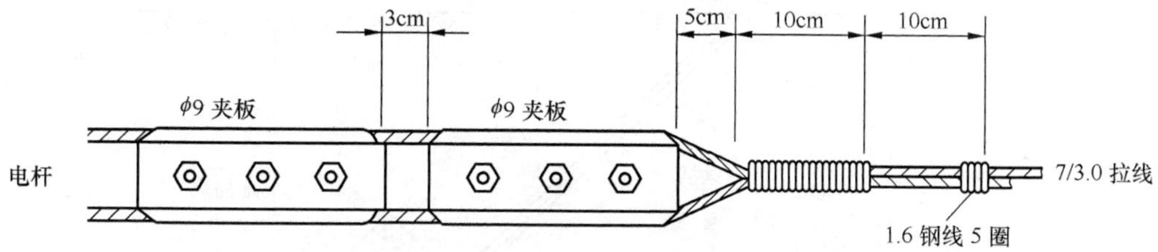

图 4-37　7/3.0 拉线上把夹板法

③ 卡固法：用 M10 钢线卡子卡固，如图 4-38 所示。卡固法对 7/2.2、7/2.6 和 7/3.0 这 3 种规格的钢绞线均可适用（一正一反）。

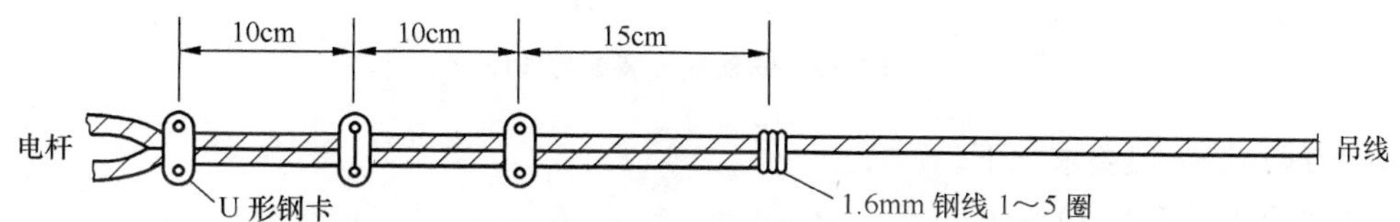

图 4-38　钢绞线拉线上把卡固法

（5）拉线地锚制作

拉线地锚由锚辫、横木或钢绞线地锚、拉线盘或铁柄、拉线盘 3 种组成方式，目前锚辫、横木已不多用，下面只针对后两者进行介绍。

钢筋混凝土拉线盘与地锚铁柄的配合使用如表 4-8 规定。

表 4-8　拉线地锚铁柄、钢绞线、拉线盘配合使用表

拉线程式	钢筋混凝土拉线盘 长 × 宽 × 厚（mm）	铁柄直径 （mm）	地锚钢绞线程式 股/线径
7/2.2	500 × 300 × 150	16	7/2.6（或 7/2.2 单条双下）
7/2.6	600 × 400 × 150	20	7/3.0（或 7/2.6 单条双下）
7/3.0	600 × 400 × 150	20	7/3.0 单条双下
2 × 7/2.2	700 × 400 × 150	20	7/2.6 单条双下
2 × 7/2.6	700 × 400 × 150	20	7/3.0 单条双下
2 × 7/3.0	800 × 400 × 150	22	7/3.0 双条双下
V 形 2 × 7/3.0	1 000 × 500 × 300	22	7/3.0 三条双下

制作地锚用的钢绞线程式一般比上部拉线程式大一级。如上部拉线程式用 7/2.2 钢绞线时，地锚用钢绞线程式为 7/2.6；如上部拉线已采用最大程式钢绞线时，则地锚可采用双股钢绞线制作或采用铁柄地锚，如上部拉线为扭合拉线时，则地锚辫用的 4mm 径钢线的股数应比上部拉线多 2 股。

铁柄地锚装配及埋设如图 4-39 所示。

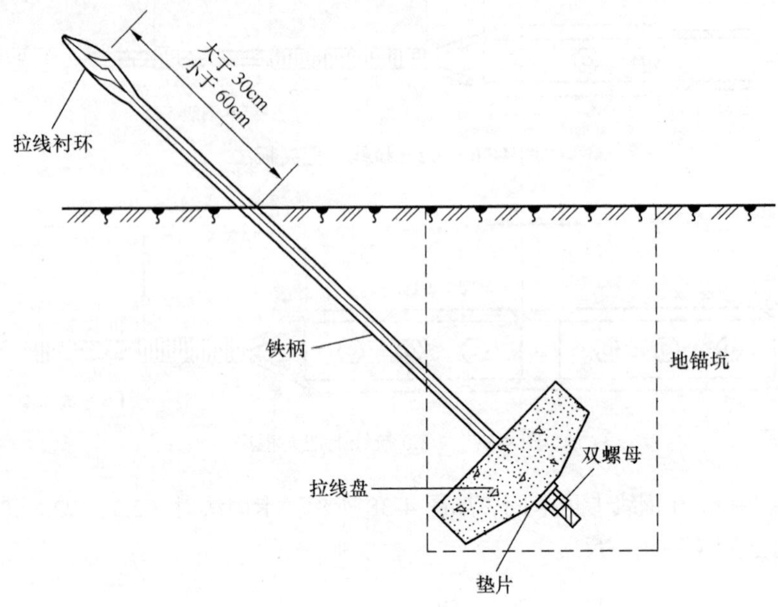

图 4-39　铁柄地锚装配与埋设

装设拉线地锚一般要求如下。

① 地锚出土长度为 30～60cm。

② 拉线地锚在出土 10cm 和入土（地面下）50cm 涂防腐油，用油浸麻布条缠扎，并使麻布条与钢绞线（或铁柄）粘合成一体。利旧铁柄全长应涂抹防锈漆，并在背后装大型铁垫。

③ 在松软土壤中埋设拉线盘时，除增加地锚埋深外还可再增加一个拉线盘。

④ 埋设拉线地锚的出土斜槽、应与拉线上部成直线、不得有顶、扛现象。

⑤ 拉线地锚应埋设端正、不得偏斜、地锚拉线盘应与拉线垂直。

（6）拉线中把缠扎、夹固方法

拉线上部与地锚连接的部位，称为拉线中把（腰把）。拉线收紧后，应按规定的规格进行拉线中把缠扎、夹固。

拉线中把与地锚连接处应按拉线程式装置拉线衬环，拉线衬环装在拉线弯回处。

① 拉线中把用另缠法缠扎外形如图 4-40 所示。

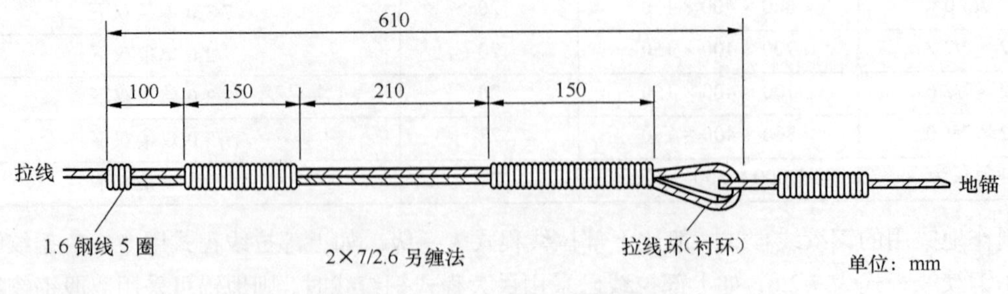

图 4-40　钢绞线拉线中把另缠法

② 拉线中把用夹板夹固方法如图 4-41 所示。

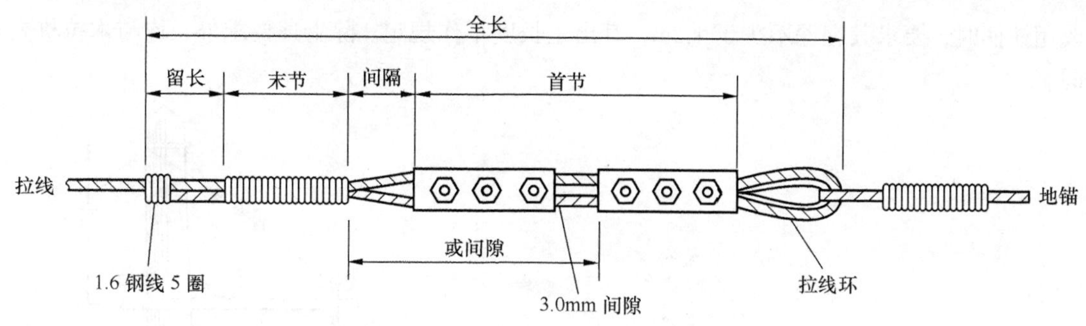

图 4-41　钢绞线拉线中把夹固法

拉线中把缠扎加固规格标准如表 4-9 所示。

表 4-9　　拉线中把缠扎、夹固规格　　单位：mm

类别	拉线程式	缠、夹物品种	首节	间隔	末节	全长	钢线留长
另缠法	7/2.2	3.0 钢线	100	约 330	100	600	100
	7/2.6	3.0 钢线	150	约 280	100	600	100
	7/3.0	3.0 钢线	150	约 230	150	600	100
	2 × 7/2.2	4.0 钢线	150	约 260	100	600	100
	2 × 7/2.6	4.0 钢线	150	约 210	150	6 006	100
	2 × 7/3.0	4.0 钢线	200	约 310	150	800	150
	V 形 2 × 7/3.0	4.0 钢线	250	约 310	150	800	150
夹板法	7/2.2	ϕ7 夹板	1 块	约 280	100	600	100
	7/2.6	ϕ7 夹板	1 块	约 230	150	600	100
	7/3.0	ϕ9 夹板	2 块中隔 30	约 100	100	600	100

注：拉线中把钢绞线尾端均用 1.6mm 钢线缠扎 5 圈。

（7）特殊拉线设施

① 八字顶头拉线。在角杆上装设八字顶头拉线，转角角度 110°～130°左右，根据汇交力平衡条件及合成张力的原则，为加强反张力的强度，统一采取拉线内移 60cm + 5cm，如图 4-42 所示。

当转角角度小于 110°时，应按终端拉线设置，分别装设顶头拉线。

② 吊板拉线。在角深不大于 8m，因地形限制不便于设置正规拉线时，可采用吊板拉线，如图 4-43 所示。

③ 高桩拉线。因地形街道等影响，不能直接装设落地式拉线时，可装设高桩拉线，如图 4-44 所示。

高桩拉线装设方法如下。

- 高桩埋深为 1.2m，遇有松软土质或负荷较大时，可在张力的同一侧面离地面 40cm 处装设横木（钢筋混凝土电杆装设卡盘和底盘）。
- 正拉线与路面中心不得低于标准要求，同时也不得高于电杆之上拉力点。
- 正副拉线的各部尺寸，除按图中要求外，夹缠规格均以正规拉线为标准。
- 采用钢筋混凝土杆作高拉桩时，不允许取消副拉线。抱箍距杆梢不小于 30cm，副拉线地

锚改用铁柄时，要求其埋深不少于 1.2m，其出土长度不作规定。除上述要求外，均与木拉桩要求相同。

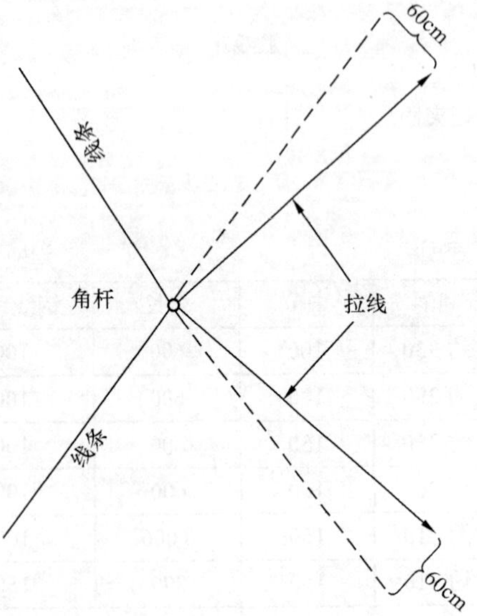

图 4-42　八字顶头拉线的内移

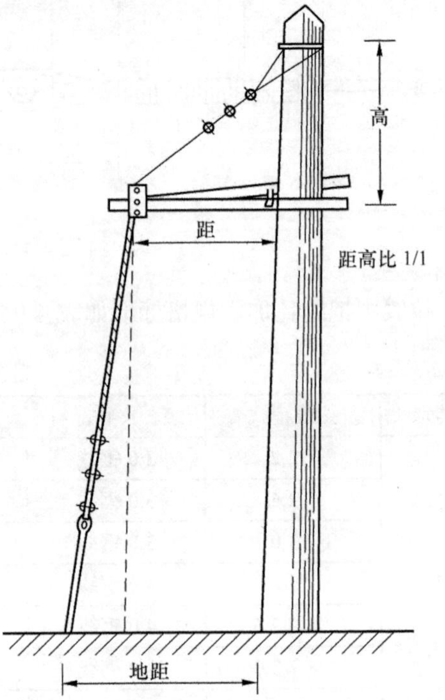

图 4-43　吊板拉线装置

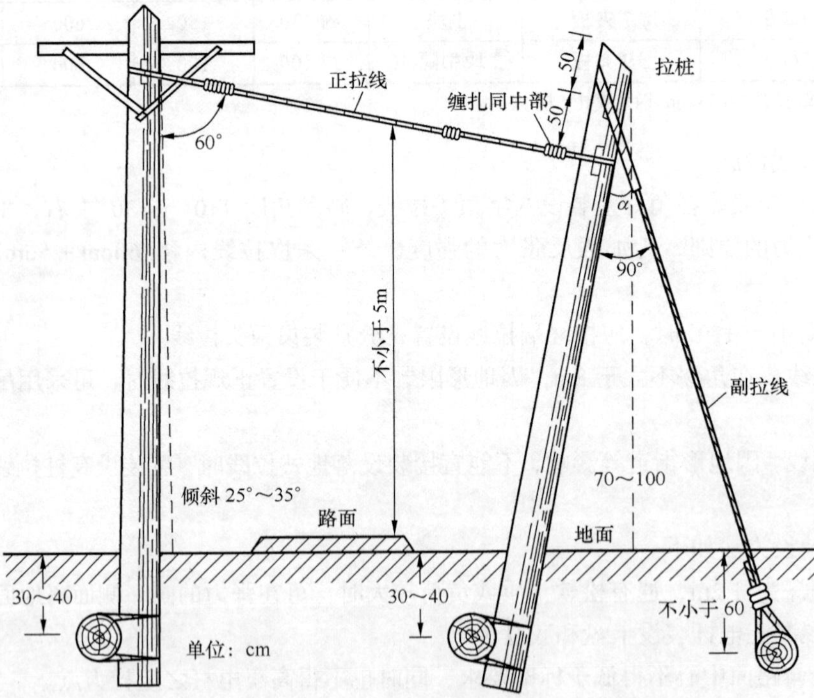

图 4-44　高桩拉线

- 高桩拉线的副拉线采用直埋式。可不做中把，高桩拉线的副拉线、拉桩中心线、正拉线、

电杆中心线应成一直线，其中任一点的最大左右偏差不得超过 5cm。

④ 加装绝缘子的拉线。

在与电力线交越或靠得很近的电杆拉线上应在距地面 2m 处装设拉线绝缘子，使拉线与大地隔开，以保证通信设备和工作人员安全。装设方法如图 4-45 所示。

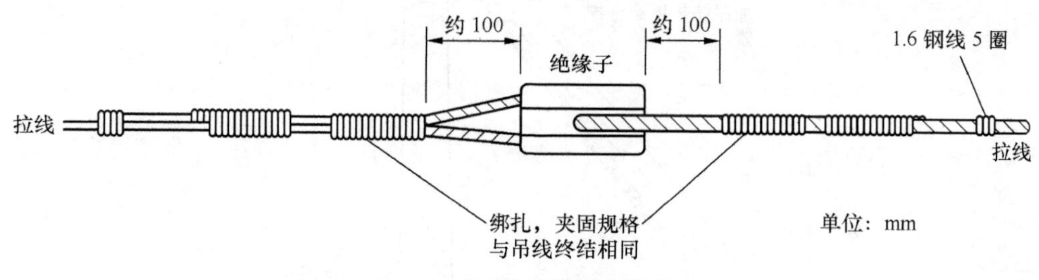

图 4-45　拉线加装绝缘子方法

4.2.5　撑杆

1．撑杆装置

因地形限制无法装设拉线时，可改设撑杆。木电杆上的撑杆装置如图 4-46 所示，钢筋混凝土电杆上的撑杆装置如图 4-47 所示。

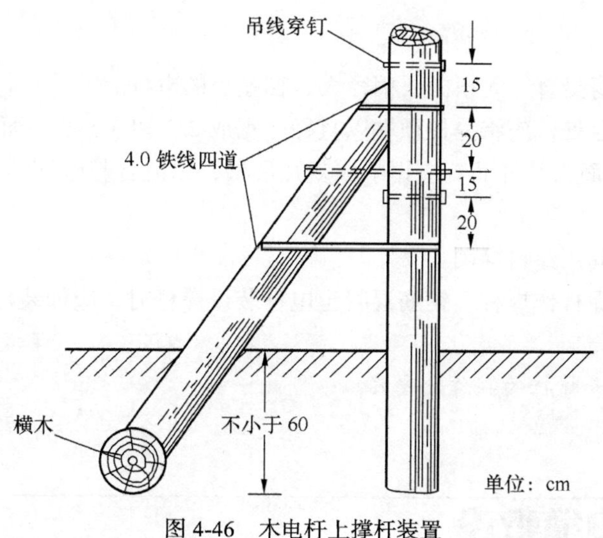

图 4-46　木电杆上撑杆装置

（1）撑杆装设方向及设计要求

① 撑杆装设在线路合成张力的同侧。

② 撑杆的距高比为 0.6，不小于 0.5，埋深不少于 60cm，杆根应加装横木。

（2）撑杆装设位置

架空线路的撑杆，无论终端或线路侧面，均装设在最末层电缆吊线下约 10cm 处；电缆线路终端杆装设撑杆时，必须在终端杆前 1～2 根电杆上装设泄力拉线。

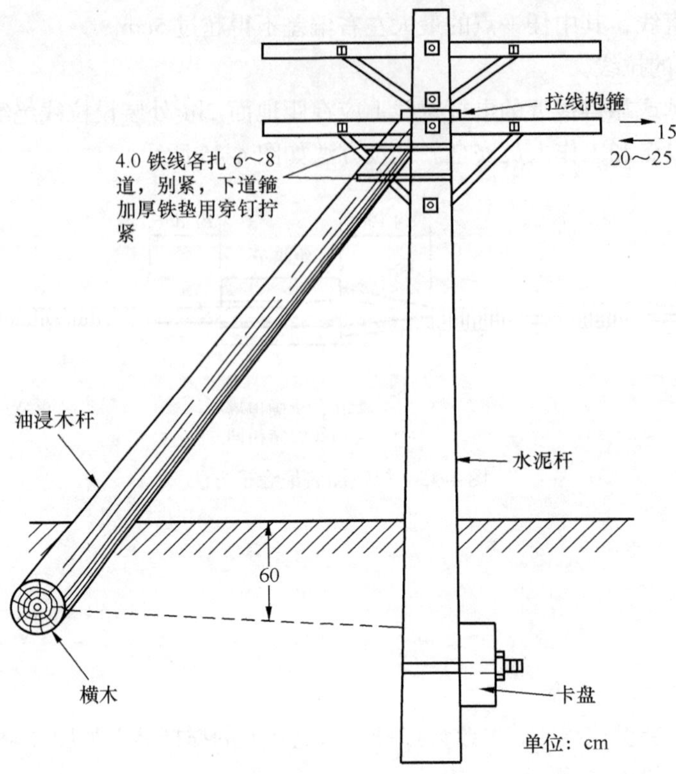

图 4-47　钢筋混凝土电杆上撑杆装置

（3）撑杆装设要求

① 撑杆应选择杆身挺直、无扭曲、梢径大、径差小的电杆。

② 撑杆与电杆结合处，应将撑杆顶端以直径分锯成 2/5 和 3/5 各一面，其 2/5 的面应与电杆中心线成直角；3/5 的面为贴杆面，应锯削成复瓦形槽，以适合与电杆结合，撑杆槽应与电杆紧密贴实。

③ 撑杆与木电杆间用穿钉穿固。

④ 尽量不选用水泥杆作撑杆，钢筋混凝土电杆装设撑杆时，应加装杆根卡盘。

- 拉线和撑杆的制作及安装。

4.3 架空电缆敷设

4.3.1 架空全塑电缆的架设

1．架空全塑电缆架挂原则

架空全塑电缆架挂原则如下。

① 架空吊线式普通型电缆 100 对及以上电缆在布放时，A 端应设在局方，B端设在用户方。

② 架空吊线式普通型电缆一般采用 0.4mm 线径，芯线绝缘材料采用实心聚乙烯或泡沫/实心

皮塑料，涂塑粘接屏蔽铝带综合护层的结构。架设吊线负荷应符合设计标准。

③ 直线杆、角杆、终端杆、终端结、丁字结、十字结及假终结采用的安装附件应完整无损伤，安装牢固有效。

④ 引上杆电缆 50 对以下的可采用尾巴电缆预制的方法，100 对及以上应采用在电缆上做堵塞的方法。

⑤ 架空吊线式普通型电缆架设后剪断的电缆端头，应及时包扎严密，以防进水。

⑥ 吊线式电缆芯线接续完毕，接头套管应及时密封包扎好。工程未完的临时接口应及时采用胶带或塑料布包严，以防进水。

⑦ 引上杆、终端杆电缆的屏蔽地线，应与保护地线连接牢固。

2．架空线路与其他建筑物的间隔距离

架空电缆交越其他电气设施的最小垂直净距，应符合表 4-10 所示的规定。

表 4-10　架空电缆交越其他电气设施的最小垂直净距表

电气设施名称	最小垂直净距（m）		备注
	架空电力线路有防雷保护装置	架空电力线路无防雷保护装置	
1kV 以下	1.25	1.25	最高线条到供电线条
1～10kV	2.0	4.0	
20kV	3.0	5.0	
35～110kV	3.0	5.0	
154kV	4.0	6.0	
220kV	4.0	6.0	
1kV 以下供电接户线	0.6		最小间隔
霓虹灯及其铁架	1.6		
有轨及无轨电车滑接线及其吊线	1.25		最低线条到滑接线及其吊线
电气铁道馈电线	2.0		

3．架空电缆的架设高度

架空电缆的架设高度应符合表 4-11 所示的规定。

表 4-11　架空电缆架设高度　单位：m

名称	与本地网线路平行时		与本地网线路交越时	
	垂直净距（m）	备注	垂直净距（m）	备注
市内街道	4.5	最低缆线到地面	6	最低缆线到地面
胡同（里弄）	4.0	最低缆线到地面	5	最低缆线到地面
铁路	4.0	最低缆线到轨面	7.5	最低缆线到轨面
公路	4.0	最低缆线到地面	6	最低缆线到地面
土路	4.0	最低缆线到地面	5	最低缆线到地面

续表

名称	与本地网线路平行时		与本地网线路交越时	
	垂直净距（m）	备注	垂直净距（m）	备注
房屋建筑	3.0		距脊 0.6 距顶 1.5	最低缆线距屋脊或平顶
河流	3.0		1.0	最低缆线距最高水位时最高桅杆顶
市区树木	3.0		1.0	最低缆线到树枝顶
郊区树木	3.0		1.0	最低缆线到树枝顶
通信线路	3.0		0.6	一方最低缆线与另一方最高缆线

4. 杆路与其他设施的最小水平净距

杆路与其他设施的最小水平净距应符合表 4-12 所示的规定。

表 4-12　杆路与其他设施的最小水平净距

其他设施名称	最小水平净距（m）	备注
消火栓	1.0	消火栓与电杆间距离
地下管线	0.5～1.0	包括通信管线与电杆间距离
火车铁轨	地面杆高的 4/3	
人行道边石	0.5	
市区树木	1.25	
郊区树木	2.0	
房屋建筑	2.0	

注：各地城建部门有不同规定时，按地方规定执行。

4.3.2 架设电缆吊线

1. 电缆吊线程式和选用

电缆吊线一般为 7/2.2、7/2.6 和 7/3.0 的镀锌钢绞线，这 3 种钢绞线的物理性能如表 4-13 所示。

表 4-13　钢绞线的物理性能

钢绞线及线径（mm）	外径（mm）	截面（mm^2）	重量（kg/mm）	单位强度（kg/mm^2）	总拉断力不小于（kg）	弹性模数（kg/mm^2）	线性膨胀系数（1/℃）
7/3.0	9.0	49.5	400	120	5 450	$1.7～2.0\times10^4$	1.2×10^{-5}
7/2.6	7.8	37.2	300	120	4 100	$1.7～2.0\times10^4$	1.2×10^{-5}
7/2.2	6.6	26.6	210	120	2 930	$1.7～2.0\times10^4$	1.2×10^{-5}

选用吊线程式应根据所挂电缆重量、杆档距离、所在地区的气象负荷及其发展情况等因素决定，可参照表 4-14 所示。

表 4-14 吊线程式的选择

负荷区	吊线程式	杆间距离 L（m）	悬挂电缆重量 W（kg/m）	悬挂电缆线径/对数			
				0.4	0.5	0.6	0.7
轻负荷区	7/2.2	$L \leq 45$	$W \leq 2.11$	150 及以下	100 及以下	100 及以下	50 及以下
	7/2.6	$L \leq 45$	$2.11 < W \leq 3.02$	200	150、200	150	80、100
	7/3.0	$L \leq 45$	$3.02 < W \leq 4.15$	300、400	300	200	150
中负荷区	7/2.2	$L \leq 40$	$W \leq 1.82$	150 及以下	100 及以下	80 及以下	50 及以下
	7/2.6	$L \leq 40$	$1.82 < W \leq 3.02$	200	150、200	100、150	80、100
	7/3.0	$L \leq 40$	$3.02 < W \leq 4.15$	300、400	300	200	150
重负荷区	7/2.2	$L \leq 35$	$W \leq 1.46$	100 及以下	80 及以下	50 及以下	30 及以下
	7/2.6	$L \leq 35$	$1.46 < W \leq 2.52$	150、200	100、150	80、100	50、80
	7/3.0	$L \leq 35$	$2.52 < W \leq 3.89$	300、400	200	150、200	100

一般情况下，一条吊线架挂一条电缆，如遇条件限制，在不超出表 4-14 所列范围内可在同一吊线上架挂两条较小对数的电缆，其重量总和不超出表中悬挂电缆重量 W 的标准。

2．吊线夹板装置

电缆吊线一般采用三眼单槽夹板（简称吊线夹板）固定在电杆上，夹板在电杆上的位置应能使所挂电缆符合最小垂直距离。

吊线夹板至杆梢的最小距离一般不小于 50cm，如因特殊情况可略为缩短，但不小于 25cm。各电杆上吊线夹板的装设位置宜与地面等距，如遇上下坡或有障碍物时，可以适当调整，所挂吊线坡度变化一般不宜超过杆距的 2.5%，在地形受限制时，也不得超过杆距的 5%。在同一电杆上装设两层吊线时，两吊线间距离为 40cm。在电杆上架设第一条吊线时，除特殊情况外，吊线夹板应装在面向人行道一侧。木电杆和有预留孔的钢筋混凝土电杆，采用穿钉固定，如图 4-48 所示。

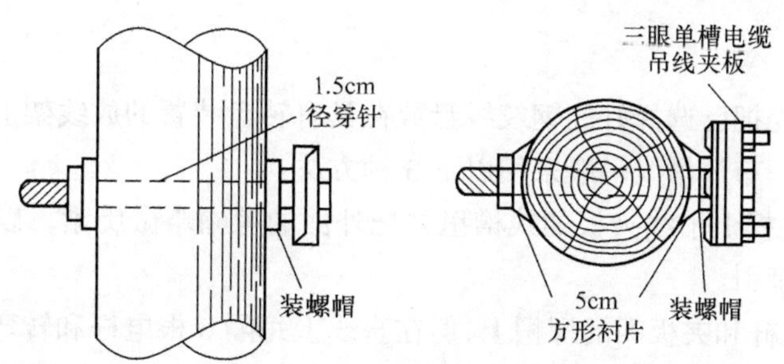

图 4-48　有预留孔的钢筋混凝土电杆吊线夹板固定

无预留孔的钢筋混凝土电杆采用专用的吊线抱箍或二线钢担加以固定，如图 4-49 所示。

固定吊线夹板的穿钉螺母，应与吊线夹板在同侧，穿钉长度要与梢径相适应，木电杆上在穿钉两侧紧靠电杆处应各垫一片 5cm × 5cm 的方形垫片，以免螺帽旋入木杆表层。在吊线夹板与垫片间还应垫装螺母一只以防晃动，穿钉要安装端正，不得有歪斜现象。夹板安装完毕可装螺帽旋紧并至少露出 1cm 丝扣。在同一电杆上平行架设两条吊线时，应选用适当长度的无头穿钉，穿钉两端各伸出电杆约 6cm，并在电杆两侧依次装上方形垫片、螺帽，吊线夹板和螺母旋紧后如图 4-50 所示。

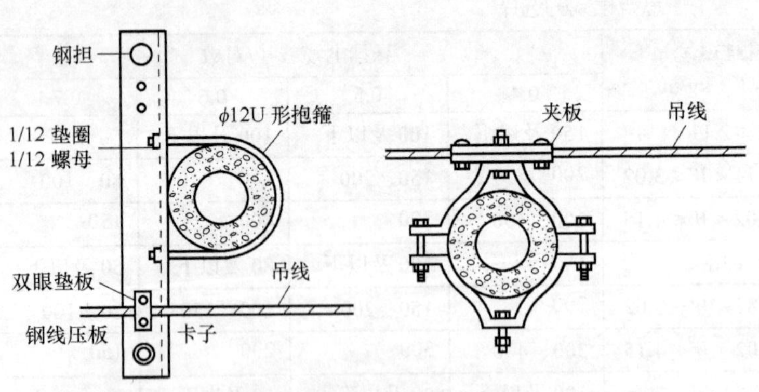

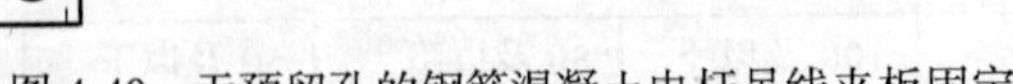

图 4-49 无预留孔的钢筋混凝土电杆吊线夹板固定

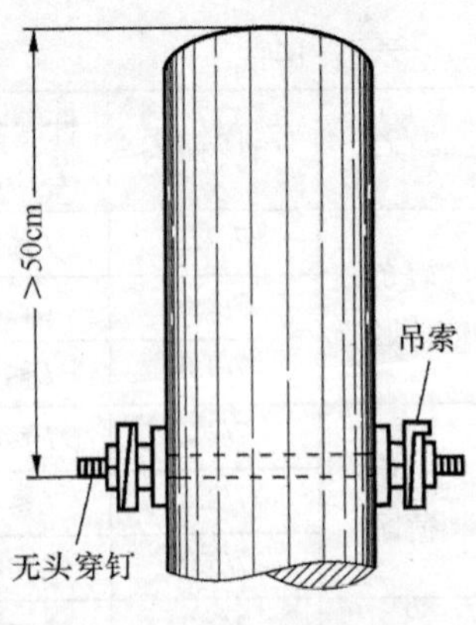

图 4-50 无头穿钉的安装

吊线夹板的线槽朝上，在直线杆上吊线夹板唇口应面向电杆或支持物。在角杆上吊线夹板的唇口应背向吊线的合力方向，如图 4-51 所示。

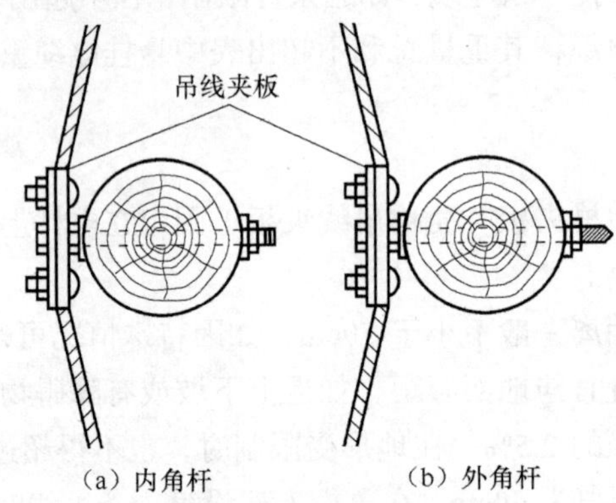

（a）内角杆　　（b）外角杆

图 4-51 角杆夹板的安装

3．布放吊线

布放吊线时，应先把已选择好的钢绞线盘放在具有转盘装置的放线架上，然后转动放线架上的转盘即可开始放线，布放吊线一般采用以下 3 种方法。

① 把吊线搁在电杆上吊线夹板的线槽里并把外面的螺帽略微旋紧，以不使吊线脱出线槽为度，随后即可用人工牵引。

② 将吊线放在电杆和夹板间的螺帽上，但在直线上每隔 6 根电杆和转弯线路上所有具有离杆拉力的角杆上（即外角杆上），仍须把吊线放在夹板的线槽里（方法同①）。

③ 先把吊线布放在地上，然后用人工把吊线逐段搬到电杆与夹板间的螺帽上（一般用杆叉）。但采用此法必须以不使吊线受损、不妨碍交通、不会使吊线无法引上电杆等为原则。

在布放吊线过程中应尽可能使用整条的钢绞线，以减少中间接头，并要求在一个杆档内不得有一个以上的接头。

布放吊线时应特别注意安全，避免与电力线、电灯接户线、电车滑接线等相碰触。当吊线从电力线下面通过时，应用 lcm 直径的麻绳把吊线往下拉紧，以防止钢绞线弹蹦。当吊线跨越电灯接户线时，最好征得电灯接户线的使用者同意，临时把接户线拆除，待吊线架挂好后再接上。吊

线应从电力线下方通过。

布放吊线时如果遇到树木阻碍时，应先用麻绳穿过树木，然后牵引吊线通过。

电缆变更对数或线径时，所布放的吊线原则上可不改变程式，这样可避免施工的麻烦和日后小对数电缆改大对数电缆时更换吊线的浪费，但设计另有规定时按设计要求办理。

4．吊线接续

吊线接续可分为以下 3 种方法。

（1）另缠法

此法使用 3.0mm 镀锌钢线进行另缠，要求缠扎均匀紧密，缠线不得有伤痕或锈蚀，缠线总长度的偏差不得超过 2cm，如图 4-52 所示。

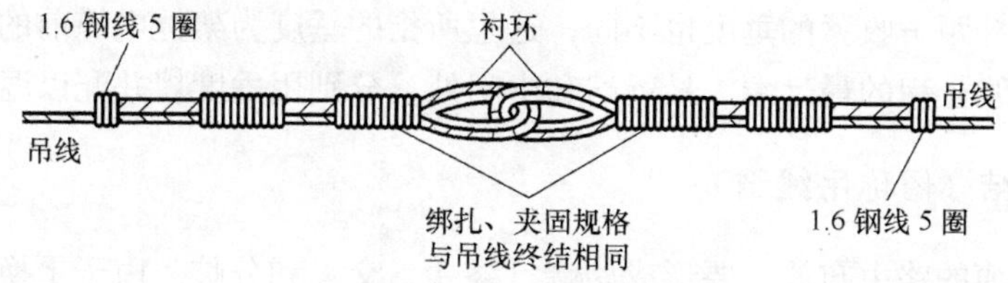

图 4-52　另缠法接续吊线

（2）夹板法

采用三眼双槽夹板接续吊线。如图 4-53 所示。夹板程式应与吊线相适应，7/2.6 及以下的吊线用一副三眼双槽夹板，其夹板线槽的直径应为 7mm；7/3.0 吊线应采用两副三眼双槽夹板，夹板线槽的直径为 9mm，夹板的螺帽必须拧紧，无滑丝现象。

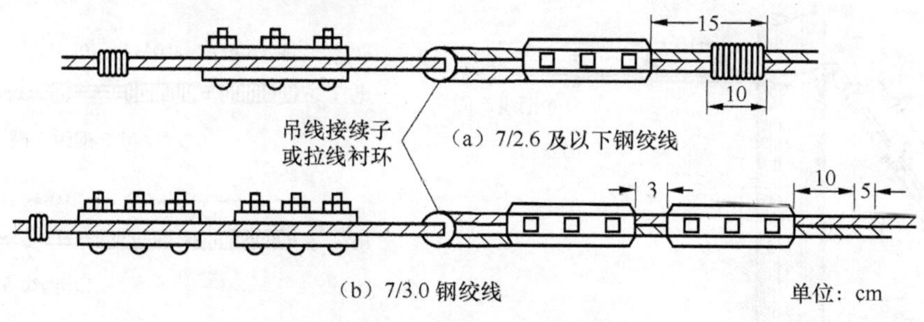

图 4-53　夹板法接续吊线

（3）U 形钢线卡法

此法采用 10mm 的 U 形钢线卡（必须附弹簧垫圈）代替三眼双槽夹板，将钢绞线夹住，如图 4-54 所示。

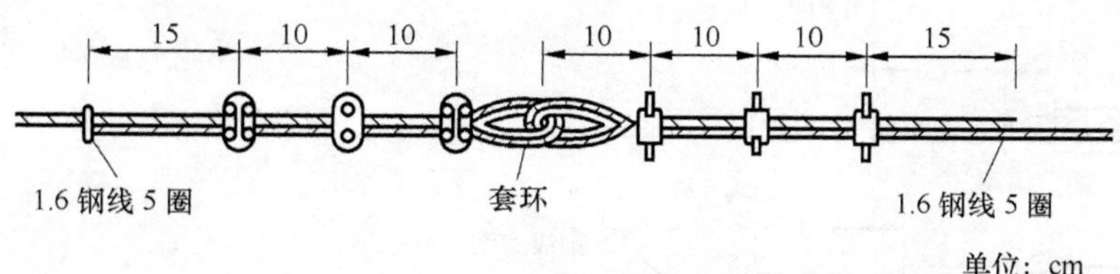

图 4-54　钢线卡接续吊线

5．收紧吊线

吊线布放后即可在线路的一端做好终结，在另一端收紧。收紧吊线的方法可根据吊线张力、工作地点和工具配备等情况而定。一般可采用紧线钳、手拉葫芦或手搬葫芦等来收紧。具体方法是：先将吊线夹板全部螺帽松开，吊线一律放在吊线夹板线槽内，然后用紧线钳将吊线初步收紧，再用手拉葫芦或手搬葫芦收至规定垂度后，将全部吊线夹板螺帽收紧。如果布放的吊线距离不长，可直接用紧线钳将吊线收紧到规定垂度。

收紧吊线时，一般要求每段不超过 20 杆档，如杆路上角杆较多或吊线夹板高低变更较大时，应适当减少紧线档数。在收紧吊线的过程中，应检查终端杆、角杆拉线的收紧情况，以保证施工安全。还要防止吊线收紧过程中碰到电力线或其他建筑物，各档吊线垂度应一致。不同程式的吊线，在同温度、同杆距下收紧的垂度也不同，这里所指的垂度为架挂电缆前的原始垂度。测量原始垂度时，可在吊线全程的最远端、最近端和中间处，分别用垂度规并配以温度计进行测量。

6．吊线的连结（俗称吊线结）

吊线沿架空电缆的路由布放，要形成始端、终端、交叉和分歧。由于更换电缆程式或角深过大等原因，要求对电缆做出不同的连结，以增强线路的稳固性和规格标准化。

吊线连结的程式通常有：终端结（终结）、假终结、十字结、丁字结和辅助结等。制作的方法有另缠法、夹板法和 U 形钢卡法。采用较多的是夹板法和 U 形钢卡法。

① 一般吊线终结。在敷设吊线的终端杆、角深 15m 以上的角杆，按要求均应做终结，如图 4-55 所示。

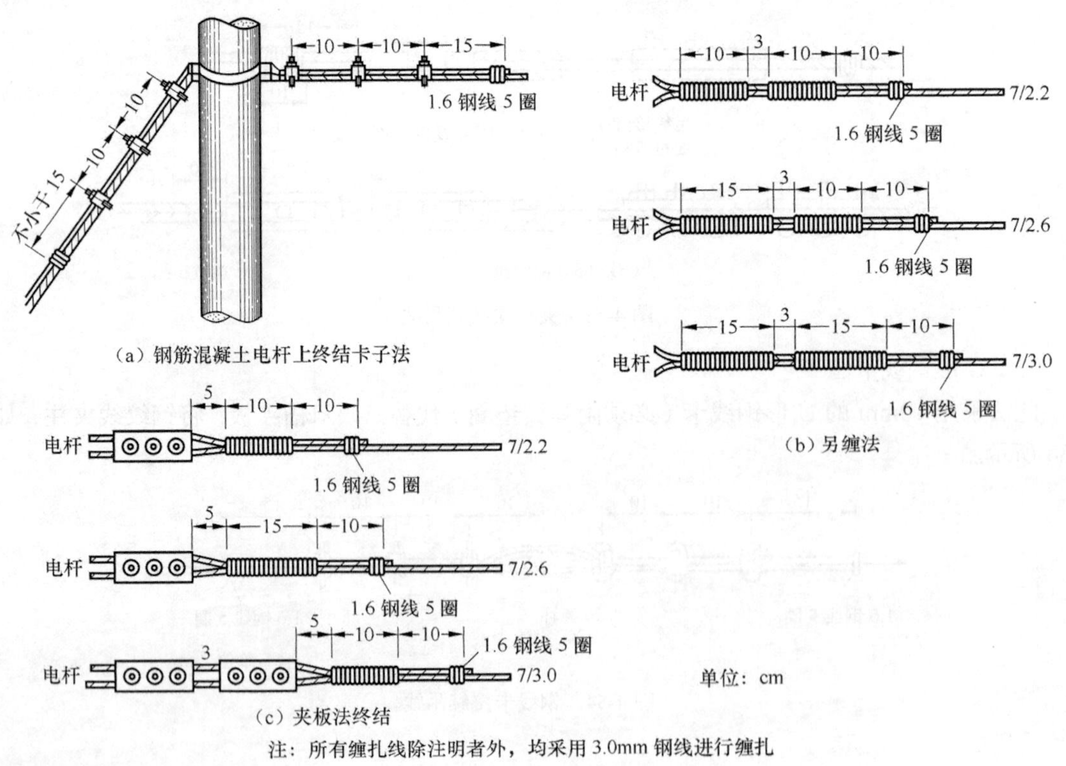

注：所有缠扎线除注明者外，均采用 3.0mm 钢线进行缠扎

图 4-55　一般吊线终结

在木电杆上或有预留孔的钢筋混凝土电杆上，吊线终结也可采用有孔穿钉法，如图 4-56 所示。

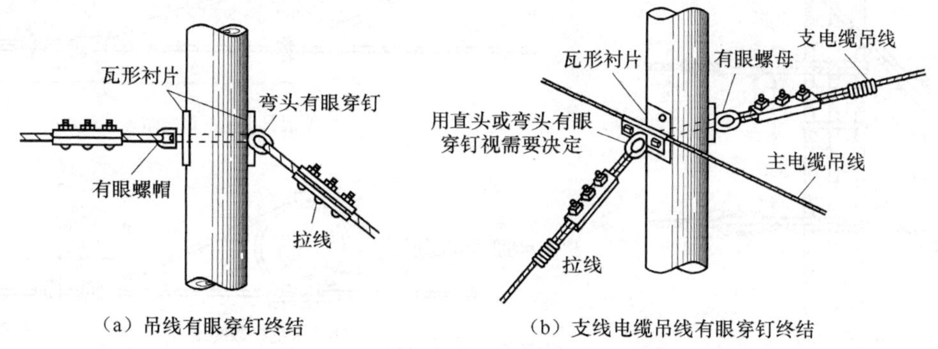

图 4-56　有孔穿钉终结

② 两条同程式的平行吊线终结（俗称合手）：两条同程式的平行吊线在一起做终结采用图 4-57 所示方法。不同程式的吊线应分别做终结（或做假合手）。

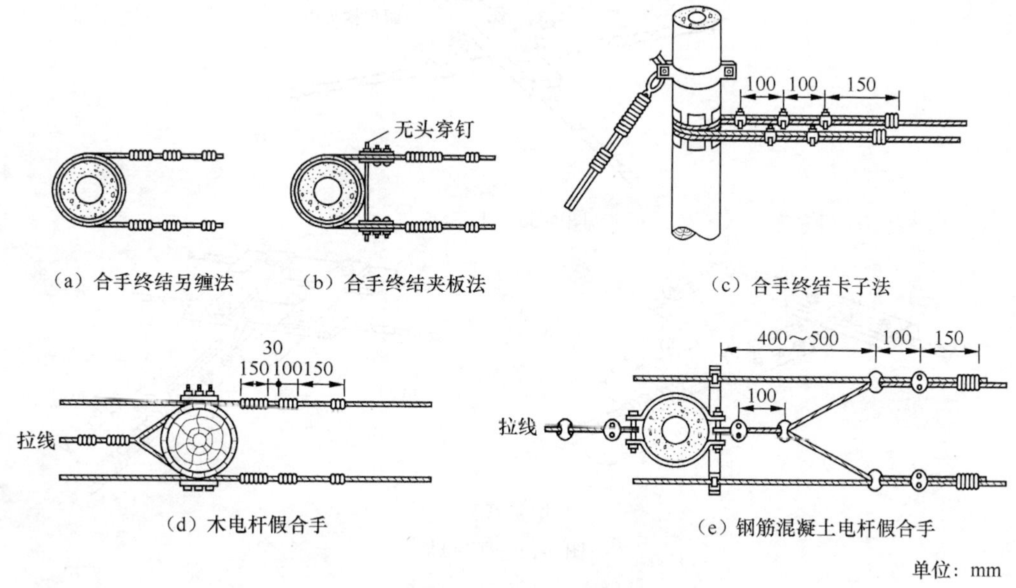

图 4-57　合手的制作

③ 分层装设吊线终结：当电杆上挂有多层吊线时，应分层装设吊线终结，其上下层间吊线终结的垂直距离为 40cm，如图 4-58 所示。

④ 假终结：如果相邻杆档的吊线程式不同时，为了使电杆受力平衡，应在电杆上做假终结和泄力拉线，各种吊线的假终结如图 4-59 所示。

⑤ 十字结：当两条同一高度的吊线交叉组成十字吊线时，应在交叉点做十字结，当两条吊线程式相同时，主干线路吊线置于交叉的下方；程式不同时，程式大的吊线放在交叉下方，如图 4-60 所示。

⑥ 丁字结：在市区无法由原有电杆作电缆分支线路或十字吊线时，如果分支线路负荷较小，可采用夹板法做丁字吊线，但是距离不能过长，如图 4-61 所示。

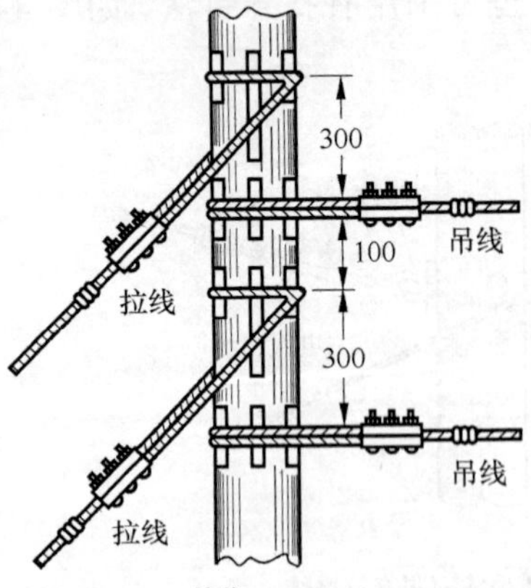

单位：mm

图 4-58　分层吊线终结

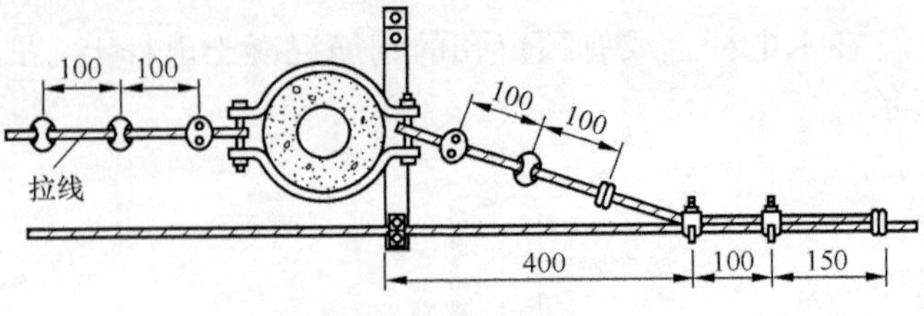

（a）钢筋混凝土电杆假终结

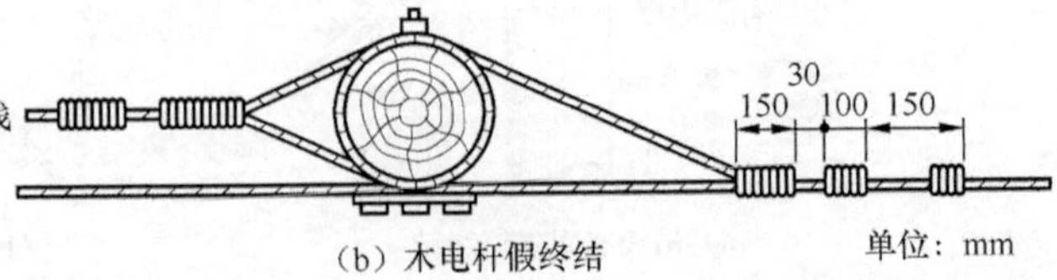

（b）木电杆假终结

单位：mm

图 4-59　假终结

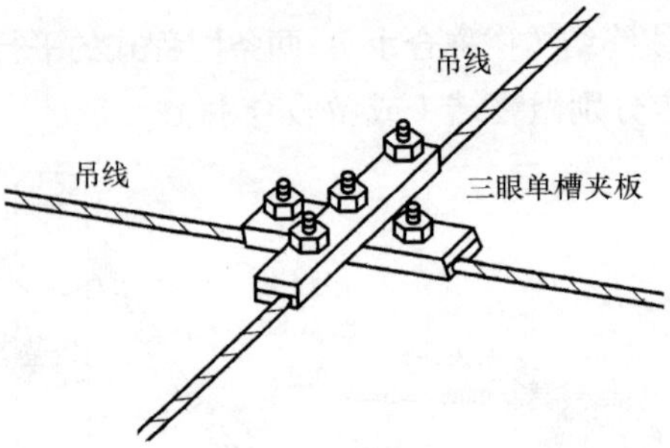

图 4-60　十字结

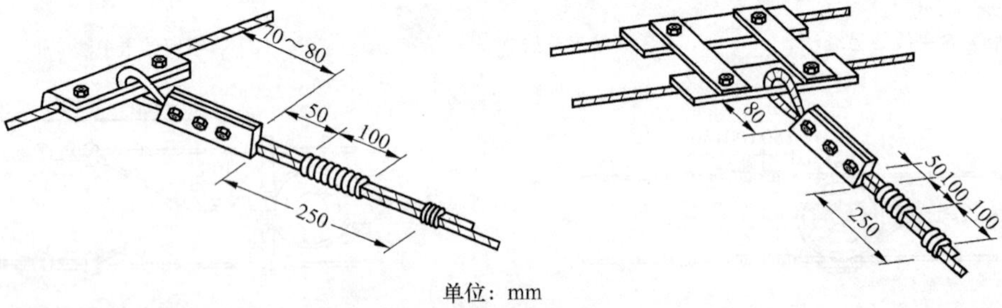

单位：mm

图 4-61　丁字结

⑦ 辅助结：角深超过 5m 的角杆上应做辅助结，角深为 10～15m 时采用镀锌钢绞线做辅助结如图 4-62（a）所示；木杆角深为 5～10m 时采用 4.0mm 镀锌钢线做辅助结如图 4-62（b）所示。钢筋混凝土电杆角杆辅助结如图 4-62（c）所示。

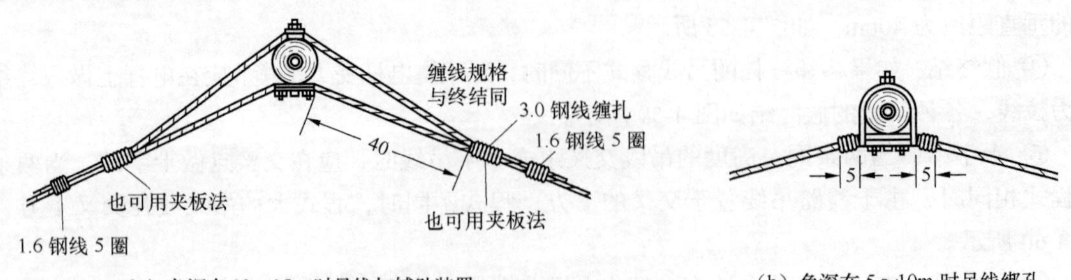

（a）角深在 10～15m 时吊线加辅助装置

（b）角深在 5～10m 时吊线绑孔

图 4-62　辅助结

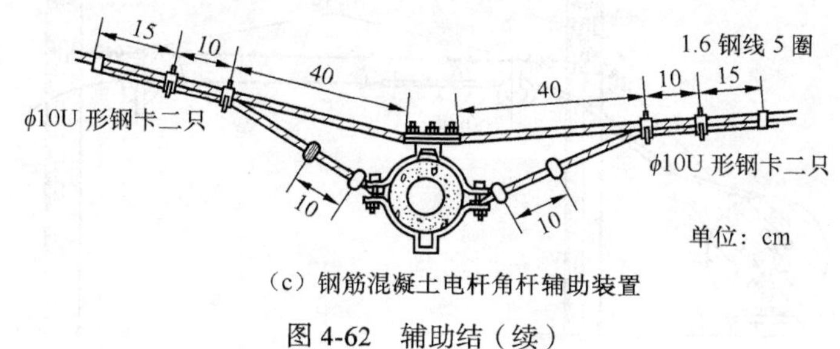

（c）钢筋混凝土电杆角杆辅助装置

图 4-62　辅助结（续）

⑧ 长杆档辅助吊线装置：当杆间距离超过 60m 或杆档距离虽在 60m 以内，但负荷过大的长杆档吊线，均应做长杆档正、副吊线装置，如图 4-63 所示。

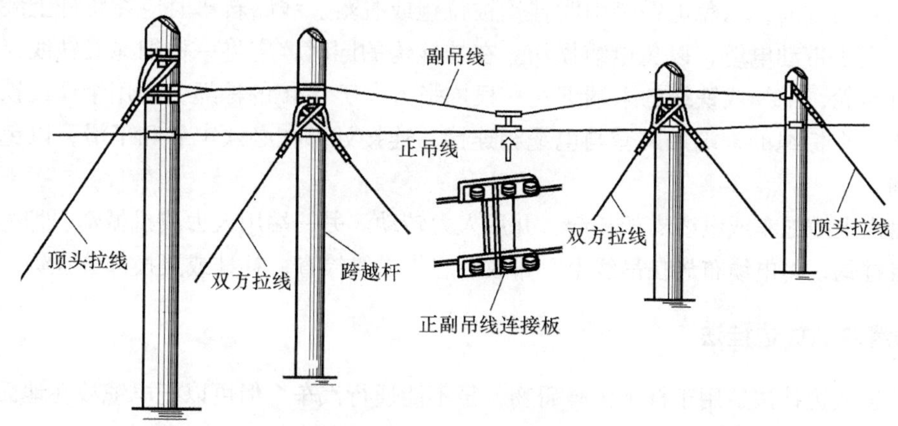

图 4-63　正副吊线图

4.3.3　吊挂式架空电缆的架设

架空电缆架设前，首先要对单盘电缆的规格、对数、气闭性能、电性能等进行检查，符合要求后才能进行敷设。电缆架设前后不得有机械损伤，架设时电缆必须从电缆盘上方放出，避免与支架、障碍物或地面摩擦与拖拉。电缆弯曲的曲率半径必须大于电缆外径的 15 倍。

100 对及以上的全塑电缆的敷设应按下列规定置放 A、B 端：汇接局—分局，以汇接局侧为 A 端；分局—支局，以分局侧为 A 端；局—交接箱，以局侧为 A 端；局—用户，以局侧为 A 端；交接箱—用户，以交接箱侧为 A 端。

汇接局、分（支）局、交接箱之间布放电缆时，端别要力求做到局内统一。可以以一个交换区域的中心侧为 A 端，也可以以局号大小来划分，或以区域交换的汇接局、分（支）局、交接箱侧为 A 端。

架设吊挂式全塑电缆线路有预挂挂钩法、动滑轮边放边挂法、定滑轮牵引法和汽车牵引动滑轮托挂法等方法。

1．预挂挂钩法

预挂挂钩法适用于架设距离 200m 左右并有障碍物的地方，如图 4-64 所示。

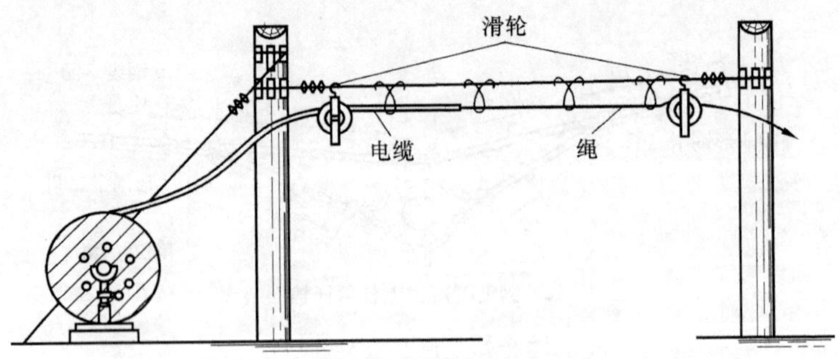

图 4-64　预挂挂钩法敷设架空电缆

首先在架设段落的两端各装设一个滑轮，然后在吊线上每隔 50cm 预挂一只挂钩，挂钩的死钩应逆向牵引方向，以免电缆牵引时挂钩被拉跑或脱落。线路转弯时应在角杆上装设滑轮并在杆上有人用手带动电缆，以免电缆损伤。在挂挂钩的同时，应将一根细绳或铁线穿过所有的挂钩和角杆滑轮，细绳或铁线的末端绑扎一根抗张力大于 1.4t 的棕绳，利用细绳或铁线把棕绳带进挂钩里，在棕绳的末端用网套与电缆相连接，连接处绑扎必须牢靠和平滑，以免经过挂钩时发生阻滞。

电缆盘由电缆拖车或电缆支架托起，并用人力转动。另一端用人力或机械牵引棕绳，引导棕绳穿过所有挂钩，将电缆布放在吊线上，布放后应作沿线检查，补挂或更换部分挂钩。

2．动滑轮边放边挂法

动滑轮边放边挂法适用于杆下无障碍物，虽不能通行汽车，但可以把电缆放在地面上，且架设的电缆距离又较短的情况，如图 4-65 所示。

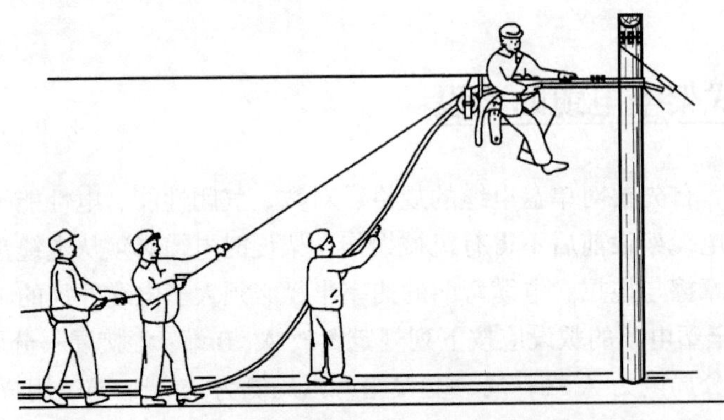

图 4-65　动滑轮边放边挂法敷设架空电缆

首先在吊线上挂好一只动滑轮，在动滑轮上拴好拉绳，在确保安全的条件下，将吊椅(坐板)与滑轮连接上，把电缆放入滑轮槽内，电缆的一端扎牢在电杆上，然后一人坐在吊椅上挂挂钩，2 人徐徐拉绳，另一人往上托送电缆，使电缆不出急弯，4 人互相密切配合，随走随拉绳，随往上送电缆，按规定距离挂好挂钩。电缆放完，挂钩也随即挂好。

3．定滑轮牵引法

定滑轮牵引法适用于杆下有障碍物不能通行汽车的情况，如图 4-66 所示。

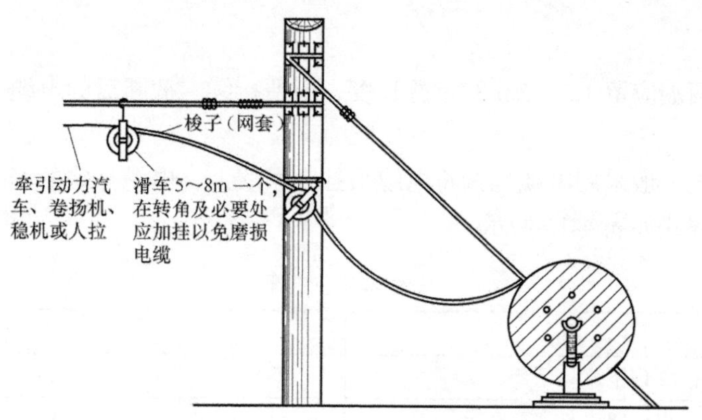

图 4-66　定滑轮牵引法敷设架空电缆

首先将电缆盘架好，把电缆放出端与牵引绳扎紧，然后在吊线上每隔 10m 左右挂一只定滑轮，在转角及必要处加挂滑轮，以免磨损电缆。定滑轮的滑槽要与电缆直径相适应，将牵引绳穿过所有定滑轮，牵引绳末端连接电缆网套，另一端用人力或机械牵引。牵引速度要均匀，稳起稳停，动作协调，防止发生事故。放好电缆后及时挂好挂钩，同时取下滑轮。

4．汽车牵引动滑轮托挂法

汽车牵引动滑轮托挂法适用于杆下无障碍物而又能通行汽车，架设距离较大，电缆对数较大的情况，如图 4-67 所示。

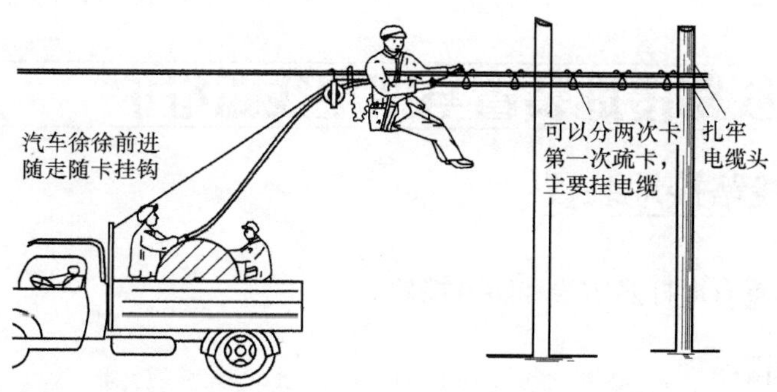

图 4-67　汽车牵引动滑轮托挂法敷设架空电缆

架设时，先在汽车上把电缆盘用支架(俗称千斤)托起，使之能自由转动，并将电缆盘大轴固定在汽车上，然后将电缆放出适当长度，将其始端穿过吊线上的一个动滑轮，并引至始端的电杆上扎牢。再将牵引绳一端与动滑轮连接，另一端固定在汽车上，在确保安全的条件下，把吊椅与动滑轮用牵引绳连结起来。一切准备工作就绪后，汽车徐徐向前开动，人力转动电缆盘，放出电缆，吊椅上的线务员一边随牵引绳滑动，一边每隔 50cm 挂一只电缆挂钩，直到电缆放完，挂钩挂完为止。

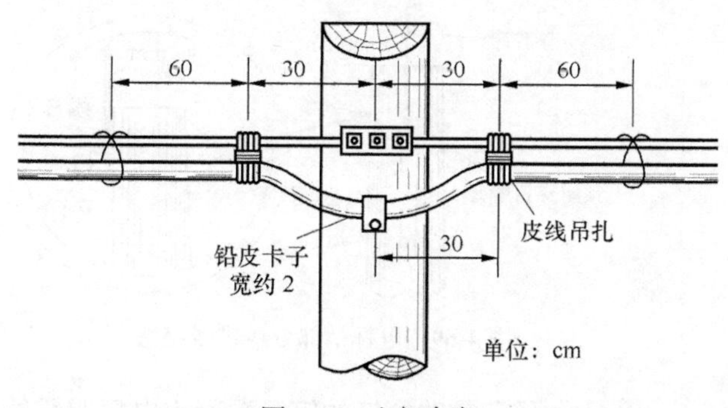

图 4-68　电杆余弯

吊挂式全塑架空电缆架设时，每隔 5～8 挡在电杆处留余弯一处，如图 4-68

所示。

电缆架设后，两端应留 1.5～2m 的重叠长度，以便接续。截断后的电缆头应立即封上端帽或包上胶带以防受潮。

吊挂式架空电缆一般采用电缆挂钩将电缆吊挂在吊线上，电缆挂钩的程式应与电缆的直径相适应。选用挂钩的程式如表 4-15 所示。

表 4-15　电缆挂钩的选用

电缆外径（mm）	挂钩程式（mm）
12 以下	25
12～18	35
19～24	45
25～32	55
32 以上	65

挂电缆挂钩时，要求距离均匀整齐，挂钩的间隔距离为 50cm，电杆两旁的挂钩应距吊线夹板中心各 25cm，挂钩必须卡紧在吊线上，托板不得脱落。

吊挂式架空电缆在吊线接头处，不用挂钩承托，改用单股皮线吊扎或挂带承托。

- 架空电缆的敷设方法。

4.4 架空线路接地装置与架空线路维护

4.4.1 架空线路接地装置

架空线路接地装置有电杆避雷线和防电接地。

1. 电杆装设避雷线

① 钢筋混凝土电杆有预留避雷线穿钉的，应从穿钉螺母向上引出一根 4.0mm 线径钢线，并高出杆顶 10cm，如图 4-69 所示，在电杆根部的地线预留穿钉螺母处接出 4.0mm 线径的钢线入地，如图 4-70 所示。

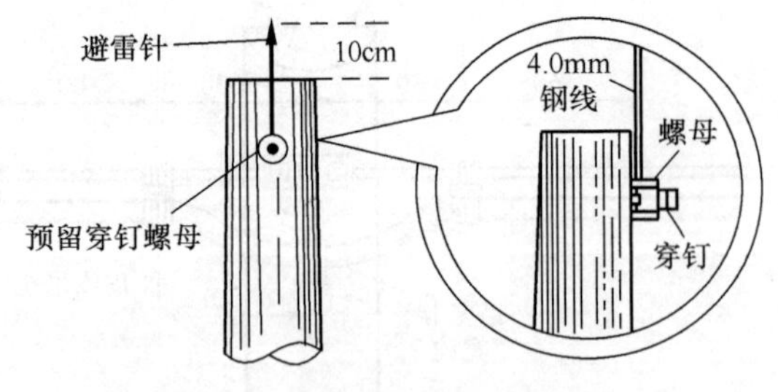

图 4-69　电杆梢部分避雷线接法

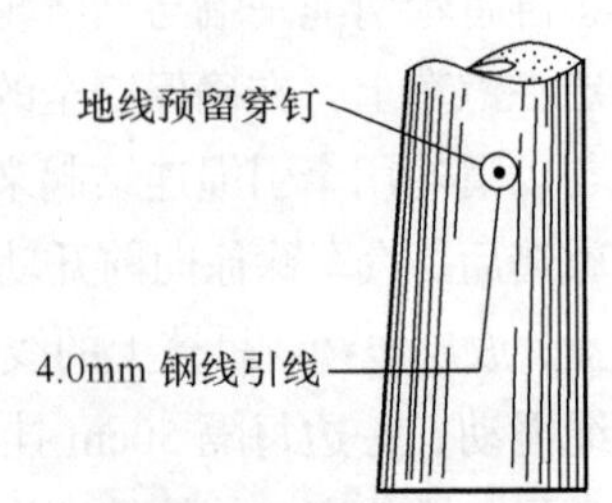

图 4-70　电杆根部分引线接法

② 无预留避雷线穿钉的钢筋混凝土电杆避雷线装设方法如图 4-71 所示。

③ 木电杆上装设避雷线时，用 4.0mm 线径钢线做地线并高出杆顶 10cm，可直接用卡钉钉固，在距杆梢 5cm 处钉一卡钉，以下每隔 30cm 处钉卡钉，直到电杆根部，如图 4-72 所示。

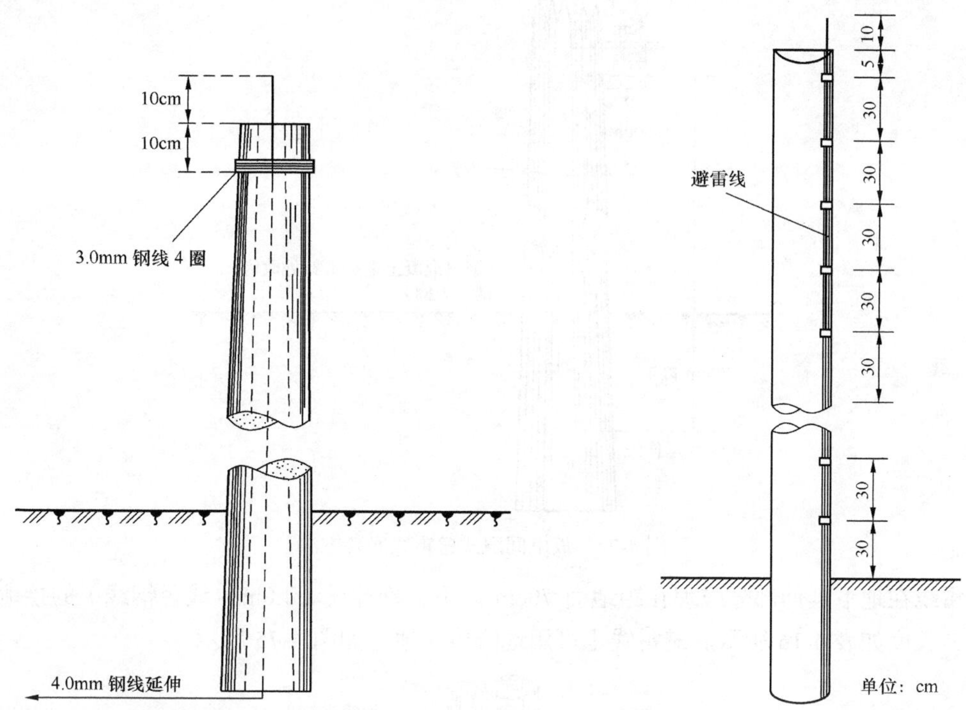

图 4-71　无预留穿钉的钢筋混凝土电杆避雷线装设方法　　图 4-72　木电杆避雷线安装

④ 装有拉线的电杆、可利用拉线代替避雷线，如图 4-73 所示。

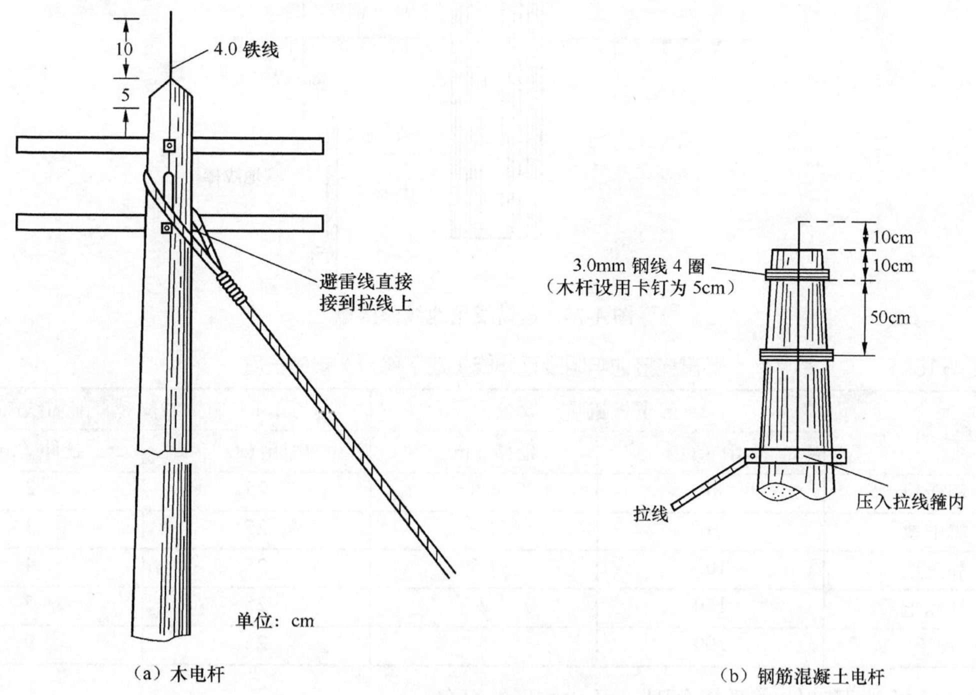

图 4-73　利用拉线做避雷线的方法

⑤ 在与 10kV 以上高压输电线交越处两侧的木电杆，应装设放电间隙式避雷线，如图 4-74 所示，即在避雷线距地面 2m 处断开，留有 5cm 间隙。

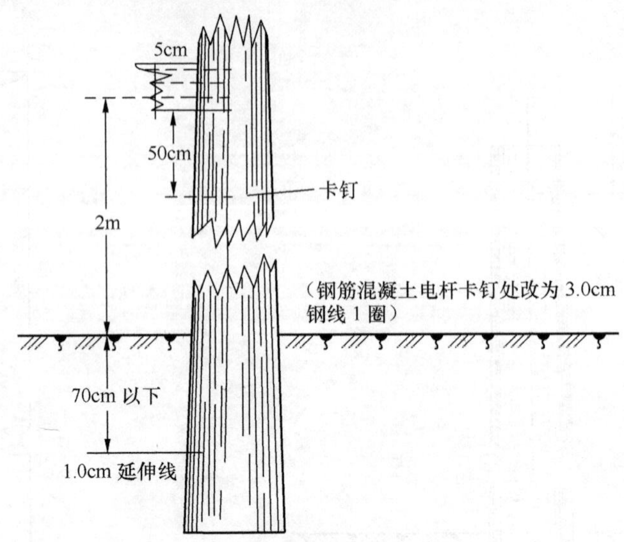

图 4-74　放电间隙式避雷线安装方法

避雷线在地下延伸部分应埋在距地面 70cm 以下，延伸线（4.0mm 线径钢线）的接地电阻要求及延伸长度如表 4-16 所示。避雷线也可用地线捧接地，如图 4-75 所示。

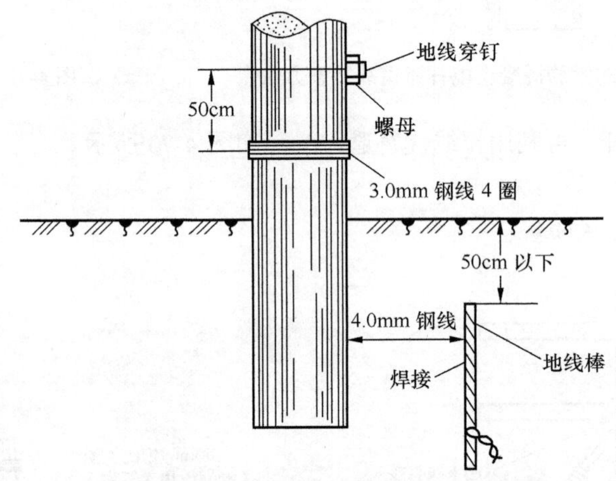

图 4-75　避雷线用地线棒接地

表 4-16　　避雷线接地电阻及延伸线（地下部分）参考长度

土质	一般电杆避雷线要求		与 10kV 电力线交越杆避雷线要求	
	电阻（Ω）	延伸（m）	电阻（Ω）	延伸（m）
沼泽地	80	1.0	25	2
黑土地	80	1.0	25	3
黏土地	100	1.5	25	4
沙黏土	150	2	25	5
沙土	200	5	25	9

避雷线的地下延伸线严禁盘圈，可“蛇形”延伸。

2．防电接地

在市话电缆线路上，有可能被电力线击伤的电杆，应在架空电缆的吊线上装设防电接地线，3 种防电接地装设方法如图 4-76、图 4-77、图 4-78 所示。

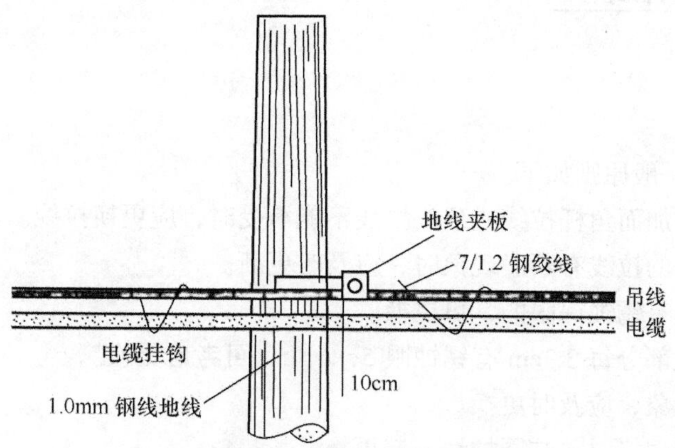

图 4-76　电缆吊线直接入地式地线安装

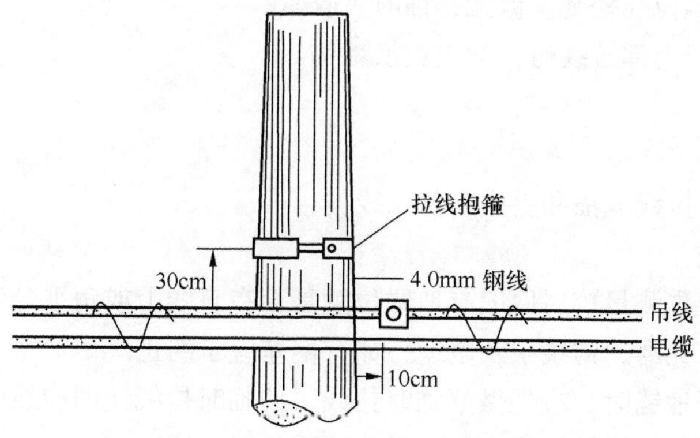

图 4-77　电缆吊线利用拉线做地线安装

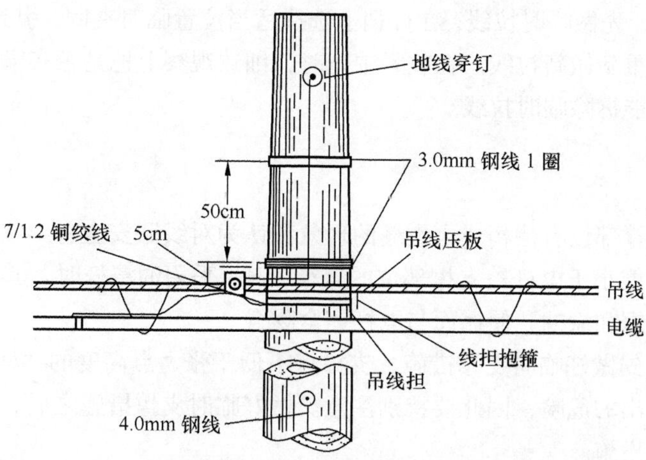

图 4-78　电缆吊线利用预留地线穿钉做地线安装

● 各种地线的制作方法。

4.4.2 架空线路维护

1．一般原则

架空线路维护的一般原则如下。

① 当杆上负荷增加而角杆拉线或顶头拉线不能承受时，应更换拉线。

② 角杆或终端杆的拉线有断股现象时，应及时更新。

③ 钢线地锚入土有锈蚀深眼的，可更换。

④ 地锚铁柄入土部分每 3.3cm 有锈蚀眼 5～6 个，可考虑更换。

⑤ 地锚有拔出现象，应及时更换。

⑥ 更换角杆或终端杆时，连同拉线一起更换。

⑦ 角杆、终端杆向张力方向倾斜，应收紧或更换拉线。

⑧ 侧面拉线和顺档拉线松弛，但无锈蚀时可收紧。

⑨ 凡地锚程式小于上部拉线时，均应更换地锚。

2．更换拉线

更换拉线包括更换拉线地锚和更换上部拉线。

（1）更换拉线地锚

当替换地锚时，应先测量校对原旧有地锚位置是否在直线上或角平分线上，同时测量距高比是否合适，拉线上部有无磨、蹭线条及电缆，如有偏差应予纠正。

更换角杆或终端杆地锚时，应先做好临时拉线，使临时拉线比旧拉线略紧些，然后拆中把，挖出旧地锚，重新埋设新地锚，收紧中把，最后拆除临时拉线。

（2）更换上部拉线

更换上部拉线时，先做临时拉线，在杆梢上选择适当位置临时夹固，引到临时地锚或旧地锚、收紧，拆除旧拉线，重新做新拉线。在收紧中把时，细致观察上把是否有磨蹭线条情况，应随时修整，一切完善后才能拆除临时拉线。

3．更换撑杆

凡旧有撑杆的支撑部位有糟朽、大裂缝的现象和认为对线路安全有影响时，均应更换撑杆。选择撑杆的梢径，不能小于电杆被支撑部位的直径 1/4。采用油浸杆时，其杆梢尽量少锯，锯撑杆面先观察好角度再锯和涂油，使撑面与电杆完全吻合。

在更换撑杆时，先做好临时支撑措施，支撑点不低于张力点高度的 3/4，如再缩小高度就可能发生电杆折断或拔出的危险，因此要特别注意。做好临时支撑措施之后，拆除旧撑杆，安装新撑杆，最后拆除临时设施。

当拆除旧撑杆时，如发现电杆吻合部位有糟朽现象，应更换新电杆。

实做项目与教学情境

实做项目一：参观架空线路

目的：通过参观，了解架空线路的组成。

实做项目二：拉线的制作

目的：通过实际操作，掌握拉线制作方法。

实做项目三：吊线的架设

目的：掌握吊线的架设方法。

实做项目四：敷设架空电缆

目的：掌握架空电缆的敷设方法。

实做项目五：立、换杆路

目的：掌握电杆的架设和维护方法。

实做项目六：制作地线

目的：掌握地线的制作方法。

本章小结

本章主要介绍了架空电缆的敷设及维护，主要包括以下内容。

① 架空杆路的路由要走向合理，确定路由后，利用标杆进行直线段、角杆、拉线洞等的测量。

② 杆路的常用材料包括电杆、绝缘子、穿钉、钢绞线、护杆铁板等。电杆常见的有木电杆和钢筋混凝土电杆，钢筋混凝土电杆由于优异的物理性能，得到广泛的应用。电杆的生产维护中需要进行立、换电杆，电杆的架设包括架设电杆、制作拉线或撑杆、地锚的安装及电杆编号等工作。

③ 为了将来架空线路的安全，吊线要确定与其他建筑物的净距及架设高度，吊线的接续方法通常包括另缠法、夹板法和 U 形线卡法，架设吊挂式全塑电缆线路有预挂挂钩法、动滑轮边放边挂法、定滑轮牵引法和汽车牵引动滑轮托挂法。

④ 为了防止雷电和强电对架空线路的危害需要在架空线路上安装地线。为了保证架空线路的安全运行还需进行必要的维护。

习题

4-1　简述杆路路由的选择原则。

4-2　架空线路的常用材料有哪些？各有什么作用？

4-3　路由测试中怎样测量直线段、角杆、河宽和设施高度？

4-4　拉线有几种方式？各使用在什么场合？

4-5　常用的吊线程式有几种？选用的依据是什么？

4-6　吊线夹板的安装位置如何确定？安装时有哪些注意事项？

4-7　如何选择电缆挂钩？卡挂挂钩有哪些要求？

4-8　试述布放架空电缆的方法与步骤。

4-9　电杆避雷装置的安装方式有哪些？

第5章 管道电缆的敷设

本章教学说明

- 重点介绍电缆管道的铺设
- 重点介绍管道电缆的敷设
- 详细介绍管道电缆的路由复测
- 介绍管道电缆的维护

本章内容

- 电缆管道施工准备
- 电缆管道施工
- 管道电缆敷设
- 管道电缆维护

本章重点、难点

- 管道电缆路由复测
- 电缆管道施工
- 管道电缆敷设
- 管道电缆维护

本章学习目的和要求

- 了解电缆管道材料及其特点
- 掌握路由复测的方法
- 掌握电缆管道建设
- 掌握管道电缆敷设
- 掌握管道电缆的维护

本章实做要求及教学情境

- 参观管道设施
- 管道电缆路由复测

- 电缆管道铺设
- 管道电缆敷设
- 管道电缆维护

本章学习能力要素及基础要求

- 课前预习相关内容
- 掌握管道电缆的敷设内容
- 了解管道电缆的维护

本章学习方法建议

- 预习复习结合
- 参观、实践操作与课堂学习结合
- 自学与探讨结合
- 寻求教师答疑与学习反馈结合

本章建议学时数：6 学时

5.1 电缆管道施工准备

通信电缆管道是用以穿放电缆的一种地下管线建筑，与其他电缆敷设形式相比容量大、便于施工和维护、可以减少电缆受到外力破坏、便于技术管理和查询，能够更好地保证通信安全。

5.1.1 电缆管道系统

1. 电缆管道组成

日常生活中常见的管道设施有哪些？

电缆管道是由人孔、手孔、管路 3 部分构成的，按照使用性质和分布段落分类，可分为用户管道和局间中继管道。

（1）用户管道

用户管道是从电话局电缆进线室引出，穿放用户电缆的管道，按其使用要求，可分为主干管道和配线管道。

① 主干管道。主干管道采用隧道或多孔管道两种建筑形式，一般用来穿放 400 对以上的主干电缆。为了适应现代通信的需要和塑料管道的普遍使用，管孔直径可以小到 25mm，大到 110mm，用于穿放各种规格的全塑电缆和光缆。为了便于抽穿和经常维护、检修电缆，在多孔管道中，每隔 100m 左右设置人孔或手孔一个。主干管道一般应建筑在人行道上或车行道的一侧。

② 配线管道。配线管道是主干管道的分支，用于穿放配线电缆。由于配线电缆对数较小（300 对以下），管孔直径可以小一些，管孔数量也可以少一些（一般为 2～3 个）。为了便于用户配线和维护检修，每隔 50～100m 设置手孔一个。配线管道常常直接引入邻近的用户建筑物内，

通常建筑在街道的人行道上或胡同里弄。

在用户密度不高的地区，可以不作配线管道，而利用主干管道由人孔或手孔引上电杆，采取架空电缆配线方式。

（2）局间中继管道

局间中继管道是建筑在分局与分局或市话局与长途局之间的管道，供穿放局间中继光缆或电缆使用。

2．管道建筑方式

通信管道在建筑方式上，一般有隧道、管道、渠道 3 种类型。

（1）隧道

隧道的建筑方式一般以钢筋混凝土为基础，以拱型钢筋混凝土预制件做上覆，两侧壁则用 100 号机砖砌筑或浇注钢筋混凝土而成，如图 5-1 所示。

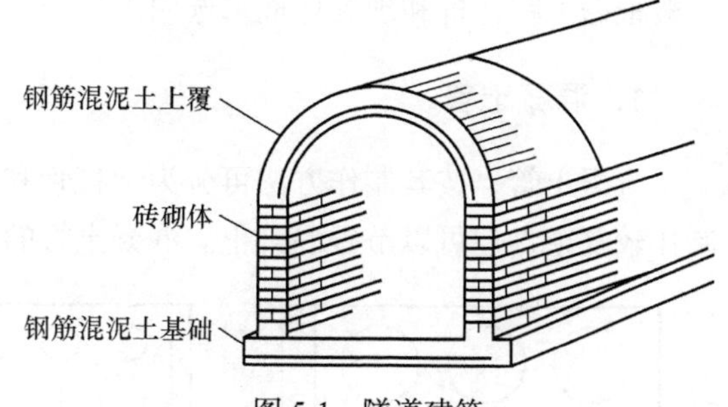

图 5-1　隧道建筑

隧道适用于容量很大的市话局，多用在电缆条数多、对数大的进局段落或主干路由上，必须在市政建设部门对城市地下管线的统一安排下进行建筑。隧道的优点是容量大、可以穿放电缆条数多、维护检修非常便利，它的缺点是投资大、占用地下断面较大、防水要求高、在水位较高的城市建筑比较困难。

（2）管道

管道是目前普遍使用的一种建筑方式，主要采用塑料管道（新铺设）和混凝土管道（旧有），部分特殊地区需要使用金属管、石棉水泥管等。

（3）渠道

在城市较小、市话局容量不大的局所，或发展不确定、道路尚未定型，但目前用户又较多，采用架空电缆配线不合适的地区可以采用渠道。它是用预制的混凝土 U 形槽连接起来，上覆混凝土盖板，然后覆土至路面，每隔 150m 左右设置砖砌手孔，如图 5-2 所示。

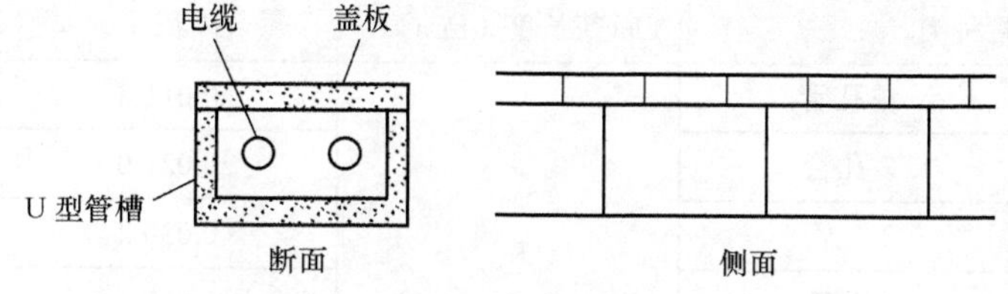

图 5-2　渠道建筑

渠道的优点是投资少、施工简便。它的缺点是容量小，而且属于半永久性的管线设备，容易受水的侵入。

3．电缆管道对管材的要求

电缆管道对管材有以下要求。

① 足够的机械强度。

② 管孔内壁光滑。

③ 无腐蚀性。

④ 良好的密封性：不透气、不进水。

⑤ 耐久性：使用年限至少 30 年。

⑥ 易于施工：易于接续、弯曲等。

5.1.2 管道的种类和特点

根据使用材料的不同，管道可分为混凝土管、塑料管、钢管、铸铁管、石棉水泥管、陶管等，一般根据工程造价和现场环境来选用。

1. 混凝土管

混凝土管，按其制作方法可分为干打管和湿打管两种。干打管制作简单，采用较多，湿打管制作较复杂，但可以节省混凝土。混凝土管的形状通常如图 5-3 所示。

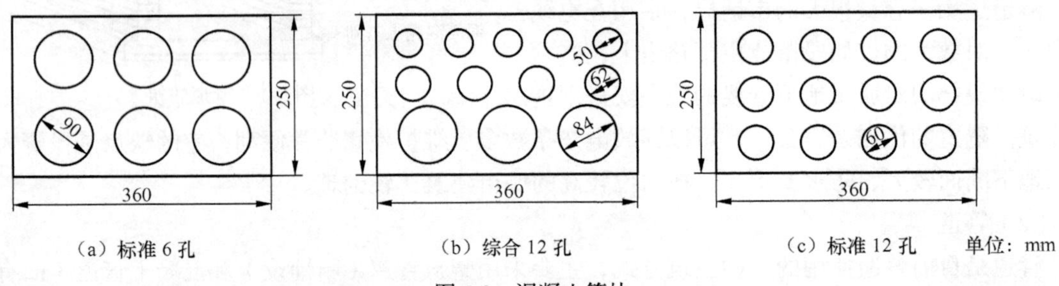

图 5-3 混凝土管块

混凝土管的重量，是衡量混凝土管质量的一个重要标志，在同样规格的情况下，重量越重，表示混凝土管的密实程度越高，因而强度及抗渗性越强，耐久性能也越好，反之则相反。混凝土管的体积和标准重量如表 5-1 所示。

表 5-1 混凝土管的体积和标准重量

混凝土管种类		每节长度（mm）	每节体积（m^3）	每节重量（kg）
湿打管	单孔管	600	0.011 8	18
	2 孔管		0.021 0	27
	3 孔管		0.030 2	39
	4 孔管		0.037 5	47
	6 孔管		0.054 0	65
干打管	单孔管		0.011 8	15
	2 孔管		0.021 0	26
	3 孔管		0.030 2	36
	4 孔管		0.037 5	40
	6 孔管		0.054 0	60

2．塑料管

塑料管是目前主要采用的电缆管道建筑材料，主要规格有单孔、2 孔、3 孔、4 孔、5 孔、6 孔、7 孔、8 孔、9 孔、12 孔等，如图 5-4 所示。

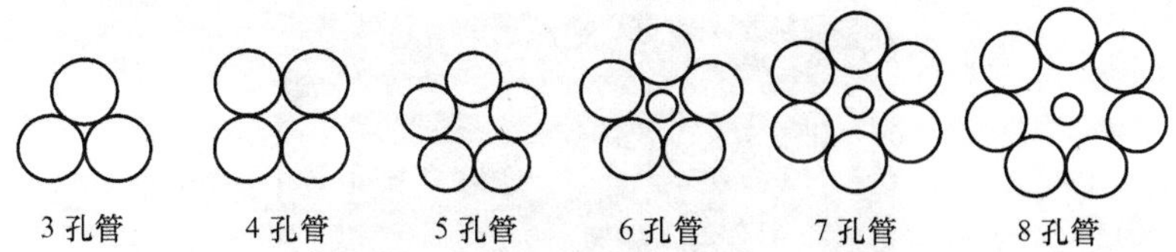

图 5-4　多孔式塑料管横断面示意图

常用的塑料管材有硬聚氯乙烯（PVC）、聚乙烯（PE）和聚丙烯（PP）等几种。

（1）硬聚氯乙烯塑料管

硬聚氯乙烯（PVC）塑料管系将聚氯乙烯树脂与稳定剂等配合后挤塑成形，如图 5-5 所示。

硬聚氯乙烯塑料管绝缘性能甚好，具有耐燃、耐油、耐化学腐蚀和良好的防水密封性能，并具有一定的柔性，可以弯曲。

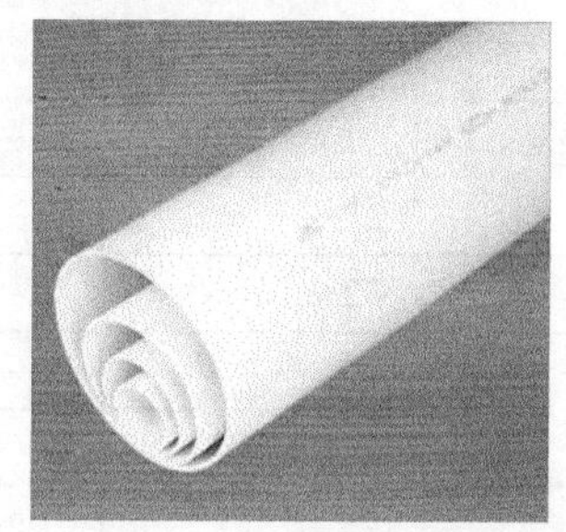

图 5-5　硬聚氯乙烯（PVC）塑料管

硬聚氯乙烯塑料管受热、受紫外线及放射线照射会使聚合物链的化学结构发生变化，分子链断裂老化。但是把塑料管埋设在地下，常年温度变化不大，又不受太阳光直接照射，老化较缓。

单根硬聚氯乙烯管材长度一般为 6m，也可定制 10m、12m 的管材。

硬聚氯乙烯管材储藏温度不应超过 40℃，不应曝晒，与热源距离不应小于 1m。其使用温度以在 0℃～40℃较合适，其上下限温度分别为 50℃、−10℃。管材在运转或施工中，不应受到剧烈的撞击或抛摔。如存储在 0℃以下的环境中，在使用前应在室温下保持一昼夜，待其膨胀复原以后才能安装。

硬聚氯乙烯管的线膨胀系数较大，约为钢管的 6～8 倍，这也是塑料管在使用上的一个缺点。如将塑料管的两端作刚性固定，在温度变化时，因不能改变其长度，于是在塑料管材内部将产生温度应力。

硬聚氯乙烯管的规格型号如表 5-2 所示。

表 5-2　硬聚氯乙烯（PVC）管的规格型号

外径及公差(mm)	轻型		重型	
	壁厚及公差（mm）	近似重量（kg/m）	壁厚及公差（mm）	近似重量（kg/m）
25 ± 0.3	1.5 ± 0.4	0.17	2.5 ± 0.5	0.25
40 ± 0.4	2.0 ± 0.4	0.36	3.0 ± 0.6	0.52
50 ± 0.4	2.0 + 0.4	0.45	3.5 + 0.6	0.77
63 ± 0.5	2.5 + 0.5	0.71	4.0 + 0.8	1.11
75 ± 0.5	2.5 + 0.5	0.82	4.0 + 0.8	1.34
90 ± 0.7	3.0 + 0.6	1.23	4.5 + 0.9	1.81
110 ± 0.8	3.5 + 0.7	1.75	5.5 + 1.1	2.71
125 ± 1.0	4.0 + 0.8	2.29	6.0 + 1.1	3.35
140 ± 1.0	4.5 + 0.9	2.88	7.0 + 1.2	4.38

（2）高密度聚乙烯管

高密度聚乙烯（HDPE）的比重为0.914g/cm^3，化学稳定性好，耐化学腐蚀，有良好的耐水性，柔性也很好，管材长度可根据工程需要生产，产后盘成圈运往工地。敷设时，从盘中放出，不必进行接续，如图5-6所示，规格型号如表5-3所示。

图5-6 高密度聚乙烯管

表5-3 高密度聚乙烯（HDPE）管的规格型号

内径（mm）	外径及公差（mm）	壁厚及公差（mm）	近似重量（kg/m）
25	32 ± 1.0	3.5 ± 0.45	0.375
32	40 ± 1.2	4.0 ± 0.5	0.435
40	50 ± 1.5	5.0 ± 0.5	0.558
50	60 ± 2.0	5.0 ± 0.7	0.858
75	85 ± 2.3	5.0 ± 0.7	1.12
100	110 ± 3.2	6.0 ± 1.0	1.84

（3）双壁波纹管

双壁波纹管一般以高密度聚乙烯（HDPE）为主要原料加入必要的添加剂，经挤出成型方式加工而成的具有波纹结构的管材，其内壁光滑，外壁波纹，内外壁中空且紧密熔接的环状结构。双壁波纹管结构如图5-7所示，其规格型号如表5-4所示。双壁波纹管特点有：抗外压能力强、工程造价低、施工方便、良好的耐低温和抗冲击性能、化学稳定性佳、使用寿命长、适当的挠曲度。

图5-7 双壁波纹管

表5-4 双壁波纹管的规格型号 单位：mm

公称内径	最小平均内径	最小层压壁厚	最小内层壁厚	最小层口深度
255	255	1.7	1.4	55
300	294	2.0	1.7	64
400	392	2.5	2.3	74
500	490	3.0	3.0	85
600	588	3.5	3.5	96
800	785	4.5	4.5	118
1 000	985	5.0	5.0	140
1 200	1 185	5.0	5.0	162

注：管材长度一般为6m，如需其他长度可根据用户要求定制。

（4）塑料管材使用规范

① 管材的管身及管口不得变形，接续配件齐全有效，承接管的承口内径应与插口外径吻合。

② 通信管道工程采用的塑料管，其管身应光滑无伤痕，管孔无变形，孔径、壁厚应符合设计要求。

③ 各种规格型号的塑料管施工时严禁使用变形、变质的材料。

3．钢管和铸铁管

钢管和铸铁管机械强度大，一般用于穿越铁路、公路、桥梁或管顶距车行道路面较近或引上管等地方。

钢管的特点有：重量重；管壁光滑，与全塑电缆间在无润滑剂的情况下摩擦系数约为 0.40；水密性好，接续方便；抗压、抗冲击、耐振动等机械性能高，一般不会受到机械性破坏；价格高；运输方便。

电缆管道除了上述几种外，还有陶管，石棉水泥管、木浆管等，但用量较少。

- 当今通信管道采用的主要材料是什么？另外几种使用的价值在哪里？

5.1.3　电缆管道的路由选择

1．电缆管道的路由选择原则

电缆管道路由选择的原则如下。

① 应满足本地网的设计要求，选择在电缆容量大、条数多、有重要电缆的路由上。

② 应在管道全面规划的基础上研究分路敷设的可能，以增加管路网的灵活性和保证通信安全，使线路网更能适应用户发展，并为减少架空杆路创造条件。

③ 应符合城市发展的规划，沿规定的道路和分配的断面要求敷设，不应任意穿越广场或今后要建设的空地。

④ 尽量利用和结合原有管道设备。

⑤ 尽量不沿交换区界线、铁路或河流等敷设管道。

⑥ 选择供线最短，尚未铺设高级路面的道路建设管道。

⑦ 选择地面及地下障碍最少、施工方便的道路（例如：没有沼泽、水田、盐渍土壤和没有流沙或滑坡可能的道路）建设管道。

2．不宜敷设管道地段

以下地段应尽量避免敷设管道。

① 规划未定、尚未定型、虽已定型但土壤还未沉实的道路以及土方有滑动的地段。

② 电蚀或土壤腐蚀严重的地段。

③ 有流砂现象或地下水位过高、水质不好的地区。

④ 重型车辆通行和交通极为频繁的地段。

⑤ 地面和地下障碍物过多，且较复杂的地段。

⑥ 需穿越河流、桥梁、主要铁路和公路以及重要设施等地段。

⑦ 过于迂回曲折的道路。

5.1.4 人孔

1. 人孔设置的原则

人孔设置应遵循以下原则。

① 为了便于电缆接续和减少引上、引入电缆的长度，一般宜在有分支引上电缆的汇集点、适宜于电缆接续引上的地点、用户引入点、现在和将来有电缆分支点等处设置人孔。

② 在街道的弯曲段落，为了减少弯管道的段落长度，或为使弯管道有较大的曲率半径，应在拐弯处设人孔。

③ 在街道路面坡度较大的地段，为避免管道埋设过深或过浅，应在坡度变换处设置人孔。

④ 管道穿越铁路时，在穿越段两端应设置人（手）孔。

⑤ 直线段管道，两人孔间距离宜为 120～150m，以避免电缆施工时受力过大。

人孔的位置一般不宜选在下列地点。

① 重要的公共场所（如车站、娱乐场所等）或交通繁忙的房屋建筑门口（如汽车库、消防队、厂矿企业、重要机关等）。

② 影响交通的路口。

③ 极不坚固的房屋或其他建筑物附近。

④ 有可能堆放器材或其他有覆盖可能的地点。

⑤ 消火栓、污水井、自来水井等地点附近。

探讨

- 人孔的位置选择主要考虑的是什么？

2. 人（手）孔类型

人（手）孔常用的有直通型人孔、拐弯型人孔、手孔、分歧型人孔、局前型人孔等几种，如图 5-8 所示。

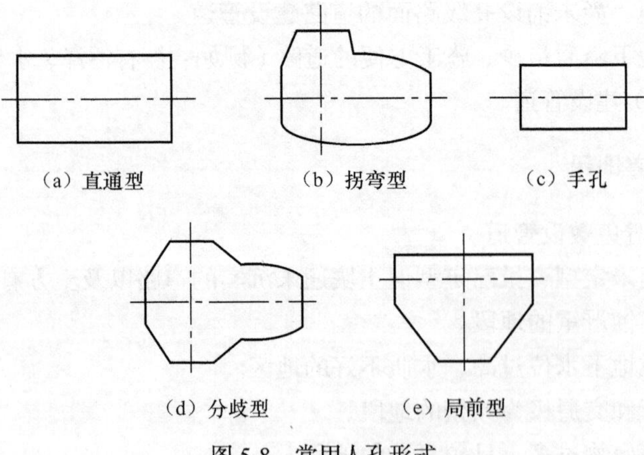

(a) 直通型　(b) 拐弯型　(c) 手孔

(d) 分歧型　(e) 局前型

图 5-8　常用人孔形式

按照人孔建筑方式，分为砖砌人孔和钢筋混凝土人孔两种，它们的大小尺寸如表 5-5 所示。

表 5-5　各种人（手）孔建筑尺寸　单位：mm

人（手）孔型号		长	宽	高	上覆厚度	四壁厚度		基础厚度	容纳管道最多孔数（孔）
						砖砌	钢筋混凝土		
手孔		120	90	110	12	24	—	12	4
小号	拐弯型	210	120	175	12	24	10	12	12
	分歧型	210	120	180	12	24	10	12	12
	局前型	250	220	180	12	37	12	12	24
	直通型	180	120	175	12	37	10	12	12
大号	拐弯型	250	140	175	12	24	10	12	24
	分歧型	250	140	180	1	24	10	12	24
	局前型	437	220	180	12	37	12	12	48
	直通型	240	140	175	12	37	10	12	24

注：表中尺寸均以人孔内净空为准。

5.1.5　现场查勘

管道建筑前必须经过现场查勘，决定管孔的排列，确定管道段长和人孔类型，选择合适的管道材料、人孔埋深、选取必要的坡度。现场查勘时，必须掌握管道位置与其他地下管线、建筑物的平行交叉距离。

管道建设与建筑物和其他管线的净距应符合以下要求。

① 管道建设在人行道上时，管道与建筑物的距离通常保持在 1.5m 以上，与行道树木的净距不小于 1.0m，与道路边石的距离不小于 1.0m。

② 管道如必须建筑在车行道上时，应尽量靠近道路的边侧。与道路边石的距离不应小于 1.0m。与人行道上的树木距离不应小于 2.0m，与人行道高压线杆支座距离不应小于 3.0m。

③ 管道与其他管线和建筑物的平行交叉距离通常如表 5-6 所示。

表 5-6　管道与其他管线和建筑物的最小净距

其他管线名称		电缆管道	
		平行净距（m）	交叉净距（m）
给水管	75～150mm	0.5	0.15
	200～400mm	1.0	
	400mm 以上	1.5	
排水管		1.0①	0.15②
热水管		1.0⑤	0.25
煤气管	$8kg/cm^2$ 以下	1.0	0.3③
	$8～10kg/cm^2$	2.0	

续表

其他管线名称		电缆管道	
		平行净距（m）	交叉净距（m）
电力电缆	35kV 以下	0.5	0.5④
建筑物		1.5	

注：①排水管后敷设时，其施工沟边与电缆管道的平行净距不应小于 0.5m。

②电缆管道在排水管下部穿过时，净距不应小于 0.4m。

③在交越处 2m 以内，煤气管不应做结合装置及附属设备，如无法避免时，电缆管道应包封 2m。如煤气管有套管时，可允许最小交叉净距为 0.5m。

④电力电缆如加管道保护时，净距可减少为 0.15m。

⑤电缆管道管材，若采用塑料管时，净距不宜小于 1.5m。

5.1.6 路由复测

1．电（光）缆线路路由复测的主要任务

路由复测的主要任务如下。

① 根据设计核定电（光）缆路由走向及敷设方式、敷设位置、环境条件及配套设施（包括中继站站址）的安装地点。

② 核定和丈量各种敷设方式的地面距离。

③ 核定电（光）缆穿越铁路、公路、河流、湖泊及大型水渠、地下管线以及其他障碍物的具体位置及技术措施。

④ 核定“三防”（防机械损伤、防雷、防白蚁）地段的长度、措施及实施的可能性。

⑤ 核定沟坎保护的地点和数量。

⑥ 核定管道电（光）缆占用管孔位置。

⑦ 根据环境条件，初步确定接头位置。

⑧ 为电（光）缆的配盘、电（光）缆分屯及敷设提供必要的数据资料。

⑨ 修改、补充施工图。

2．路由复测和变更的原则

（1）路由复测的基本原则

电（光）缆线路路由复测，是以经审批的施工图设计为依据。复测是核定并最后确定路由的具体位置。

（2）路由等变更要求

在测量时，一般不得随意改变施工图设计文件所规定的路由走向、中继站站址等。若由于现场条件发生了变化或其他原因，必须变更施工图设计原选定的路由方案或需要进行较大范围变动时，应及时向工程主管部门反映，并由设计部门核定后，编发设计变更通知书。在局部方案变动不大、不增加电（光）缆长度和投资费用，也不涉及与其他部门的原则协议等情况下，可以适当变动原设计，以使电（光）缆路由位置更合理，更加利于施工和利于维护。

为了保证电（光）缆及其他设施的安全，要求电（光）缆布放位置与地下管道等设施、树木以及建筑物应有一定的间隔，其间隔距离应符合相关规定。

3．路由复测的方法

路由复测工作由路由复测小组具体实施。

（1）路由复测小组的组成

路由复测小组由施工单位组织，通常小组成员由施工、维护、建设和设计单位的人员组成。复测工作应在配盘前进行。复测小组劳力组合和所需的机具、材料如表 5-7、表 5-8 所示。

表 5-7　复测小组劳力组合

工作内容	技工（人）	普工（人）
插大标旗	1～2	
看标	1	
传送标杆		1～2
拉地链	1	1～2
打标桩	1	1～2
绘图	1～2	1
画线	1	
对外联系	1	
生活管理	1	2～3
司机	1	
组长	1	
合计	10～12	6～10

表 5-8　复测小组所需机具、材料

机具、材料名称	单位	数量	备注
大标旗 6～8m	根	3	
标杆 2m、3m	根	各 3～4	
地链 100m	条	2	
钢卷尺 3m	盘	1	
皮尺 30m	盘	1～2	
望远镜	架	1	
袖珍经纬仪	架	1	
绘图板	块	1	视需要
多用绘图尺	把	1～2	
测远仪	架	1	视需要
对讲机	部	2～3	
接地电阻测试仪	套	1	
口哨	支	2～3	
斧子	把	1	
手锤	把	1	
手锯	把	1	
铁铲	把	1	
红漆	瓶	若干	

续表

机具、材料名称	单位	数量	备注
白石灰	公斤	若干	
木（竹）桩	片	15	
汽车	辆	1	
自行车	辆	1～2	每 km 用量
劳保用品		适量	

（2）路由复测的一般方法

路由复测的一般方法包括定线、测距、打标桩、划线、绘图和登记等步骤。

① 定线。

根据工程施工图设计，在起始点、三角定标桩或拐角桩位置插大标旗，以示出电（光）缆路由的走向。大标旗间隔一般为 1～2km，大标旗中间用几根标杆，测量人员通过调整各杆，位置使大标旗与各杆成直线。

② 测距。

测距是路由复测中的关键性内容，必须掌握基本方法，才能正确地测出地面实际距离，以确保电（光）缆配盘的正确敷设工作的顺利进行，测距的一般方法如下。

采用经过皮尺校验的 100m 地链，山区用 50m 地链，由两个人负责丈量（沿大标旗），后链人员持地链始端，前链人员持地链末端，大标旗中间的标杆插在地链的始末端，沿前边大标旗方向每 100m（或 50m）为单位不断推进。一般由三根标杆配合进行，当 A，B 两标间测完第一个 100m 后，B 标不动取代 A 标位置，C 标取代 B 标位置，测第二个 100m；原有 A 标往前变为第三个 100m 的 B 标位置（C 标取代 A 标）。这样不断地变换位置，即不断向前测量。标杆与大标旗间应不断调整，使之在直线状态下完成测距工作（该方法在第 4 章中已进行介绍）。

③ 打标桩。

电（光）缆路由确定并测量后，应在测量路由上打标桩，以便划线、挖沟和敷设电（光）缆。一般每 100m 打一个计数桩，每 1km 打一个重点桩；穿越障碍物、拐角点亦应打上标记桩。对于改变电（光）缆敷设方式、电（光）缆程式的起讫点等重要标桩应进行三角定标。

为了便于复查和核对电（光）缆敷设长度，标桩上应标有长度标记，如从中继站至某一标桩的距离为 8.152km，标桩上应写为“8 + 152”。标桩上标数字的一面应朝向公路一侧或前进方向的背面。

④ 划线。

当路由复测确定后即可划线。划线，是用白灰粉或石灰顺地链（或用绳子）在前后桩间拉紧划成直线。划线工作一般与路由复测同时进行。

划线可以采用单线或双线方式，一般地形采用单线划法，要求白灰均匀清晰；对于地形复杂地段，可用双线划法，双线间隔一般为 60cm。

对于拐角点应划成弧线，弧线要求其半径大于电（光）缆的允许弯曲半径。

对于电（光）缆 S 弯余留位置，如穿越河流、跨度较大的公路以及大坡度地段，电（光）缆要求作 S 敷设，S 弯大小视电（光）缆余留量的设计而定。一般河流两侧的 S 弯余留 5m。S 的弯曲半径亦考虑电（光）缆的允许弯曲半径的要求。

⑤ 绘图。

绘图一般可按下列要求进行。

- 核定复测的路由、中继站位置与施工图设计有无变动，对于变动不大的可利用施工图作部分修改。
- 路由因道路而变化等原因变动较大时，应重新绘图，要求绘出中继站站址及电（光）缆路由 50m 内的地形、地特和主要建筑物；绘出“三防”设施位置、保护措施、具体长度等。绘制新图市区要求按 1：500 或 1：1 000 比例绘制；郊外按 1：2 000 的比例绘制；对于某些城市有特殊要求的地段，应按规定的较大比例绘制。
- 对于水底电（光）缆，应标明电（光）缆位置、长度、埋深、两岸登陆点、S 弯余留点、岸滩固定、保护方法、水线标志牌等。同时还应标明河水流向、河床断面和土质；平面图一般按 1：（500～5 000）绘制，断面图按 1：（50～100）比例绘制。

⑥ 登记。

登记工作主要包括沿路由统计各测定点累计长度、无人站位置、沿线土质、河流、渠塘、公路、铁路、树林、经济作物、通信设施和沟坎加固等范围、长度和累计数量。

登记人员应每天与绘图人员核对，发现差错及时补测、复查，以确保统计数据的正确性，这些数据是工作量统计、材料筹供、青苗赔偿等施工中重要环节的依据。

5.2 电缆管道施工

5.2.1 管道坡度

为了避免污水渗入管道内淤塞管孔、腐蚀电缆，铺设管道时往往要保持一定的坡度，使管道内的污水能够流入人孔内以便清除。规定管道坡度为 0.3%～0.4%，最小不得低于 0.25%。管道坡度一般采用人字坡、一字坡和斜度坡等 3 种形式，如图 5-9 所示。

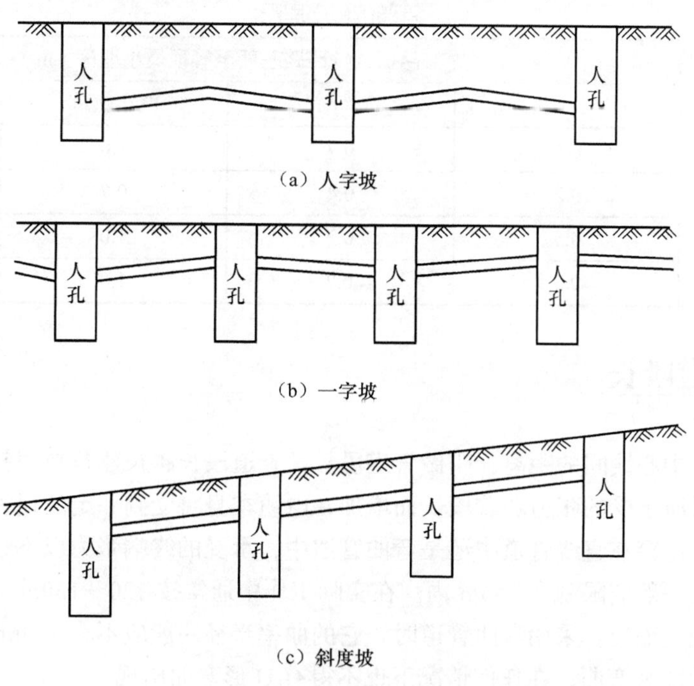

图 5-9　管道坡度结构形式

1．人字坡

人字坡是以相邻两个人孔间管道的适当地点作为顶点，以一定的坡度分别向两边倾斜铺设，采用人字坡的优点是可以减少土方量，但施工铺设较为困难，同时在布放电缆时也容易损伤电缆护套。如采用混凝土管，两个混凝土管端面的接口间隙一般不得大于 0.5cm，通常管道段长超过 130m 时，多采用人字坡，如图 5-9（a）所示。

2．一字坡

一字坡是在两个人孔间铺设一条直线管道，施工铺设一字坡较铺设人字坡便利，同时可减少损伤电缆护套的可能性，但采用一字坡时两个人孔间的管道两端的沟槽高度相差较大，平均埋深及土方量较大。一字坡形式如图 5-9（b）所示。

3．斜度坡

斜度坡管道是随着路面的坡度而铺设的，一般在道路本身有 0.3%以上的坡度情况下采用。为了减少土方量将管道坡度向一方倾斜，如图 5-9（c）所示。

5.2.2 管道、人（手）孔的埋深

管道埋入地下深度如表 5-9 所示。人（手）孔的深度，应结合人孔两侧管道进入人孔内的高度而定。管道进入人孔时两侧的相对高度要一致或接近，高度差一般不宜大于 0.5m。在一般情况下管道顶距人孔上覆净距为 0.3m，管道底部距人孔基础面不应小于 0.3m。

表 5-9 管道的最小埋深

管道程式	有路面或铁路路基面至管顶最小埋深（m）			
	人行道	车行道	电车轨道	铁路轨道
混凝土管	0.5	0.7	1.0	1.5
铁管	0.2	0.4	0.7	1.2
石棉水泥管	0.5	0.7	1.0	1.5
塑料管	0.5	0.7	1.0	1.5

5.2.3 管道段长

两个相邻人孔中心线间的距离，叫做管道段长。管道段长越长建筑费用就越经济。但由于电缆在管孔中穿放时所承受的张力随着段长而增加，电缆本身将受到一定的损害，为了减少或避免这种损害，电缆不论穿在直线管道中还是弯曲管道中，承受的终端张力以不超过 1 500kg 为准。直线管道允许段长一般应限制在 150m 内。在实际工作中通常按 120～130m 为一个段长。弯曲管道应比直线管道相应缩短。采用弯曲管道时，它的曲率半径一般应不小于 36m，在一段弯曲管道内不应有反向弯曲即 S 弯曲，在任何情况下也不得有 U 形弯曲出现。

5.2.4　管道建筑施工

管道建筑施工时需要阅读施工图纸，挖掘沟（坑）、基坑、铺设管道地基、做好管道基础，然后才能铺设管道，砌筑人（手）孔，安装人孔附属设备以及回土夯实，余土清运等工作。

1．挖掘沟（坑）

挖掘沟（坑）施工要求如下。

① 通信管道施工中，遇到不稳定土壤或有腐蚀性的土壤时，施工单位应及时提出，待有关单位提出处理意见后方可施工。

② 管道施工开挖时，遇到地下已有其他管线平行或垂直距离接近时，应按设计规范的规定核对其相互间的最小净距是否符合标准。如发现不符合标准或危及其他设施安全时，应向建设单位反映，在未取得建设单位和产权单位同意时，不得继续施工。

③ 挖掘沟（坑）如发现埋藏物，特别是文物、古墓等必须立即停止施工，并负责保护现场，与有关部门联系，在未得到妥善解决之前，施工单位严禁在该地段内继续工作。

④ 施工现场条件允许，土层坚实及地下水位低于沟（坑）底，且挖深不超过 3m 时，可采用放坡法施工。放坡挖沟（坑）的坡与深度关系按表 5-10 所示的要求执行，放坡挖沟（坑）如图 5-10 所示。

表 5-10　　放坡挖沟（坑）参考表

土壤类别	$H:D$	
	$H<2m$	$2m<H<3m$
黏土	1：0.10	1：0.15
砂黏土	1：0.15	1：0.25
砂质土	1：0.25	1：0.50
瓦砾、卵石	1：0.50	1：0.75
炉渣、回填土	1：0.75	1：1.00

⑤ 当管道沟及人孔坑深度超过 3m 时，应适当增设倒土平台（宽 400mm，如图 5-11 所示）或加大放坡系数。

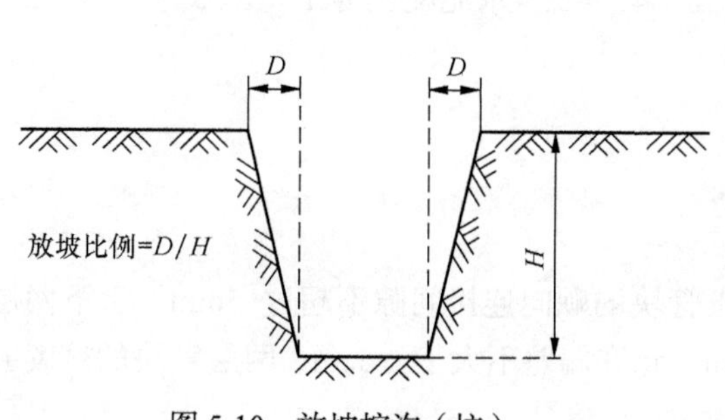

图 5-10　放坡挖沟（坑）

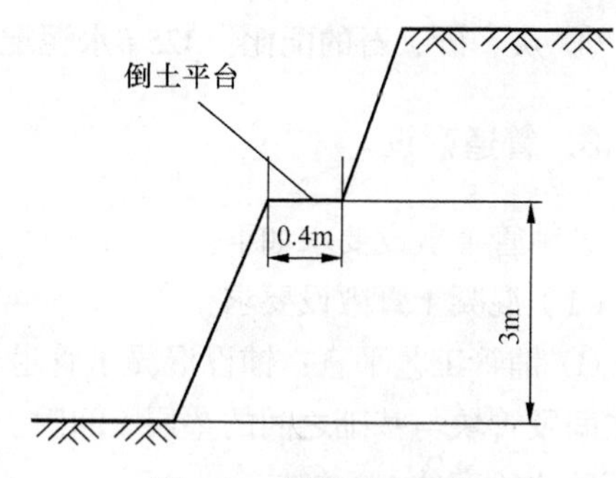

图 5-11　增设倒土平台

⑥ 挖掘不需支撑护土板的人（手）孔坑，其坑的平面形状应与人（手）孔形状相同，坑的侧壁与人（手）孔外壁的外侧间距不应小于 0.4m。

⑦ 挖掘需支撑护土板的人（手）孔坑，宜挖矩形坑。人（手）孔坑的长边与人（手）孔壁长边的外侧（指最大宽处）间距不应小于 0.3m，宽不应小于 0.4m。护土板如图 5-12 所示。

图 5-12　护土板示意图

⑧ 凡设计图纸标明需支撑护土板的地段，均应按照设计文件规定进行施工；设计文件中没有具体规定的，遇下列地段也应支撑护土板。

- 横穿车行道时。
- 土壤是松软的回填土、瓦砾、砂土、砂石层等。
- 土质松软低于地下水位时。
- 施工现场条件所限无法采用放坡法施工而需要支撑护土板的地段，或与其他管线平行较长且相距较小的地段等。

⑨ 施工余度：管道基础宽 63cm 以下时，其沟底宽度应为基础宽度加 30cm，管道基础 63cm 以上时，其沟底宽度应为基础宽度加 60cm，无基础管道（水泥管块的管道在非特殊情况下应不采用此法）的沟底宽度，应为管群宽度加 40cm。

警示

- 施工过程中要注意安全。

2．建筑管道基础

（1）地基加固方法

① 铺垫碎石。在管道沟底铺 10cm 厚的碎石并夯实，使沟底坚实稳定，表面平整。

② 铺垫砂石。

- 挖去地基表面松软土，每铺垫 15cm 砂石夯实一次，以提高地基表面强度。
- 砂石垫层一般采用中砂或粗砂和 1∶2 的比配砂石。若砂石干燥，必须洒水后再夯实。

（2）管道基础指标

① 基础宽度、厚度：根据铺设管底的宽度，两侧各加 8cm，基础厚度不小于 8cm。

② 基础位置偏移：基础位置要求距管道中心线左、右不得偏移 3cm。

③ 养护时间、强度：常温下养护 24 小时，冬季施工应加温保护。

④ 灰、砂、石的配比：325 #水泥配比为 1∶2∶4，425 #水泥配比为 1∶3∶5。

3．管道敷设

各种管道敷设要求如下。

（1）混凝土管敷设要求

① 铺管工艺平直：铺设混凝土管道，混凝土管块的顺向连接间隙不超过 5mm。上下两层管块之间及管块与基础之间的垫层（间隙）为 1.5cm，允许偏差不大于 0.5cm。两层管块的接续缝应错开管块长度的 1/2 左右。

② 纱布规格、摆放位置：两管块接缝处应用纱布 8cm 宽，允许 ± 10mm 的误差，长为管块周长加 80～120mm，均匀的包在管块接缝处。

③ 管带管缝处理：纱布上抹 1∶2.5 水泥砂浆 12～15mm，其上部宽 80mm，下部宽 100mm，允许偏差不大于 5mm。

④ 底角八字抹灰：用 1∶2.5 水泥砂浆抹管顶缝、管边缝及管底八字灰，要求方 5cm，斜 7cm。

⑤ 铺管灰砂配比：水泥比中粗砂比例为 1∶5。

⑥ 养护时间、强度：常温情况下养护 24 小时，冬季施工应加保温措施。

（2）塑料管铺设要求

① 管道上所用的塑料管壁厚一般在 2.5～6mm。在人行道上或胡同（里弄）内建筑管道时，可选小口径、壁厚在 2.5～3mm 的塑料管，在车行道建筑时可选用大口径、壁厚为 5～6mm 的塑料管。塑料管铺管及接续时，施工环境温度不低于–5℃。

② 开挖沟槽、做基础应注意：管道基础必须采用砂砾垫层，对一般土质地基的，厚度为 0.1m；对软土地基，厚度不小于 0.2m，具体做法按设计要求。

③ 塑料管道的组群应符合下列规定。

- 管孔内径大的管材应放在管群的下边和外侧，管孔内径小的管材应放在管群的上边和内侧。
- 多个多孔管组成管群时，宜选用栅格管、蜂窝管或梅花管，同一管群宜选用一种管型的多孔管，但可与波纹单孔管或水泥管等大孔径管组合在一起。
- 多个多孔管组群时，管间宜留 10～20mm 空隙，进入人孔时多孔管之间应留 50mm 空隙，单孔波纹管、实壁管之间宜留 20mm 空隙，所有空隙应分层填实。

④ 管道铺设应符合下列规定。

- 通信塑料管道与铁道的交越角不宜小于 60°。交越处距道岔、回归线的距离应大于 3m。
- 通信塑料管道的埋设深度（管顶至路面），在人行道下不应小于 0.5m，在车行道下不应小于 0.7m；与轨道交越（管顶到轨道底）不应小于 1.0m；与铁道交越（管顶至轨道底）不应小于 1.5m。当多层铺设塑料管时，宜分层填实，并应适当加大埋深。埋深达不到要求时，应采用混凝土包封或采用钢管等保护措施。
- 管道进入人孔处，管道顶部距人孔内上覆顶面的净距不得小于 300mm，管道底部距人孔底板的净距不得小于 400mm。引上管进入人孔处宜在上覆顶下面 200～400mm 范围内，并与管道进入的位置错开。
- 通信塑料管道宜设在冻土层下，在地基或基础上面均应设 50mm 垫层，垫层应用细砂或细土。在严寒且水位较低的地区铺设在冻土层内时，宜在塑料管群周围填充粗砂，且围护厚度不宜小于 200mm。
- 通信塑料管道的段长应按相邻两个人孔的中心点间距而定。直线管道的段长不应大于 200m，高等级公路上的直线管道段长不应大于 250m；弯曲管道的段长不应大于 150m。
- 弯曲管道的曲率半径 R 不应小于 10m，弯管道的转向角度应尽量小，同一段管道不应有反向弯曲（即 S 形弯）或弯曲部分的转向角度 θ 大于 90° 的弯管道（即 U 形弯），如图 5-13 所示。
- 在特殊情况下，当拱高（H）不大于 500mm 时，为局部躲避障碍物，可允许按照图 5-14 所示进行施工。弯曲管道的接头应尽量安排在直线段内，如无法避免时，应将弯曲部分的接头作局部包封，包封长度不宜小于 500mm，也可将弯曲部分的管道进行全包封。包封的厚度宜为 80～100mm。严禁将塑料管加热弯曲。

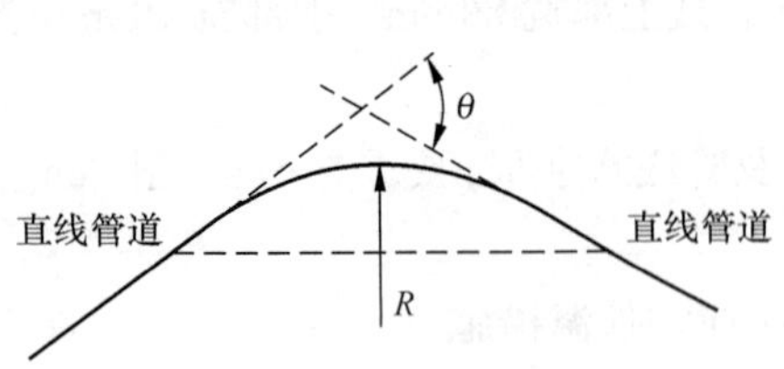

图 5-13　弯曲管道示意

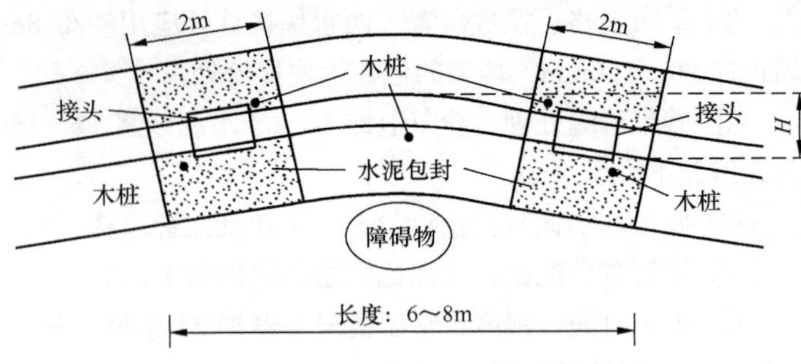

图 5-14　弯曲管道包封及铺设示意（$H \leqslant 500$mm）

- 塑料管应由人工传递放入沟内，严禁翻滚入沟或用绳索穿入孔内吊放。

⑤ 塑料管的连接应符合下列规定。

- 塑料管的连接宜采用承插式黏接、承插弹性密封圈连接和机械压紧管体连接；承插式管接头的长度不应小于 200mm。
- 塑料管材标志面应朝上方。
- 多孔塑料管的承插 1：1 的内外壁应均匀涂刷专用中性胶合粘剂，最小黏度为 500mPa·s，塑料管应插到底，挤压固定。
- 各塑料管的接口宜错开排列，相邻两管的接头之间错开距离不宜小于 300mm；弯曲管道弯曲部分的管接头应采取加固措施。
- 栅格管、波纹管、硅芯管组成管群应在间隔 3m 左右处用勒带绑扎一次，蜂窝管或梅花管宜用支架分层排列整齐。塑料管群小于两层时，整体绑扎；大于两层时，相邻两层为一组绑扎，然后再整体绑扎。
- 塑料管的切割应根据管径大小选用不同规格的裁管刀。管口断面应垂直管中心、平直、无毛刺。
- 单孔波纹塑料管的接续宜选用承插弹性密封圈连接。

塑料管连接如图 5-15 所示。

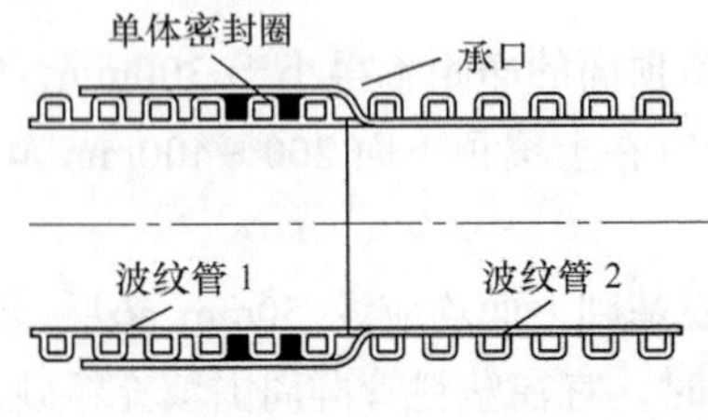

图 5-15　塑料管连接图

（3）钢管铺设要求

① 钢管通信管道的铺设方法、断面组合等均应符合设计规定；钢管接续一般采用套管连接，并应符合下列规定。

- 两根钢管应分别旋入套管长度的 1/3 以上。
- 使用有缝管时，应将管缝置于上方。
- 钢管在接续前，应将管口磨圆或锉成坡边，保证光滑无棱、无飞刺。
- 严禁不等径的钢管接续使用。

② 铺设铸铁管应符合下列规定。

- 铺设直线段铸铁管时，承口应在高程低的一端。
- 铺设引上管时，承口宜在人（手）孔、通道两端。
- 铸铁管的接续，应在插口端头缠两层 20～30mm 的麻布条（缠麻布条应距管口约 10mm），插入承口后再用水泥砂浆堵抹，堵抹与承口外缘平齐即可。

③ 各种引上管引入人（手）孔、通道时，管口不应凸出墙面，应终止在墙体内 30～50mm 处，并应封堵严密、抹出喇叭口。

4．人（手）孔的施工

（1）人（手）孔概述

人（手）孔是管道的终端建筑，地下电缆的接续、分支、引上以及再生中继器等都设置在人（手）孔中或从人（手）孔中引接出去。

① 人孔由上覆、四壁、基础以及有关的附属配件，如人孔口圈、铁盖、铁架、托板、拉力环及积水罐子等组成。人孔结构如图 5-16 所示，相关附属配件如图 5-17 所示。

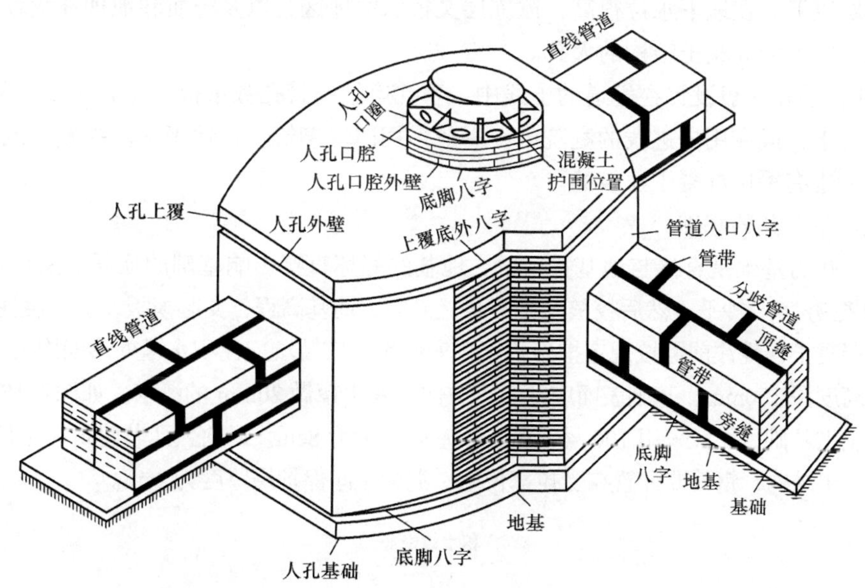

图 5-16　人孔结构图

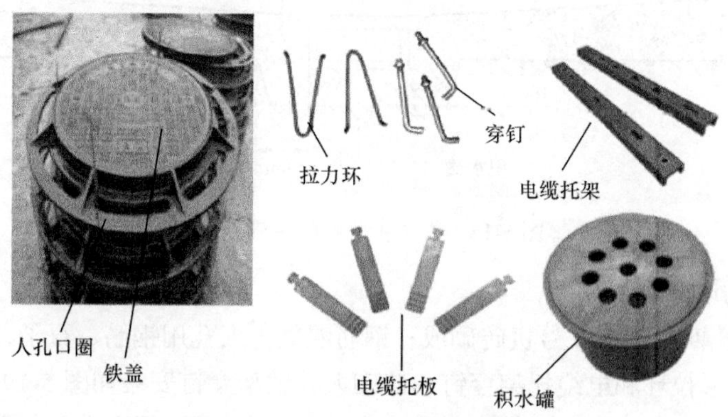

图 5-17　人孔相关附属配件实物照片

人孔口圈和人孔铁盖由铸铁制成，并根据允许荷载不同分为人行道用和车行道用两种。铁盖分为外盖和内盖。为防止被盗，铁盖除采取加装防盗锁措施外，还可以采用其他材料制成的井盖。在城区以外管道可采用混凝土预制板结构人孔盖，在城区人行道可采用其他新型合成材料加工而成的人孔盖代替常规的人孔铁盖。

电缆托架用铸钢或槽钢加工而成，使用电缆托架穿钉安装固定于管井侧壁上，电缆托架上根据需要安装电缆托板，用以托架电缆和光缆。为防止缆线外皮受到损伤，电缆与托板之间常加垫托扳垫。常用的电缆托架有甲式（安装孔间距为 120cm）和乙式（60cm）两种。电缆托扳一般在光电缆安装工程中根据需要安装，有单式（10cm）、双式（20cm）和三式（30cm）等规格，分别可以承托不同数量的电光缆。

拉力环用ϕ16mm 普通炭素圆钢加工而成，全部做镀锌防锈处理，安装在管井内管孔的下面，作为敷设管道电缆时辅助牵引力的一个支点。

积水罐（含盖）由铸铁制成，在管井基础施工时浇灌安装在管井基础上，并对应于人孔口圈的中心位置。积水罐用以积聚、清除渗漏到人孔内的积水。

常用的人孔有砖砌人孔、混凝土人孔两种构造。砖砌人孔一般用于无地下水或地下水位很低，而且在冰冻层以下。在地下水位很高，冰冻层又很深的地区，以及土质和地理环境较差的地点，多使用混凝土或钢筋混凝土结构的人孔。

② 手孔：手孔一般设置在管道的支线中，手孔容纳的管孔数量很小（4 孔以下），其建筑位置多在人行道下，或在用户进线的庭院中，一般多用砖块砌筑；在地理条件很差，或受压震动性很大的地区，也有采用混凝土建筑的。

（2）人（手）孔的基础

人（手）孔的基础是直接与地基接触的，地基的好坏直接影响基础的质量，所以在浇注前必须按规定进行夯实、抄平，然后校核基础形状、方向、地基高程，支起模板，进行浇注。基础一般为现场浇注混凝土，浇注前需按规定挖好积水罐安装坑，安装坑应比积水罐外形四周大 100mm，坑深比积水罐高度深 100mm，基础表面应从 4 个方向向积水罐做 20mm 的泛水。如图 5-18 所示。人孔通常用混凝土做基础，一般采用 100 号混凝土，基础厚度为 8cm。局前人孔若建筑在车行道上，一般采用钢筋混凝土结构，钢筋要配置在受拉部位上，混凝土净保护层厚度为 3cm。

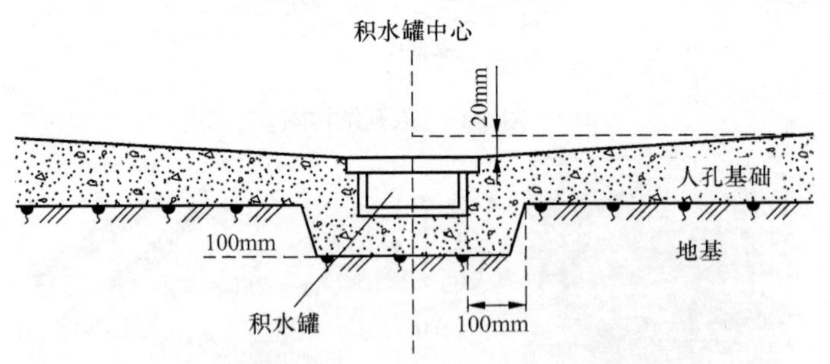

图 5-18 人（手）孔的基础断面图

（3）人（手）孔四壁

砖砌人（手）孔四壁用 100 号机砖砌成；钢筋混凝土人孔用钢筋、石子、水泥建筑。人（手）孔的四壁应安装 V 形拉环和电缆托架穿钉。砖砌人孔铁架穿钉安装如图 5-19 所示。

管道进入人孔应抹成圆楞八字（俗称喇叭口），四周抹成方框，管道进入人孔位置如图 5-20 所示。

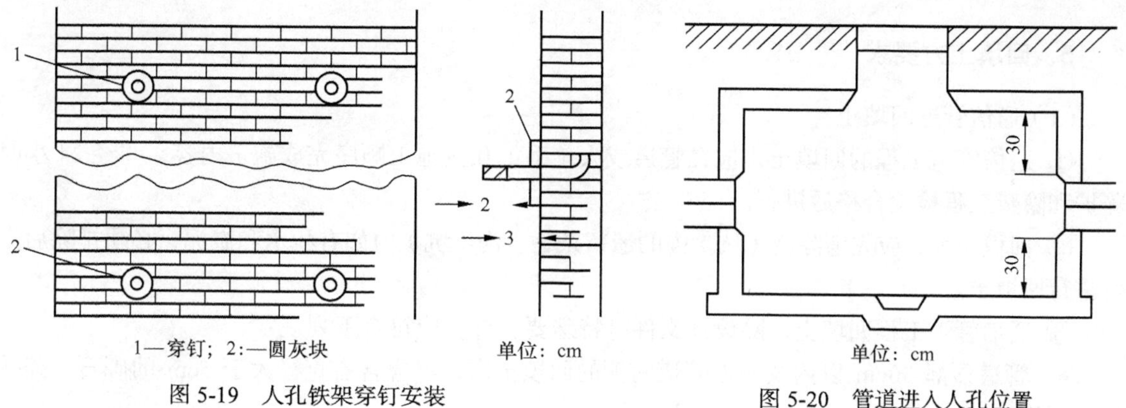

图 5-19　人孔铁架穿钉安装　　　图 5-20　管道进入人孔位置

（4）人孔上覆

为了抽穿和检修电缆，人孔上覆要留有出入口。出入口的上口直径 66cm，下口为 70cm。出入口的中心应与各路管道中心线交点重合，特殊情况下出入口偏离中心线交点不得大于 10～20cm，各路管道中心线也不得越出出入口范围以外。人孔上覆有时用预制件运到现场安装，有时在现场浇注。

（5）人孔的附属设备

人孔铁口圈安装在人孔上覆圆形出入口，内径为 65cm，一般配有双层盖即外盖与内盖。内盖用于锁住铁口圈防止杂物进入人孔。外盖厚实机械强度大，用于封口和保护人孔。人孔铁口圈及铁盖安装如图 5-21 所示。

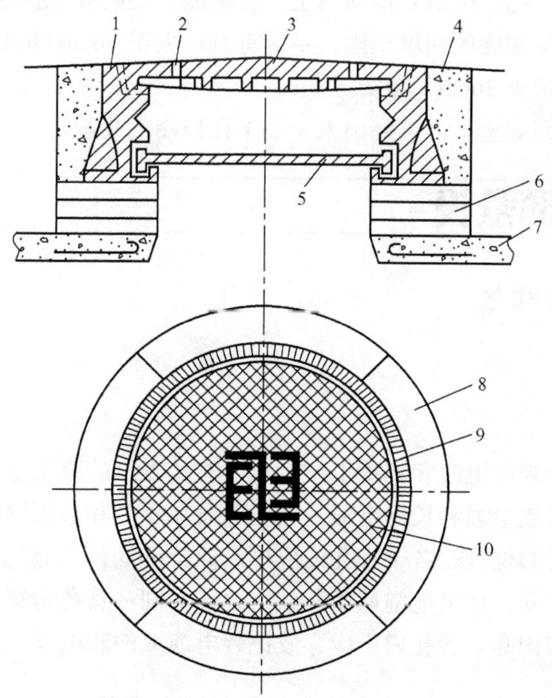

1—铁口圈；2—钥匙孔；3—外铁盖；4—混凝土缘石；5—内铁盖；
6—砖缘；7—上覆；8—混凝土缘石；9—铁口圈；10—外铁盖

图 5-21　人孔铁口圈及铁盖安装

电缆铁架和托板是安装在人（手）孔侧壁上面用以承托电缆的设备，其安装数量和位置根据人孔形状和大小决定。

5．回填土方要求

（1）通信管道回填土

① 通信管道工程的回填土，应在管道或人（手）孔按施工顺序完成施工内容，并经 24 小时养护和隐蔽工程检验合格后进行。

② 回填土前，应先清除沟（坑）内的遗留杂物。沟（坑）内如有积水和淤泥，必须排除后方可进行回填土。

③ 通信管道工程回填土，除设计文件有特殊要求外，应符合下列规定。

- 管道顶部 30cm 以内及靠近管道两侧的回填土内，不应含有直径大于 5cm 的砾石、碎砖等坚硬物。
- 管道两侧应同时进行回填土，每回填土 15cm 厚，用木夯排夯两遍。两侧轮流进行。
- 管道顶部 30cm 以上，每回填土 30cm 厚，夯实。
- 严禁用沙子进行回填。
- 回土夯实：夯实后要求路面与市内主干路面平齐，比一般道路高 5～10cm，比郊区路面高 15～20cm。

（2）人（手）孔坑的回填土

人（手）孔坑的回填土应符合下列要求。

- 在路上的人（手）孔坑两端管道回填土，应按照管道的规定执行。
- 靠近人（手）孔壁四周的回填土内，不应有直径大于 10cm 的砾石、碎砖等坚硬物。
- 人（手）孔每回填土 30cm，夯实。
- 人（手）孔坑的回填土，严禁高出人（手）孔口圈的高程。

5.3 管道电缆敷设

5.3.1 电缆敷设准备

1．选用管孔

合理选用管孔有利于穿放电缆和维护工作。选用管孔时总的原则是按先下后上、先两侧后中央的顺序安排使用。大对数电缆和长途电缆一般应敷设在靠下和靠侧壁的管孔。管孔必须对应使用。同一条电缆所占管孔的位置在各个人孔内应尽量保持不变，以避免发生电缆交错现象。一个管孔内一般只穿放一条电缆，如果电缆截面积较小允许在同一管孔内穿放两条电缆，但必须防止电缆穿放时因摩擦而损伤护套。管孔内不应穿放铠装电缆或油麻电缆。

2．人孔上面的安全措施和人孔内有害气体的检查与通风

敷设管道电缆时，一旦打开人孔盖，应立即围上铁栅，铁栅上插小红旗（夜间安装红灯）作为警示信号。在繁忙的车行道上，应指派专人维护交通或增加警示信号，防止发生事故。在人孔附近屯放或移动电缆时，应尽量避免妨碍交通，工具应防止掉入人孔或放在道路上，工具车应放在街道旁或人行道旁，以免影响交通。

市内人孔，特别是建筑多年又不经常打开的人孔，可能存在有害气体，在下孔工作前须对人孔内的气体进行检查。检查时可采用安全矿灯。人孔盖打开后，把矿灯悬入人孔底部，如灯焰正常点燃，则说明人孔内无有害气体；如灯焰减弱、伸长或熄灭，说明人孔内存在有害气体，必须进行人孔通风工作。通风的方法有两种，一是自然通风法，如图 5-22 所示；另一种通风方法是强迫通风方法，用鼓风机把新鲜空气打入人孔内，以驱出有害气体，同时将相邻人孔盖打开，一起进行通风，此法适用于有害气体较浓的情况。

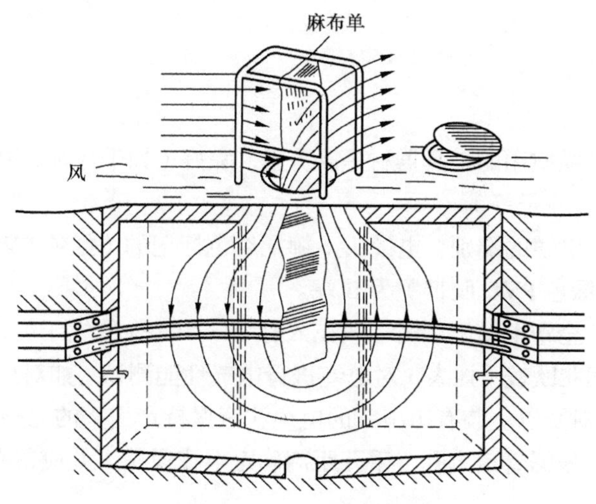

图 5-22　人孔自然通风

警示

- 禁止用燃烧物检验有害气体。
- 施工前做好警示装置。

3. 清刷管道和人孔

无论是新建或旧有管道，敷设电缆前，均应对管孔和人孔进行清刷，以便电缆能顺利穿放。清刷管道的方法主要有以下两种。

① 用穿管器或竹片穿通。清刷管道时，应先用竹片或穿管器穿通。穿管器如图 5-23 所示。

图 5-23　穿管器

竹片或穿管器从管孔内拖出时，必须在末端绑上 4.0mm 铁线一根，带入管孔作为引线。利用引线末端连接清刷管道的整套工具，清除管孔内淤泥和其他杂物，同时清除人孔内积水和杂物，经过清刷后的管孔通畅，即可敷设电缆。清刷管道整套工具如图 5-24 所示。

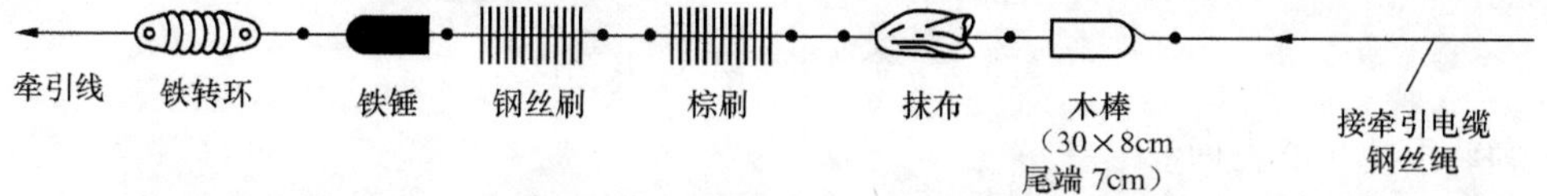

图 5-24　清刷管道整套工具

探讨

- 清洗工具各个部分的作用。

② 压缩空气清洗法。这种方法广泛用于密闭性能良好的塑料管道。先将管道两端用塞子堵住，通过气门往管内充气，当管内气压达到一定值时，突然将对端塞子拔掉，利用强气流的冲击力将管内污物带出。

5.3.2 布放管道电缆

1．敷设前的检验

布放电缆前应做如下检验。

① 检查布放全塑电缆使用的工具器材是否齐全、完好（如千斤顶、电缆拖车、塑缆大剪、封头端帽、尼龙扎带及网套梭子等）。

② 在布放前，核准电缆的端别，电缆头上缠扎红色标记的（红色 PVC 胶带）为 A 端。电缆头上缠扎绿色标记的（绿色 PVC 胶带）为 B 端。

③ 测量电缆气压（全塑电缆出厂时一般充入有 30～50kPa 的气压）是否保持良好。

④ 绝缘测试：使用兆欧表（摇表）对电缆进行电气性能测试（如对地气、混线、绝缘不良等坏线对的核实）。1 200 对及以上装有牵引头的电缆注意保持牵引头的完整。

⑤ 电缆段长配盘：根据管道人孔、手孔距离确定电缆段长，并应留有拿弯、接续余量。

2．全塑电缆敷设时的技术要求

敷设全塑电缆时具体技术要求如下。

① 核实全塑电缆端别：布放时应核实电缆的 A 端、B 端。

如果全色谱电缆标记不清或无标记时，必须将电缆的外护套剥去 50mm，用电缆单位扎带色谱来辨认，面对电缆端面，按单位扎带色谱顺序，凡按顺时针方向转的为 A 端如图 5-25（a）所示，按逆时针方向转的为 B 端如图 5-25（b）所示。

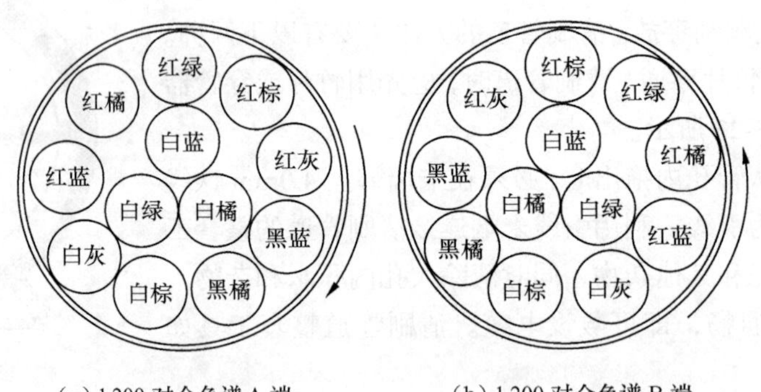

（a）1 200 对全色谱 A 端　　（b）1 200 对全色谱 B 端

图 5-25　全色谱电缆 A、B 端核实

② 确认电缆布放方向。

用户主干电缆：A 端应布放在局方，B 端应布放在用户方向（交接设备）一侧。

中继电缆：汇接局至分局的，A 端在汇接局，B 端在分局一侧；分局至分局的，A 端在出中继局，B 端在入中继局方向一侧；分局至支局的，A 端在分局，B 端在支局方向一侧。

③ 电缆的弯曲半径：电缆穿放时拿弯应符合曲率半径不小于电缆外径 15～20 倍的规定。

④ 全塑电缆可连续多人孔布放；由于大对数电缆的本身重量、管壁摩擦力、绞盘牵引力等原因，布放长度原则上不超过 300m。

⑤ 夜间布放时应设专人检查电缆外护套有无严重损伤，发现有损坏处应进行处理，防止投产后漏气或出障碍。

⑥ 为减小全塑电缆外护套与管孔的摩擦力，应使用润滑剂，严禁使用有害聚乙烯护套的油脂润滑剂。

⑦ 严禁使用肥皂水刷电缆接头及外护套，应采用中性发泡剂检查电缆护套，塑料电缆内严禁充入乙醚。

⑧ 连续穿越人孔布放时，在人孔内应设专人辅助穿放，要注意电缆拿弯，同时使用尼龙扎带将电缆固定在托板上，如图 5-26 所示。

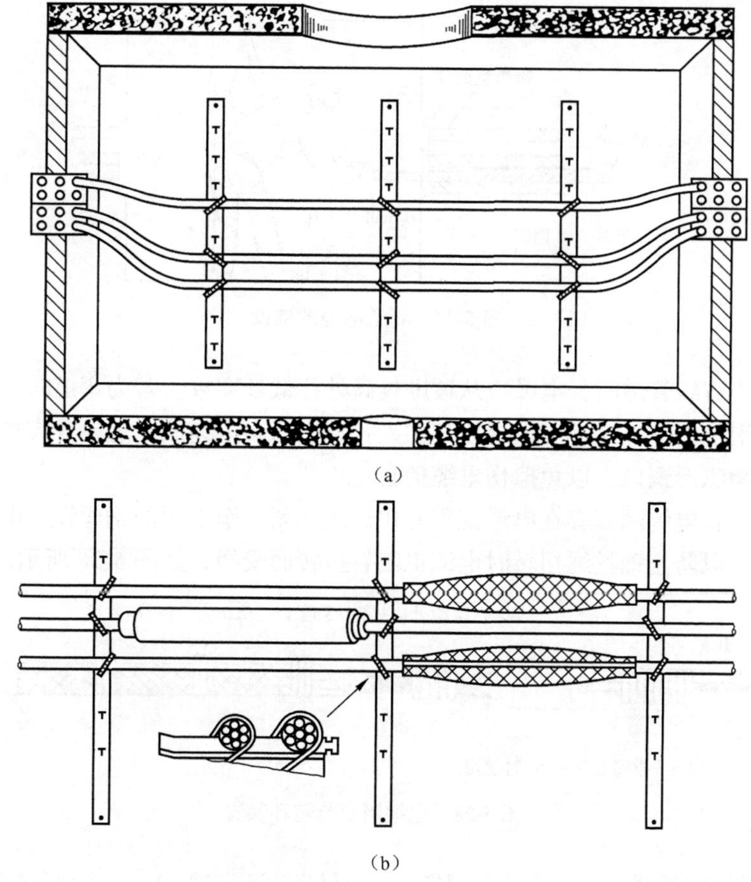

图 5-26　电缆托板固定法

⑨ 为避免潮气侵入电缆，布放时，凡剪断的电缆端头应及时闭封严密，保证电缆气压（可采用热可缩端帽）。

3．管道电缆布放

布放电缆前应检查电缆盘号、端别、电缆长度、对数及程式等，准确无误后再敷设。

敷设时，将电缆盘放在准备穿入电缆管道的同侧，并使电缆能从盘的上方缓缓放出，然后，

将电缆盘平稳地支架在电缆千斤顶上，顶起不要过高，一般使电缆盘下部离地面 5～10cm 即可。由电缆盘至管孔口的一段电缆应成均匀的弧形，如图 5-27 所示。

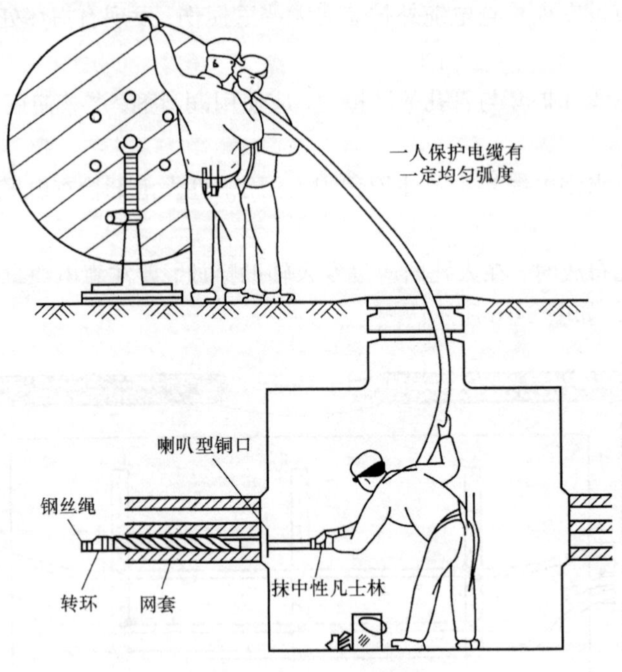

图 5-27　管道电缆的敷设

当两人孔间为直线管道时，电缆应从坡度较高处往低处穿放，若为弯道时，应从离弯曲处较远的一端穿入。引上电缆应从地下端穿放，在人孔口边缘顺电缆放入的地方应垫以麻包或草垫，管孔口还应安放喇叭形铜口，以免擦伤电缆护套。

牵引电缆前，将电缆网套套在电缆端部并用铁线扎紧。牵引用的钢丝绳与电缆网套的连接处加接一个铁转环，以防止钢丝绳扭转时电缆也随着扭转而受损，如图 5-28 所示。

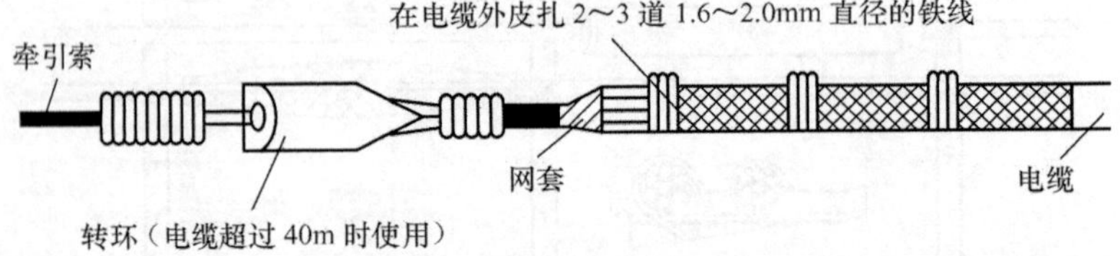

图 5-28　电缆网套与转环装置

牵引电缆过程中，要求牵引速度均匀缓慢，一般每分钟不超过 10m，尽可能避免间断顿挫。牵引的另一端用牵引机牵引，管孔出口处及人孔上口处均应垫以铜口，以防止电缆擦伤，如图 5-29 所示。

电缆被拖出管孔后，如需继续向前布放，则移动牵引机至前方人孔牵引处，先穿放牵引钢丝绳，再继续牵引，向前布放。如布放到位，须将电缆网套端拖出人孔，留足所需的接续、拿弯、引上等长度，截掉一小段电缆头（以缆芯中无潮气为宜），封上端帽，冷却后充入干燥气体，电缆布放即可结束。

全塑电缆的接续费用较高，在布放中要设法减少接头个数，以降低接续费用，同时也提高施工效率。一般说来，在混凝土管道内布放外径 60mm 以上的全塑电缆，段长不宜超过 200m，在塑料管内布放可以达到 250m 左右，外径 60mm 以下的全塑电缆，段长可以再增加 50m。为了减

少接头，还可采用双向布放的方法，如图 5-30 所示。

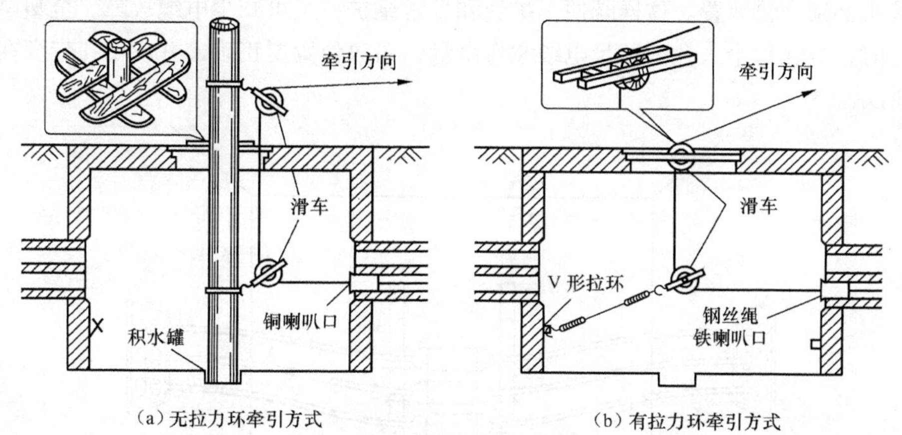

（a）无拉力环牵引方式　　（b）有拉力环牵引方式

图 5-29　电缆牵引端示意图

管道电缆引上时，一般用钢管从人孔铺设到引上杆，在引上杆上扎引上钢管，如图 5-31 所示。

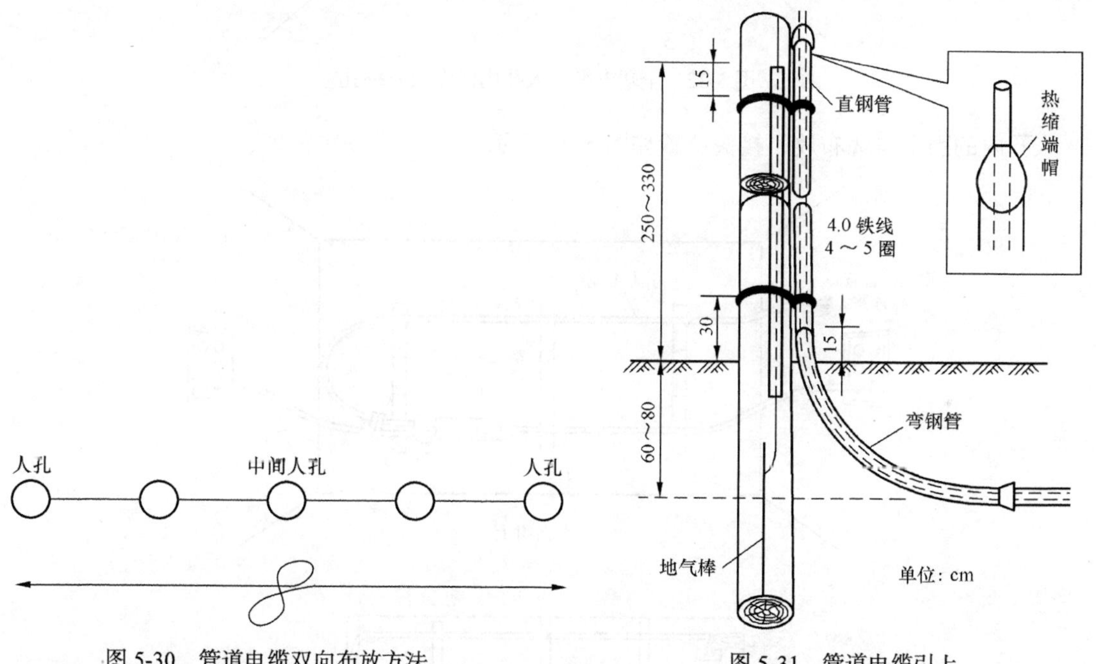

图 5-30　管道电缆双向布放方法　　图 5-31　管道电缆引上

引上管应安装牢固正直，管的上口在穿放引上电缆后，要用短段热缩包管予以封闭，空闲管也应用木塞堵住，以防进水或掉进杂物。

穿放引上电缆时可在安装好钢管后，事先在电杆上部即引上管上口以上处吊好滑轮，管内穿好牵引铁线将电缆拖出引上管口，并预留与架空电缆相接续的余长；也可先穿好电缆再邦扎钢管。

全塑电缆严禁在管道内接续。布放全塑电缆最好使用密封性能较好的牵引头，严禁电缆端头进水。

5.3.3　电缆和接头在人孔内排列

通信电缆管道通常按远期需要建设，所以容量较大，这就需要电缆在人孔内的排列、走向有

一定的顺序。

电缆接头必须交错放置。这样既便于扩建和日常维护，又可减少电缆故障。全塑电缆连续穿越多段人孔时，应在每个人孔内留足电缆拿弯余量，布放位置要正确，并应用扎带绑在托板上，如图 5-32 所示。

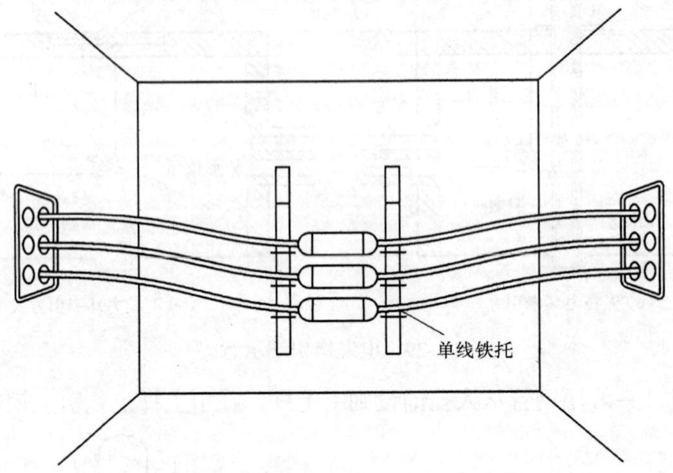

图 5-32　全塑电缆在人孔内的布放及绑扎

人孔内的引上电缆布放、接头位置如图 5-33 所示。

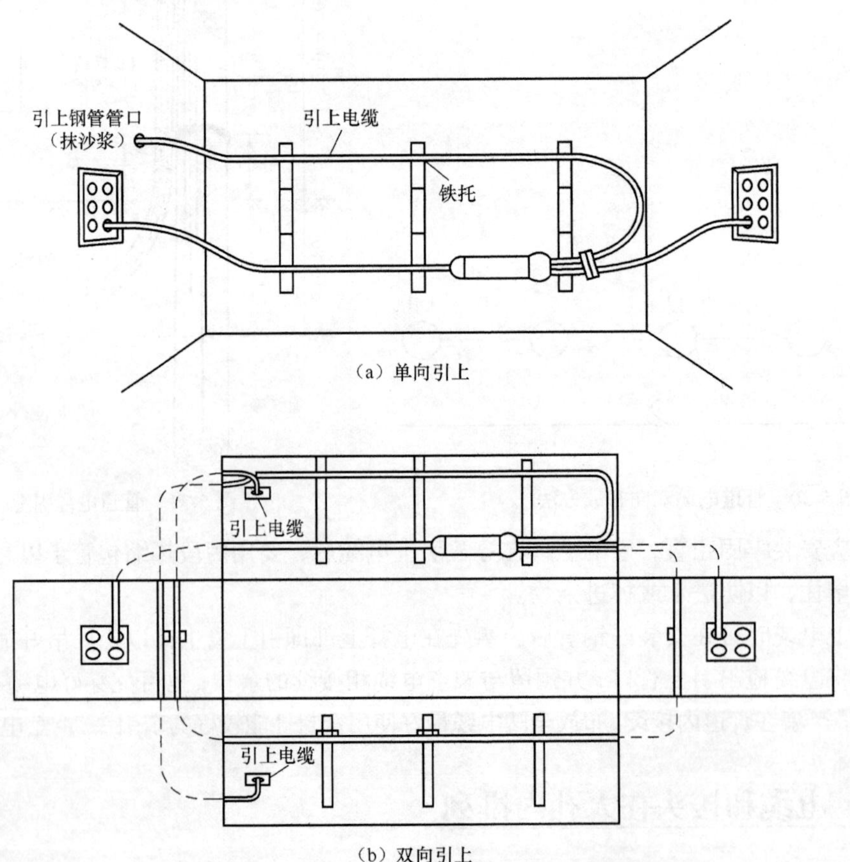

图 5-33　人孔内的引上电缆布放、接头位置

分歧人孔电缆走向、接头位置如图 5-34 所示。

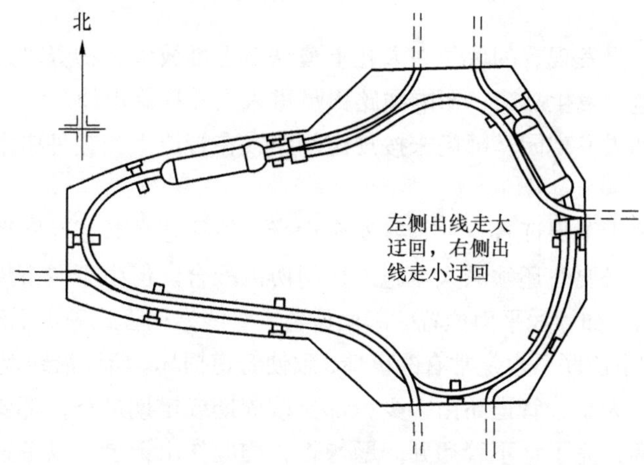

图 5-34　分歧人孔电缆走向、接头位置

- 管道电缆的敷设，在人孔中的安装固定。

5.4 管道电缆维护

当管道电缆建成以后，为了使其顺利运营，需经常进行维护。维护的目的主要是保证管道电缆经常处于完好的状态，从而保证通信畅通。

因为通信电缆管道属于城市地下管线的一部分，与其他部门管线相互之间平行交越较多，在各自建筑施工或维修作业过程中，往往由于施工联系配合不够，容易造成损坏管道事件；另一方面，由于管道建筑质量较差，建成运营时间较久远，也有可能发生地基不均匀沉陷，造成管道错口折裂等现象；又由于地下水位较高，降雨量较大，以及下水道漏水，使管道人孔内部聚积污水，即可能腐蚀电缆，又可能使沉淀淤泥堵塞管孔，导致日后穿放电缆困难。

由于以上种种原因，对管道进行经常性维护就是一件非常重要的工作。

1．沿线巡查的目的

沿线巡查是管道维护工作中的首要工作。沿线巡查能确保管道安全，防止外界对管道的破坏。

在一个城市中经常在进行扩建道路、翻修路面、建设下水道和自来水管等工作；园林部门年年要进行植树；电业部门为了发展电力，也经常埋设电力电缆等等，所有这些，均与管道息息相关，为了尽可能减少损坏管道的事故发生，沿线巡查就很有必要。

2．沿线巡查的任务

所谓沿线巡查，就是由专人负责沿着管道路由，进行定期限地查看。查看自来水部门、市政建设局、电业局、园林局及其他单位等，在管道附近的施工或零星作业。如果发现有施工作业，危及或可能危及管道安全，应即时与该现场施工负责人取得联系，研究防护方法和注意事项。

如果在巡查过程中，发现管道已被破坏，又查不到破坏的人或单位，则应报告领导，组织人力，及时修复。

在巡查过程中，如果发现有的单位在人孔上覆铁盖上堆放大批物资时，应立即洽商请该单位及时迁移，以免一旦电缆发生故障，影响线路人员进入人孔检修电缆。

在巡查过程中，如果发现园林部门未按规定间距或在管道上面栽种树木，应及时与该部门洽商，请其移植。

一般说来，各单位为了保证各自的管线安全运行，往往建立有相互联系配合制度，任何施工部门，均按制度行事，必要时还须派人在施工期间协助配合。但由于城市较大，各单位组织机构较多，各单位基础资料（如管线平面位置、断面位置、管线结构程式等）不健全、或某些人员一时粗心大意，往往未做到事前联系也是常有的事情，致使管道损坏。所以沿线巡查的任务是很重要的。

沿线巡查，不论局大小、管道路由多少，都要按周期或定期进行，都要有专人负责进行。特别注意的是，在每次巡查完了，不管遇到问题与否，均应作出记录，以备查阅。

3．人孔维修工作

人孔维修主要工作如下。

① 定期检查人孔内电（光）缆托架、托板是否完好，电（光）缆标志是否醒目，电（光）缆外护层、接头有无腐蚀、损坏、变形等异常情况，发现问题及时处理。

② 定期清除人孔内电（光）缆上的污垢。

③ 管道或人孔发生沉陷、破坏及井盖丢失等情况，应配合管道维护单位及时采取措施进行修复。

④ 人孔内电（光）缆应走线合理，排列整齐，预留电（光）缆安装牢固。

4．做好修复计划

根据巡查记录分类作出修复计划，编制设计预算，编制实施方案和技术要求，以便保证修复质量。

如何更好地进行管道维护？

实做项目与教学情境

实做项目一：参观管道设施

目的：通过参观，了解管道的组成。

实做项目二：管道电缆路由复测

目的：通过测试，掌握路由复测的步骤及要求。

实做项目三：电缆管道铺设

目的：通过实际铺设，掌握管道材料的特点及各自的施工要求。

实做项目四：管道电缆的敷设

目的：通过敷设管道电缆，掌握试穿管道、清洗管道、敷设电缆的方法。

实做项目五：人孔维护

目的：通过维护掌握管道电缆的维护要点。

本章小结

本章介绍了管道电缆的敷设及维护，主要包括以下内容。

① 电缆管道是由人孔、手孔、管路 3 部分构成的，一般有隧道、管道、渠道 3 种类型。根据使用材料的不同，管道可分为混凝土管、塑料管、钢管、铸铁管、石棉水泥管、陶管等。电缆管道施工准备工作包括管道路由选择、人孔位置确立、现场勘测、路由复测。

② 电缆管道铺设包括确定管道形式、管道埋深、人孔建筑、挖沟、管道基础建筑、管道铺设、回填土等过程。

③ 管道电缆的敷设包括管孔的选择、清洗管孔、电缆 A、B 端的确定、管道电缆的敷设、电缆在人孔中的安装固定。

④ 当管道建成以后，为了使其顺利运营，需经常进行维护。维护的目的主要是保证管道经常处于完好的状态，从而保证通信畅通。

习题

5-1　简述通信电缆管道系统的组成。

5-2　目前管道材料主要有哪些？各有什么优、缺点？

5-3　试述管道坡度、埋深、段长的确定原则。

5-4　人孔类型有哪些？选择的依据是什么？

5-5　人孔附属设备有哪些？作用是什么？

5-6　管道电缆敷设前应做哪些准备工作？管孔的选用原则是什么？

5-7　简述管道电缆敷设方法和要求。

5-8　简述沿线巡查的目的。

5-9　简述沿线巡查的任务。

第6章 直埋、墙壁及楼内电缆的敷设

本章教学说明

- 重点学习直埋、墙壁及楼内电缆的敷设
- 主要介绍直埋、墙壁及楼内电缆的维护
- 简单介绍用户引入线

本章内容

- 直埋电缆敷设
- 墙壁电缆
- 楼内电缆
- 用户引入线

本章重点、难点

- 直埋电缆的敷设
- 墙壁电缆的敷设
- 楼内电缆的敷设

本章学习目的和要求

- 掌握直埋电缆的敷设方式
- 掌握墙壁电缆的敷设
- 掌握楼内电缆的敷设
- 了解用户引入线内容

本章实做要求及教学情境

- 参观直埋、墙壁及楼内电缆
- 电缆接头坑处理
- 墙壁电缆敷设、楼内电缆敷设
- 用户引入线架设

本章学习能力要素及基础要求

- 课前预习相关内容
- 掌握直埋、墙壁及楼内电缆的敷设内容
- 了解直埋电缆的维护

本章学习方法建议

- 预习复习结合
- 参观、实践操作与课堂学习结合
- 自学与探讨结合
- 寻求教师答疑与学习反馈结合

本章建议学时数：6 学时

- 架空、管道电缆敷设方式的优、缺点。

6.1 直埋电缆敷设

全塑电缆直埋敷设，是将带有外保护层的全塑电缆直接埋于地下土壤中。

与架空电缆相比较：直埋电缆使用寿命长、维护费用较低、受自然环境影响小，但是初建时投资比较高，电缆设备的拆除和修理较困难。与管道电缆相比较：直埋电缆建筑费用低，施工简便，但由于埋入地下，维修和查修障碍较为困难。

直埋敷设适用于下列情况：

- 远离城市中心与局所地区，且沿途用户或房屋较少；
- 目前该地区用户较少，而近期又无多大发展；
- 杆路架设有困难的地区；
- 长途电缆；
- 市话直埋电缆用于城市及近郊的道路比较狭窄曲折或受其他限制、敷设地下管道或架空电缆有困难的地区。

电缆的选择以石油膏填充型铠装电缆为宜。

- 其他形式的电缆可以直埋敷设吗?

6.1.1 敷设直埋电缆的规定

1. 直埋电缆的位置选择

直埋电缆位置选择的原则如下。

① 直埋电缆一般在无管道地区的长距离馈线及不合适架空线路，又不宜敷设管道等情况下使用。

② 选择埋设电缆路由时应考虑，电缆路由最短，弯曲较少，道路定型，今后高程变化不大，穿越其他管线又最少，并符合长远规划要求。

③ 埋设于人行道下或公路的一侧，在穿越街道或铁路时，应尽可能地与其中心垂直，但穿越部位应加保护措施。

④ 直埋电缆一般不得设于永久建筑物之下，必须穿过时应加保护措施。

⑤ 直埋电缆依不同地区情况选用钢带铠装电缆、油麻及塑护套电缆（应加防腐措施），但在阳极地区必须采取防蚀措施。

⑥ 直埋电缆应尽量避开以下几种位置。

- 以后将建有永久性的建筑物或有可能扩建的地方。
- 地下埋设物复杂，常有可能挖掘的地方。
- 流沙、石灰质土壤、炉渣、粪池和污水沟等有害土壤地区。

2．直埋电缆埋深、电缆沟和电缆接头坑要求

① 直埋电缆埋设的深度如表 6-1 所示。

表 6-1 直埋电缆埋深表

情况 埋深（cm） 埋设地段	正常情况	特殊情况	备注
人行便道及路旁	80cm	不低于 60cm	根据地区不同均埋在冻土层以下 20cm 左右
与电车轨道交叉	距轨道底面不低于 120cm		用非金属管保护并采取防蚀措施
与火车轨道交叉	距轨道底面不低于 120cm		用铁管保护
与高级路面及重型车道交叉	120cm	不低于 80cm	用铁管保护
与一般道路交叉	80cm	不低于 70cm	

注：任何道路均以路面规划标高为基础。

② 直埋电缆的沟深与沟底宽度应符合表 6-2 所示。

表 6-2 直埋电缆的沟深与沟底宽度

沟深（m）	沟底宽（m）
1.0	0.4
1.0～1.4	0.5
1.5～1.8	0.6
大于 1.8	0.7

③ 直埋电缆沟的截面如图 6-1 所示。

④ 直埋电缆接头坑的深度以沟为准，各接头坑均应安排在线路的同一侧。接头坑挖的形状如图 6-2 所示。

3．布放直埋电缆的规定

布放直埋电缆应遵循以下规定。

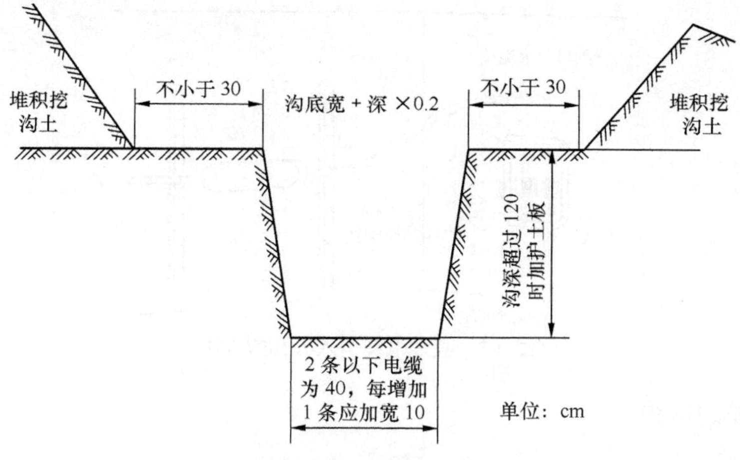

图 6-1　直埋电缆沟的截面

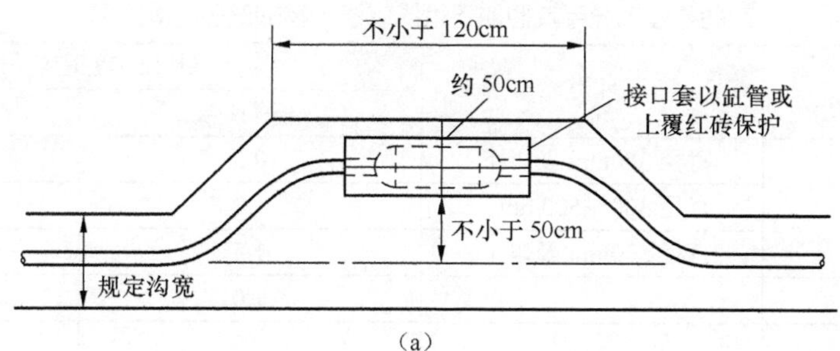

（a）

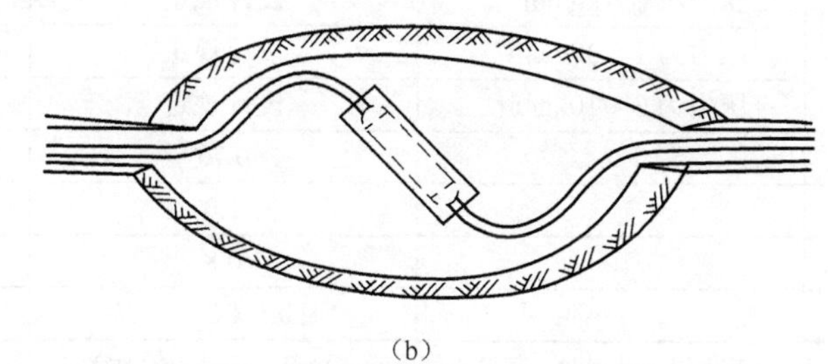

（b）

图 6-2　接头坑

① 沟底平坦，遇有石砾应加深 10cm，然后在沟底铺 10cm 细土，再布放电缆。

② 布放电缆时应平放在沟底，上下不得有弯曲，也不要拉得太紧，并注意保护电缆，不得有折裂、碰伤、刮伤和磨伤等现象。

③ 两条以上电缆同沟布放时，应平行排列，其间隔约为 5～10cm，由始到终保持同一平行位置，不得交叉或重叠。

④ 在 30° 以上的斜坡上敷设电缆，在过河两岸上及非规划路的转弯处均应作 S 形布设，使之留有适当的余长。

⑤ 穿越铁路及高级公路时，应用顶管方法布设铁管。当电缆穿过后，在保护管的两端需用沥青麻布条封口。

⑥ 电缆布放后，应立即进行气压实验，如发现气压有变化，应查找漏气原因并进行处理。

⑦ 直埋电缆引入人孔时，在井壁上适当的位置（一般都在管道壁的一侧）打洞穿入电缆，用水泥砂浆封固。电缆的保护层如油麻、钢带或塑护套等，应伸到接口的铁托板处，如图 6-3 所示。

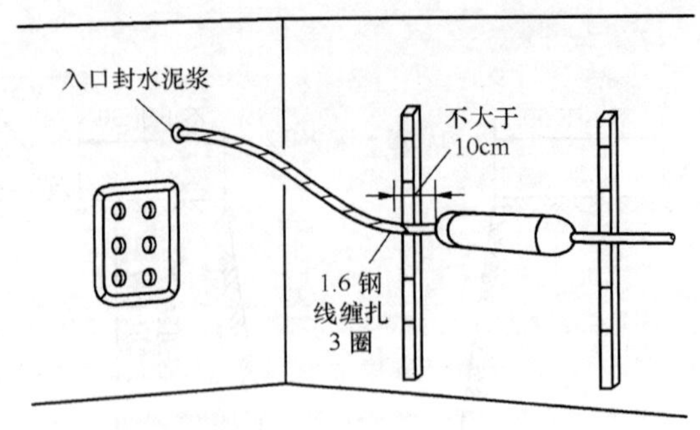

图 6-3　直埋电缆引入人孔的方法

4．直埋电缆的保护

① 直埋电缆与其他管线或建筑物平行与交叉的最小间隔如表 6-3 所示。

表 6-3　　市话直埋电缆与其他地下管线或建筑物的最小间隔距离

其他地下设备名称	种类	最小间隔距离（m）	
		平行时	交越时（注）
自来水管	直径 300mm 及以下	0.5	0.5（0.15）
	直径 300～500mm	1.0	0.5（0.15）
	直径 500mm 及以上	1.5	0.5（0.15）
下水管		1.0	0.5（0.1）
暖气管		1.0	0.5（0.1）
煤气管	压力小于 $1kg/cm^2$	设计规定	0.5（0.15）
	压力为 $1～3kg/cm^2$	设计规定	0.5（0.15）
	压力为 $3～10kg/cm^2$	设计规定	0.5（0.15）
城市绿化树木		0.75	—
建筑红线		1.0	—
排水沟		0.8	0.5
电力电缆		0.5（0.1）	0.5（0.15）

注：直埋电缆在交越处放在管道内或其他保护装置时，其最小间隔距离可降至括号内的数字。

② 与煤气管、暖气管和上下水道交叉时，应在穿越处电缆之上密铺红砖保护，两端至少密铺 2m 以上，如图 6-4 所示。

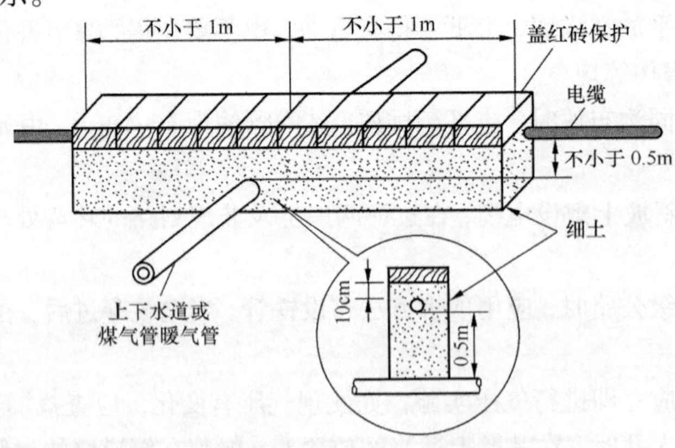

图 6-4　与管线交叉保护

③ 与电力电缆交越时的保护方法，如图 6-5 所示。

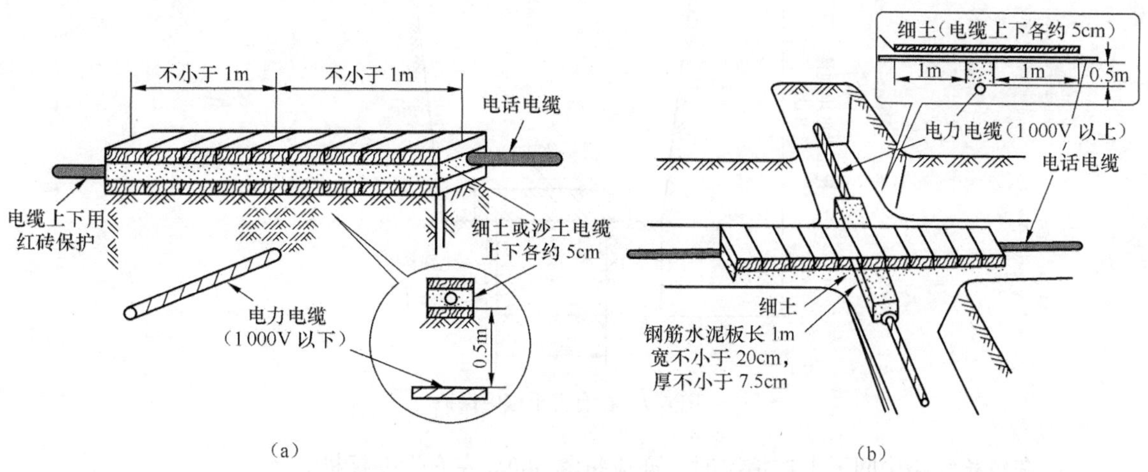

图 6-5　与电力线交叉保护

④ 直埋电缆与任何管线交叉时，应尽量走其上方。

⑤ 凡直埋电缆在城区内一般都在电缆上铺红砖保护，如图 6-6 所示。

电缆条数	盖砖方式	需用砖数（210×115×58）块 / km
1	砖　电缆	4 150
2		8 550
3～4		12 700

图 6-6　盖砖方式

⑥ 直埋电缆在有害土壤地段通过时，必须采取保护措施，如图 6-7 所示。

5．直埋电缆的标志

① 直埋电缆的标志，一般采用石桩或水泥桩，埋设于线路的一侧，一般距电缆的水平距离为 0.5m 左右。如不能埋设标桩时，可利用附近的固定建筑物作为标志，并将距离注明在竣工图上或标桩手册上，以便日后维修查找。

② 在电缆的接口、堵塞接口、线路拐弯处、气门以及装有降压信号器的地方，均应装设标桩或气门标桩。

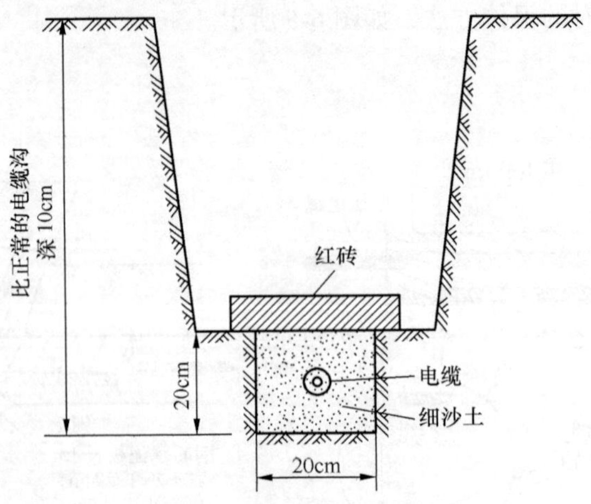

图 6-7　在有害土壤中保护

③ 在较长线路中间无上述情况时，亦应每隔 500m 左右设一标桩。

④ 标石设置方法如图 6-8 所示。

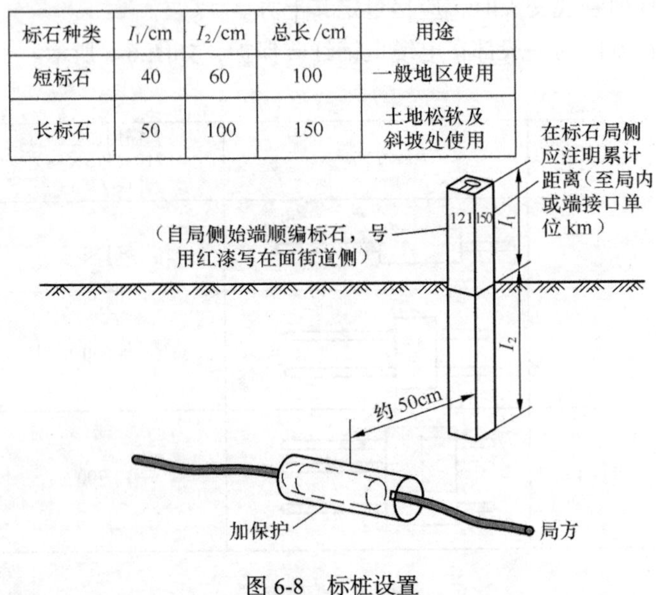

标石种类	l_1/cm	l_2/cm	总长 /cm	用途
短标石	40	60	100	一般地区使用
长标石	50	100	150	土地松软及斜坡处使用

图 6-8　标桩设置

6.1.2　直埋电缆的沟及接头坑施工

直埋电缆敷设前应进行复测划线、挖掘沟槽等工作。复测划线即根据施工图纸进行复测，核对电缆敷设的路由及具体埋设位置，用白灰（或白灰水）划出正确的电缆线路位置的中心线。挖掘电缆沟槽有两种施工方法：在地下设施较多的街道采用人工挖掘；在地下设施较少的田野间采用机械挖掘。

电缆埋深主要根据当地冻土层的深度及电缆所受压力，电缆埋深必须大于当地冻土层的深度，通常是 0.7～0.9m。直埋电缆穿越电车轨道或铁路轨道时，应装设保护管（钢管或水泥管），埋深

不宜低于管道的埋设深度。

直埋电缆沟及接头坑的操作必须遵循以下原则。

① 挖电缆沟以前，必须取得有关部门的批准路由，并征得交通管理部门的同意，同时还应对附近地下其他管线的分布情况了解清楚，以防挖坏其他地下管线，在有地下电力电缆或煤气管线的地段挖沟时，应请有关单位人员现场核实地下管线位置。

② 挖电缆沟时附近如果有其他地下管线应用铁铣，先在管线位置处挖深坑，不得使用镐刨，以免损伤其他地下管线。

③ 电缆沟应平直于中心线，偏移一般不得大于 10cm。弯曲的电缆沟应符合电缆最小弯曲半径的规定，沟底应平坦，无碎乱石，沟深度应符合设计要求。

④ 沿街道或跨越街道挖电缆沟时，应尽量避免妨碍交通，如果跨越路口、商店或住宅门口不能及时回土时，可在沟上搭坚固便桥以通行行人或车辆，工程未完时应在沟上设置安全标志，夜晚应设置红灯标志。

⑤ 电缆穿过铁路、重要街道、河渠等不能直接进行挖沟时，可采用顶管方法或分段挖沟的方法。

⑥ 在直埋电缆的接续、安装加感箱、再生中继器的地点应挖掘电缆接头坑。接头坑的大小要适当以利于电缆的接续工作和安装电缆接头，直埋电缆的分支套管，应该放在人孔或手孔里，其他接头可以直接埋入电缆接头坑内，应加红砖槽保护。

6.1.3　电缆敷设方法

根据电缆设计的勘查路由的条件、地下交叉管线的障碍条件，施工人员、工具车辆等条件的不同有以下两种布放方法。

① 人工敷设法：首先将电缆盘用支架（俗称千斤）托起，然后用人力每隔一定距离将电缆抬入沟内，人与人之间的距离视电缆单位长度的重量而定，每人负重 40～50kg 为限。此法所费的劳力较大，但在障碍物较多、车辆无法沿线通行、田野坡度变化较大等地区只能用人工敷设法。

② 机动车牵引法：机动车牵引法是用机动车拖拉电缆盘，将电缆布放在沟中或沟边。布放在沟边的电缆再用人力移入沟中，此法较省劳力、效率高、质量也较好，但障碍物较多、坡度较大的地区不宜采用。

- 机动车牵引时，沟边或底应先布设好地滑车。
- 直埋电缆布放后，应即时进行气压检测，发现漏气时，应及时查找，待气压稳定后，再回土埋设。

6.1.4　直埋电缆接头排列

直埋电缆接头，在沟内一条电缆和两条以上电缆的接头在一点时，应向规划红线或路的外侧方向挪弯，两条电缆的接头不在一点时，应在条件允许下应向另一个方向挪弯，在于不重压电缆，排列方法如图 6-9 所示。

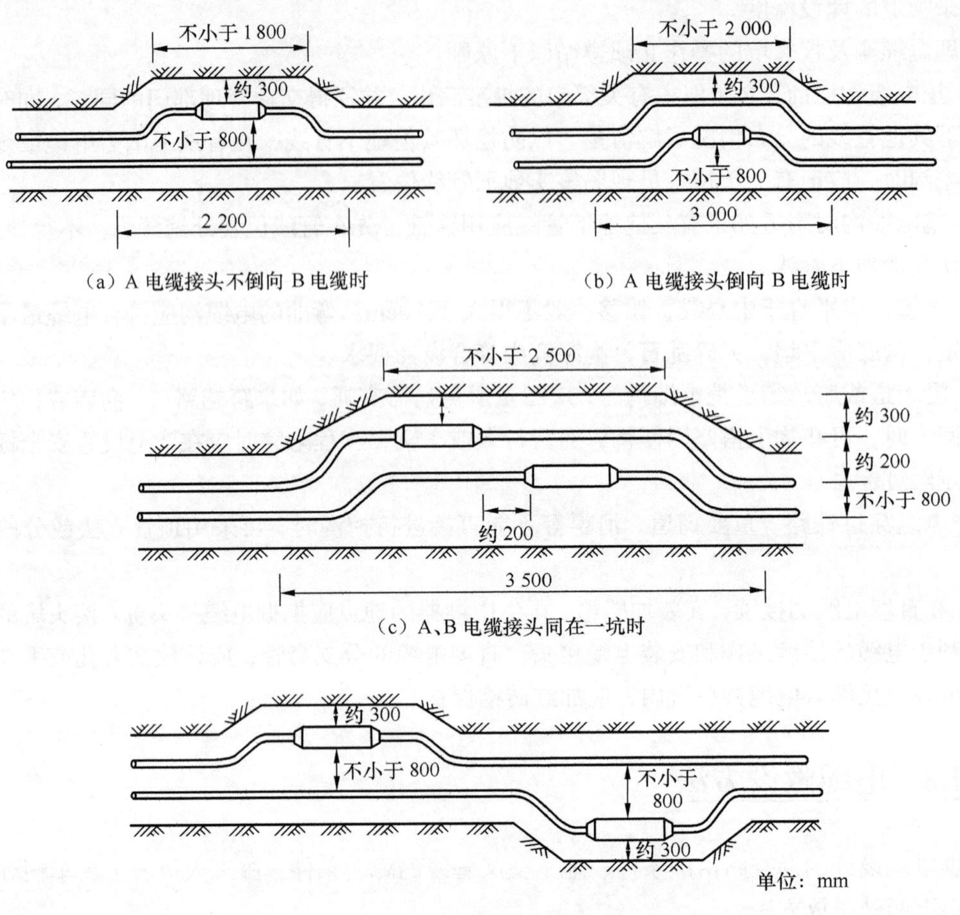

图 6-9　电缆接头坑和电缆接头位置

6.1.5　直埋电缆钢带跨接线和横连线

① 直埋电缆每个接头的钢带要求连接牢固良好，用 7/1.2 软铜绞线外挤聚乙烯护套，两端加焊铜鼻子，热可缩套管做法如图 6-10 所示。热可缩套管两端钢带采用热熔胶带包缠接触处不外露。横连线是将接头两端预留线连接牢固裸露部位缠胶带保护。

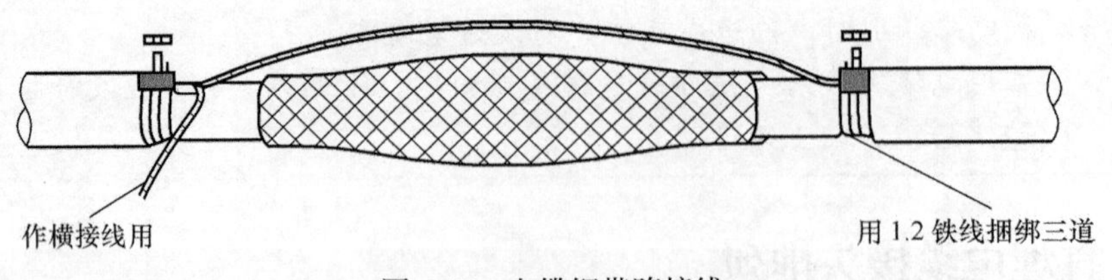

图 6-10　电缆钢带跨接线

② 同沟敷设两条及以上电缆时，横连线应符合以下要求。

两条电缆的接头同在一位置或间距在 15m 以内时应直接从电缆接头处连接横连线（均压线），如图 6-11 所示。

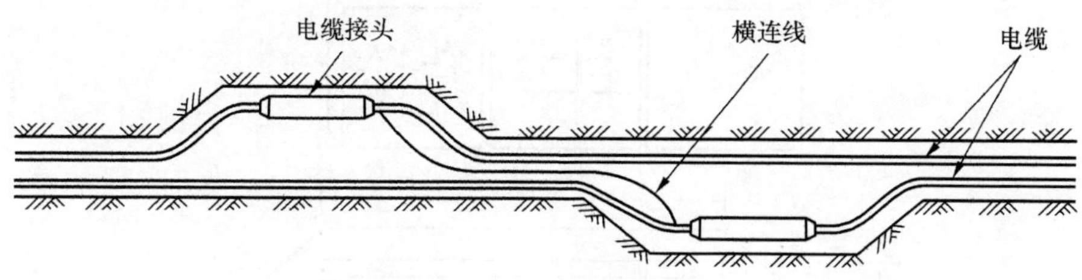

图 6-11　15m 以内横连线

两条电缆接头距离超过 15m 时，一端在接头钢带上，另一头要在电缆上作切口连接，连接固定后应用热熔胶带包裹严密，防止浸水损伤钢带，如图 6-12 所示。

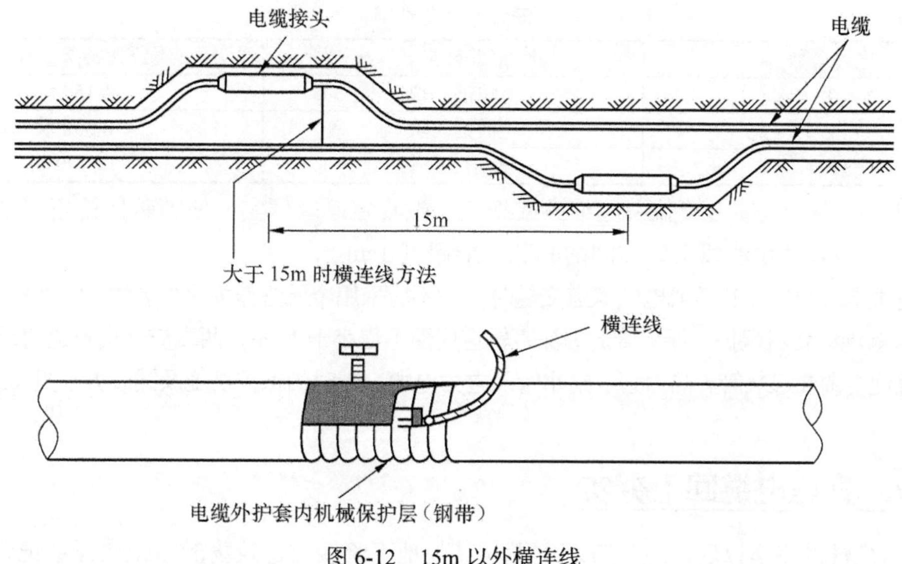

图 6-12　15m 以外横连线

③ 横连线采用 7/0.52 铜心塑料线或相当于截面为 $1.5mm^2$ 的其他多股铜心塑料线。

6.1.6　直埋电缆接口保护

直埋电缆接口按以下要求保护。

① 接头处应用红机砖砌成长 1 600mm、宽 550mm、高 300mm 的砖槽，采取单横砖砌法用 $50^{\#}$砂浆。

② 接头设有保护外套者，可直接用专用盖板盖上， 但在接头上先埋细砂 100mm（没有砂土时要埋过筛细土）。

③ 应在电缆接头盖板上标注电缆编号和有“电”字的危险符号。3 块盖板为一份，每块盖板为长 550mm、宽 550mm、厚 80～100mm 的 200#钢筋跕，如图 6-13 所示。

④ 铺砖保护要求

直埋电缆埋于市区、居民区或将来有可能被挖开的地方，应在电缆上面铺设红砖保护，铺砖的方式及需用砖数量可根据电缆条数参照表 6-4 所示确定。

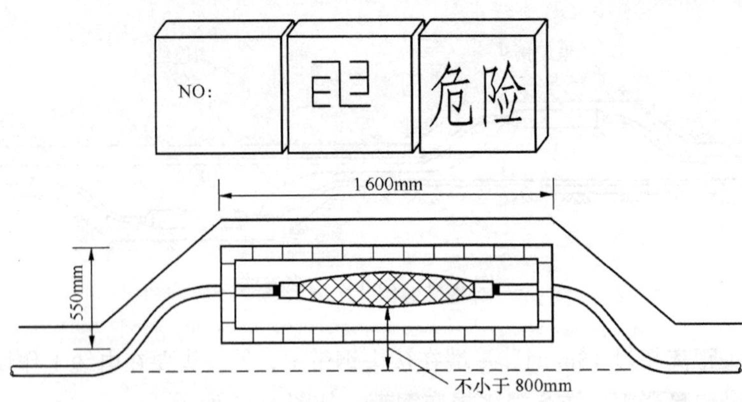

图 6-13　电缆接头保护标志

表 6-4　铺砖方式和数量

电缆条数	铺盖砖方式	需用砖数量/km
1	顺铺一块	4 150 块
2	横铺一块	8 550 块
3～4	横铺、顺铺	12 700 块

- 铺砖前先在电缆上覆盖一层细砂或细土，按规定厚度压实，使铺砖保持正直平坦，铺砖位置应在电缆位置的中心线上，砖间的间隙不能超过 1cm。
- 直埋电缆与电车轨道或电气铁道交越时一般不应采用金属管作为保护装置，应该采用石棉水泥管或缸瓦管等绝缘管材保护，保护管的埋深距轨道底面不得小于 1.2m，两端应超出轨道边缘至少 2m。
- 直埋电缆在煤气管、热力管、给水管及电力电缆交越时的保护措施及铺砖方法见 6.1.1 小节中的规定。

6.1.7　直埋电缆回土夯实

直埋电缆敷设完毕以后，应将直埋电缆与其他地下管线与建筑物的净距离详细记录，然后回填细砂或细土 20cm 加以覆盖，待气压稳定后进行回土夯实。

回土时，严禁将砖头，瓦块任意抛入沟内。对含有石灰质碎石、砖块、炉灰等有机物不能直接接近电缆，与电缆之间应隔一层细土。

回土夯实时不得损伤电缆，在市区的应分层夯实，每回土 30cm，夯实一次，最后夯实的土面，在高级道路上应与路面平齐，在土路上应高出路面 5～10cm，在郊区土地上应高出路面 15～20cm。

- 直埋电缆的敷设、保护方法。

6.1.8　线路标石的维护

1．标石、标志牌维修

标石出土高度以 40cm ± 5cm 为宜，标石出土过高或过低时，宜采用下沉或提升的方式使标石出土高度达到规定要求。标石周围 30cm 应进行平整除草。标志牌的出土高度视规格而定，以安全、醒目为原则。

巡线时若发现标石、标志牌上油漆脱落或被遮盖，应去除遮盖物并进行补漆。标石、标志牌

刷漆（针对水泥制品）时，应清除表面的灰尘和部分不牢固的漆层，用毛刷自上而下的涂刷，如采用不同颜色的油漆涂刷时，宜采取先浅色后深色的涂刷方法。

2．标石、标志牌的更换、增设和补装

直埋电缆维护中，根据外界情况变化，遇标石、标志牌丢失或损坏时，应及时做好更换、增设和补装工作，并及时修订相关资料。

（1）标石的更换、增设和补装

使用电缆线路探测仪测试需要增设和补装地段电缆的位置与埋深，根据标石的属性确定标石坑的位置和开挖深度，在线路维护人员的监护下实施标石坑的开挖，开挖位置及深度应符合技术要求。用绳索将标石抬放在标石坑内，对标石的面向和正直度进行校准，回填土并夯实。进行标石的刷漆编号，增设的标石应在原顺序编号的基础上“+1”，如“45 + 1”。补装后的标石仍编成原标石的序号。

（2）标志牌的更换、增设、补装

使用电缆综合测试仪测试需要增设和补装地段电缆的位置与埋深，确保在开挖标志牌桩坑时的电缆安全。确定标志牌桩位时，一般应避开电缆所在位置，桩坑边缘距电缆所在位置应大于0.5m，防止开挖过程中损伤电缆。

开挖标志牌桩坑，桩坑大小应根据标志牌桩（柱）规格而定。在已开挖好的桩坑内埋设桩柱，回填夯实，埋设时注意保证桩体的正直，如使用双腿标志牌，应注意双腿的整齐统一。

标志牌编号及喷刷宣传内容（适用于水泥标志牌）。增设和补装后的标志牌编号方法与标石相同，同时增加宣传内容、联系人姓名、联系电话等内容。

3．监测标石的维修

更换损坏的监测标石，更换过程中注意对监测尾缆的保护，避免损伤监测尾缆。

修复或更换损伤的监测尾缆，如监测尾缆损伤较小，可将监测标石挖出对损伤的尾缆进行修复；如尾缆损坏严重，应进行更换。更换时不打开接头盒，在距接头盒适当位置将尾缆剪断（预留长度以能接续为宜），对应芯线色谱将新尾缆与预留尾缆连接，使用热缩管对尾缆接头处进行包封。

更换和维修监测标石、尾缆时，都牵涉到电缆开挖，开挖时应注意电缆安全。

- 如何提高维护质量？结合实际总结维护措施。

6.2 墙壁电缆

我国城市电话已普遍进入寻常人家，特别在城市住宅小区，利用墙壁敷设全塑市内通信电缆，可以免去立杆路、铺管道等工作，大量而迅速地发展低成本的市内电话。

6.2.1 墙壁电缆

墙壁电缆跨越街道、院落，所以缆线最低点距地面应不小于 4.5m，在有过街楼的地方穿越，缆线不应低于过街楼底层的高度。墙壁电缆与其他管线的最小间隔，应符合表 6-5 所示的规定。

表 6-5　　墙壁电缆与其他管线的最小间距

其他管线	平行净距（mm）	交叉净距（mm）	备注
避雷线接地引线	1 000	300	引线为绝缘线时，可为50cm
工作保护地线	50	20	
电力线	150	50	
给水管	150	20	
压缩空气管	150	20	
电力管（无包封）	500	500	

6.2.2　墙壁电缆敷设方式

墙壁电缆的敷设方式有吊线式、卡钩式（钉固式），一般沿室外墙壁敷设时宜采用吊线式，室内墙壁敷设时宜采用卡钩式。

1．吊线式墙壁电缆的敷设

吊线式墙壁电缆与吊挂式架空电缆相似，只是吊线的支撑物有所改变，它是利用墙上的支撑物与终端的固定物代替电杆架挂电缆的一种建筑方式。吊线式墙壁电缆的吊线程式及支撑物的间距应参照表 6-6 所示要求。

表 6-6　　吊线式墙壁电缆的吊线程式及支撑物的间距

吊线程式	悬挂电缆单位重量（kg/m）	支撑物参考间距（m）	备注
7/1.4	0.6 以下	10 以下	可用 M6 钢卡做终结
7/1.6	0.6～0.8	10 以下	
7/1.8	0.8～1.2	10 以下	可用 M6 钢卡做终结
7/2.0	大于 1.2	10 以下	

吊线式墙壁电缆，在墙壁上的敷设形式有水平敷设与垂直敷设。当吊线水平敷设时其终端可用有眼拉攀，中间的支持物用吊线支架装设。终端装置和中间支持物均用金属膨胀螺栓固定在墙壁上，如图 6-14 所示。

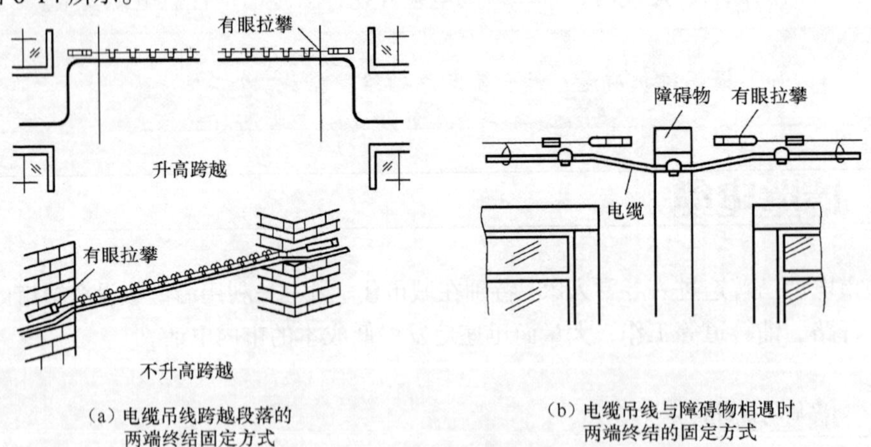

（a）电缆吊线跨越段落的两端终结固定方式　　（b）电缆吊线与障碍物相遇时两端终结的固定方式

图 6-14　有眼拉攀装置

当电缆吊线遇到墙壁上凸出部分时，可采用凸出支架装置，如图 6-15 所示。

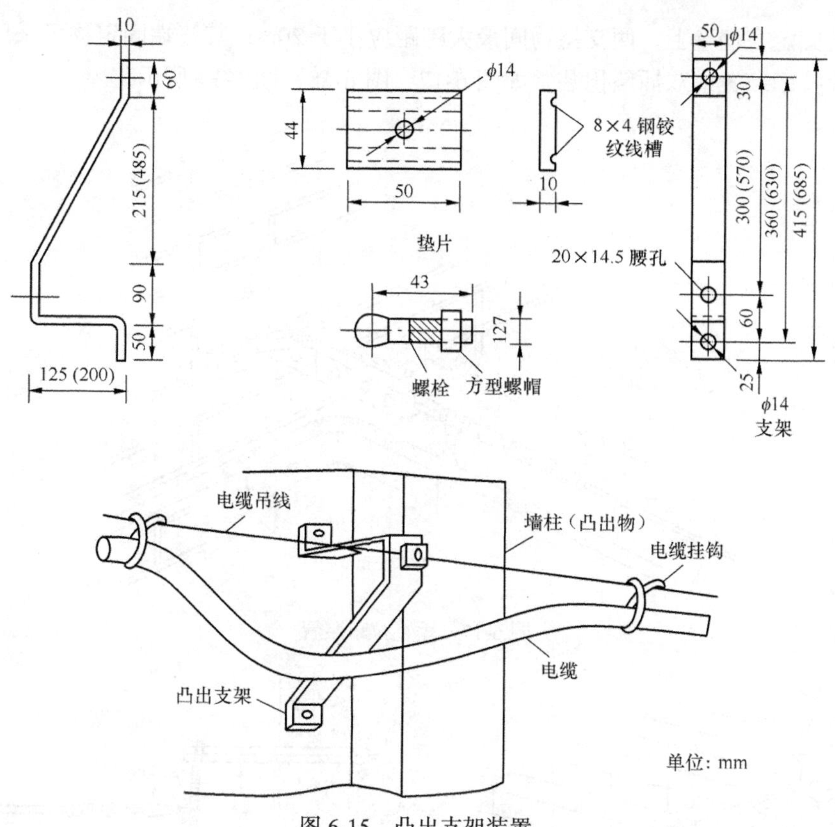

图 6-15　凸出支架装置

吊线水平敷设时也可用 L 形卡担或单、双墙担架设，如图 6-16 所示。

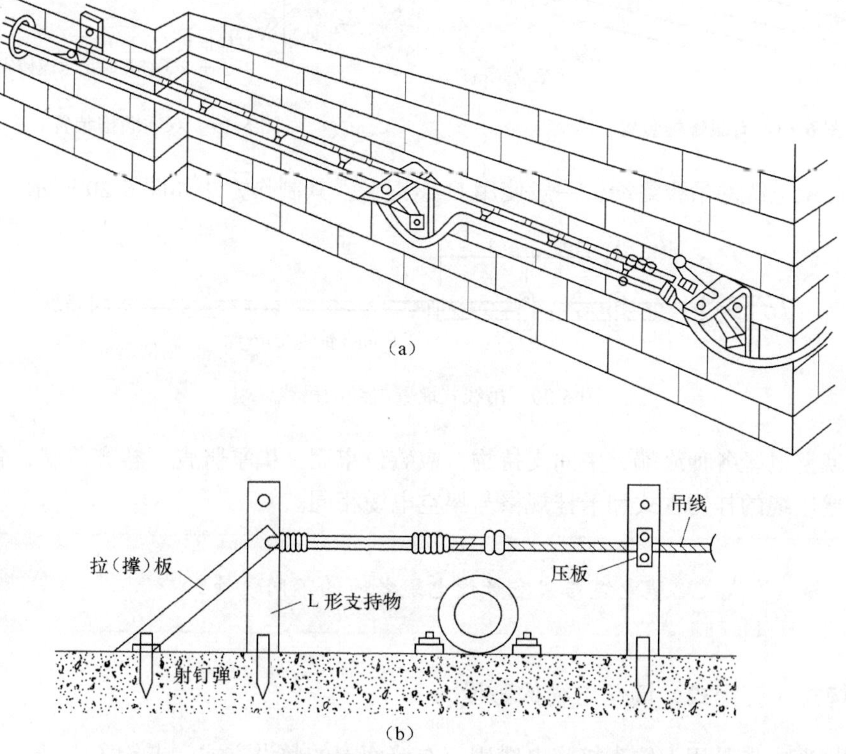

图 6-16　吊线式墙壁电缆用 L 形卡担等架设示意图

吊线垂直固定在墙壁上，两支持物间最大跨距应小于 20m，其终端固定物可采用垂直拉攀装置、有眼螺栓拉攀装置或双插墙担装置如图 6-17、图 6-18、图 6-19 所示。

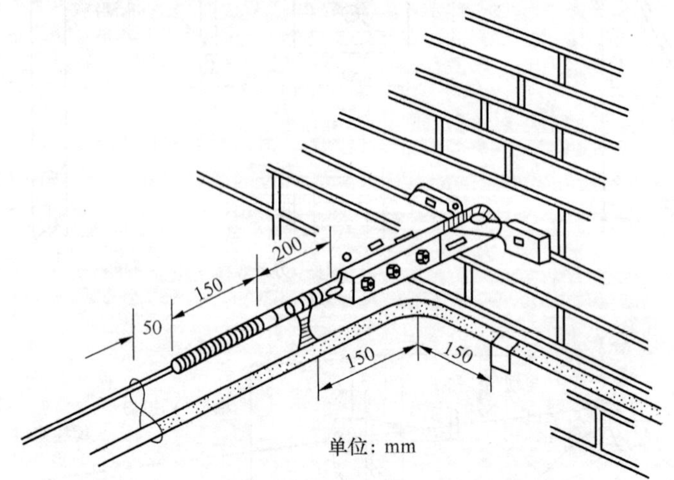

图 6-17　垂直拉攀装置

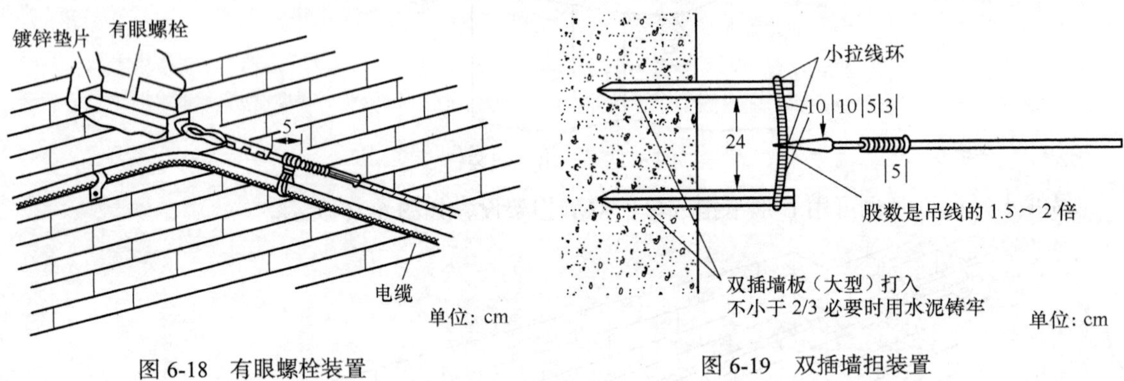

图 6-18　有眼螺栓装置　　　　图 6-19　双插墙担装置

吊线式墙壁电缆的吊线终端，一般使用 U 形钢卡，其制作方法如图 6-20 所示。

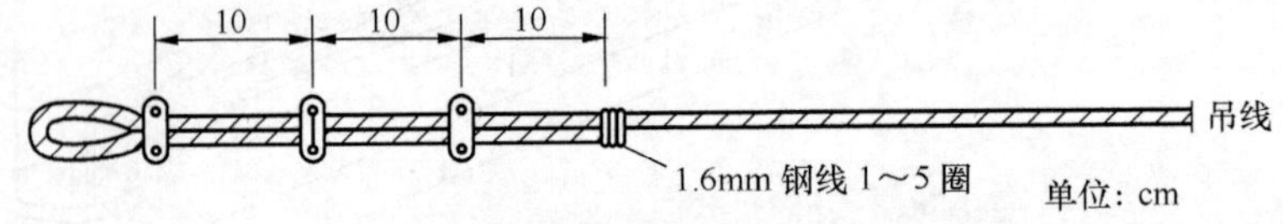

图 6-20　吊线式墙壁电缆的吊线终端

吊线式墙壁电缆各种终端、中间支持物，应装设牢固、横平竖直、整齐美观，各支撑点应尽量水平。墙壁电缆的挂钩程式和卡挂规格与架空电缆相同。

- 吊线式墙壁电缆与架空敷设电缆之间的不同之处？

2．卡钩式（钉固式）墙壁电缆的敷设

卡钩式墙壁电缆是用卡钩直接将电缆固定在墙面上的敷设方式。卡钩（卡子）一般有金属和

塑料两种，卡钩的型号应与电缆外径配套，如表 6-7 所示。

表 6-7　　电缆卡钩型号

电缆外径（mm）	卡钩型号
8 以下	8 号
8～12	12 号
12～14	14 号
14～18	18 号
18～22	22 号
22～26	26 号
26～30	30 号
30～40	40 号

卡钩的固定方法很多，有扩张螺钉、木塞木螺钉、水泥钢钉、射钉（即用射钉枪射入墙体的钢钉）等。如采用钢钉，工程进展速度较快，具体采用哪种方法，因地制宜。

沿墙架设卡钩式电缆，由于卡钩的形状不同钉固方式不同，钉固单卡钩的螺钉应置于电缆下方；用挂带式卡钩卡挂沿墙电缆，钉固挂带的螺钉应置于电缆下方；采用 U 形卡钩（俗称骑马钉），电缆上、下应各钉一颗螺钉。但无论采用哪种方法卡挂电缆，钉固螺钉均应在电缆的一方或两方。

卡钩的间隔距离要均匀，水平方向为 50cm，垂直方向为 100cm。如遇转弯或其他特殊情况时，可适当缩短或延长，垂直方向的单卡钩眼应在水平电缆的同侧。电缆转弯时，两边 10～25cm 处应用卡钩或挂带固定。

卡钩式墙壁电缆的敷设如图 6-21 所示。

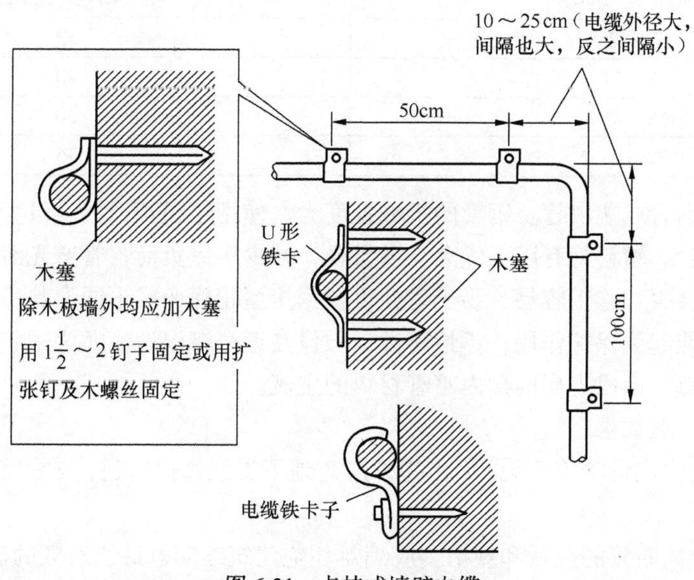

图 6-21　卡挂式墙壁电缆

卡钩式墙壁电缆在墙壁内角、外角转弯时的处理及固定规格，如图 6-22 所示。

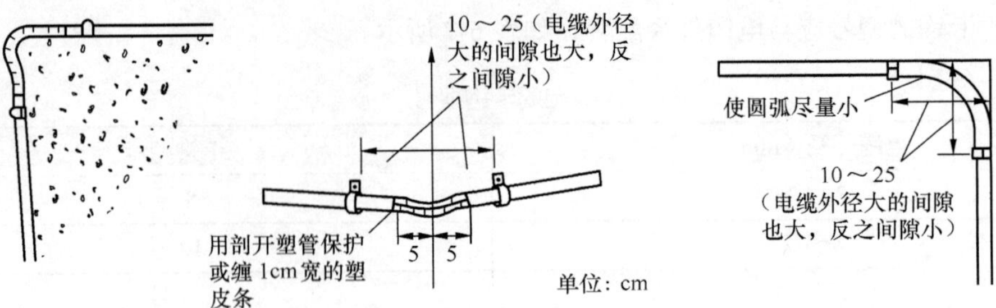

图 6-22　卡钩式墙壁电缆在墙壁内角、外角转弯时的处理及固定规格

- 墙壁电缆的各种敷设方法。

6.3 楼内电缆

6.3.1 楼内电缆管道形式

楼内电缆管道有楼内暗管和电缆槽两种。

1．楼内暗管

楼内暗管是指在建筑物内预埋的敷设通信电缆的管路。暗管的直径根据电缆外径选用，如表 6-8 所示。

表 6-8　暗管的直径

电缆外径（mm）	暗管的直径（mm）
7～12	32
13～17	40
18～21	50
22～36	75

暗管一般采用钢管或塑料管。钢管的机械强度大、使用年限长，但重量大、价格贵。塑料管一般采用聚氯乙烯管。塑料管有以下优点：重量轻，减少房屋负荷；管壁光滑、阻力小、布放电缆时引起的损伤机会少；施工容易、易于弯曲可根据房屋轮廓弯成不同形状；绝缘良好，与电力线平行或交叉时，能起到保护作用；不怕腐蚀，敷设在近海潮湿地区尤为适宜；价格低廉。由于塑料管具有上述优点，已成为当前楼内暗管材料的主流。

（1）楼内暗管一般要求

① 住宅建筑物内应设暗管系统，引出楼外应建地下支线通信管道，支线管道应与主干通信管道连通。

② 住宅建筑物内暗管的数量和规格，应满足住宅建筑终期电话线对数的需要。

③ 住宅建筑物内暗管应敷设到每个住户。一般从上升管路的接头箱到分线箱的管路敷设配线电缆（垂直系统），分线箱到用户出线盒间的管路敷设用户线（水平系统）。

④ 多层住宅建筑暗管预埋电缆对数：用户预测在 90 户以下时（采用 100 对电缆），宜采用一

处进线方式；用户预测在 90 户以上时，可采用多处进线方式。

⑤ 暗管系统应有电缆暗管、电话线暗管、组线管、过路盒（箱）和室内电话机插座等设施。

（2）暗管系统设置的具体要求

① 暗管直线敷设超过 30m 时，电缆暗管中间应加装过路箱，电话线暗管中间应加装过路盒。

② 暗管必须弯曲敷设时，其路由长度应小于 15m，且该段内不得有 S 弯。弯曲如超过两次时，应加装过路盒（箱）。

③ 暗管力求少弯曲，必须弯曲时弯曲处应安排在管路的端部，弯曲角度不得小于 90°。

④ 电缆暗管弯曲半径不得小于该管外径的 10 倍，电话线暗管弯曲半径不得小于该管外径的 6 倍。

⑤ 在组线箱之间或电缆竖井至组线箱之间敷设的电缆暗管宜采用内径不小于 50mm 的钢管。

⑥ 组线箱至各住户出线口间应敷设电话线暗管，管材宜采用钢管或硬质 PVC 管。有特殊屏蔽要求的电缆或电话线，应采用暗设钢管并将钢管接地。

2．电缆槽

在未设暗管的楼房，可加装 U 形电缆槽，其结构如图 6-23 所示。

U 形槽的底部用胶粘剂或螺钉固定于墙上，然后扣上其槽盖，线路装设或检修时，只需打开槽盖就能施工，十分方便。U 形电缆槽的槽体为聚氯乙烯塑料制成，备有各种颜色，选用时应和装设的地区墙壁颜色协调。

长约 2m 一段　　单位：mm

图 6-23　U 形电缆槽截面

- 还有其他形式的暗管道吗？

6.3.2　楼内电缆的走向

楼内电缆从楼房旁边的手（或人）孔引入，在适当地点设总配线箱，楼房内如有用户交换机，则在靠近交换机室的附近引入，如无交换机室则应在楼的中部或配线线路的汇集点引入，然后根据用户情况再设若干配线箱（或暗线箱），如图 6-24 所示。

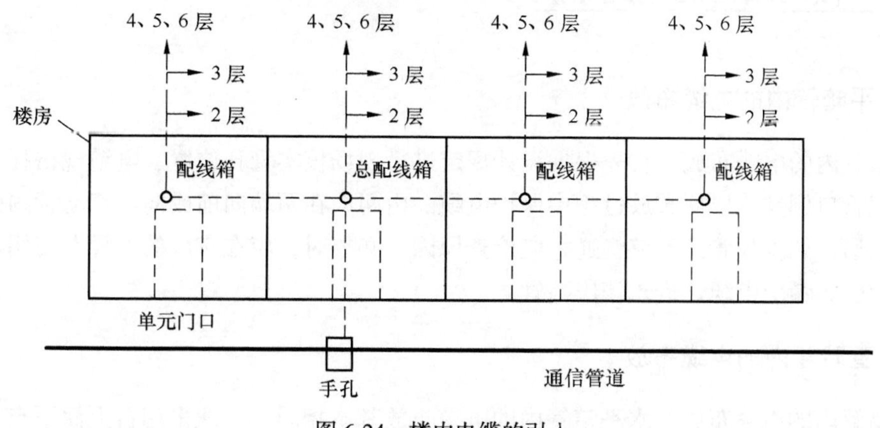

图 6-24　楼内电缆的引入

楼内电缆从总配线箱到各配线箱一般选取垂直通道，也可通过楼梯道上下连通，一般每一层楼布放一条电缆，且不复接，如图 6-25 所示。

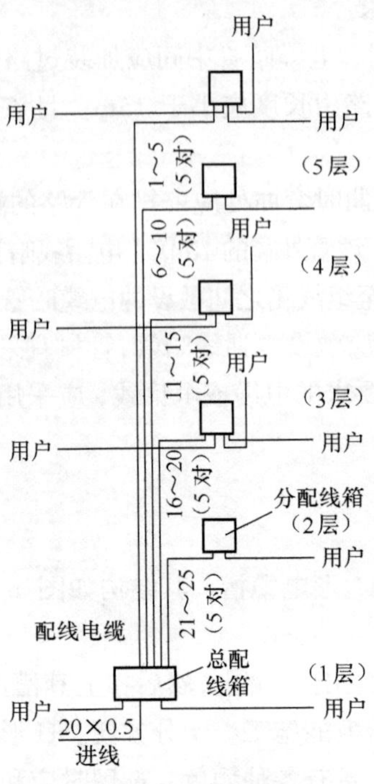

图 6-25　有眼拉攀装置

高层住宅建筑层电话配线方式如下。

① 塔式住宅楼。塔式住宅楼一般以共同楼梯、电梯为核心布置多个住房的高层住宅，根据每层住户数及每户终期所需数量，在一层进线室设总组线箱，并在适当楼层设置有余量端子的组线箱。楼前暗管系统按一处进线。

② 板式住宅楼。板式住宅楼一般每户都能南北通透，根据每层住户数及每户终期需要的数量，在一层进线室设总组线箱，再在适当楼层设有余量端子的组线箱，楼前暗管系统按一处以上进线。

6.3.3　楼内暗管的电缆布放

1．水平暗管内的电缆布放

水平暗管内的电缆布放，首先根据设计规定进行现场核实管孔位置、电缆规格程式，检查暗管管口并把管口倒钝，以便布放过程中保护电缆。由两人在两端向前或向后牵动管内引线，检查管路是否畅通，如发现管路不够畅通，应检查原因，必要时，应在布放的电缆上使用润滑剂，然后用网套牵引头牵引电缆，进入该段暗管。

2．垂直暗管内的电缆布放

垂直暗管内的电缆布放与水平暗管内的电缆布放基本相同，一般采用自上而下布放，需要时

也可自下而上布放。如果跨楼层布放，跨层的楼面需有人监护电缆，直到布放完毕。

在配线箱内的余长应圈好绑扎在配线箱内，并用棉纱等材料堵塞管孔与电缆间的空隙及空余的管孔。

归纳思考

- 不同的敷设方式对路由及其他规定的影响。

6.4 用户引入线

从分线设备至用户话机的连接线称为用户引入线。当分线设备已进入用户建筑物内时，引入线仅包含室内连接；分线设备未进入用户建筑物时，则引入线包含用户室外引入线和室内引线两部分。

6.4.1 用户引入线装设要求

用户引入线按以下要求装设。

① 用户引入线长度应不超过 200m，且从下线杆至第一个支撑点的跨距不超过 50m。超过时，应加立电杆。

② 同一方向的用户引入线最多不超过 6 条，超过 6 条时应改用塑料电缆引入。同一方向多条皮线之间应间隔均匀，垂度一致。

③ 用户引入线不得跨越无轨电车滑行线。

④ 用户引入线与电力线交叉间距不得小于 40cm；跨越障碍物不得有托磨现象，否则应加以保护。

⑤ 跨越胡同（里弄）或街道时，其最低点至地面垂直距离，应不小于 4.5m。跨越档内不得有接头。

⑥ 用户引入线由架空杆路下线，可采用 1.0～1.2mm 线径的单芯皮线（或铜包钢皮线）；室内沿墙皮线可采用多芯皮线。

⑦ 剥除皮线绝缘物时，不得损伤芯线，否则应重新剥除。

6.4.2 分线设备下线布设方法

分线设备下线布设方法如下。

① 皮线的导线连接在（夹在）分线设备连接线柱螺母的两垫片之间，绕接线柱一周，连接牢固，皮线绝缘物切口应靠近垫片，最大间隙不大于 2.5mm。非螺杆端子的分线设备，按生产厂规定办理。

② 分线设备内的皮线走向应整齐、合理，连接良好。如经塑料电缆引出时，塑料电缆应做编号，多余线对理顺后用塑料套管套好备用。

③ 分线设备下线（爬杆线）安装规格如图 6-26 所示。

④ 皮线下线在多沟隔电子上做终端绑扎，如图 6-27 所示。

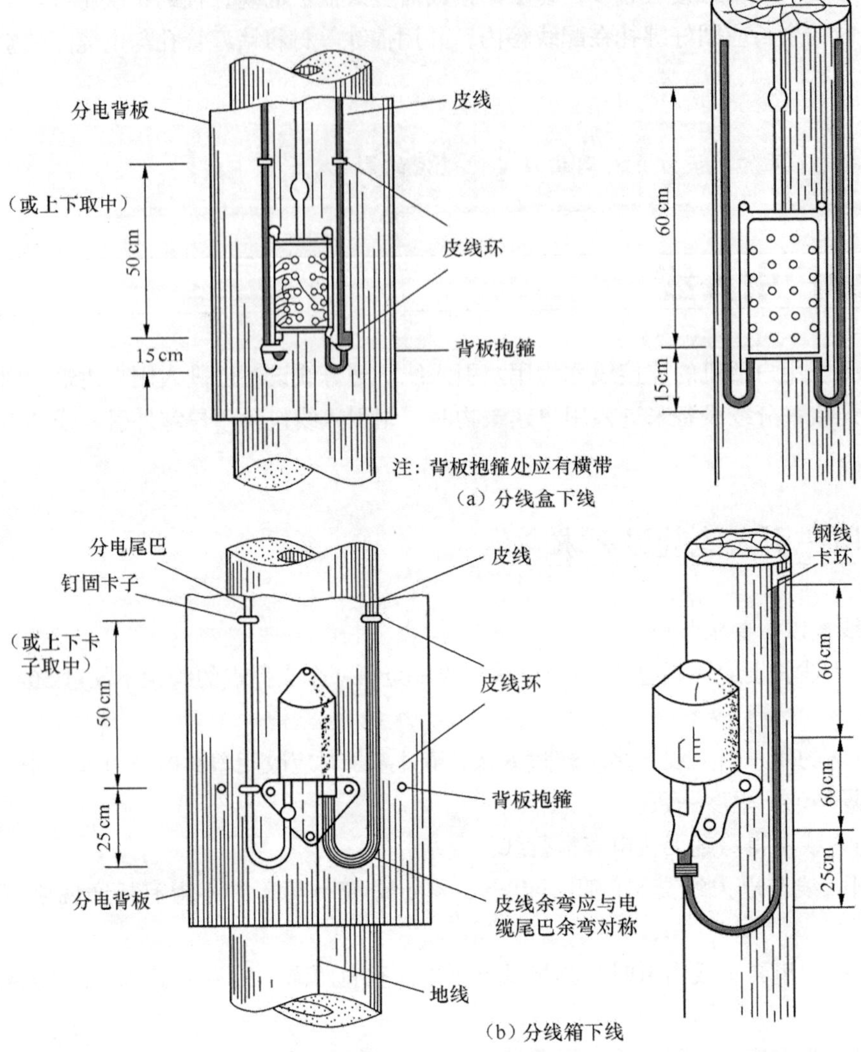

图 6-26　分线设备下线

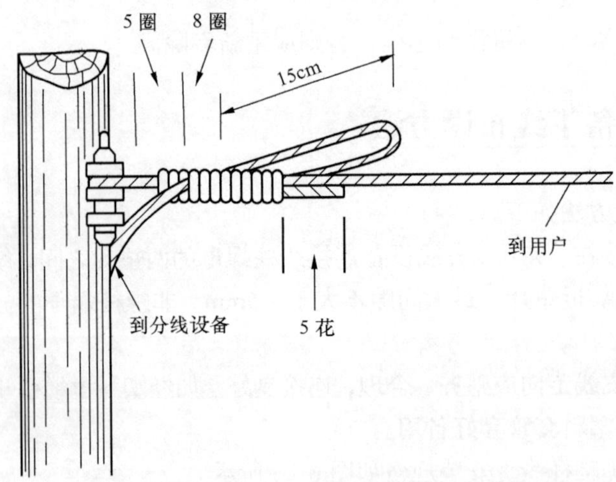

图 6-27　多沟隔电子绑扎

⑤ 电杆上装设多沟隔电子的方位：应装在线路有下线的一侧；线路两侧均有用户时，应在电杆两侧均装设多沟隔电子，如图 6-28 所示。

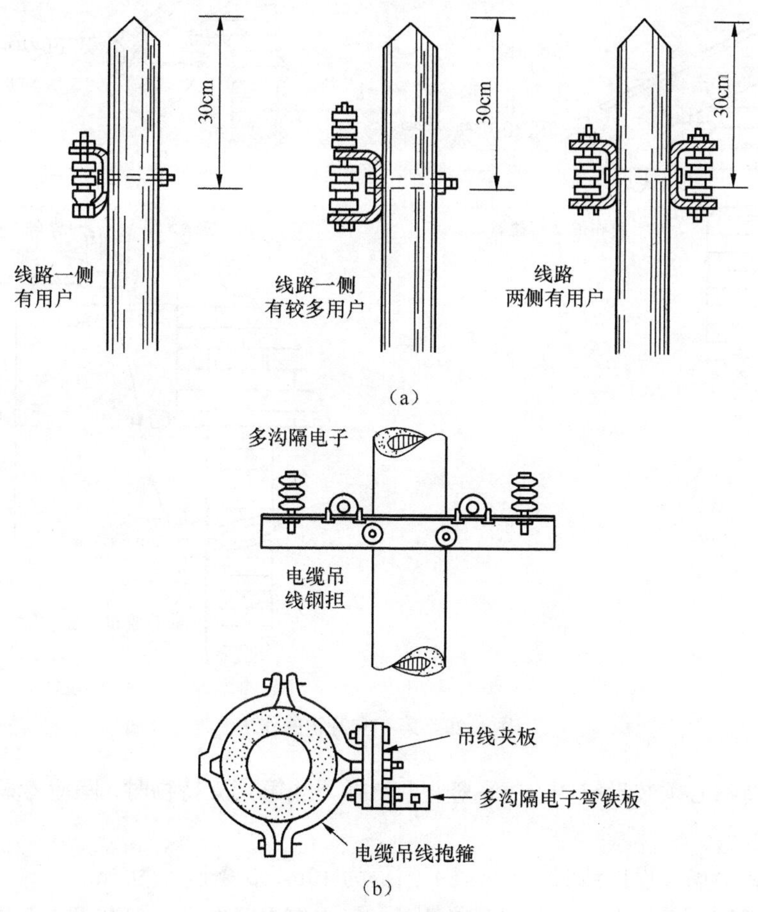

图 6-28 电杆装设多沟隔电子

⑥ 由电杆下线到第一支持物的作法如图 6-29 所示。

⑦ 多沟隔电子在杆上装设位置要求如下。

- 多沟隔电子距杆顶不小于 300mm。
- 多沟隔电子与电缆吊线间的距离不小于 200mm，两层吊线之间严禁装设多沟隔电子。

6.4.3 沿墙皮线布设方法

1. 室外皮线布设要求

室外皮线布设要求如下。

① 墙上布放引入线时，可采用多沟隔电子，直螺角或鼓形隔电子等装在支持物上或用其他方法固定。

② 墙壁支持物可采用插墙板、角钢、L 形角钢等，间距应小于 10m 或与电缆吊线支持物结合使用。

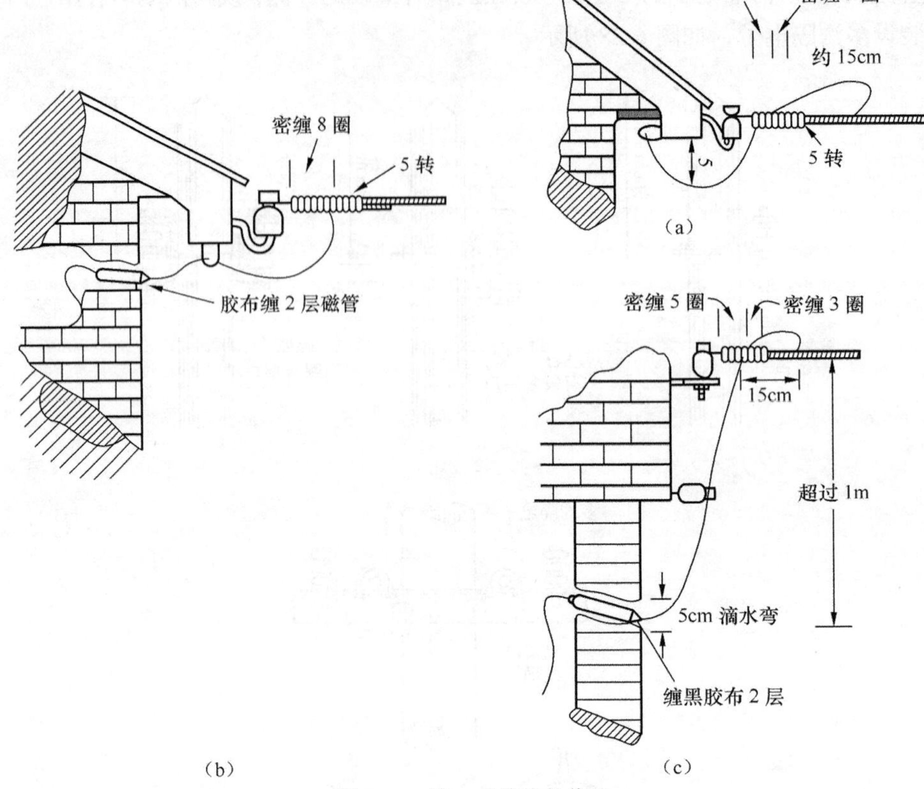

图 6-29　第一支持物的作法

③ 墙壁支持物必须装设牢固、横平竖直。选择下线第一支持物时，除应考虑牢固外，还应兼顾引入线走向合理。

④ 用插墙板沿墙布设皮线时，3 条以下间隔为 10m，3 条以上为 5m。

⑤ 小号双重隔电子最多只能装设两条皮线，每个多沟隔电子一般装设 3 条皮线，最多不得超过 6 条皮线，每条皮线均应单独绑扎。

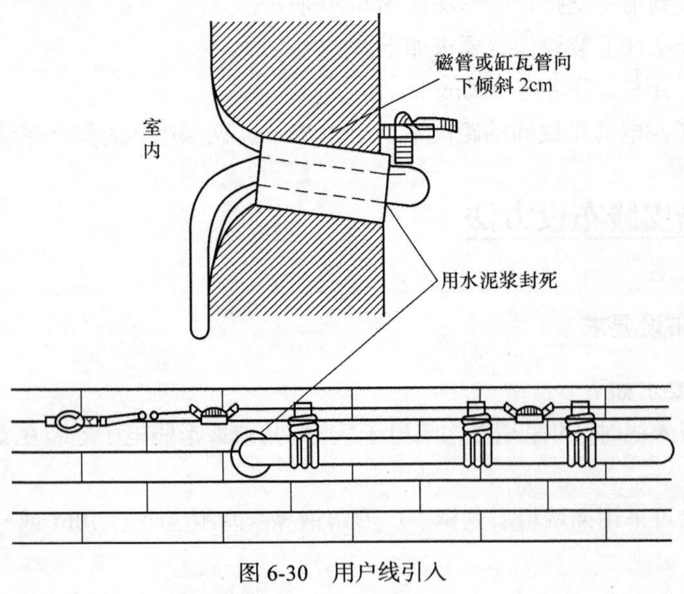

图 6-30　用户线引入

⑥ 鼓型隔电子，只适用于一条皮线，一般用在廊下或不能用绝缘卡钉、皮条固定场所，其间距为 2m 左右。

⑦ 进线口选择应符合以下要求。

- 进线口位置应选择在邻近电话机或用户保安器的地方。
- 用户引入线由室外引入室内洞眼，室内应高于室外 10～20mm，如图 6-30 所示。
- 皮线引入视具体情况尽量布设整齐美观。
- 皮线自高位引入时，应在接近洞眼处，皮线略向洞眼下留个小余弯，如图 6-31（a）所示。
- 皮线来自下方时，可直接引入洞眼如图 6-31（b）所示。

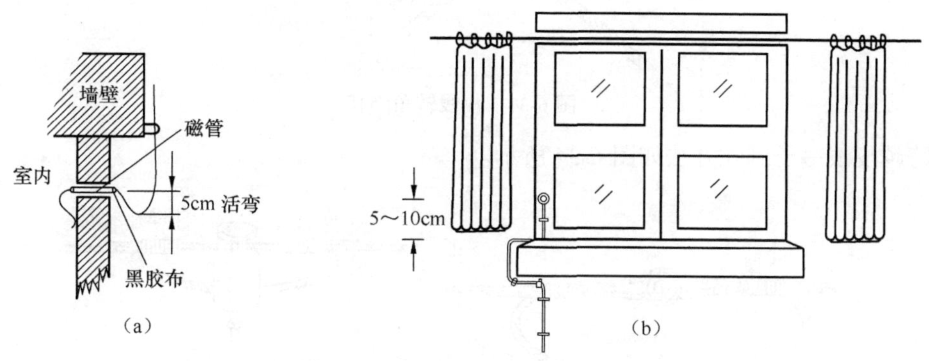

图 6-31　用户引入线进入室内示意图

⑧ 用户引入线的最后支持点到进线口的距离，一般不超过 50cm。

⑨ 用户室外线应尽量避开障碍物，并应不影响用户开窗开门。

2．皮线绑扎

皮线绑扎有直接绑扎、转角绑扎及跨越皮线弓子绑扎等方法。

① 皮线直接绑扎方法如图 6-32 所示。

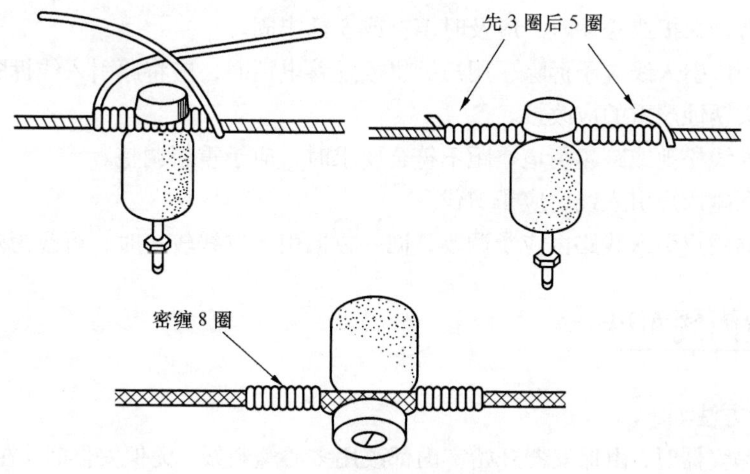

图 6-32　皮线直线绑扎

② 皮线转角绑扎方法如图 6-33 所示。

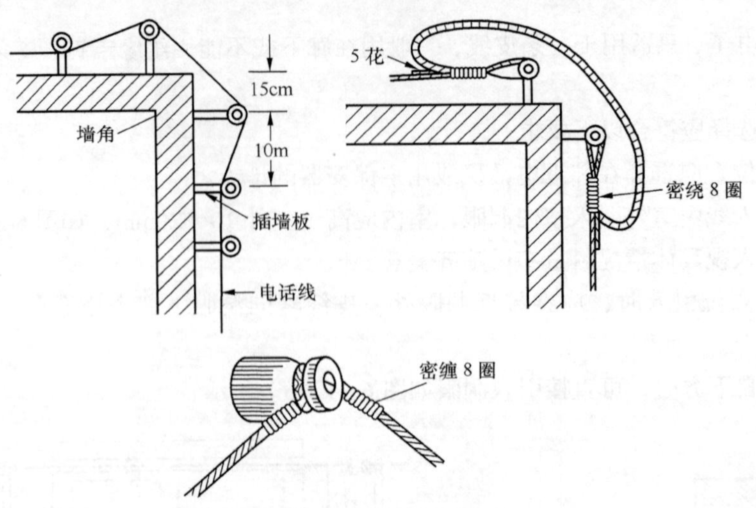

图 6-33　皮线转角绑扎

③ 跨越皮线弓子绑扎方法如图 6-34 所示。

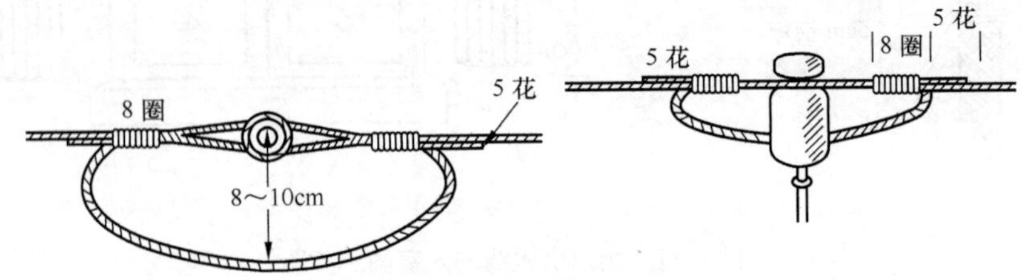

图 6-34　跨越皮线弓子绑扎

6.4.4　用户引入线检修原则

用户引入线检修原则如下。

① 凡引入线绝缘物龟裂、老化、脱胶、腐蚀不能起绝缘作用时，不论年限多久，均应更换。

② 凡引入线与电力线交叉接近，不符合规定及托摩建筑物时，均应加装保护装置。

③ 固定支持物缺损或松动时，应及时填补或安插牢固。

④ 空闲的用户引入线应予拆除，用户拆机或迁移电话时，应将原引入线拆除。

⑤ 皮线接头锈蚀严重的应改接。

⑥ 用户引入线松弛或跨越街道空距不符合要求时，应予重新调整。

⑦ 有树枝刮碰用户引入线，应予剪伐。

⑧ 不合理的用户引入线路由应予调改，同一方向引入皮线较多时，可改为塑料电缆引入。

6.4.5　室内线布设

室内线布设方法如下。

① 如装有保安器时，由保安器开始室内都改用多心塑料线，无保安器时，在进线口内改用多心塑料线，其线色尽量与室内墙壁颜色相同。

② 室内线不超过 5m 时，室外皮线可直接引入室内，连接话机。

③ 室内布线的原则，要因地制宜，做到安全、牢固、隐蔽、美观。

④ 室内线穿过墙壁时，应穿入磁管或塑料管保护，如图 6-35 所示。

⑤ 固定室内皮线一般用绝缘卡钉、皮条或塑料条。同一方向敷设两条以上时，须分设卡钉，线条间隔为 0.5cm，卡钉应相互相错开 1cm，如图 6-36 所示。

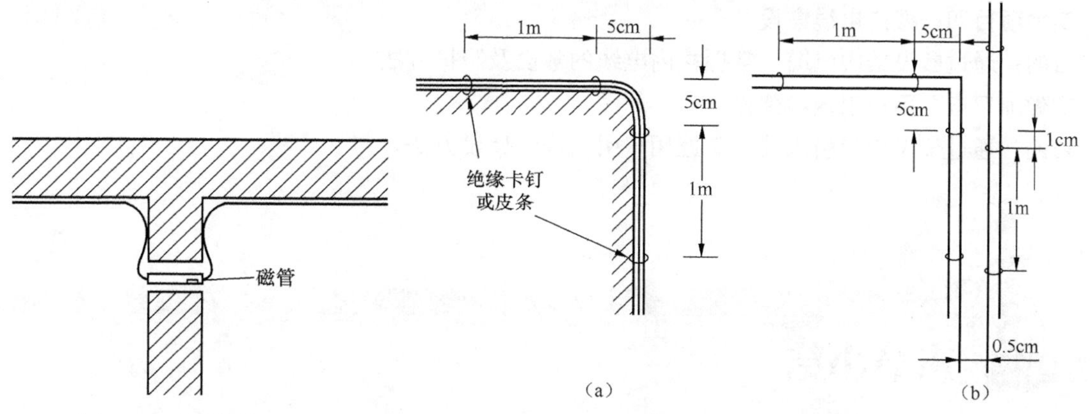

图 6-35　穿墙保护　　　　图 6-36　室内布线固定规格

⑥ 室内皮线敷设的路由，应尽量避开潮湿地方和暖气设备，与电力线交叉时，间距应不小于 2cm，并套磁管或缠黑胶布加以保护。

⑦ 暗线连接要求如下。

- 室内暗线有插销固定座的固定方法如图 6-37 所示。
- 室内暗线盒连接方法如图 6-38 所示。

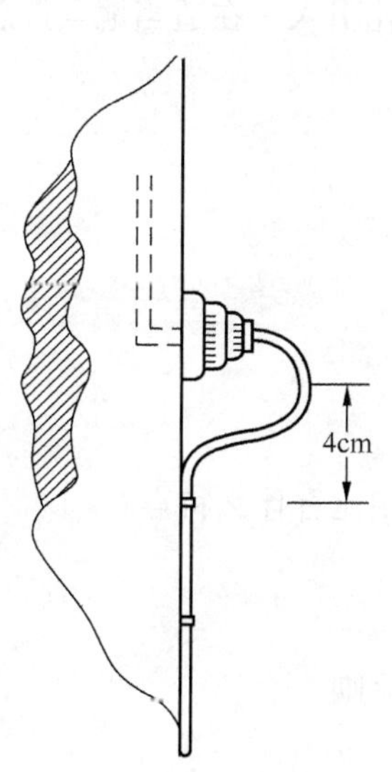

图 6-37　插销式固定方法

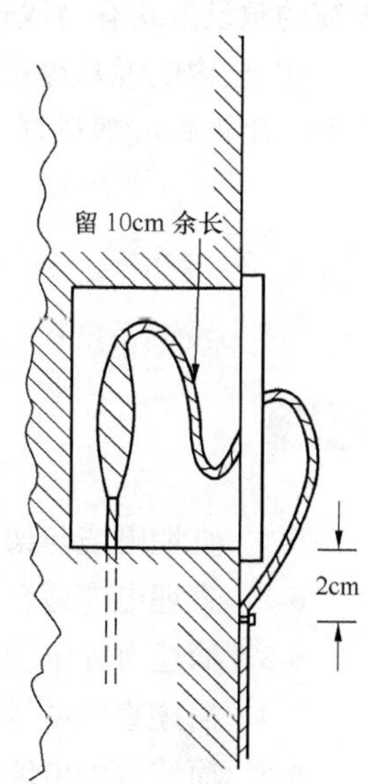

图 6-38　暗线孔连接方法

实做项目与教学情境

实做项目一：参观直埋、墙壁及楼内电缆

目的：通过参观，了解直埋电缆、墙壁电缆、楼内电缆的使用环境及附属设备的安装。

实做项目二：电缆接头坑处理

目的：通过接头坑处理，掌握直埋电缆接头坑的制作方法。

实做项目三：墙壁电缆敷设

目的：通过敷设墙壁电缆，掌握墙壁电缆的敷设及防护方法。

实做项目四：楼内电缆敷设

目的：通过敷设楼内电缆，掌握楼内电缆的敷设及防护方法。

实做项目五：用户引入线架设

目的：通过架设用户引入线，掌握用户引入线的架设方法。

本章小结

本章介绍了直埋、墙壁、楼内电缆的敷设及用户线的架设，主要包括以下内容。

① 全塑电缆直埋敷设是将带有外保护层的全塑电缆直接埋于地下土壤中，电缆的选择以石油膏填充型铠装电缆为宜。

② 从分线设备至用户话机的连接线称为用户引入线。

③ 利用墙壁敷设全塑市内通信电缆，可以免去立杆路、铺管道等工作。墙壁电缆的敷设方式有吊线式、卡钩式。

④ 楼内电缆从楼房旁边的手（或人）孔引入，在适当地点设总配线箱，暗管一般采用钢管或塑料管。

习题

6-1 直埋电缆与架空、管道电缆敷设相比有什么特点？

6-2 直埋电缆适合在什么环境下敷设？

6-3 简述直埋电缆回土夯实的规定。

6-4 简述直埋电缆沟及接头坑的操作原则。

6-5 简述直埋电缆的敷设方法。

6-6 简述直埋电缆接头的保护方法。

6-7 简述直埋电缆维护的内容。

6-8 简述墙壁电缆在穿越墙壁时的保护措施。

6-9 简述墙壁电缆的敷设方式。

6-10 简述楼内暗管的敷设要求和暗管电缆的布放方法。

第7章 电缆线路维护

本章教学说明

- 主要介绍电缆线路的割接、曲线法查漏和全塑电缆的防护
- 简单介绍充气系统及监测系统

本章内容

- 电缆线路的割接
- 电缆的充气系统及其维护
- 全塑电缆的防护

本章重点、难点

- 电缆的改接、新旧局割接
- 电缆漏气障碍查找方法
- 全塑电缆防雷电

本章学习目的和要求

- 掌握电缆线路改接的方法
- 掌握全塑电缆防雷电的要求及其方法
- 掌握曲线法查漏
- 理解有害气体防护的重要性
- 了解电缆充气系统的构成、了解电缆气压监测系统
- 了解全塑电缆的防腐蚀方法

本章实做要求及教学情境

- 参观充气系统及气压监测系统
- 制作防雷电的接地

本章学习能力要素及基础要求

- 课前预习相关内容
- 掌握电缆线路维护的相关内容

- 通过实践操作掌握防雷电方法

本章学习方法建议

- 预习复习结合
- 观察现场、实践操作与课堂学习结合
- 自学与探讨结合
- 寻求教师答疑与学习反馈结合

本章建议学时数：6 学时

7.1 电缆线路的改（割）接

7.1.1 改（割）接概念及其基本原则、要求

用户由旧电缆改到新的电缆称为改接，由旧局所改到新的局所称为割接，二者统称改（割）接。在电缆施工和维护中，常常因电缆迁移、更换和芯线调整，更改和调整配线区，而进行改（割）接工作。

通信线路的改（割）接是重要的施工项目，属于时间要求紧、质量要求高、技术性强的线路工程。

1．电缆改（割）接原则

电缆改（割）接原则如下。

① 施工人员必须掌握设计要求，摸清新旧设备情况，研究确定安全、迅速、高质量的施工步骤和方法。

② 施工以不影响用户通话为原则，在改接用户线之前，须事先和有关方面联系，为确保其通信不阻断，必要时应确定改线时间，按时进行改线。

③ 对专线、中继线、复用设备线对、数字传输线对及重要用户线对割接改线时，不得任意将 a、b 线颠倒，并要采用复接改线法，以避免通信中断，对号时需串一个 1～2μF 的电容。

④ 测量室及局外的改线点，必须互相配合，以免发生接错等障碍事故。

⑤ 对所设置的新电缆及设备，必须严格地检验测试及验收，完全符合技术标准要求后，方可进行对旧设备的改换。

⑥ 电缆线路工程竣工验收工作须执行相关规定。

⑦ 在总配线架（MDF）上所布放的聚氯乙烯（0.5mm × 2）跳线，线间不得有接头。

⑧ 不得同时在同一条电缆上设立多处改点，尽量减少临时性措施，以避免发生因改线施工造成的人为障碍。

⑨ 必须在局外割接时，应尽可能避免在交通繁忙的路口施工。

2．电缆改（割）接要求

电缆改（割）接要求如下。

① 改（割）接前一天，施工单位必须通知有关局、所的测量室，共同检查割接前准备工作的落实情况。割接时再次通知各有关测量室。

② 施工单位如对预定时限的割接工作因故不能完成时，事先必须主动通知有关测量室，并协商临时解决措施。

③ 改（割）接工作完成后，施工单位应及时通知有关测量室，以便测量室对大客户、重要用户及数据业务客户马上进行测试、验证，必要时进行回访确认。

3. 电缆改（割）接前期准备工作

（1）调查割接区域内的线路使用情况

① 电话号码、种类、有无复用设备、是否开通宽带业务。

② 分线设备对数、线序范围、配线方式、分布情况及地址。

③ 局线、配线及专线使用情况。

④ 主干电缆保气情况。

⑤ 障碍线对及障碍类别。

（2）制订改（割）接方案

① 制订改线表。

② 填写调动单（电缆、引入线）。

③ 装设联络电话，确定改线点。

④ 召开施工前会议（割接相关单位）会审方案，确定割接时间。

⑤ 送达开工通知等文件。

（3）注意事项

① 人民电台广播线、电报遥控线、长途电话线、防空警报线、军政专线、警铃线、电传线、载波线、电视线、中继线、计算机联网线均为重要线对（重要用户）。

② 割接重要线对时，由测量室负责对外联系。使用单位、施工人员必须绝对听从测量室指挥，施工人员不得直接与使用单位联系。

- 通信线路的改（割）接是重要的施工项目，一旦出现问题后果非常严重，影响较大，一定要认真谋划，认真对待。

7.1.2 电缆的改接

电缆按改接的部位不同，可分为局（或交接箱）内跳线改接、局外电缆芯线改接、局外分线设备及皮线移改 3 种方法。

每次改接时要根据改接设计方案作出的改接步骤及改线表进行改接，改线表可利用测量室的配线表。改接时按照改线表的改接线序及电话号码进行改接。

1. 局（或交接箱）内跳线改接

从总配线架（或从交接箱）起至电缆线路上的某点止更换电缆时，要用局 （或交接箱）内跳线改接法。改接前应先对新设电缆绝缘电阻及不良线对进行测试和处理。为便于局内与改接点的联系，可在新电缆里选择一对线作为临时通话线，改接处对新设电缆放音对号，逐对与局内对照后，在其两端分别编号。局（或交接箱）内跳线改接有环路改接法和直接改接法。

（1）环路改接法

新旧纵列构成环路，如图 7-1 所示。在总配线架（MDF）处要按照用户的电话号码，填写新、旧电缆线号对照表。改接时对不能中断通信的重要用户，先在局内新直列与横列上临时连接，然后在改接处将新、旧电缆按改线表对号改接。进行改接前用耳机听欲改线对有无语音信号，用数字万用表的交流灵敏电压挡测试有无数字信号（耳机听不出高频数字信号），发现芯线上有信号时，先改接其他线对，待用户停用时可改接这对线。改接完毕后 MDF 可把旧跳线拆除，通知测量室进行测试，确信无故障后再封合。如改接工作当天无法全部完成，应把新电缆尾端与旧电缆妥善包扎，避免潮气进入，并注意避免芯线线端短路相碰。

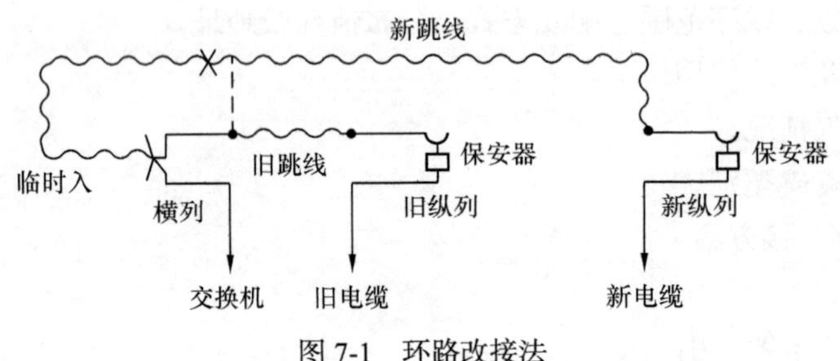

图 7-1 环路改接法

（2）直接改接法

直接改接法如图 7-2 所示，先布放好新跳线位置，并连接好新纵列，上好保安器。改线时，与局外配合同时改动，横列上切断旧跳线，改连新跳线。这种方法只适用于少量普通用户线对。

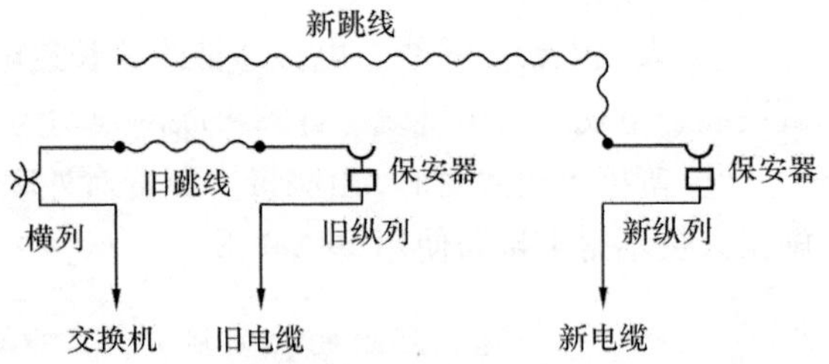

图 7-2 直接改接法

2. 局外电缆芯线改接（或电缆的中间改接）

电缆线路中间有一段发生障碍无法修复需要换一段新电缆，称为局外电缆芯线改接。改接视工作条件、地点不同采用以下具体方法。

（1）切断改接法

将新电缆布放到两处改接点，新、旧电缆对好号后，切断一对改接一对，短时间地给用户阻断通话。采用这种方法时，新旧芯线对号必须准确，改线各点要密切配合，同时改接。通常，电缆线路容许暂时中断时可用此种方法改接，适用一般的用户，如图 7-3 所示。

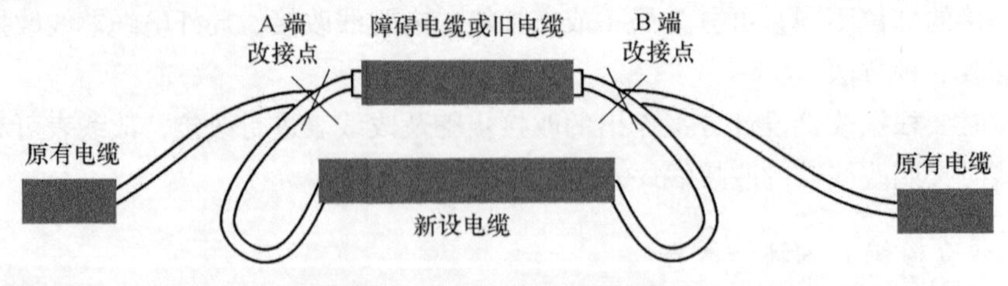

图 7-3 局外电缆切断改接法

（2）扣式接线子复接改接法

扣式接线子复接改接法是 20 世纪 90 年代中期采用的一种新的割接方法，更换电缆改接如图 7-4 所示。

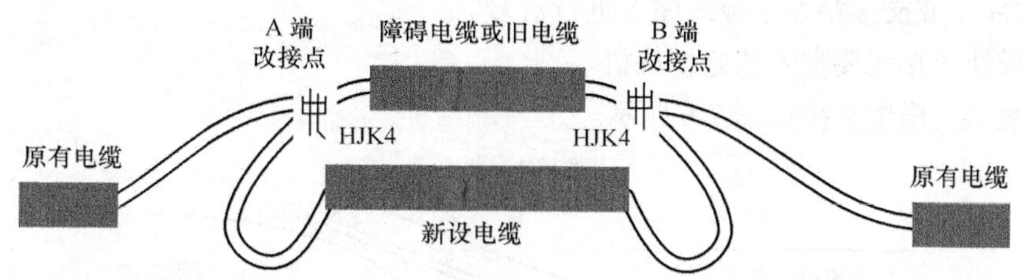

图 7-4　局外电缆扣式接线子复接改接法

扣式接线子复接改接法，将新电缆布放到改接点，新旧电缆对好号后，先利用 HJK4 或 HJK5 扣式接线子进行搭接，然后再剪断要拆除的旧电缆芯线。此种方法适用于较小对数电缆的改接，特别适用于个别重要用户的改接。

（3）模块式接线子复接改接法

模块复接割接方法是 20 世纪 90 年代中期采用的新技术、新器材的一种新的割接方法，不用联络电缆，复接时不影响用户通话，不影响业务发展（装机），割接时障碍极少，安全可靠。此种方法适用于大对数电缆的割接。

模块式接线子复接改接法割接的步骤如下。

① 电缆对号。

在复接点原有电缆有接头的对号按下列要求进行。

- 在原接口处与旧电缆局方竖列线序（或交接箱端子板线序）对号（应用感应对号器对号或利用模块测试孔对号，不得损伤芯线绝缘层）。
- 在原接线模块上写有线序号的也应复对号。
- 对旧号时，竖列线序号（或交接箱端子板线序）与模块出线色谱一致时可在模块上写好线序，以便复接用（如模块上已有线序号，只做好复对号的标记），可不作临时编线。
- 竖列线序号与模块线序不一致时，可采用临时编线（编篦子）的方法。

在复接点原有电缆没有接头时的对号按下列要求。

- 在复接点的旧电缆处把电缆开长 1.3m，剥去电缆外护套，将旧电缆的将被拆除端余弯向复接点处拉过约 80cm，使电缆芯线成 U 形弯，如图 7-5 所示。

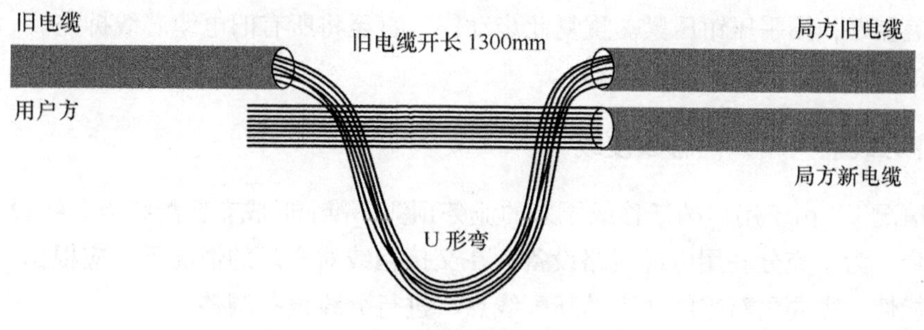

图 7-5　复接点电缆芯线处理

- 对旧号采用临时编线的方法（编篦子），以一个基本单位（25 对）为一编，同时挂标牌写明线序号。

根据设计对新电缆进行对号。若对一条旧电缆中的一部分进行更换，则两割接点都应与旧电

缆局方竖列线序（或交接箱端子板线序）进行对号。

② 按照模块式接线要求安装好模块机。

③ 电缆复接。电缆复接如图 7-6 所示。

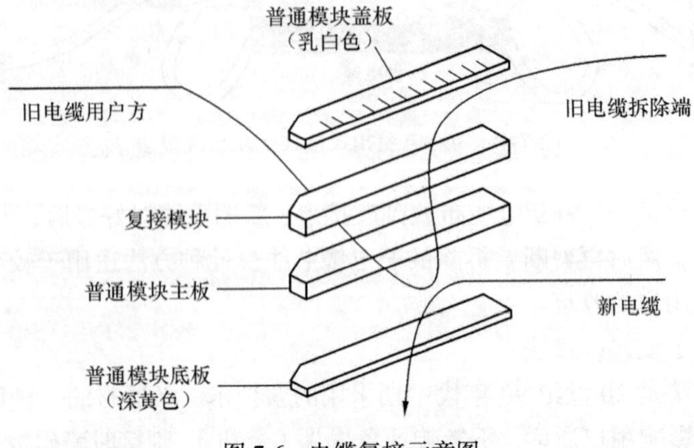

图 7-6　电缆复接示意图

- 在接线机头耐压底板上装好接线模块底板（深黄色），按色谱放入新电缆的线对（注意 a 线在左，b 线在右），用检查梳检查有无放错线位的情况。
- 装好接线普通模块主板（带刀片的），深黄色在下、乳白色在上，放入用户方向的线对并用检查梳检查有无放错线位的。
- 在用户方向的线对上装好复接模块（带刀片的，蓝色朝下，乳白色朝上），再放入旧电缆拆除端的线对，用检查梳检查有无放错线位的，最后装好接线普通模块盖板（乳白色）。
- 装好手压泵头，位置端正，关紧泵气阀，手握泵柄下压数次至听到 3 次声音，将切断的余下线头轻轻拉下，拉开泵气阀拆去泵头。在模块上写线序号，便完成了 25 对基本单位的复接。

按照以上 4 步，将所有的线对全部复接后按模块接线子接续要求再进行套管的封合。

④ 拆除旧电缆。

待所有的割接工作完成后，再拆除旧电缆。其步骤如下。

- 打开接头套管。
- 使用模块开启钳，将复接模块的上盖开启，把要拆除的旧电缆线对从卡接刀片中拆下，再将模块上盖盖好，用手压钳压紧。重复此步动作，直至将所有旧电缆芯线拆完。
- 拆除旧电缆，将接头重新封合好。

3．局外分线盒（箱）内移改皮线

在某些情况下，由于用户的迁移或原来的业务预测不准，形成有些配线点分线设备容量不足，有些则有剩余，为了充分利用电缆线路设备，在交接箱线对充足的情况下，应根据用户现有情况及发展的可能性，需要重新组织适当的新配线点，进行分线设备调整。

图 7-7 中细线为某电缆路由原分线设备情况，由于用户增多，现有线对容量已无法满足用户装机要求，并且由于分线盒位置设置的不合理，造成一些用户引入线较长。为了解决这一问题，适应发展需要，必须重新调整分线盒容量、线序及装设地点，如图 7-7 中粗线所示。随分线设备的更换，皮线的移改要同时进行，一般常用切断移改法或复接改线法。

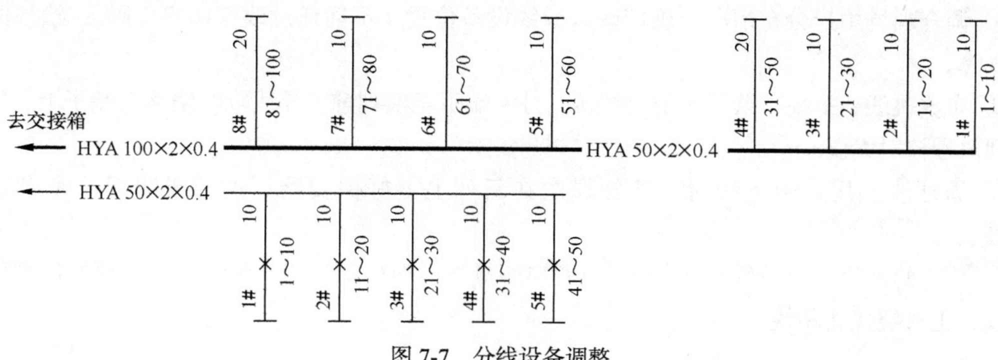

图 7-7　分线设备调整

（1）切断移改法

切断移改法移改时可从旧分线设备拆下皮线，旧皮线仍能使用时，连于新分线设备上，否则拆旧换新，这种方法适用于一般用户。

（2）复接改线法

复接改线法移改时，先用一条副线把用户皮线与分线盒相应端子复接，然后再把皮线正式连在分线设备上，拆除副线，如图 7-8 所示。

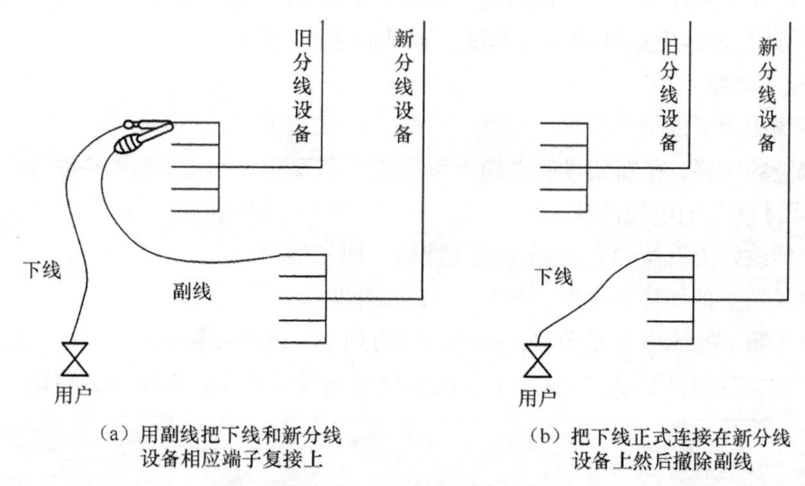

（a）用副线把下线和新分线设备相应端子复接上　（b）把下线正式连接在新分线设备上然后撤除副线

图 7-8　复接改线法

（3）爬杆皮线改接

爬杆皮线改接一般采用装新拆旧的更换方法。

- 电缆改接的各种方法。

7.1.3　调区改线

1．新建配线区

新建配线区应以环路改接为主，其步骤如下。

① 调查现场用户分布情况，确定改入分线设备位置（不能任意改变用户号码），绘填配线表和改线簿。

② 布放跳线，一端在纵列端子上绕接，另一端引至横列前，导线临时绕接在端子上，然后新旧纵列对号核对无误。

③ 局外改连用户引入线时，通知局内在新列上上好保安器，通话或测听，确定无误即改下线。

④ 局外每改完一个分线盒（箱），应通知测量员拆旧列保安器，测试用户，测好后即可拆除旧跳线，正式绕接新跳线。

2．调改线序换电缆

（1）更换分线盒（箱）

① 把旧分线盒（箱）拆离原位并临时吊在钢线上或电杆上，装钉新分线盒（箱）并对号编线。

② 拆旧接口，至局内（交接箱）对号核对原芯线。如果扩大线序，应对出设计编排的新线序。

③ 按对好的线序顺序改接，当改接使用线对时，局内跳线（交接箱跳线）、接口内的芯线、引入线同时改动。全部改完通知测量台测试，测试后才能封焊。

（2）更换配线电缆

① 调查现场用户下线分布情况，填制配线表及改线簿。

② 根据调查的结果，在新架设的电缆上编排线序和安装分线盒（箱）并进行一次绝缘及气压试验，符合要求才能与旧电缆改接。

③ 在旧电缆改线点开接口，至局（或交接箱）对号编线。

④ 分线盒（箱）的线序不变时，接口与引入线同时改线。

⑤ 分线盒（箱）的线序有变动时，必须由局内列上（或交接箱端子）、接口及分线盒（箱）3处同时改线。有时在接口内先临时复接上，然后再改跳线及下线，以减少影响通话时间。

- 调区改线的方法。

7.1.4　新旧局割接

新旧局割接是局内外配合较为复杂的工程。它要根据外线的具体方位、使用情况等确定最安全可靠、工料消耗最小的割接方案。这里说的是基本的方法，在割接时必须灵活、妥善地综合运用。

1．新局地下室敷设主干电缆及新局成端电缆要求

（1）新局地下室敷设主干电缆要求

① 根据设计选定的管孔及人孔，先进行清扫并带入铁线。

② 按照全塑电缆的敷设要求（如电缆 A、B 端，气压，拿弯，曲率半径等）施工。

③ 电缆接头按全塑电缆接续要求（如接线模块的采用、恢复屏蔽层、套管封闭等）施工。

④ 主干电缆要保证复接模块（复接点）接口的电缆头不小于 65cm。

⑤ 总配线架竖列保安排线序应与电缆色谱序号相对应，坏线对在倒线时应作好记录。

（2）新局成端电缆的安装制作要求

① 新局上列时应采用 PVC 型全色谱并有良好的阻燃性和屏蔽接地性能的电缆（电缆屏蔽铝带外侧有一条 7/0.5 裸铜线）。

② 成端电缆堵塞采用专用堵塞杯，气闭试验冲入的气压为 80kPa。

③ 成端电缆堵塞接头 HYA 与 PVC 电缆芯线接续采用 25 回线防潮模块压接，备用线对应接通上列，甩在把线下端，要求竖列序号与电缆单位色谱一致。

④ 由 HYA 主干成端电缆内引出的屏蔽地线应与屏蔽地线铜带连接牢固，同时与 PVC 电缆中的 7/0.25 裸铜线复接上列，在把线切口处引出，与总配线架地线连接牢固、有效，成为两级地线保护。

⑤ 成端竖接头采用 CHD185 组合型套管，安装时应注意组合套管上盖穿进 PVC 电缆孔内的胶嘴应保证完整，严禁剪掉或损坏，以保证封闭良好。套管封闭后要求整齐、美观、严密，固定竖接头的托架、卡箍齐全。

⑥ 为保证成端电缆竖接头防潮、密封性能良好，套管采用上盖封堵的措施（PVC 出线口处注入密封树脂）。

⑦ 成端电缆（PVC）把线要求出线对数应以保安排的容量为准，出线点应保证横平竖直、距离符合技术要求。把线绑扎要求 PVC 缆芯主干部分缠扎有阻燃性能的聚氯乙烯带分出的线对，拿弯部位应加尼龙网套保护。

⑧ 成端把线与保安排连接，要求分线点至保安排穿线孔呈扇形，不得有交叉和互扭的现象，连线牢固。

2．新旧局割接方法

新旧局割接有环路割接法、复接割接法和引入线复接割接法。

（1）环路割接法

环路割接法如图 7-9 所示。

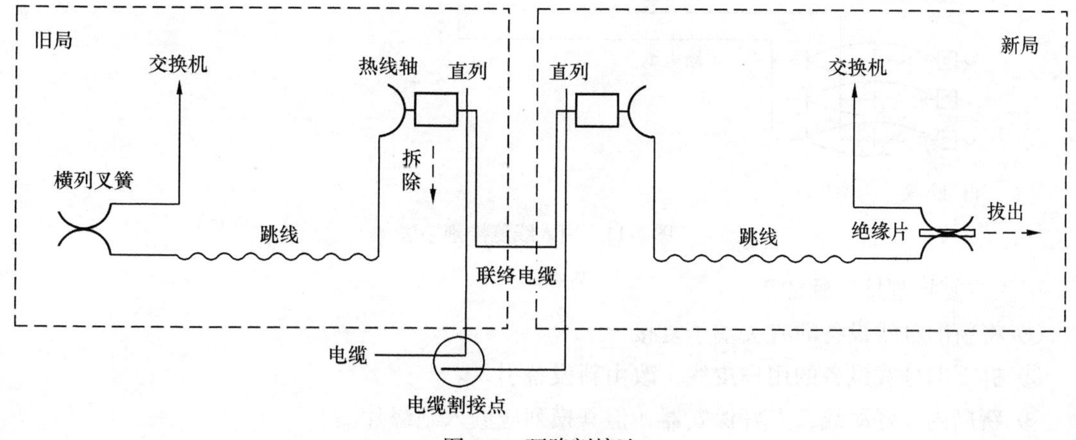

图 7-9　环路割接法

首先布放好联络电缆，用联络电缆将两局直列连通，新局横列用绝缘片隔开。将塑料芯线头绕缠在纵列端子板上，然后在改接点改接电缆。待开通时，拔掉旧局纵列上的保安器，去掉新局横列上的绝缘片，若无障碍可拆除联络电缆。

（2）复接割接法

复接割接方法是应用较广泛的割接方法之一。如图 7-10 所示，由新局引出电缆与旧电缆进行临时复接。新局连接好跳线，横列用绝缘片隔开。开通命令下达时，新局拆绝缘片，旧局嵌入绝缘片（或拉电闸）。开通后若测试无障碍便可拆除复接线作正式接续，并拆除不用的设备。

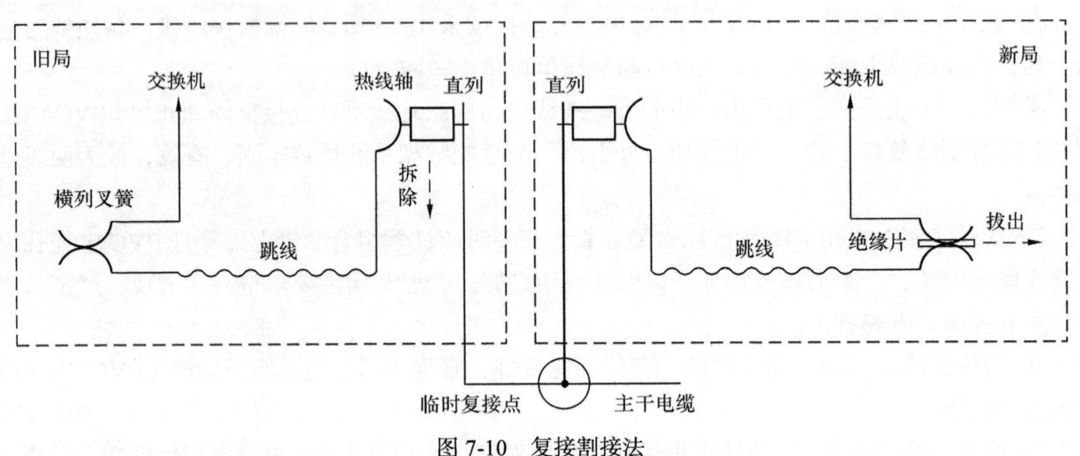

图 7-10　复接割接法

（3）引入线复接割接法

在旧配线区中，新配线电缆已全部布设完毕，开通后改用新分线设备，拆除旧分线设备时采用引入线复接割接法，如图 7-11 所示。

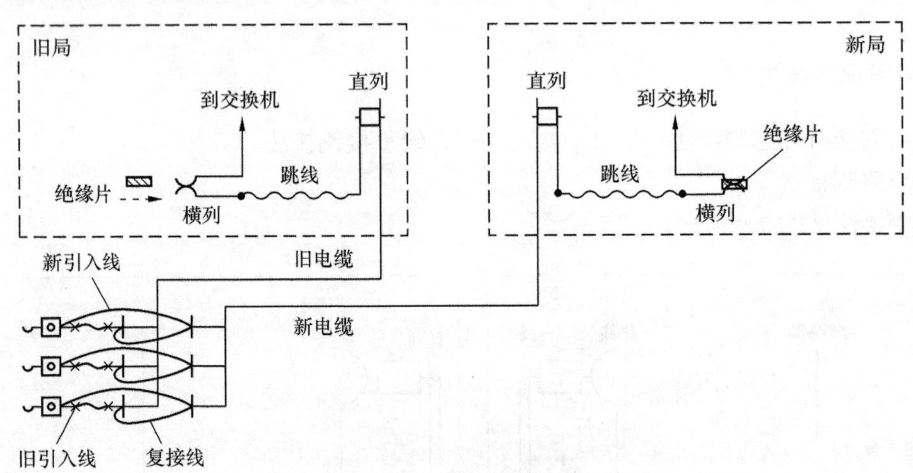

图 7-11　引入线复接割接法

引入线复接割接步骤如下。

① 将新旧分线设备的有关端子复接。

② 拆下旧分线设备的用户皮线，改由新设备引入。

③ 新局内布好跳线，上好保安器，但其横列应嵌入绝缘片。

④ 开通时新局横列拆绝缘片，旧局纵列拆保安器。开通后无障碍拆除复接线及旧设备。

- 电缆线路改接都有哪些要求，为什么改接工作非常重要？
- 电缆线路改接的方法都有哪些？

归纳思考

7.2 电缆的充气系统和维护

- 电缆为什么要充气呢？
- 电缆如何充气呢？

探讨

7.2.1　充气维护相关要求

电缆充气维护是当前用户主干电缆线路的主要维护方式之一。所谓电缆充气维护是指在电缆中充以干燥的空气（或氮气），并经常保持适当的气压，以防止水分、潮气侵蚀电缆，通过气压传感器系统自动监测电缆中的气压变化，及时发现电缆的破裂漏气情况，然后及时查找修复。

1．电缆充气维护的主要性能要求

电缆采用的充气维护方法，其主要性能要求如表 7-1 所示。

表 7-1　　电缆充气的主要性能指标

序号	主要性能的要求	应采取的措施和设置	备注
1	在局内能及时了解各条电缆的气压数据，分析电缆的气闭性能状态	局内应有监视和测试气压的设备	根据设备情况采取人工充气或自动充气设备
2	当电缆发生漏气等障碍时，能及时向局内发出告警信号	局内有接收告警信号的装置	
3	正确地测试和判断电缆漏气的障碍所在地段	局内设有测试装置	
4	如不能及时进行修理障碍时，能够向电缆补充气流保持一定气压	局内或附近有补充充气的设备	
5	修复障碍后能迅速恢复和维持标准的气压	局内或附近有补充充气的设备	

2．充气维护的气压标准

气压维护中的气压标准是指保持一定的稳定气压。各级气压标准如下。

① 自动充气站采用高压与低压两级贮气，高压为 0.4～0.6MPa，低压为 0.2～0.3MPa。

② 采用低压一级贮气，气压在 0.2MPa 以下。

③ 充入电缆的气压，在充气点的最高气压规定如下。

- 自动充气站充气点最高气压不高于 80kPa。
- 流动充气量（包括人工打气筒）充气端最高气压：地下电缆不高于 150kPa，架空电缆不高于 100kPa。

④ 电缆充气维护中常用的几个衡量气压标准的名词，其意义如表 7-2 所示，其标准值如表 7-3 所示，24 小时内允许下降的气压标准如表 7-4 所示，气塞气压允许下降标准如表 7-5 所示。

表 7-2　　气压标准名词意义

气压标准的名词	说明
强充气压（充气端瞬间气压或最高充气气压）	向电缆内充气时，充气端一段电缆内气压首先上升，这时的气压是暂时性的，其气压值应是在电缆外护层允许承受压力的范围内
稳定气压（保持气压或日常保持气压）	经过一定时间充气，把气源切断，停止充气。电缆内的气体逐渐均匀分布，压强也逐渐均衡，这时的气压数值是持久性的。在电缆充气维护中的气压标准，主要是指能保持一定时间的稳定气压
开始补气气压	当稳定气压经过一定时间，由于电缆本身的质量和外界温度等影响，在电缆内的气体会逐渐外溢，而使稳定气压下降到一定数值。为了保证通信质量，应对电缆及时进行补充气体，这一定数值是稳定气压的最低数值
告警气压	由于电缆气闭性能很差，即使补气尚不能保证达到稳定气压标准，并还在继续下降，为了迅速发现和修复电缆障碍，当稳定气压下降到告警气压值时，通过信号向维护人员告警，以便及时修复电缆障碍

表 7-3　　全塑电缆内气压标准

线路形式	气压标准值（kPa）			
	强充气压	稳定气压	开始补气气压	告警气压
地下电缆	<70	40～50	40	30
架空电缆	<70	30～50	30	20

表 7-4　　24 小时内允许下降的气压标准

电缆长度（km）		<0.3	0.3～1	1～3	3～5	5～10
允许气压下降数值（kPa）	地下电缆（不带分歧）	1.8	1.2	0.84	0.72	0.6
	地下电缆（带分歧和气塞）	2.4	1.96	1.32	0.96	0.72

表 7-5　　气塞气压允许下降标准

气塞电缆长度	24 小时允许下降值标准
小于 15m	2kPa
大于 15m	1kPa
注：充入气压为 80kPa	

3. 电缆的充气段及充气网的组成

（1）充气段

习惯上不论何种程式和长度，凡为一个共同充气单元即为一个充气段。原则上以每条出局电缆为一个充气段；地下全塑电缆采用充气维护的，充气段段长一段不超过 10km；水底电缆应单独划分充气段，以两岸为界。如一条中继电缆，一条地下馈线电缆（包括全部分歧及引上电缆），一条引上电缆连接的全部配线电缆等都可以构成一个充气段，但是如果一个单元电缆的总长度不足 1 000m 时，可并入其附近的电缆中，而不单独成立一个充气段。

每个充气段电缆的各部分成端全要堵塞，并达到表 7-4、表 7-5 规定的气压标准，然后按一定方式供气，这就构成了气压维护电缆的充气段。

（2）充气网

凡有自动充气站或输气管气源的充气段，可以不受数量限制，将其附近的充气段全部相互连通构成充气网。

（3）气门装设位置

① 架空电缆气门装设位置。气闭段总长度（包括分支线段）超过 400m 时，每隔 200～400m 处应装设气门，并尽可能安装在分歧点上。引上电缆气门点的位置应设置在堵塞下端距离堵塞 300mm 以下。

② 管道电缆气门装设位置。管道电缆气门点的位置在两局维护分界堵塞两端和充气段的末端（分歧电缆，引上电缆）。气闭段总长度（包括分支线段及引上电缆）长度超过 1 000m 时，每隔 500～800m 左右处装气门，不足 1 000m 时，每隔 400m 左右装设气门，应设置在人孔内，并安装电缆号牌。

③ 交接箱电缆气门点的位置应设置在人孔内，气门点距管孔口 35～40mm 处，气门引至人孔口圈上，并接电缆号牌。

④ 气门的装设原则如下。

- 气门装设距离应尽量均匀。
- 气门应尽量装设在电缆接头处，最好是分歧接头处。
- 在同一路由上，各条电缆的气门间距应尽量一样，使气门集中，以利于日常维护。
- 在气闭接头两端装设气门时，气门位置距离气闭接头套管应为 250mm 左右。

4．充气维护注意事项

充气维护注意事项如下。

① 充入电缆内的气体必须经过过滤和干燥处理（干燥剂可以采用氯化钙、硅胶或分子筛），其干燥气标准：温度 20℃时露点在−40℃以下，最高不得高于−16℃，超出此范围应停止供气。露点是指气体由未饱和气体变成饱和气体时的温度，即空气中所含水蒸气发生凝结出现露珠时的温度。露点常用来表示气体的干燥度，露点越低气体越干燥。

② 充入电缆内的气体应清洁、绝缘、无毒、不爆炸、不燃烧，对电缆材料不起化学腐蚀作用，不会降低电缆的电性能。

③ 原则上应一条电缆为一个气闭段，当有不能直接充气的电缆而且电缆又比较短时，可以把结构相近的几条电缆气路串通形成一个气闭段。

④ 一个气闭段内任何一段气压每 10 昼夜下降不应超过 4kPa，超过 4kPa 时应考虑查修。当一个气闭段内任何一段气压每 10 昼夜下降超过 10kPa，属于大漏气，必须立即查找漏气，直至修复。

⑤ 在查修线路设备漏气障碍时，要确保线路设备安全，决不能因查漏而引起线路设备传输性能下降甚至通信中断。严禁在全塑电缆中冲入氟利昂或乙醚等有害气体，也不得采用肥皂水刷洗电缆护套，这样做容易导致电缆护套老化。

⑥ 管道电缆安装气门时，应设置在不易被踩、踏、碰撞的位置，下井作业者严禁踩、踏电缆、气门。

- 电缆保持一定的气压及充入合格的气体对电缆的防护非常重要。

7.2.2 自动充气系统

电缆充气维护设备由充气机、储气设备、滤气设备、输气装置、控制装置、信号装置组成。充气维护设备按系统分，可分为供气系统和监测系统两大部分。供气系统包括充气、储气、滤气和输气 4 种设备或装置；监测系统包括控制部分和信号采集部分。

1．充气系统的主要设备

供气系统的局内供气系统如图 7-12 所示，具体设备主要有电缆充气压缩机、高低压储气罐、电缆充气配气盘等，如图 7-13、图 7-14 所示。

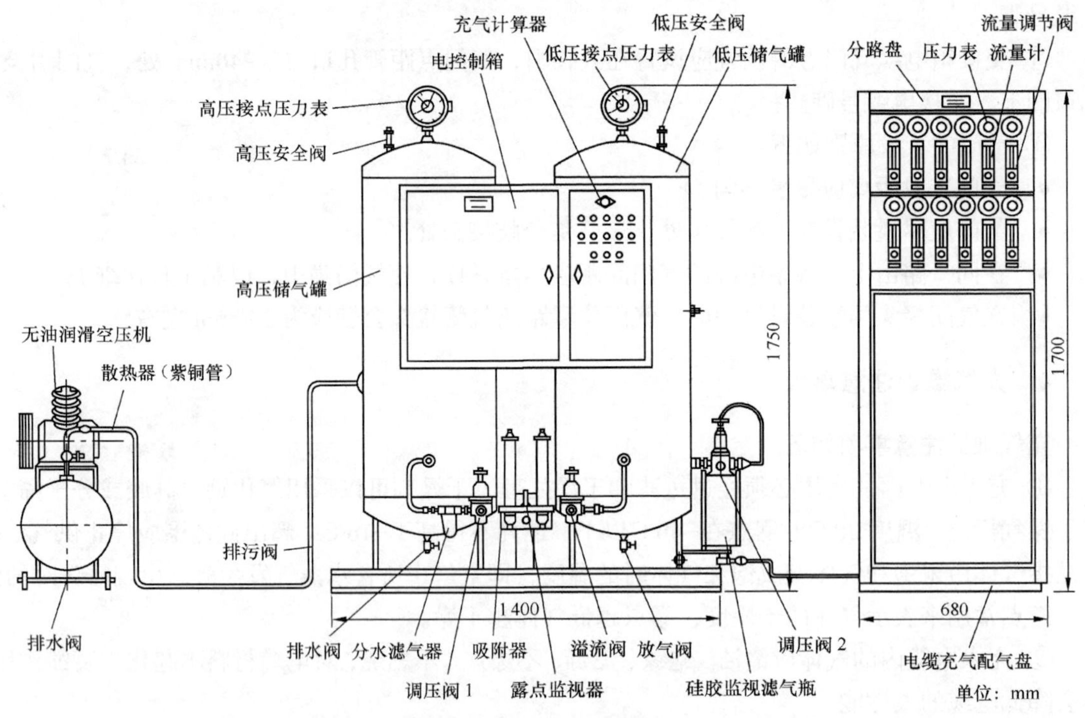

图 7-12　局内供气系统

图 7-13　电缆充气压缩机、高低压储气罐

图 7-14　电缆充气配气盘

（1）充气设备

空气压缩机，简称空压机或气泵，分为汽油或电动空气压缩机两种，它们的气体压缩机构基本相同，工作原理是一样的，只是使用的动力不一样。空压机的优点是省力、效率高、气量大、气压高。在有电源的地方使用电动空压机比较方便，当电源缺乏的地方，可采用汽油充气机作流动充气使用。电动空压机又分为有油润滑空压机和无油润滑空压机，有油润滑空压机易污染空气及周围环境，不宜推广使用，而无油润滑空压机可以净化气源，使得压缩空气不与任何润滑油剂接触，压缩空气纯度高。因此，不论是局内还是局外使用的充气设备，有条件的都要采用无油润滑空气压缩机。

空气压缩机一般输出气压 350～600kPa，通过气压自动空气开关，磁刀启动器（均装于电源控制板上）来启动或关闭空气压缩机。气压自动空气开关的控制气压可人工调节。

（2）储气设备

储气设备就是储气罐，是气压维护中充气设备的重要组成部分。它可减少压缩机工作频数，延长充气机工作间隙时间，还可以降低压缩空气的温度，除去部分水分。储气罐一般最大压强为 1MPa，罐上装有电接点压力表和安全阀，高压罐的电接点压力表调在 0.4～0.6MPa，低压干燥罐的压力表调在 0.2～0.3MPa。高压罐与低压罐之间装有调压设备，使低压罐内气压恒定。在压缩机本身的高压罐上，也装有压力表和安全阀，同时装有压力开关，当压缩机工作失控、气压超过规定压力时将自动切断交流电源，起到安全保护作用。

（3）滤气设备（干燥设备）

滤气的目的是为了把压缩空气中的水分降低，保证充入电缆内的气体达到干燥标准。能够从气体中吸收水分的物质，称为干燥剂。充气维护中常用的干燥剂有无水氯化钙、硅胶和分子筛。

① 无水氯化钙。

无水氯化钙是具有高度多孔性的粉状固体，一般为白色，有良好的吸水性，但不能还原，适用于相对湿度高于 20%的气体干燥处理。使用时，把氯化钙敲成 $1cm^3$ 左右小块，装入干燥罐中。使用过程中，如发现干燥罐内出现水滴或氯化钙变成胶体时，说明吸水已达到饱和程度，应停止使用并及时更换。

无水氯化钙的优点是价廉、易购买、吸水性好；缺点是不能还原，干燥效果比其他干燥剂差。

② 硅胶。

硅胶是具有高度多孔性结晶体，有白色和蓝色两种。由于有高度的多孔性，内表面积很大，每克硅胶内表面积可达 450cm^2，具有较好的吸水性能。当温度升高到 110℃～130℃时，硅胶可以放出所吸收的水分，又变成蓝色的结晶体，故硅胶具有良好的再生性能。此外硅胶还具有机械强度大、不易变形、化学性能呈中性、无腐蚀性等优点。蓝色硅胶干燥时呈蓝色，吸收水分后，由蓝色逐渐变成浅紫色，最后会变成淡粉红色，由此可以鉴别它的吸湿程度，所以又称硅胶为指示剂。在使用中，一旦发现蓝色硅胶变成淡粉红色，就应停止使用。硅胶的吸潮速度较慢，在电缆充气维护中一般用于干燥指示，而不宜单独使用。缺点是价格较贵，只能再生两三次就不能再继续使用了。

③ 分子筛。

分子筛是由碱、氧化铝、氧化硅及水 4 种成分人工合成的泡沸石晶体，根据不同应用，可将分子筛加工成球状、条状、片状、粉状、粒状等。当把它加热到一定温度，除去其中的水分后，其结晶结构不变，同时形成与外部相通的许多均一的微孔。分子筛具有很快、很强的吸附能力，能把小于孔洞的分子吸进孔内，把大于孔洞的分子挡在孔外，从而使分子大小不同的物质分开，起到筛选分子的作用，所以叫分子筛。分子筛的干燥效果极好，能使干燥后的空气露点达到-70℃左右。分子筛还具有很高的热稳定性和不溶性，在 700℃的高温下不变质，且机械强度很高，可以再生几千次。

电缆充气系统中，采用分子筛吸附器作干燥，硅胶瓶作湿度显示，两者串联使用。分子筛吸附器输入端气压要求为 350～600kPa，当分子筛吸附器进行检修时，在硅胶瓶前应串入减压阀，以降低气压。

- 分子筛吸附器。分子筛吸附器是滤气设备的主要器件，它是由两只盛装分子筛的干燥罐及两只三通电磁阀、回洗节流孔、单向阀及露点监视器等部件组成的。两只电磁阀受转换电路的控制，每 30s 转换一次，使两只干燥罐交替进行吸附和脱附。作为滤气物质的分子筛，具有自动再生能力，如果维护合理，可连续使用 5 年以上。
- 分子筛自动再生方式。分子筛自动再生方式是采用压力转换循环办法，对水分进行吸附和脱附，即在加压的情况下，使分子筛对水分进行吸附，然后减压使分子筛所吸附的水分再释放出来，再通过少量干燥气体回洗，使之更加干燥，所以通过用加压、减压、回洗等过程，可使分子筛自动再生。

（4）输气装置

输气装置（配气装置）是从空气压缩机到电缆的进气口的总称。它包括气压自动空气开关、气压表、减压阀、输气管、气阀、气门连通开关（多通开关）等。这些装置是对压缩空气进行必要的控制输送和配气。空压机至分子筛干燥机，输送气体的管子应能耐高压，一般采用氧气胶管。分子筛干燥机至电缆电路框之间可采用内径 6mm、壁厚 2mm 的橡胶管。电缆分路柜至堵气电缆接头端，输气管可采用与上面规格一样的橡胶管或铝管。

2. 气路工作原理

充气系统气路工作原理如图 7-15 所示。

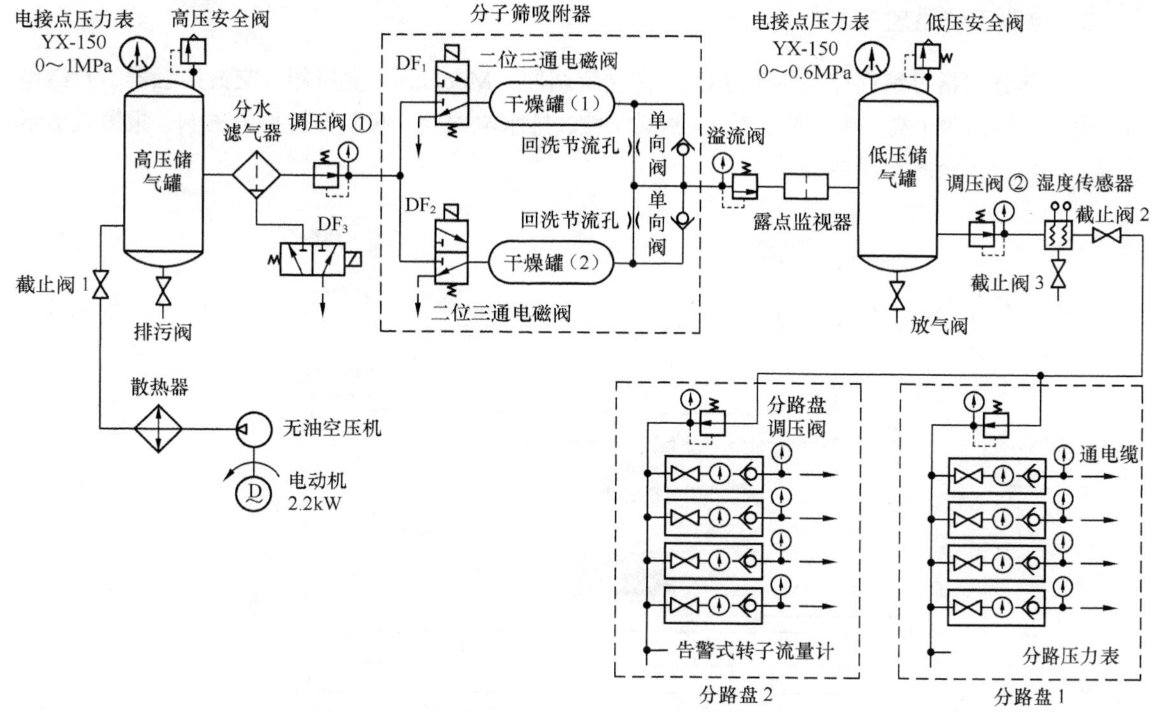

图 7-15　气路工作原理

当高压储气罐气压到规定低值时（0.4MPa），空气压缩机开始工作。气体由压缩机气罐通过散热器降温存入高压储气罐。高压储气罐工作压力在 0.4～0.6MPa，即气压到 0.6MPa 时压缩机停止工作。当低压储气罐气压到规定低值时（0.2MPa），分子筛吸附器开始工作。此时高压储气罐的气体经分水滤气器可滤掉一部分水，通过分子筛吸附器，使气体达到干燥目的，经过露点监视器（由变色硅胶的颜色可直接观察判断吸附器工作的好坏），干燥气体在低压储气罐存储，当气压达到规定高值时，吸附器停止工作，即到 0.3MPa 时吸附器停止工作，同时启动分水滤气器的电磁阀自动排出积水。调压阀②是给湿度传感器调整出一个湿度测试的压力环境，当湿度超过规定值时告警。分路盘调压阀是控制给电缆输出压力调试的，一般塑缆为 0.06MPa。

分子筛吸附器的工作过程如下。

吸附器在停止工作时，两只转换电磁阀均处于断电状态，主通道关闭，排湿气孔开通，故高压湿空气不能进入干燥罐内。当吸附器启动时，两只转换电磁阀中的某一只先通电，设此时 DF_1 先通电，则其主通道开通，排湿气孔关闭。于是，储存在高压储气罐中的高压湿空气经一级分水滤气器，通过调压阀①进入干燥罐（1），这时高压湿空气中的水分子被干燥罐中的分子筛所吸附而成为干燥空气。从干燥罐（1）出来的干燥空气，大部分经单向阀和溢流阀进入低压储气罐中。与此同时，从干燥罐（1）出来的少量干燥空气，经回洗节流孔减压，从而使气体的干燥度增高，然后进入干燥罐（2），对干燥罐（2）中在前一个吸附过程中已吸附了水分的分子筛进行吹洗脱附。从干燥罐（2）出来的湿空气经转换电磁阀 DF2 的排湿气孔排入大气。当干燥罐（1）中的分子筛还未完全达到吸附饱和之前，通过电磁阀的自动转换，使干燥罐（2）中的分子筛进入吸附状态，而对干燥罐（1）中的分子筛进行吹洗脱附。如此循环，使潮湿空气不断变成干燥空气，直至低压储气罐中的压力升高到额定值为止。

3. 电路工作原理

电路部分包括可编程控制器（PLC）、调制解调器（Modem）、变压器、交流接触器、热继电器、电接点压力表（高、中、低 3 针）、测湿元件、排水电磁阀、吸附器转换电磁阀、报警式流量计等，其控制逻辑图如图 7-16 所示。

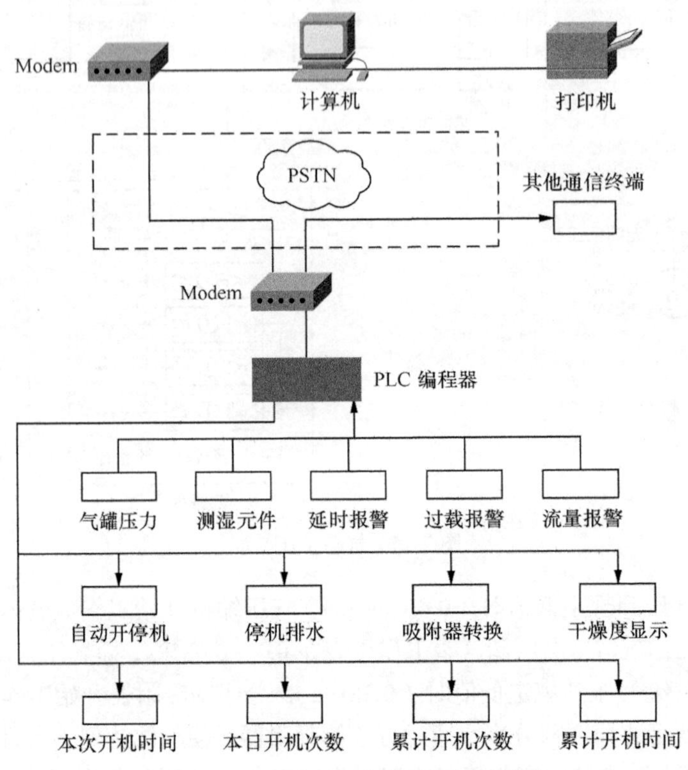

图 7-16　自动充气设备电路控制逻辑图

（1）空压机的启动和停止

对高压罐来说，在无告警时，其电接点压力表的中针为低电平，当高压罐的压力降到预定最低气压（0.4MPa）时，压力表的中针与低针相接（或人工启动），给 PLC 编程器相应信号，则充气指示灯亮，计数器开始计数，相应电路接通，空压机启动。

当高压罐的压力升高到预定最高气压（0.6MPa）时，压力表的中针与高针相接（或人工停止），给 PLC 编程器相应信号，则充气指示灯灭，计数器停止计数，相应电路断开，空压机停止工作。

（2）分子筛吸附器的启动和停止

对低压罐来说，在无告警时，其电接点压力表的中针为低电平，当低压罐的压力降到预定最低气压（0.2MPa）时，压力表的中针与低针相接（或人工启动），给 PLC 编程器相应信号，则相应电路接通，分子筛吸附器启动。

当低压罐的压力升高到预定最高气压（0.3MPa）时，压力表的中针与高针相接（或人工启动），给 PLC 编程器相应信号，则相应电路断开，分子筛吸附器停止工作。

- 对充气系统的气路、电路工作原理能够理解。
- 初步形成充气系统的一个整体概念。

7.2.3　电缆气压监测系统

- 为什么要监测气压？
- 如何监测气压呢？用人工看护吗？

1．电缆气压监测系统工作原理

电缆气压监测系统是进行高效率线路维护工作的重要手段之一，电缆气压监测网一般应由监测中心、多个监测系统、远端采集模块和可选址传感器等几部分组成，如图 7-17 所示。

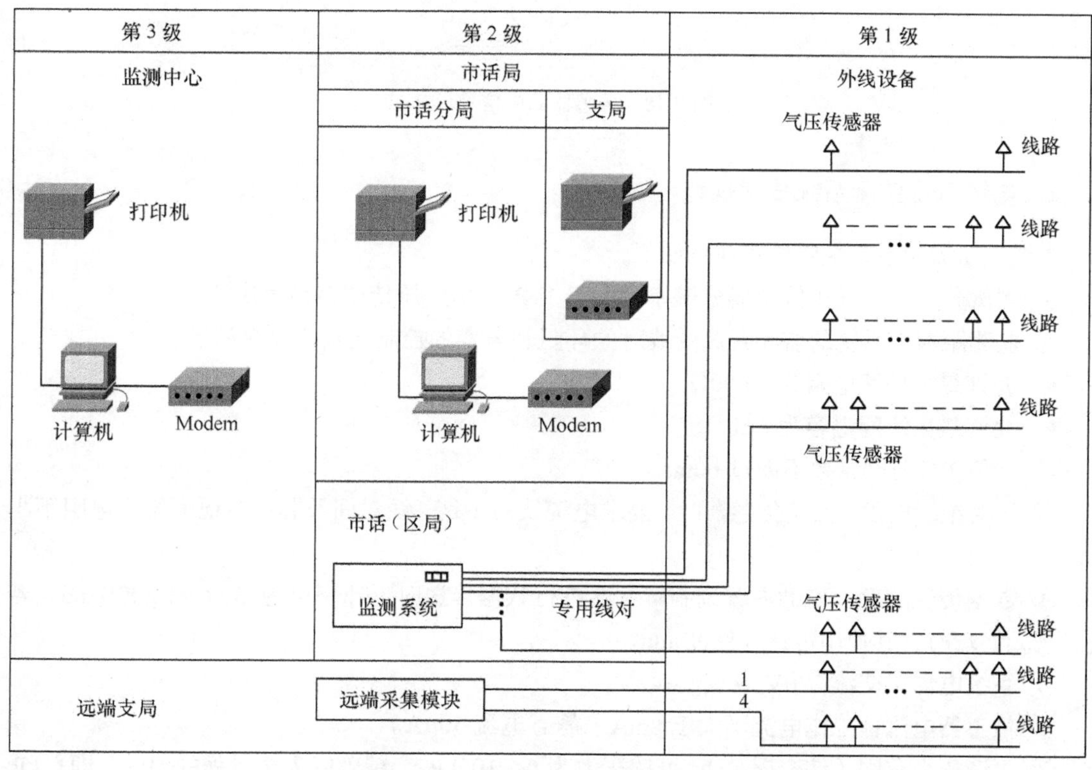

图 7-17　市话气压监测系统示意图

通过安装在电缆重要接头位置的气压传感器对电缆线路的气压值实现全天候监测，自动获得各条电缆的气压数据，自动分析、报告电缆内气压变化，使运行维护人员能及时发现漏气障碍。为适应市话点多面广的实际需要，监测系统容量应在 2 000～3 000 个气压传感器为宜，并要求电缆的每对芯线（0.5mm 线径）在满载（装 128 个传感器）情况下，最长监控距离能达到 30km 左右。

电缆气压监测系统工作原理：由电缆气压室内监控系统向外线传感器上发送一个 8 位地址码（注意：在同一采集通道，一个传感器对应一个地址码），在同一线对上的传感器对地址码进行比较核实，在确认该地址码后，传感器立刻回应一个 20～40Hz 的频率信号，此频率信号和压力值之间存在线性比例关系（如 20Hz 对应压力为 100kPa，40Hz 对应压力为 0kPa），监控系统可将频率信号转换为气压值显示或打印出来。传感器回应信号如图 7-18 所示。

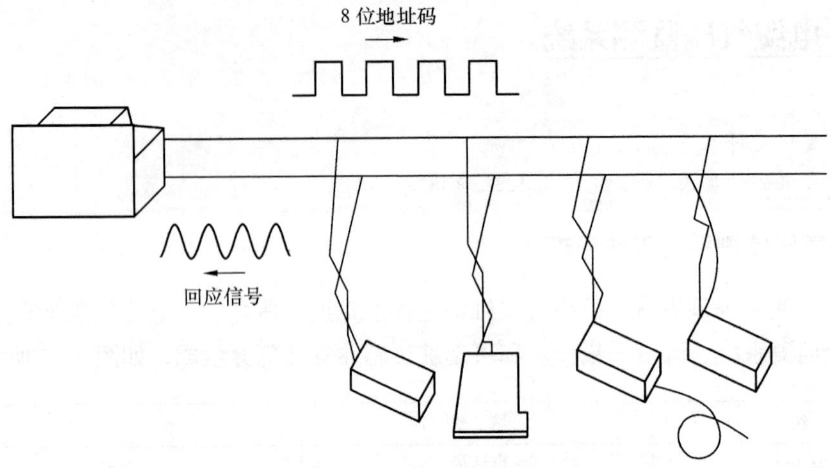

图 7-18　传感器回应信号示意图

2．电缆气压监测系统技术规范

电缆气压监测系统主要技术规范如下。

① 测试分辨率：气压传感器分辨率不大于 1kPa，由气压传感器精度决定。

② 监测距离：系统的监测距离受线对的环阻和电容的控制，具体要求如下。

- 允许最大环路电阻为 1 400Ω。
- 允许最大线间电容为 6μF。
- 允许 RC 时间常数不超过 60ms。

③ 线对绝缘电阻：安装传感器时，要求电缆线对平衡，线对间及芯线对地间绝缘电阻不小于 10MΩ。

④ 数据传送速率：借助内置调制解调器进行数据传送时，速率可为 300～1 200Baud，若直连到视频终端时，其速率可达 4 800Baud。

⑤ 系统电源：交流 220V 或直流−48V。

⑥ 传感器电流：工作电流不大于 8mA，静态电流 50μA。

⑦ 可读压力范围（综合误差）：可读压力为 0～100kPa，精确度为全量程的±1%，即±1kPa。

⑧ 可编地址码：每个通道 128 个（0～127）。

⑨ 环境温度范围：传感器可承受最高温度为 125℃（2 小时），环境温度为−50℃～＋50℃。

⑩ 过压保护：传感器具有固态冲激电压及反向电压保护性能。

3．传感器安装使用

传感器是指能感受规定的被测量并按照一定的规律转换成可用信号的器件或装置，通常由敏感元件和转换元件组成。敏感元件能敏锐地感受某种物理、化学、生物的信息并将其转变为电信息的特种电子元件。敏感元件通常是利用材料的某种敏感效应制成的。敏感元件可以按输入的物理量来命名，如热敏、光敏、（电）压敏、（压）力敏、磁敏、气敏、湿敏元件。在电子设备中采用敏感元件来感知外界的信息，可以达到或超过人类感觉器官的功能。敏感元件是传感器的核心元件，是传感器中能直接感受被测量的部分。转换元件指传感器中能将敏感元件输出转换为适于

传输和测量的电信号，它是传感器的重要组成部分。

传感器能将检测到的信息输出，以满足信息的传输、处理、存储、显示、记录和控制等要求，它是实现自动检测和自动控制的首要环节。因此，传感器的选择正确与否以及安装是否符合要求对于能否获取准确的数据至关重要。

在电缆气压监测系统中，对于传感器要求如下。

① 传感器的筛选：在合格的产品中，进行较精细的静态偏差测试分类；选出参数基本接近（同一偏差）的传感器作为一组，并用在同一气路电缆上。

② 传感器占用线对的选择：传感器一般占用主干电缆的 1#线对和分歧电缆的备用线对，要保证该线序从始至终都能安装传感器。

③ 气压传感器的安装使用要求如下。

加装气压传感器点必须保证有一气门，安装中，传感器并联在同一线对上，无正负极性，a、b 线可任意连接。

安装采用气压传感器专用套管，套管在电缆热缩套管上按分歧电缆对待，将气压传感器的信号线断开，断开两端分别采用 HJKT2 接线子接出 0.5mm 线径的 PVC 红白跳线 80cm 引至气压传感器专用套管口外，将热缩套管封好。将已经置好号码的气压传感器与两端的 PVC 红白跳线用 HJKT3 复接接线子接好后（必须在套管口外接线），连同气压传感器封焊卡片放在气压传感器专用套管内，封好热缩端帽，并绑扎。

④ 传感器排列编号原则：先主干电缆，后分歧电缆；局方小号，用户方大号，如图 7-19 所示。

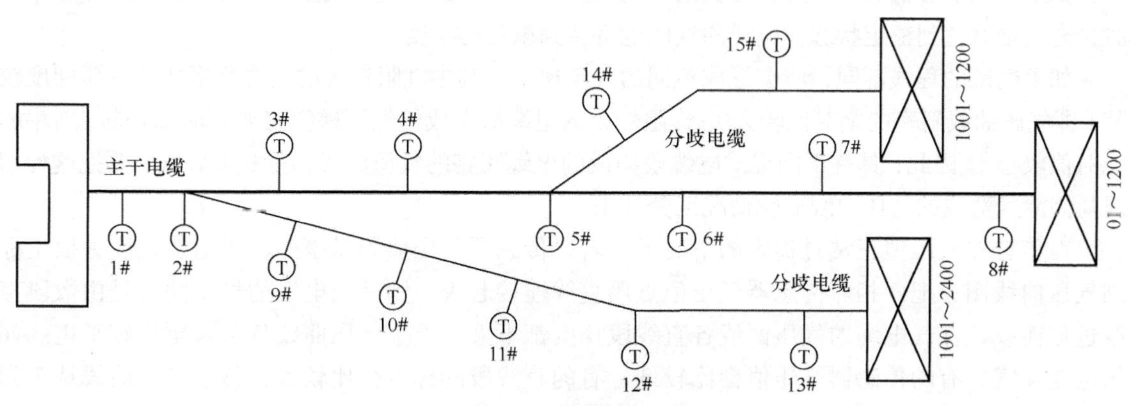

图 7-19　传感器编号示意图

⑤ 在同一电缆内安装传感器尽量做到均匀分布，实际安装间距一般为 400m ± 50m。对于小对数电缆，传感器设置间隔可适当增大。

⑥ 出局后的第一个电缆接头、电缆分歧、电缆末端等处都需要安装传感器。

⑦ 对配置好的传感器（已写入地址码并确定了安装位置），一定要用传感器测试仪测试传感器号码、工作电流、静态电流、气压值等相关技术参数，以确保传感器的配置正确无误。

警示

- 在电缆气压监测系统中，传感器的选择和安装关系到能否准确监测气压值的变化。

7.2.4 电缆漏气障碍查找

电缆查漏是电缆线路充气维护工作中频繁而辛苦的工作之一。目前，电缆线路漏气障碍查找是以气压监测系统检测到的传感器气压告警值为参考，然后人工现场查找来确定漏气点或漏气段落。因此，要能很快地查找漏气点，维护人员应十分熟悉线路分布情况，如电缆线路路由、电缆程式、电缆接头、分歧、气门及传感器、引上及堵塞等位置（要求电缆维护小图随身携带），同时要掌握充气段及气压情况，这样在发生漏气时，能估计漏气点大约位置，迅速“查漏”。

对于气压监测发现的漏气告警，首先进行气压曲线分析，确定漏气的大概范围，然后现场认真仔细地查找（气压表摸气、查漏仪测试等），根据经验，这种方法适用于大、中漏气，特别适用于较长的电缆漏气段。当然，气温的变化，电缆程式的变化及漏洞多时会给查漏带来一定的困难，但如能正确地掌握这个方法，也能准确而迅速地查到漏洞。只要“方法得当，仔细认真，不怕脏累”，对于一般漏气障碍是不难查到的。因此，维护人员对于曲线法查漏要熟知。

1. 曲线法查漏原理

（1）基本原理

在电缆充气端开始充气时，输送到电缆上的气流量为最大，由于电缆内的气压逐渐升高，使充进电缆内的气流量逐渐减少，当充入气压达到规定值而停止充气时，电缆内的气压由始至终逐渐平衡稳定。

如果电缆上有漏洞，经过相当长的一段时间后，充入到电缆的气量与从漏洞流出的气量相等时，充气量就达到恒定状态，电缆的气压也将达到稳定的梯度。

如果电缆的程式不同，将会形成不同的气压梯度，其中气阻较大的电缆所形成的气压梯度较陡（即气压曲线斜率的绝对值较大），气阻较小的电缆所形成的气压梯度较平（即气压曲线斜率的绝对值较小）。因此，具有不同程式电缆段构成的电缆线路的气压曲线梯度相差较大，要把这种情况与因漏气造成的气压曲线变化情况区分开来。

在传感器气压值正常且稳定的情况下，若以传感器气压值为纵坐标，以电缆长度为横坐标画气压曲线图，把两相邻传感器气压值点用直线连接起来，则一条电缆的气压曲线是由数段直线近似而成，保气电缆的气压曲线各直线段梯度都不大，整个气压曲线从头到尾比较平坦。如果电缆漏气，有的传感器气压值会比较低，有的直线段的梯度会比较大，整个气压曲线从头到尾可能很不平坦。如果一条电缆里有一个或多个传感器监测为零气压（即跑零）情况，则该电缆有大漏气点。

（2）气压曲线法查漏基本要求

① 充气点的气压必须保持稳定。

由于电缆内气流量与充气点的气压成正比关系，如果充气点的气压不稳定时会形成气流的不稳定，而使查漏发生困难。经验证明：当充气点气压变动范围在10%以内时，还不会影响查漏的准确性。充气点的气压越高，气压的梯度越明显（但气压不能太高，以免影响电缆的安全）。在一般情况下，充气点的气压希望能保持在60～70kPa。

② 必须掌握电缆在正常情况下的气压梯度及其变化情况。

在电缆保气的情况下，由于不可避免地会存在一些小漏气，因此就会有一定的气压梯度，电缆的维护人员，必须掌握这些梯度与其变化情况，要定期在充气段的末端进行量气（即摸气），在发现气压的数值不符合其正常的规律时，就应对充气段的全部气门进行量气，并与其保气时的电缆气压梯度相比较，就能及时发现漏气，进行修复。

③ 气门装置的位置要适当。

在稳定气流法查漏的情况下，气门的位置十分重要，为了便于查漏及加快查漏的速度，气门要装在首端、末端、分歧点及电缆程式变更的地方。需要注意的是，有传感器的接头处必须带气门，安装气门的点不一定安装传感器。对告警的传感器两边的气门（若有的话）摸气，修正由气压监测系统凭传感器气压值而画出的气压曲线，然后通过对修正的气压曲线进行分析，可进一步缩小漏气查找范围。

④ 必须注意由于电缆程式变化而引起的梯度变化。

2．气压曲线法查漏情况分析

造成电缆气压告警的因素很多，情况复杂，各不一样。根据电缆程式、漏气点个数、气源情况的不同，应采用不同的分析方法。本地网用户电缆线路基本是在局端一头供气，下面仅就气源为一端充气情况为例对几种漏气形式进行分析。

（1）电缆程式相同且只有一个漏气点的情况

电缆充气段如图 7-20 所示（图中各编号或为传感器或为气门），各传感器（或气门）气压值如表 7-6 所示。

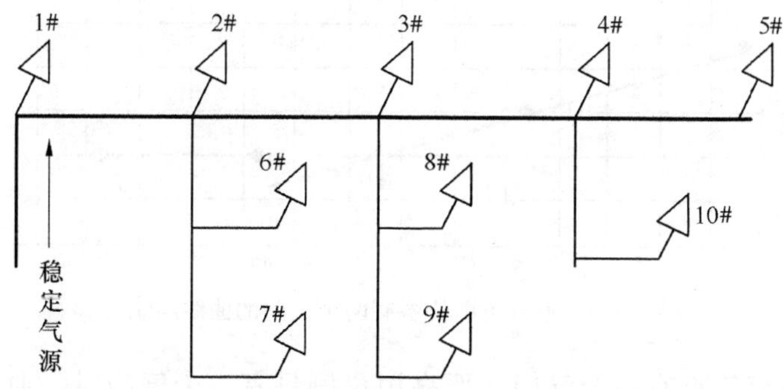

图 7-20　电缆充气段示意图

表 7-6　　对图 7-20 所示电缆充气段漏气情况分析

情况	气门点的气压（kPa）										漏气点分析	备注
	1#	2#	3#	4#	5#	6#	7#	8#	9#	10#		
1	48	38	30	25	25	38	38	30	30	25	漏气点在 3#至 4#主干电缆上，分歧电缆上没有漏气	图 7-21
2	55	45	34	34	34	45	45	28	28	34	漏气点在 9#气门分歧电缆上，并在分歧点与 8#气门间	图 7-22（a）
3	47	34	23	23	23	34	34	16	10	23	漏气点在 9#气门分歧电缆上，并在 8#气门与 9#气门间	图 7-22（b）
4	43	40	38	38	38	40	40	37	36	38	漏气点在 9#气门分歧电缆上，并在 8#气门与 9#气门间	图 7-22（c）

① 分析可得电缆程式相同且只有一个漏气点情况的特点如下。

● 充气点到漏气点方向，气压梯度逐渐下降。

● 在漏气点以后，全部气门气压基本相同，当然，测量时仪表精度、气象条件、读数误差、测量时间等将引起误差。

● 支线上没有漏气时，在分歧电缆上的全部气压与分歧点处相等（通过监测或摸气确定），如表 7-6 情况 1 所示。

● 主干电缆上气压相差大，而有分歧的两个支线上的气压相差小，漏气点在气压较低支线上并靠近分歧点，如表 7-6 情况 2 所示。

● 在主干电缆上气压相差大，而有分歧的两个支线上的气压相差也大，漏气点在气压较低的支线上并靠近该气门，如表 7-6 情况 3 所示。

● 在主干电缆上气压相差小，而在分歧电缆上气压相差也不大，这就要具体分析。如表 7-6 情况 4，8#与 9#气门只相差 1kPa，但与主干电缆每个气门间的气压梯度比较还是相对较大，因此漏气点仍在 8#至 9#气门间且靠近 9#气门。

② 根据上述特点，可以用气压曲线法来确定漏气地段。

● 当漏气点两侧各有两个气门时，可以用连接两条直线的交叉点（在漏气点后侧的气压连线是水平线）就是漏气点，如图 7-21 所示。

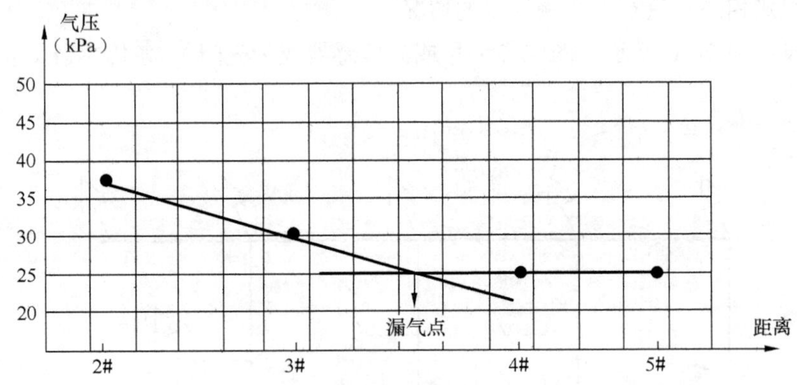

图 7-21　漏气点两侧各有两个气门的曲线绘制

● 当漏气点靠充气点有两个气门，而靠用户侧只有一个气门时，通过充气点侧两个气门画一条直线，从用户侧气门直接画水平直线，两条直线的交叉点就是漏气点，如图 7-22 所示。

● 当漏气点靠近充气点侧只有一个气门，这时无法绘制曲线，应在漏气点与局方间增添一个临时气门，其他绘制方法同上，参见图 7-23（b）所示。

（2）电缆程式不同且只有一个漏气点的情况

① 电缆程式不同且只有一个漏气点情况的特点。

● 在漏气点以后，主干或支线电缆上的各气门气压值近似相等。

● 在漏气点以前如果电缆程式发生变化，则除去漏气点处气压梯度变化外，在电缆程式变动的电缆内气压梯度也将发生变化。

② 根据上述特点，可以用气压曲线法来确定漏气地段。

● 如果在漏气点到局方，在电缆程式改变以前有两个气门时，可用这两个气门绘制曲线。

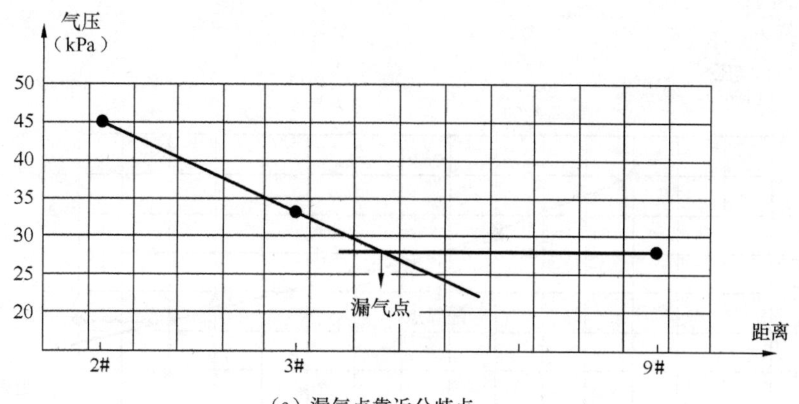

（a）漏气点靠近分歧点

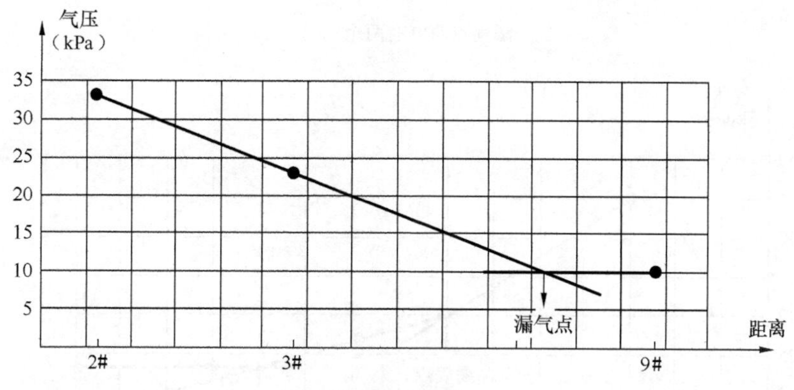

（b）漏气点靠近气门

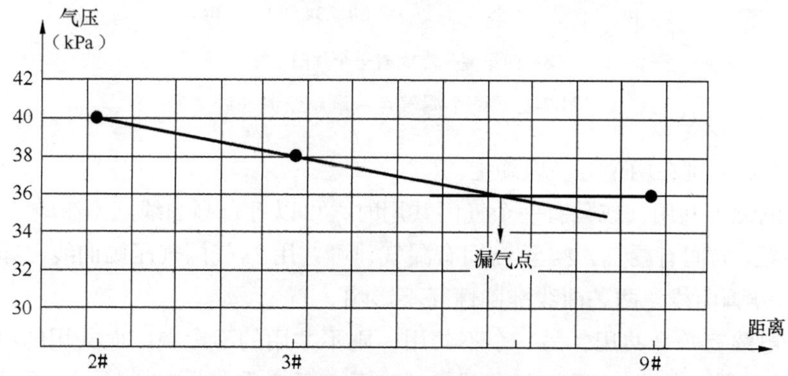

（c）主干电缆分歧电缆气压相差都不大的情况下的漏气点

图 7-22　漏气点在充气点两个气门用户侧一个气门的曲线绘制

- 如果在漏气点到局方，在电缆程式改变以前只有一个气门时，不能绘制曲线，必须添设临时气门。

（3）漏气点在两个以上时的气压曲线特点

① 两个漏气点在一顺趟。

- 在两个漏气点间有两个以上气门时，可以分别利用漏气点两侧各两个气门绘制 3 条直线，分别交于两点，交叉点即漏气点，如图 7-23（a）所示。
- 在两个漏气点间只有一个气门时，可添置临时气门绘制曲线，如图 7-23（b）所示的 3#（2）

气门为临时气门。

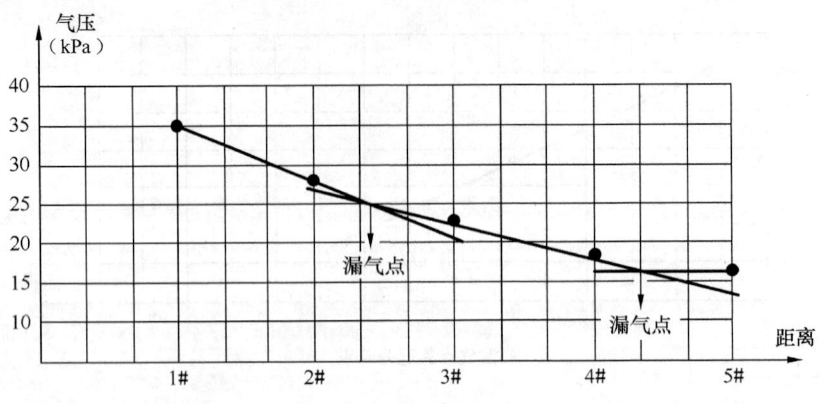

（a）漏气点两侧有两个气门

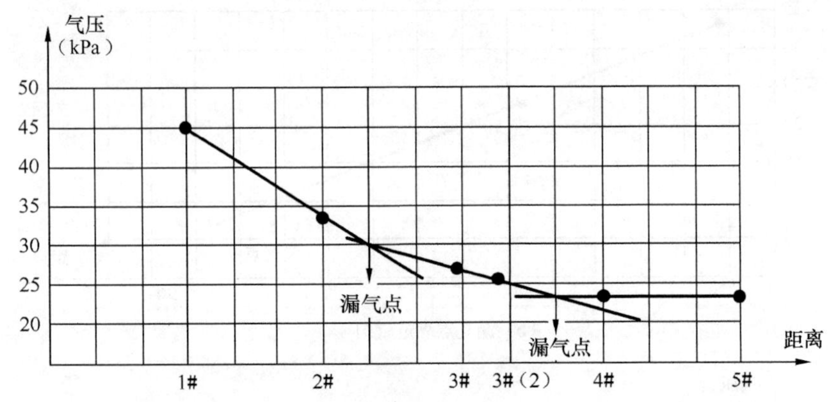

（b）两个漏气点间有一个气门

图 7-23　两个漏气点一顺趟绘制曲线

② 两个漏气点分别在两个分歧电缆上。

- 气门、电缆不共用，或只有一个气门共用时，可以各自画曲线互不影响。如图 7-20 所示充气段，如果 4#至 5#间有漏气，8#至 9#间有漏气，可共用 3#气门气压画曲线，即 3#、4#、5#画曲线，3#、8#、9#画曲线，两条曲线准确性互不影响。
- 气门、电缆有一个共用，另一个不共用，则不共用的不影响，而共用的将影响准确性。如图 7-20 所示充气段，如果 3#至 4#间有漏气，8#至 9#间有漏气，2#、3#、4#画曲线其准确性受影响，3#、8#、9#画曲线不受影响。
- 气门、电缆两个都共用时，则互相影响，其中“大漏气”影响“小漏气”大，“小漏气”影响“大漏气”小。如图 7-20 所示充气段，3#至 4#间有漏气，3#至 8#间有漏气，2#、3#、4#画曲线与 2#、3#、8#画曲线相互影响，其中，“大漏气”对“小漏气”的影响比“小漏气”对“大漏气”要严重得多。

- 不同情况下漏气的特点。
- 曲线法确定故障点的方法。

3．复杂情况下的查漏原则

复杂情况下的查漏原则如下。

① 先查找大漏气，后查找小漏气。

② 先查离局远的漏气，后查离局近的漏气。

③ 先查支线的漏气，后查主干上的漏气。

④ 先查气压较低的漏气，后查气压较高漏气。

⑤ 根据气流原理，在气门降气梯度最大点附近进行漏气点查找。

归纳思考

- 如何用曲线法进行漏气点的查找呢？

7.3 全塑电缆的防护

对市内通信全塑电缆线路产生危险影响和干扰影响的来源很多，如雷电、高压输电线路、各种腐蚀及有毒有害气体等，为此要采取一系列措施，保护通信机线设备的安全和人身安全。通常把防雷、防电、防腐蚀称为电缆线路的三防。

7.3.1 全塑电缆的防腐蚀

由于周围介质的化学和电化学作用，电气设备漏泄电流的电解作用，长期经受外界固定或交变的机械作用，使电缆金属护层的破坏或变质称为电缆外皮的腐蚀。而电缆外皮一旦受到腐蚀损坏，将失去其电磁屏蔽和机械保护作用，外界潮气也将会侵入电缆，因此，必须采取相应的措施防止腐蚀。

探讨

- 电缆已经敷设在杆路上、管道中，甚至直接埋在土中，如何采取措施进行防腐蚀呢？

1．电缆金属护层腐蚀的种类及其防护措施

电缆金属护层腐蚀有以下几种。

（1）化学腐蚀

化学腐蚀是金属在非电化学作用下的腐蚀（氧化）过程，通常指在非电解质溶液及干燥气体中，纯化学作用引起的腐蚀。在电缆中，这种腐蚀是使电缆的金属元素变成化合物的过程。如金属护层与腐蚀性气体（如：化工厂、冶炼厂、焦化厂等散发的二氧化碳、硫化氢气体）或非电解质（如汽油、酒精、煤油、有机溶剂等）接触时，发生了化学作用而产生化学腐蚀。此外，各种化学性质活泼的物质（如酸、碱、盐等）都能引起金属的化学腐蚀。在腐蚀过程中一般无电流出现，而且腐蚀产物是直接参与反应的，并在金属表面形成腐蚀膜。这些腐蚀产物所组成的膜是否继续深入成长，决定于腐蚀剂对腐蚀膜的渗透性。

化学腐蚀防蚀措施：对于地下电缆腐蚀的整体来衡量，化学腐蚀部分是微不足道的，一般不

予考虑。若要采取措施主要是使金属护套不与腐蚀介质直接接触，使用绝缘防护层。

（2）电化学腐蚀

电化学腐蚀是金属材料与电解质溶液接触，通过电极反应产生的腐蚀。在地下电缆中，电缆周围存在着能够导电的电解质溶液，当电缆敷设在含有电解质溶液的潮湿土壤中时极易发生这种腐蚀。如果地下电缆在腐蚀时所存在的电流是腐蚀本身所产生的，这种电化学腐蚀称为单纯的土壤腐蚀。如果由于外来电流产生的电解作用，使电缆金属外皮遭受腐蚀，而且腐蚀电流不是腐蚀过程中产生的，这种腐蚀称为漏泄电流的腐蚀，简称电解腐蚀或电蚀。土壤腐蚀及漏泄电流腐蚀均属于电化学腐蚀。

电化学腐蚀防蚀措施：电化学腐蚀是整个地下电缆防腐蚀工作的重心，目前多使用绝缘防护层。

（3）晶间腐蚀

晶间腐蚀是指沿着或紧挨着金属晶粒边界发生的腐蚀。电缆的金属护层在制造、运输、施工安装和使用过程中，受到固定的或交变的机械应力作用，使电缆造成机械损伤或过度弯曲；电缆在穿过铁路、公路或在桥梁上敷设时，经常受到振动，以及在严寒地区冻土内电缆受冻土膨胀或收缩作用，使电缆的金属护层沿结晶边缘裂开，在这些裂缝处，由于与空气接触而产生氧化物，促使裂痕增大，再加上土壤的电化学作用，使电缆的金属护层腐蚀剧烈发展，严重时可使金属皮裂成碎块，这就是晶间腐蚀。

晶间腐蚀防蚀措施：晶间腐蚀对电缆的腐蚀最终靠化学和电化学腐蚀来完成，由于产生这种腐蚀具有偶然性，因而目前还没有很好的防护方法。若要采取措施主要是采用塑料护套。

（4）微生物腐蚀

微生物的新陈代谢活动直接或间接地破坏电缆金属外皮称为微生物腐蚀。这种腐蚀直接破坏电缆金属外皮的情况是很少见的，但有些微生物可以促进腐蚀区域的电化学反应，加速金属的腐蚀。如：白蚁既啃咬电缆又放出蚁酸，使电缆金属护层腐蚀穿孔。

微生物腐蚀防蚀措施：微生物腐蚀由于其腐蚀的细微性，一般也不予考虑。若要采取措施主要是采用塑料护套。

另外，从产生腐蚀的条件可看出，架空电缆一般较少受到腐蚀的影响，地下电缆容易遭受到腐蚀。

2. 白蚁、鼠类的防护

（1）白蚁对地下电缆的危害与防护方法

① 白蚁的危害。

白蚁在我国分布较广，但以长江以南较多。白蚁蛀食电缆的特征是在电缆外皮上有不规则的蛀食孔洞，有时还能危及芯线。鉴别白蚁蛀食电缆的方法：在电缆外皮上可发现蚁路（白蚁通往巢外的坑道）和泥被（成片状的蚁路），在电缆附近可同时发现白蚁。

② 白蚁防护方法。

- 采用药物型防蚁电缆，这种电缆的外皮中加有对白蚁具有毒杀和驱赶作用的防蚁药物，药物的药效一般应在10年以上。
- 采用机械保护型防蚁电缆，这种电缆用白蚁咬不动的黄铜、磷铜、不锈钢带、半硬质聚氯乙烯等作外护套。

- 路由选择时应避开白蚁孳生地，或选择在白蚁难于生活的环境中，如可以选择水田、沙滩或地下水位高的地方埋设电缆，因为白蚁无法在水中生活。
- 改地下电缆为架空电缆。
- 采用深埋或填砂的方法，将受蚁害的地段电缆埋在 1.5m 以下或水位线以下，同时在电缆周围回填 10cm 以上的黄砂，对防白蚁有一定的效果。
- 消灭白蚁，在地下电缆线路附近发现白蚁活动时，要消灭电缆附近的白蚁，消灭的方法常用药物法、诱杀及烟熏等方法。
- 毒土处理，在电缆周围土壤中渗入一定量的防蚁剂，使白蚁接触到毒土层后中毒死亡。在白蚁危害特别严重的地区，为确保电缆安全，即使采用了防白蚁电缆，也需进行毒土处理。

（2）鼠类对电缆的危害与防护措施

① 鼠类的危害。

老鼠能咬坏电缆的外皮材料，如铅、铝、塑料、橡皮等。但电缆铠装钢带老鼠是咬不动的。

② 鼠类危害电缆的防护措施。

- 采用硬质聚氯乙烯护套防鼠塑料电缆，这种电缆布放时，要先将电缆进行热水浴（70℃～80℃）使它软化，然后放入电缆沟中。
- 采用药物防鼠电缆，这种电缆外皮上均匀地粘包一层含有驱鼠或灭鼠药物的泡沫塑料，这种方法效果良好、生产使用方便、经济实用，是地下电缆防鼠灭鼠的方法之一。
- 选择电缆路由时，要尽量避开鼠类经常活动和栖息的地段。
- 局内电缆走线槽两端加以密封，暗渠两端堵严，以防鼠类进入咬坏电缆。
- 当电缆外径大于 45mm 时，可以不用防鼠，因为一般老鼠的嘴张不到那么大。

- 白蚁、老鼠的厉害相信大家都有耳闻，在线路中一定要重视相应的防护。

7.3.2　全塑电缆的防雷电

通信线路遭受雷击或电击后，往往引起混线、断线等障碍，甚至导致设备被烧坏，因此，对于雷击或电击要加强防护。

1．全塑电缆防雷电作用

（1）通信线路雷击或电击障碍现象

雷击或电击后，电缆线路往往要遭到损坏，严重时电缆被烧断。当电缆遭受雷击或电击时，通常电流会沿芯线一直流到测量室，如果流入电缆的电流过大，不仅芯线将会被烧断而产生断线障碍（这种断线很多发生在接头处，因接头处接续电阻较大，电流流过时产生高温或火花把芯线烧断），而且可能把总配线架的直列烧坏。当雷击电缆时，闪电温度极高，往往烧坏外护套（有时护套虽未受到损坏，但电缆芯线却发生了故障）。如果用户引下线遭到雷击，雷电电流沿引下线经分线设备而进入电缆，使芯线间或芯线与屏蔽层间的绝缘损坏而产生混线、地气障碍。

（2）全塑电缆采取屏蔽和接地的作用

近年来通信线路网中广泛使用全塑电缆和光缆，基本淘汰了铅皮电缆。全塑电缆塑套绝缘性

能好，减少了雷击和电击故障。但全塑电缆缺乏自然接地，因此，在全塑电缆接续时，要注意其内护层（屏蔽层）的屏蔽连接和接地设置。在施工和日常维护中，对电缆放音对号、通信联络、查找电缆障碍或进行检测时，屏蔽层的良好连接和接地对施工和日常维护非常有利。

全塑电缆采取屏蔽和接地的作用如下。

① 减少外界电磁场的干扰影响，以保证通信传输质量。

② 防止高压输电线路或其他交流设备对通信电缆产生危险或干扰影响，提高电缆的屏蔽效果。

③ 减少直接雷击或电力线直接接触电缆时所造成的危害或障碍，以确保电缆安全运行。

全塑电缆屏蔽分为电屏蔽和磁屏蔽。凡是以铝箔或铜导线所做的屏蔽为电屏蔽，用以防止静电感应。凡是以钢带等导磁体做的屏蔽为磁屏蔽，用以防止磁感应。两者都用来防止干扰和杂音。

2. 全塑电缆防雷电规定

（1）全塑电缆防高压电的要求

① 要尽量远离高压输电线、电气化铁路或高压变电站。

② 如果路由难以避开上述装置时，应根据实际情况进行计算和采取相应的防护措施。

③ 电力线发生故障时，全塑电缆的感应电动势允许值应小于 300V，若超过允许值，应通过技术经济比较，采取相应的防护措施。

④ 常用的高压电防护措施如下。

- 改变电缆线路路由。
- 选用塑料护套外加双层钢带皱纹纵包铠装聚乙烯护层电缆，提高电磁屏蔽性能。
- 加装气体放电管。
- 严重危险影响地区在同一路由上敷设一条屏蔽线。
- 必要时要求电力部门采取屏蔽或有关防护措施。

可根据情况选用一种或几种联合的防护措施，使感应电动势不超过允许值，以保证通信安全。

（2）全塑电缆防雷的要求

为了表征雷电活动的频率，采用年平均雷暴日作为计算单位。无论一天内听到几次雷声，只要有一次，该天就记为一个雷暴日，一天即使有多次雷声，仍记为一个雷暴日。年平均雷暴日可查看当地气象部门资料。

全塑电缆具体防雷要求如下。

① 全塑电缆敷设在市内建筑物稠密，地下金属管线多的地区，一般可不考虑防雷措施。在效区或空旷地区敷设的全塑电缆，应根据电缆敷设地段的年平均雷暴日数、土壤电阻率、地理环境、历年落雷资料等，采取必要的防雷措施。

② 雷暴日数大于 20 的地方电缆路由应避开在以下地区。

- 曾经落雷特别是重复雷击过的地方。
- 雷电多的山区。
- 地形地貌及地质呈现“边界”和突变现象的地区。
- 临江侧的山坡和向阳坡。
- 与孤立大树或电杆拉线以及其他接地体间的净距不可小于 5m。若电缆路由必须从它们附近通过时，则电缆与孤立大树或其他接地体根部的净距应满足表 7-7 所示的要求。

表 7-7　全塑电缆与孤立大树或其他接地体的净距要求

土壤电阻率（Ω•m）	≤100	101～500	>500
通信电缆与孤立大树间的防雷净距（m）	15	20	25
通信电缆与接地体根部间的防雷净距（m）	10	15	20

3．架空线路防雷电装置

线路防雷电一般采取安装避雷线或接地装置，接地装置是由接地体、连接导线和连接装置等组成。主要包括工作接地和保护接地两种。工作接地是指通信线路在工作时，以大地作为回路的一部分接地。例如单线通信线路、以大地作为供电回路的远距离供电，以及电缆线路中为防止外界的泄漏电流干扰而采取的接地装置等。保护接地是指为保护线路设备和使用，或维护人员免受高压电流或雷击的危害，同时减少通信线路的杂音干扰等而采取的接地措施。

（1）架空线路防雷击

架空线路有遭受雷击的可能，有下列情况之一者应安装避雷线或接地装置。

① 在雷暴日数大于 20 的空旷地区或郊区，全塑电缆应做系统防雷接地装置，达到防护的目的。具体作法是除电缆金属屏蔽层两端接地，中间的接头处均需连通外，还应每隔 2km 左右将电缆屏蔽层和电缆吊线做一处接地，接地时可直接接地或通过合适的浪涌保护装置接地。上述接地位置应尽可能在全塑电缆接头处，避免增加接头数量和施工费用。在雷暴日多的地区，应缩短接地装置的间距或改善屏蔽层接地装置的接地电阻，以提高防雷效果。

② 市区线路装有 20 对以上的分线设备或安装交接箱的电杆应安装避雷线。若在电杆四周 10m 范围内有高于电杆的建筑物时，可不安装避雷线。

③ 郊外架空线路的角杆、分线杆、跨越杆、终端杆等及直线线路上每隔 5～10 根电杆应安装避雷线一处。

④ 架空通信线路在与 10kV 以上高压输电线路交越的两侧电杆应安装避雷线。

⑤ 曾遭到过雷击的电杆，必须安装避雷线。

⑥ 全塑电缆进入交接箱时，避雷线的地下延伸严禁盘圈，可“蛇形”延伸，避雷线接地电阻及地下延伸线参考长度如表 7-8 所示。

表 7-8　避雷线接地电阻及地下延伸线参考长度

土质	一般电杆避雷线要求		与 10kV 电力线交越杆避雷线要求	
	电阻（Ω）	地下延伸（m）	电阻（Ω）	地下延伸（m）
沼泽地	80	1.0	25	2
黑土地	80	1.0	25	3
黏土地	100	1.5	25	4
沙黏土	150	2	25	5
沙土	200	5	25	9

（2）架空线路防强电

架空线路有可能遭受外来高压电感应，或有可能被电力线击伤。可在与电力线交越的架空线上采取绝缘隔离措施加以防护，或在架空线路的吊线上安装接地线，接地线接地电阻要求如表 7-9 所示。

表 7-9　　吊线接地线的接地电阻

土壤电阻率（Ω•m）	普通土	夹沙土	砂砾土	石质土
	≤100	101～300	301～500	＞500
接地电阻（Ω）	20	30	35	45

接地电阻如果过大，在出现电力系统对大地短路等类型的故障时，对通信线路的安全会构成一些负面影响，所以，接地电阻值应尽量小。

4．直埋电缆线路防雷电

雷电多发地区，雷电对直埋通信线路的危害要比对架空线路严重得多，据统计，每年遭受雷击的通信线路中，直埋线路比架空线路多 50%左右。因此，必须重视雷电对直埋线路的危害，并及时采取有效的防雷电措施，确保通信畅通。

直埋电缆线路防雷电的主要措施如下。

（1）防雷线及防雷接地

① 在雷击区的直埋全塑电缆，应在其上方 30cm 处平行敷设一条防雷线（排流线），宜采用截面积不小于 $50mm^2$ 的镀锌圆钢，在雷击严重地段，则应增加防雷线的截面积或并排敷设两根防雷线。

② 防雷线应在其敷设段落内全线连通，不能与电缆连接，也不另做接地装置。防雷线的敷设应延伸至土壤电阻率较小的地方。

③ 电缆线路防雷应采取接地保护措施。对于具有绝缘外护层的电缆线路，每隔 2km 左右做一处接地，接地电阻应小于 10Ω；对于没有绝缘外护层的电缆线路，当敷设土壤的电阻率大于 500Ω•m 时，同样要求每隔 2km 左右做一处接地；对于雷击十分严重的地段，可适当缩短电缆线路接地点的距离。

（2）消弧线

当电缆线路与孤立大树、电杆或高塔等引雷物净距超过 5m 时，应采用设置消弧线方法防雷。当雷击引雷物后，大量雷电流通过引雷物入地，雷电流产生的大量高温热能将对临近的电缆线路造成严重的破坏。用消弧线保护可改变原来电弧区的电位分布缩小电弧区的电弧半径，使电弧区远离电缆，可以将电弧区的电位降至原来的 20%以下。消弧线的作法如图 7-24 所示，其中，h 为电缆埋深，a 为电缆距大树距离。

消弧线应敷设于引雷物与电缆之间，位于引雷物电弧区内，围绕引雷物布放，呈圆角 U 形敷设，两端接地，接地电阻小于 10Ω。消弧线一般用两根 7/2.2 钢绞线做成，其中一根与电缆埋深相同，另一根的埋深是电缆埋深的一半。当电缆与引雷物之间的距离大于 25m 时可不作消弧线；如果电缆与引雷物间距离小于 5m，就是作了消弧线也难起到防雷作用，这时要考虑采用其他的防雷方法（如砍去大树等）。

（3）避雷针

当直埋电缆线路与孤立引雷物净距不足 5m 时，不宜采用消弧线方法防雷，而应采用安装避雷针方式防雷。避雷针高度为 H，则其保护范围是直径 $3H$～$5H$ 的圆面积。敷设时应将避雷针地线引至规定范围以外，从而避开引雷物接地装置对电缆放电，确保电缆的安全。避雷针的安装方式如图 7-25 所示。

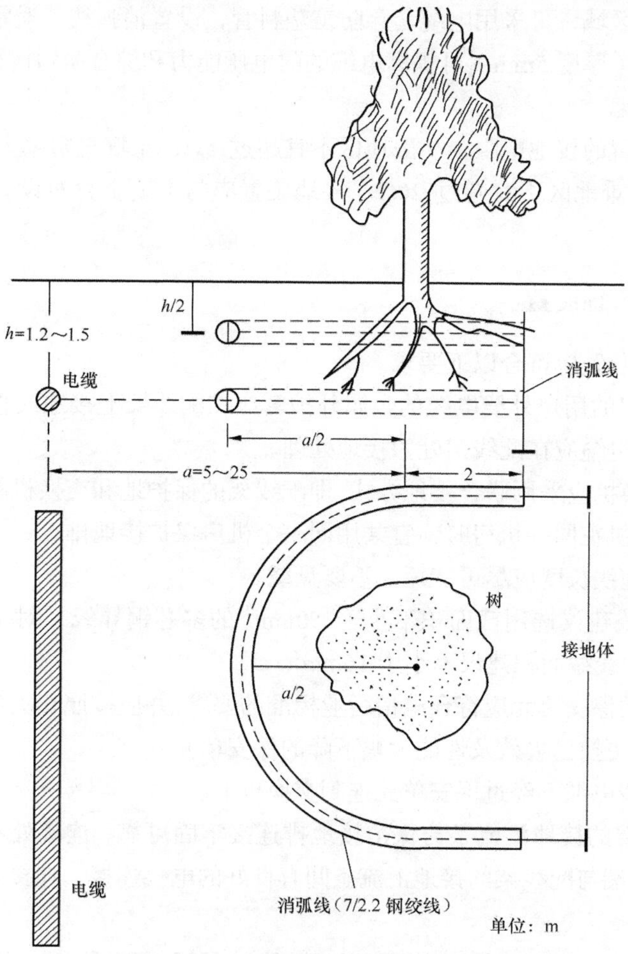

图 7-24　防雷击的消弧线

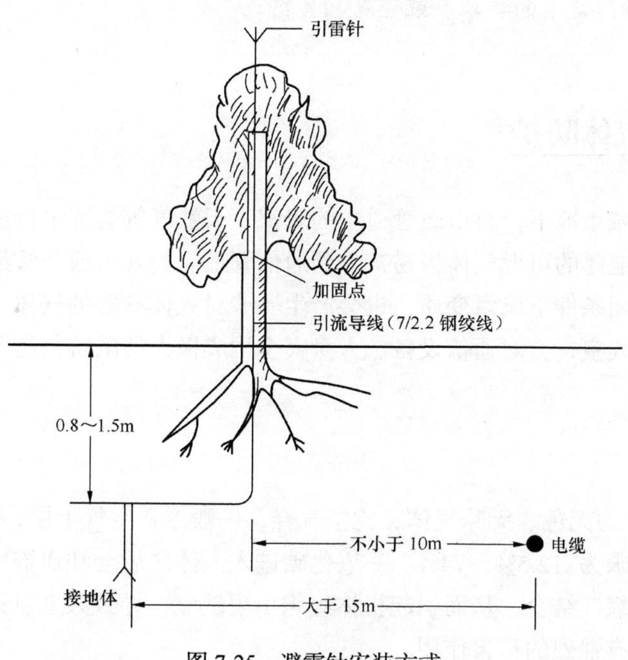

图 7-25　避雷针安装方式

雷击较为严重的区域，可采用电缆套穿防雷塑料管，设置消弧线、避雷针等进行联合保护。电缆套穿防雷塑料管（厚度 5mm）可提高电缆的耐电压能力和综合防雷的效果。

（4）防雷保护接地

防雷保护接地装置的接地电阻，一般地区不宜超过 5Ω，土壤电阻率大于 100Ω•m 的地区不宜超过 10Ω，接地困难地区不宜超过 20Ω。接地装置应与电缆垂直布设，接地体与电缆的间距 10～15m 为宜。

5．局内线路的接地装置

局内线路的接地装置应符合以下要求。

① 所有进入机房的用户外线电缆的金属外护套应在配线架上接地或直接接到机房保护接地排。未用的用户外线电缆应在配线架处做接地处理。

② 配线架和交换机应采用联合接地方式，即配线架的保护地和交换机的保护地应共用一组接地体，配线架和交换机在同一机房时，宜共用同一个机房保护接地排。

③ 配线架的接地线长度应尽可能短，不要盘绕。

④ 配线架接地线建议选用截面积不小于 $50mm^2$ 的多芯铜导线，对于远端模块以及接入网 ONU 外置配线架接地线截面积建议不小于 $16mm^2$。

⑤ 配线架使用的保安单元应符合电信行业标准的要求，并应按照相关标准的要求对保安单元进行定期抽检，及时更换已失效及性能大幅下降的保安单元。

⑥ 严禁用户外线电缆不经过保安单元连到交换机上。

⑦ 应保证配线架的接地汇流条与保护接地排连接牢固可靠；连接处不应发生氧化腐蚀；应保证保安单元的接地端与配线架的接地汇流条间有良好的电气连接，连接处不应发生氧化腐蚀等现象。

- 各种防雷电的要求、装置及相关措施。

7.3.3 有害气体防护

通信管道密布于城市地下，与市政管道中的煤气、天然气等管道平行或交叉的情况较多，当此类管道损坏时，其泄露的可燃气体极易扩散到通信管道。另外，通信管道的人手孔中一些动植物的残留物在湿热密闭条件下腐烂变质，也会产生一些对人体有害的气体。管道中的这些有害气体汇集到人手孔及进线室，会对通信设备、人身安全构成极大的威胁，是严重的安全隐患。

1．有害气体

（1）一氧化碳

一氧化碳（CO）为无色、无味气体，比空气轻，一般浮在空气上层，燃烧时为淡蓝色火焰，与空气混合的爆炸极限为 12.5%～74%。一氧化碳进入人体之后会和血液中的血红蛋白结合，进而使血红蛋白不能与氧气结合，从而引起机体组织出现缺氧，导致人窒息死亡。因此，一氧化碳是有害气体，对人体有强烈的毒害作用。

一氧化碳中毒后的紧急处理措施如下。

① 将门窗打开，勿碰触室内家电，以防爆炸。

② 将患者移到通风地，并松开衣服，保持仰卧姿势。

③ 将患者头部后仰，使气道畅通。

④ 患者如有呼吸，要以毛毯保温，迅速就医。

⑤ 患者如无呼吸，要一面施行人工呼吸，一面呼叫救护车。

（2）硫化氢

常温时硫化氢（H_2S）是一种无色有臭鸡蛋气味的剧毒气体，溶于水、乙醇，易燃，与空气混合能形成爆炸性混合物，遇明火、高热能引起燃烧爆炸。硫化氢比空气重，能在较低处扩散到相当远的地方，遇明火会引起回燃。硫化氢能致人死亡，必须重视。

硫化氢中毒后的紧急处理措施如下。

① 皮肤接触：脱去污染的衣着，用流动清水冲洗，就医。

② 眼睛接触：立即提起眼睑，用大量流动清水或生理盐水彻底冲洗至少 15 分钟，就医。

③ 吸入硫化氢后应迅速脱离现场至空气新鲜处，保持呼吸道通畅。如呼吸困难，给输氧。如呼吸停止，即进行人工呼吸，就医。

④ 灭火方法：消防人员必须穿戴全身防火防毒服，切断气源。若不能立即切断气源，则不允许熄灭正在燃烧的气体。喷水冷却容器，可能的话将容器从火场移至空旷处。灭火剂采用雾状水、泡沫、二氧化碳、干粉。

（3）甲烷

甲烷（CH_4）在自然界分布很广，是天然气、沼气、油田气及煤矿坑道气的主要成分，无色无味，比空气轻，与空气混合能形成爆炸性气体，空气中甲烷浓度达到 5%～15%时，遇火即发生爆炸。甲烷能使人窒息，若不及时远离，可导致人死亡。

甲烷中毒后的紧急处理措施如下。

① 皮肤接触：若有冻伤，就医治疗。

② 呼吸接触：吸入甲烷后迅速脱离现场至空气新鲜处，保持呼吸道通畅。如呼吸困难，给输氧。如呼吸停止，立即进行人工呼吸，就医。

③ 灭火方法：切断气源。若不能立即切断气源，则不允许熄灭正在燃烧的气体。喷水冷却容器，可能的话将容器从火场移至空旷处。灭火剂采用雾状水、泡沫、二氧化碳、干粉。

（4）城市用人工煤气

人工煤气由煤、焦炭等固体燃料或重油等液体燃料经干馏、汽化或裂解等过程制得，主要成分为烷烃、烯烃、芳烃、一氧化碳和氢等可燃气体，并含有少量的二氧化碳和氮等不可燃气体，为了安全起见，往往加入带有臭味的四氢噻吩，以便泄露时及时被发现，在一定的单位空间中，煤气的单位容量达到 5%～15%，遇到明火即发生爆炸。

人工煤气中毒应急处理处置方法如下。

① 立即转移病人到通风良好、空气新鲜的地方，注意保暖。查找煤气漏泄的原因，排除隐患。

② 松解衣扣，保持呼吸道通畅，清除口鼻分泌物，如发现呼吸骤停，应立即行口对口人工呼吸，并做心脏体外按摩。

③ 立即给氧，有条件应立即转医院高压氧舱室作高压氧治疗，尤适用于中、重型煤气中毒患者，不仅可使病者苏醒，还可减少后遗症。

④ 立即静脉注射50%葡萄糖液50ml，加维生素C 500～1 000mg。轻、中型病人可连用2天，每天1～2次，用于补充能量，早期用可预防或减轻脑水肿。

⑤ 昏迷者按昏迷病人的处理进行。

（5）城市用液化石油气

液化石油气（简称液化气）是石油在提炼汽油、煤油、柴油、重油等油品过程中剩下的一种石油尾气，通过一定程序，对石油尾气加以回收利用，采取加压的措施，使其变成液体，装在受压容器内，液化气的名称即由此而来。它的主要成分有乙烯、乙烷、丙烯、丙烷和丁烷等，在气瓶内呈液态状，一旦流出会汽化成比原体积大约250倍的可燃气体，并极易扩散，遇到明火就会燃烧或爆炸。因此，使用液化气也要特别注意，一般也添加臭剂（四氢噻吩）。液化石油气有麻醉和窒息作用。

液化石油气中毒应急处理处置方法如下。

① 关闭液化石油气开关。

② 打开门窗通风，为伤者提供新鲜空气。

③ 解开束缚的衣物、畅通呼吸道，视情况需要施行人工呼吸或心肺腹压术。

④ 液化石油气异味散去之前，勿开启或关闭任何电源开关，以免产生火花引起火灾。

（6）城市用天然气

天然气是一种多组合的混合气体，主要成分是烷烃，其中甲烷占绝大多数，另有少量的乙烷、丙烷和丁烷，此外一般还含有硫化氢、二氧化碳、氮和水气，以及微量的惰性气体，如氦和氩等。天然气公司一般都按照政府规定添加臭剂（四氢噻吩），以供用户嗅辨。若天然气在空气中浓度达到5%～15%时，遇明火即可发生爆炸，这个浓度范围即为天然气的爆炸极限。爆炸在瞬间产生高压、高温，其破坏力和危险性都是很大的。天然气在空气中含量达到一定程度后会使人窒息。

天然气的中毒症状和处理办法与甲烷类似。

2．造成燃气泄漏及爆炸的原因

造成燃气泄漏及爆炸有以下主要原因。

① 煤气公司的管道输送的煤气，所含成分较为复杂，其中一种气体和铁管壁发生反应形成沉积保护层，煤气不易逸出。但煤气管道改为输送天然气时，天然气的成分会对原有形成的沉积物进行分解反应，会加速管材的腐蚀，造成气体的溢出。

② 大地零散电流对天然气管道的腐蚀会造成气体的溢出。

③ 工程施工时的质量（铁管接缝和防腐）和管材的质量不好，有可能造成气体溢出。

④ 外界影响，包括市政、园林绿化等其他部门的施工及自然灾害等都可能损坏传输管道，从而造成气体溢出。

3．防护有毒有害气体应采取的措施

防护有毒有害气体应采取如下措施。

① 在重要部位安装有毒有害气体检测报警装置，在重点地区和局所加强监测。

② 各级电缆维护部门配备一定数量的有害气体检测仪器，将有害气体检测列入周期维护的内容，在人孔内钉挂警告牌。

③ 在施工前必须进行检测和做好施工中的通风，了解施工地段有无燃气设施，如接到燃气公

司或有关单位人员的有燃气泄漏的警告时要无条件停工。

④ 采用地下室管孔封堵的方法防止有害气体侵入机房。

⑤ 通信部门和燃气公司互相提供管线位置图，制订检测计划，加大检测密度，并将检测发生的异常情况及时通报对方。互相提供双方各级维护单位、班组的联系人和电话，及时联系加强合作。

4．易燃气体的预防

预防易燃气体的措施如下。

① 地下室管孔应封堵严密，防止有害气体从管孔进入地下室或测量室。

② 地下室应放置易燃气体报警装置，报警器应装置在明显、经常有人和便于听到报警信号的地方。

③ 对光、电缆管道附近的生产、经销、储存易燃气或有毒气体的单位，坚持经常走访、巡视、监督。发现易燃或有毒气体有可能流入通信管道或人孔时，应即时与有关单位联系，敦促其尽快处理，以防有害气体扩大和蔓延。

④ 发现人孔或通信管道有有害或易燃气体时，千万不要使用明火，不要进入现场。

⑤ 严禁任何人将易燃、易爆及有毒物品带进地下室或人孔内。

- 各种有害气体的特点。
- 各种有害气体的防护措施、急救措施。

实做项目与教学情境

实做项目一：参观充气系统及气压监测系统

目的：了解充气系统及气压监测系统的构成。

实做项目二：制作地线

目的：通过制作地线，掌握防雷电装置。

本章小结

本章主要介绍电缆线路的维护，主要包括以下内容。

① 电缆线路的割接。电缆改接主要包括局（或交接箱）内跳线改接、局外电缆芯线改接、局外分线设备及皮线移改。对于局内跳线有环路改接法和直接改接法，对于局外电缆芯线改接有切断改接法、扣式接线子复接改接法、模块式接线子复接改接法，对于局外分线盒（箱）内皮线有剪断移改法和复接后移改法。新旧局割接要把主干电缆在地下室进行敷设并成端，同时要满足相应要求。在总配线架进行割接，主要有环路割接法、临时复接割接法、引入线复接割接法。

② 电缆充气系统及其维护。电缆充气系统的构成主要包括电路控制系统和气路控制系统，能够实现自动充气。电缆线路气压监测系统是进行高效率线路维护工作的重要手段之一。电缆气压监测网一般应由监测中心、数个监测系统、远端采集模块和可选址传感器等几部分组成。电缆查漏是电缆线路充气维护的重要工作，通常根据漏气点特点用曲线法查漏。

③ 全塑电缆防护，主要包括防雷、防电、防腐蚀。主要腐蚀包括化学腐蚀、电化学腐蚀、晶间腐蚀、微生物腐蚀，重点讲述了对于白蚁和老鼠的防护。通信线路遭受雷击或电击后，往往引起混线、断线等障碍，甚至导致设备被烧坏，因此，对于雷击或电击要加强防护，讲述了防雷电的规定及其相关装置。管道中的有害气体汇集到人手孔及进线室，会对通信设备、人身安全构成极大的威胁，是严重的安全隐患，讲述了相关有害气体的特点、危害及其防护措施。

习题

7-1　简述电缆改（割）接原则及其要求。

7-2　简述局（或交接箱）内跳线改接的方法并画出示意图。

7-3　简述电缆中间改接的方法并画出示意图。

7-4　简述局外分线盒（箱）内移改皮线的方法并画出示意图。

7-5　简述新局地下室敷设主干电缆及新局成端电缆要求。

7-6　简述新旧局割接方法并画出示意图。

7-7　简述气门的装设原则。

7-8　简述充气维护注意事项。

7-9　简述构成充气系统的主要设备。

7-10　简述充气系统的气路控制原理和电路控制原理。

7-11　简述电缆线路气压监测系统的构成。

7-12　简述电缆程式相同且只有一个漏气点情况的气压变化特点，分析各种情况的曲线。

7-13　简述白蚁、鼠类的防护措施。

7-14　简述架空线路安装避雷线或接地装置的情况。

7-15　简述直埋电缆线路防雷电的措施。

7-16　简述防护有毒有害气体应采取的措施。

第8章 电缆线路故障测试

本章教学说明

- 主要介绍电缆线路故障的一般理论、万用表、直流电桥、兆欧表、地阻仪
- 简单介绍T-C300电缆故障综合测试仪的使用方法及其在电缆线路障碍测试中的应用

本章内容

- 电缆线路障碍
- 万用表的使用
- 直流电桥的使用
- 兆欧表的使用
- 地阻仪的使用
- 电缆故障综合测试仪使用

本章重点、难点

- 各种仪表的使用及其在电缆线路障碍测试中的应用

本章学习目的和要求

- 掌握电缆线路障碍的种类及其修复要求
- 掌握万用表、直流电桥、兆欧表、地阻仪的使用方法及其在电缆线路障碍测试中的应用
- 了解T-C300电缆故障综合测试仪的使用方法及其在电缆线路障碍测试中的应用

本章实做要求及教学情境

- 各种仪表的具体使用

本章学习能力要素及基础要求

- 课前预习相关内容
- 掌握各种仪表的使用方法及相关注意事项
- 通过实践操作掌握仪表的使用

本章学习方法建议

- 预习复习结合
- 实践操作与课堂学习结合
- 自学与探讨结合
- 寻求教师答疑与学习反馈结合

本章建议学时数：6 学时

8.1 电缆线路障碍

- 还记得电缆的结构吗？
- 电缆会有什么故障呢？

8.1.1 电缆测试的基本内容及测试要求

1. 电缆测试的基本内容

为了保证通信网优质、高效、安全运行，必须加强通信线路的维护管理，使其经常处于良好状态。因此，一旦线路发生障碍，要尽量缩短障碍历时，但电缆芯线对发生障碍一般很难从外部直接观察发现，特别是地下电缆线路，障碍点查找更为困难，往往要花费数小时甚至数天时间。所以，熟练而精确的电缆测试是电缆线路维护中一项至关重要的技术。电缆线路测试内容可归纳如表 8-1 所示。

表 8-1　电缆测试项目

测试项目	测试方式
电缆芯线绝缘电阻	兆欧表测试
加强芯（金属加强件）对地绝缘	兆欧表测试
防潮层（铝箔内护层）对地绝缘	兆欧表测试
铜线绝缘强度检查	兆欧表测试
芯线直流电阻和工作电容测量	万用表测试
电缆屏蔽层电阻	万用表测试
芯线障碍（混线、地气、断线等）测试	兆欧表判断性质，T-C300 测距
对号测试	蜂鸣器或简易对号器
接地电阻测试	地阻仪测试

2. 主要维护指标

电缆电气特性测量和绝缘特性测量，可以检查线路的传输性能指标，有助于快速准确地查找芯线障碍。

（1）全塑市话电缆线路的维护项目及测试周期

全塑市话电缆线路的维护项目及测试周期如表 8-2 所示。

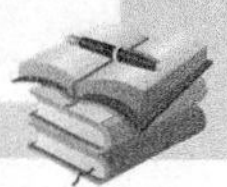

表 8-2　　全塑市话电缆线路设备的维护项目及测试周期

序号	测试项目	测试周期
1	绝缘电阻	
1.1	空闲主干电缆线对绝缘电阻	1 次/年，每条电缆抽测不少于 5 对
1.2	用户线路全程绝缘电阻（包括引入线及用户终端设备）	自动：1 次/3～7 天
1.3	用户线路绝缘电阻（不包括引入线及用户终端设备）	投入运行时测试，以后按需要进行测试
2	单根导线直流电阻、电阻不平衡、用户线路环阻	投入运行时或障碍修复后测试
3	用户线路传输衰减	投入运行时及线路传输质量劣化和障碍修复后测试
4	近端串音衰减，远端串音防卫度	投入运动时测度，以后按需要进行测试
5	电缆屏蔽层连通电阻	投入运行时测试，以后每年测试一次

（2）全塑电缆线路的维护指标

① 全塑电缆绝缘电阻维护指标最小值如表 8-3 所示。

表 8-3　　全塑电缆绝缘电阻维护指标最小值（20℃）

线路类型	线路情况	维护指标
用户电缆线路	主干电缆空闲线对，测试电压 250V	50MΩ
	用户线路（连接有总配线架保安单元和分线设备，不含引入线），测试电压 100V	30MΩ
	用户线路（包括引入线及用户终端设备），测试电压 100V	500kΩ
注：投入运行维护时，各类电缆线路的绝缘电阻指的是每对导线的导体间或导体与地间的绝缘电阻		

② 全塑电缆环路电阻、电阻不平衡维护指标如表 8-4 所示。

表 8-4　　全塑电缆环路电阻、电阻不平衡维护指标（20℃）

类型	测试对象	维护指标
环路电阻	用户电缆线路（不含话机内阻）最大值	程控局：1 500Ω
电阻不平衡	其他全塑电缆	平均值≤1.5%①
		最大值≤5.0%
注①：电阻不平衡，计算公式为电阻不平衡 =（R_{max}–R_{min}）/R_{min} × 100%		

③ 全塑电缆线路传输衰减维护指标如表 8-5 所示。

表 8-5　　全塑市话电缆线路传输衰减维护指标（20℃）

线路类型	线路情况	维护指标
用户线路	频率 800Hz	不大于 7.0dB①
注①：用户到用户交换机传输衰减不人于 1.5dB，用户交换机至端局传输衰减不大于 4.5 dB		

④ 全塑市话电缆线路近端串音衰减维护指标如表 8-6 所示。

表 8-6　　全塑市话电缆线路近端串音衰减维护指标

线路类型	维护指标
主干电缆任何线对间（频率 800Hz）	不小于 70dB
同一配线点的两用户线对间（频率 800Hz）	不小于 70dB
注：线路长度超过 5km 时应进行两端测试	

⑤ 全塑电缆屏蔽层连通电阻维护指标（20℃）如下。

- 全塑主干电缆：不大于 2.6Ω/km
- 全塑架空配线电缆：不大于 5.0Ω/km

注：电缆屏蔽层连通电阻系施工中的屏蔽层用屏蔽连接线全线连通后测试的电阻值。

3．线路设备定期维护项目和周期

线路设备定期维护项目和周期如表 8-7 所示。

表 8-7　　线路设备定期维护项目及周期

项目	维护内容	周期	备注
架空线路	整理、更换挂钩、检修吊线	1 次/年	根据巡查情况，可随时增加次数
	清除电缆、光缆和吊线上的杂物	不定期进行	
	检修杆路、线担、擦拭隔电子	1 次/半年	根据周围环境情况可适当增减次数
	检查清扫三圈一器及其引线	1 次/月	
管道线路	人孔检修	1 次/2 年	清除孔内杂物，抽除孔内积水
	人孔盖检查	随时进行	报告巡查情况，随时处理
	进线室检修（电缆光缆整理、编号、地面清洁、堵漏等）	1 次/半年	
	检查局前井和地下室有无地下水和有害气体侵入	1 次/月	有地下水和有害气体侵入，应追查来源并采取必要的措施。汛期应适当增加次数
充气维护	气压测试，干燥剂检查	不定期进行	有自动测试设备每天 1 次
	自动充气设备检修	1 次/周	放水、加油、清洁、功能检查
	气闭段气闭性能检查	1 次/半月	根据巡查情况，可随时增加次数。有气压监测系统的可根据实际情况安排巡查次数
防雷	接地装置、接地电阻测试检查	1 次/年	雷雨季节前进行
	PCM 再生中继器保护地线的接地电阻测试检查	1 次/年	雷雨季节前进行
	防雷地线、屏蔽线、消弧线的接地电阻测试检查	1 次/年	雷雨季节前进行
	分线设备内保安设备的测试、检查和调整	1 次/年	雷雨季节前测试、调整、每次雷雨后检查
用户设备	投币电话、磁卡电话巡修	1 次/年	结合巡查工作进行
	IC 卡电话巡修	1 次/季	
	普通公用电话巡修	1 次/季	
	用户引入线巡修	1 次/2 年	
交接分线设备	交接设备、分线设备内部清扫、门、箱盖检查，内部装置及接地线的检查	不定期进行	结合巡查工作进行
	交接设备跳线整理、线序核对	1 次/季	
	交接设备加固、清洁、补漆	1 次/2 年	应做到安装牢固，门锁齐全，无锈蚀，箱内整洁，箱号、线序号齐全，箱体接地符合要求
	交接设备接地电阻测试	1 次/2 年	
	分线设备清扫、整理上杆皮线	1 次/2 年	应做到安装牢固、箱体完整、无严重锈蚀，盒内元件齐，无积尘、盒编号齐全、清晰
	分线设备油漆	1 次/2 年	
	分线设备接地电阻测试	测 20%/年	

4．配套设备的维护和管理

配套设备按以下要求进行维护和管理。

① 气压遥测系统要每天检查系统端机是否良好，端机有问题应先修复。

② 自动充气设备由区域工作站派专人负责管理和维护，发现问题应及时修复。

③ 防雷、防强电装置的维护要求如下。

- 地面上装设的各种防雷装置在雷雨季节到来之前，应进行检查，测试其接地电阻。不符合要求时，应及时处理、整治。每次雷雨后进行检查，发现损坏应及时修复和更换。
- 地下防雷装置应根据土壤的腐蚀情况，定期开挖检查其腐蚀程度，发现不符合质量要求的应及时修复、更换。

5．电缆测试、维护要求

（1）电缆测试要求

在日常维护工作中，电缆发生故障时应尽快地恢复通话，必要时采取“先重点后一般”和“抢多数，修个别”的原则，迅速排除障碍并防止扩大范围，确保电话畅通。这样就需要维护人员在排除故障时，首先应判断故障的性质，并选择仪器及时测定障碍位置，再进行修复工作。要做到测量结果准确，应做到以下几点。

- 对于测量基本原理和仪表的使用方法必须掌握。
- 对于导线的变化要有准确的记录。
- 测量过程中，应注意温度对导线电阻的影响。
- 测量时操作要小心、测量要耐心、观察要细心。

- 要“三心”，不要“二意”！
- 故障的尽快修复依赖于维护人员的技术水平和责任心！

（2）线路设备的维护要求

① 线路设备维护分为日常巡查、障碍查修、定期维修和障碍抢修，由线路维护中心组织区域工作站实施。

② 维护工作必须做到以下几点。

- 严格按照上级主管部门批准的安全操作规程进行。
- 当维护工作涉及线路维护中心以外的其他部门时，应由线路维护中心与相应部门联系，制订出维护工作方案后方可实施。
- 维护工作中应做好原始记录，遇到重大问题应请示有关部门并及时处理。
- 对重要用户、专线及重要通信期间要加强维护，保证通信。

8.1.2　电缆线路障碍种类及其产生原因、修复要求

1．通信电缆障碍的分类

通信电缆常见障碍分为以下 5 类。

（1）混线障碍

同一线对的芯线由于绝缘层损坏，以致相互接触造成短路称为混线也叫自混。不同线对芯线间由于绝缘层损坏相碰称为他混。混线障碍的发生，一般或是由于电缆接续工艺不良、或接头内受过强拉力、或受外力碰损使芯线绝缘层受伤等。

（2）地气

电缆芯线绝缘层损坏碰触屏蔽层称为地气，它是因受外力磕、碰、砸等损坏缆芯护套或工作中不慎使芯线接地而形成。

（3）断线

电缆芯线一根或数根断开以致阻断通信称为断线，这种现象一般是由于接续或敷设时不慎使芯线断裂；或受外力损伤、强电流、雷击之后造成断线；在铝芯电缆中有时因接续不良，芯线两端形成高电阻的氧化铝而造成断线。

（4）绝缘不良

电缆芯线之间以塑料为绝缘层，由于绝缘物受到水和潮气的侵袭，使绝缘电阻下降，致使通信信号电流外溢，造成通信不良，甚至阻断通信，称为绝缘不良。绝缘不良一般是由接头在封焊前驱潮处理不够，或电缆受伤进水、充气充入潮气等原因造成芯线绝缘性能长期下降所致。

（5）串、杂音

在本对芯线上，其绝缘情况良好，电路通信正常，但可以听到其他线对上用户通话声音，叫串音；用受话器试听，可以听到“嗡嗡”或“咯咯”的声音或其他不可懂的语音，称为杂音。线路的串、杂音主要是由于电缆芯线错接，或破坏了芯线电容的平衡、线对接头松动引起电阻不平衡、外界干扰源磁场窜入等影响而造成的。

上述各类障碍示意图如图 8-1 所示。

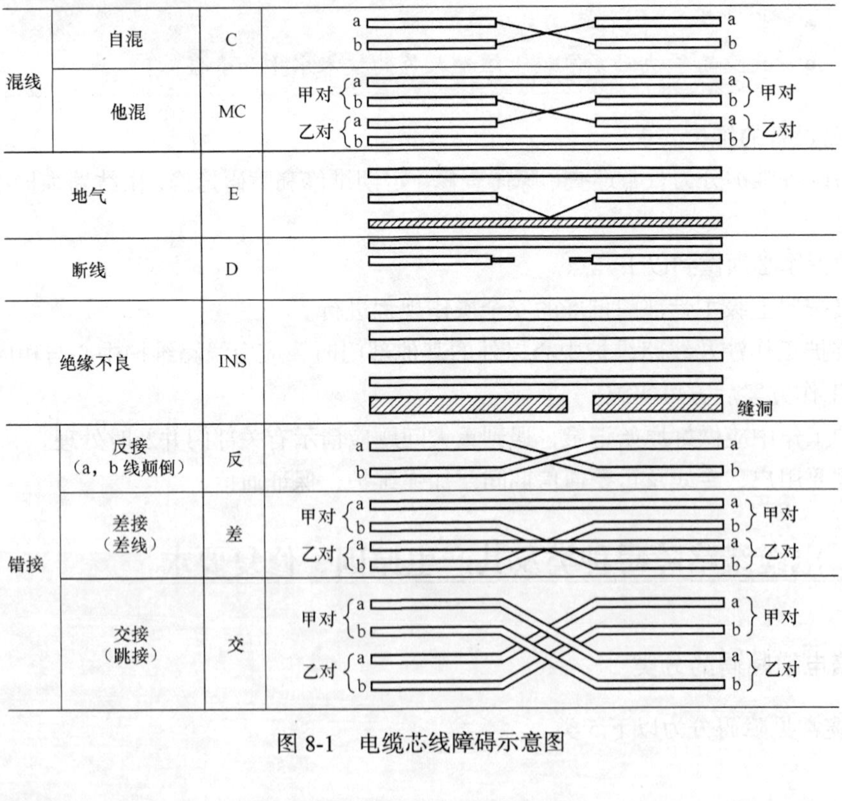

类别	名称	代号	示意图
混线	自混	C	a、b
	他混	MC	甲对{a b} {a b}甲对；乙对{a b} {a b}乙对
地气		E	
断线		D	
绝缘不良		INS	缝洞
错接	反接 （a，b 线颠倒）	反	a、b
	差接 （差线）	差	甲对{a b} {a b}甲对；乙对{a b} {a b}乙对
	交接 （跳接）	交	甲对{a b} {a b}甲对；乙对{a b} {a b}乙对

图 8-1　电缆芯线障碍示意图

实际电缆障碍可能是几种类型障碍的组合。比如：芯线接地障碍同时会造成线对自混；在电缆进水、受潮比较严重时，所有的芯线及芯线对地之间的绝缘电阻均很低，就同时存在自混、接地和他混障碍现象。在判断障碍性质时应注意加以鉴别。

2．电缆障碍产生的原因

产生电缆障碍有以下原因。

（1）电缆本身的障碍

电缆在生产过程中因扭矩、绝缘材料结构不均匀而引起的串音、杂音；产品质量控制不严格，个别线对出现接地、断线、混线等障碍；电缆外护套有砂眼等漏洞，使电缆进水，造成绝缘不良等障碍。

（2）施工过程中造成的障碍

在施工过程中由于电缆芯线接续造成线对混线、接地或断线等障碍；线对因差接、反接等，产生了芯线间电容、电阻不平衡，造成用户的串音、杂音等障碍；由于芯线驱潮不当，造成绝缘不良障碍，或因封焊不良，电缆发生进水障碍等。

（3）外力影响造成的障碍

城乡建设、修建楼房、平整土地、绿化施工等会挖坏和碰坏电缆；行驶的车辆、地面的升降也往往会造成电缆的损伤。有时候外力损伤并不立刻引起线路障碍，在一段时间以后，损伤部位才发展成为障碍。在各种障碍中外力影响造成的障碍最多也最为严重。

（4）电击及雷击造成电缆障碍

电缆被高压电力线烧伤或遭到雷电损伤，会造成电缆芯线出现接地、混线、断线、绝缘不良和电缆漏气、进水等障碍。严重时会将电缆烧毁几处，甚至熔断。

（5）自然灾害造成的障碍

地震、洪水、台风、冰冻等都可造成电缆线路及其设备的破坏。

（6）人为造成的障碍

电缆被盗、维护不当等原因造成电缆线路及其设备丢失或损坏。

3．电缆障碍修复要求

电缆障碍修复的要求如下。

① 当电缆发生障碍应以尽快恢复通话为原则，对重要用户必须采取适当措施，先恢复通话，或者临时改用空闲好线，待修复后再改回原线。

② 同时发生几种障碍，应先抢修重要的和影响较多用户的电缆。

③ 查找电缆障碍时，应先测定全部障碍线对及确定性质，然后根据线序的分布情况及配线表分析障碍段落，再用仪器测量、测听，直接观察或充气检查电缆护套等方法确定障碍点。

④ 修复电缆障碍的规定如下。

- 障碍点芯线的绝缘物烧伤或芯线变色过多或过长时，应改接一段电缆，如果个别线接对不良，则可只改接部分芯线。
- 全塑电缆进水后，在没有更好的办法之前，进水段落应予以更换。
- 不能因为修理障碍而产生反接、差接、交接、地气等障碍。同时，在接续、封焊以及建筑或安装上都要符合规格要求，更不得降低绝缘电阻，须经测量室测量好后才能封焊。

- 对全塑电缆护套损坏的修理可以采用热缩管包封法及热缩管修补的产品进行修补。
- 对自然恢复障碍必须彻底追查，采取各种方法修复。全塑电缆在发生少量线对故障时，为防止扩大，应及时追查。
- 对电击障碍，除必须修复全部芯线障碍外，对外皮漏洞应仔细检查并全部修好，恢复到原来的保气程度。

- 电缆障碍的种类。
- 电缆障碍产生的原因。
- 电缆障碍修复的要求。

8.1.3 电缆线路障碍检修步骤

电缆线路障碍测试一般有障碍性质诊断、障碍测距与障碍定点 3 个步骤。

1．障碍性质诊断

在线路出现障碍后，使用兆欧表、万用表、综合测试仪等确定线路障碍性质与严重程度，以便分析判断障碍的大致范围和段落、选择适当的测试方法。

当电缆发生障碍后，应对障碍发生的时间、产生障碍的范围、电缆所处的周围环境、接头与人孔井的位置、天气的影响及可能存在的问题进行综合考虑。

2．障碍测距

使用专用测试仪器测定电缆障碍的距离又叫粗测，即初步确定障碍的最小区间。

3．障碍定点

根据仪器测距结果，对照图纸资料，标出障碍点的最小区间，然后携带仪器到现场进行测试，作精确障碍定位。这时，可根据所掌握的电缆线路的实际情况，结合周围环境，分析障碍原因，发现可疑点，直至找到障碍点。例如，如发现在确定障碍的范围内有接头，就大致可以判定障碍点就在接头内。在现场还可以采用其他辅助手段，如使用放音法、查找电缆漏气点等找出障碍点的准确位置。

- 想成功吗？按以上 3 个步骤查找障碍点，否则欲速则不达。

8.2 万用表测试

8.2.1 数字式万用表使用方法

万用表是一种多功能、多量程的测量仪表，一般可测量直流电流、直流电压、交流电流、交流电压、电阻和音频电平等，有的还可以测电容量、电感量及半导体的一些参数。采用万用表测

试电缆线路并判断线路故障始于 20 世纪 50 年代。早期使用指针式万用表，近年来更多使用数字式万用表。

数字式万用表（见图 8-2）灵敏度高，准确度高，显示清晰，过载能力强，便于携带，使用更简单。

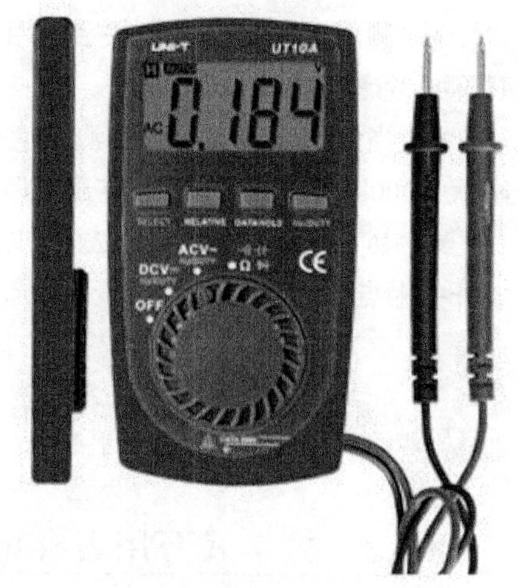

图 8-2　数字式万用表

数字式万用表使用方法如下。

① 使用前，应认真阅读有关的使用说明书，熟悉电源开关、量程开关、插孔、特殊插口的作用。

② 将电源开关置于 ON 位置。

③ 电压测量方法。

直流电压的测量：首先将黑表笔插进“COM”孔，红表笔插进“V/Ω”。把旋钮选到比估计值大的 DCV（直流）量程（注意：表盘上的数值均为最大量程，“V-”表示直流电压挡，“V～”表示交流电压挡，“A”是电流挡），接着把表笔与被测线路并联，保持接触稳定，数值可以直接从显示屏上读取，若显示为“1.”或“OL”，则表明量程太小，那么就要加大量程后再测量。若在数值左边出现“-”，则表明表笔极性与实际电源极性相反，此时红表笔接的是负极。

交流电压的测量：表笔插孔与直流电压的测量一样，不过应该将旋钮打到交流挡“V～”处所需的量程即可。交流电压无正负之分，测量方法跟前面相同。

无论测交流还是直流电压，都要注意人身安全，不要用手触摸表笔的金属部分。

④ 电流的测量方法。

直流电流的测量：先将黑表笔插入“COM”孔。若测量大于 200mA 的电流，则要将红表笔插入“10A”插孔并将旋钮打到直流“10A”挡；若测量小于 200mA 的电流，则将红表笔插入“200mA”插孔，将旋钮打到直流 200mA 以内的合适量程。调整好后，就可以测量了。将数字式万用表串进电路中，保持稳定，即可读数。若显示为“1.”或“OL”，那么就要加大量程；如果在数值左边出现“-”，则表明电流从黑表笔流进万用表。

交流电流的测量：测量方法与直流电流测量相同，不过挡位应该打到交流挡位，电流测量完毕后应将红笔插回“V/Ω”孔，若忘记这一步而直接测电压，则万用表将被烧毁。

⑤ 电阻的测量方法如下。

将表笔插进“COM”和“V/Ω”孔中，把旋钮打旋到“Ω”中所需的量程，用表笔接在电阻两端金属部位，测量中可以用手接触电阻，但不要把手同时接触电阻两端，这样会影响测量精确度的——人体是电阻很大但是有限大的导体。读数时，要保持表笔和电阻有良好的接触；注意单位：在“200”挡时单位是“Ω”，在“2K”到“200K”挡时单位为“kΩ”，“2M”以上的单位是“MΩ”。

如果被测电阻值超出所选择量程的最大值，万用表将显示“1.”或“OL”，这时应选择更高的量程。

⑥ 使用数字式万用表应注意以下事项。

- 如果无法预先估计被测电压或电流的大小，则应先拨至最高量程挡测量一次，再视情况逐渐把量程减小到合适位置。测量完毕，应将量程开关拨到最高电压挡，并关闭电源。

● 满量程时，仪表仅在最高位显示数字“1.”或“OL”，其他位均消失，这时应选择更高的量程。

● 测量电压时，应将数字万用表与被测电路并联。测电流时应与被测电路串联，测交流量时不必考虑正、负极性。

● 当误用交流电压挡去测量直流电压，或者误用直流电压挡去测量交流电压时，显示屏将显示“000”，或低位上的数字出现跳动。

● 禁止在测量高电压（220V 以上）或大电流（0.5A 以上）时换量程，以防止产生电弧，烧毁开关触点。

● 数字式万用表测量各个物理量的方法。

8.2.2 数字式万用表在电缆线路测试中的应用

1．环路电阻的测试

环路电阻的测试步骤如下。

① 首先将被测电缆线的始端（近端）与机房断开，在被测电缆的末端（远端）将两根芯线短接，如图 8-3 所示。

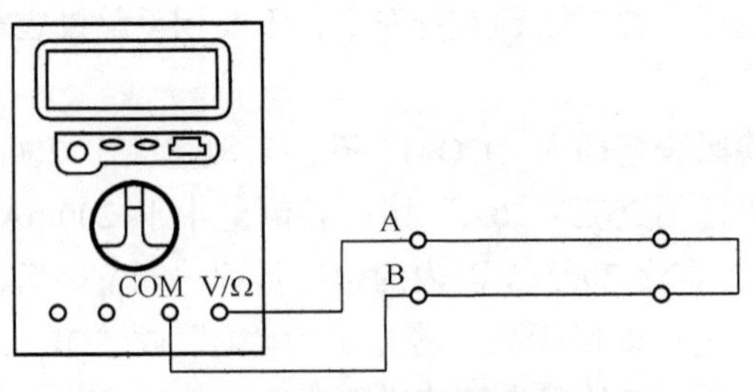

图 8-3 万用表测芯线环阻

② 根据电缆程式和长度将数字式万用表的挡位量程旋钮转向“Ω”量程范围的适当挡位。

③ 按下开关按钮，把表笔分别插入 COM 表笔插孔和 V/Ω 表笔插孔，并接至被测电缆芯线上。

④ 读取液晶显示屏的数值，此读数即为导线的环阻值。如果测量当中出现负值，这可能是线路上有电源存在，应及时查清情况，否则将造成误差。

2．电缆屏蔽层连通电阻测试

全塑电缆屏蔽层应进行全程连通测试，测试方法如图 8-4 所示。

先要在被测电缆末端将屏蔽线牢固地卡接在电缆屏蔽层，选一对良好芯线，将其末端 A、B 线短路，并与电缆屏蔽线连通。打开万用表开关，万用表连线插接正确，万用表量程开关拨到电阻量程范围，选择适当的测试挡，准确读取读数。测试步骤如下。

① 测试线对环路电阻（R_{AB}），如图 8-4（a）所示。

② 测试 A 线与电缆屏蔽层的环路电阻（R_{AE}），如图 8-4（b）所示。

③ 测试 B 线与电缆屏蔽层的环路电阻（R_{BE}），如图 8-4（c）所示。

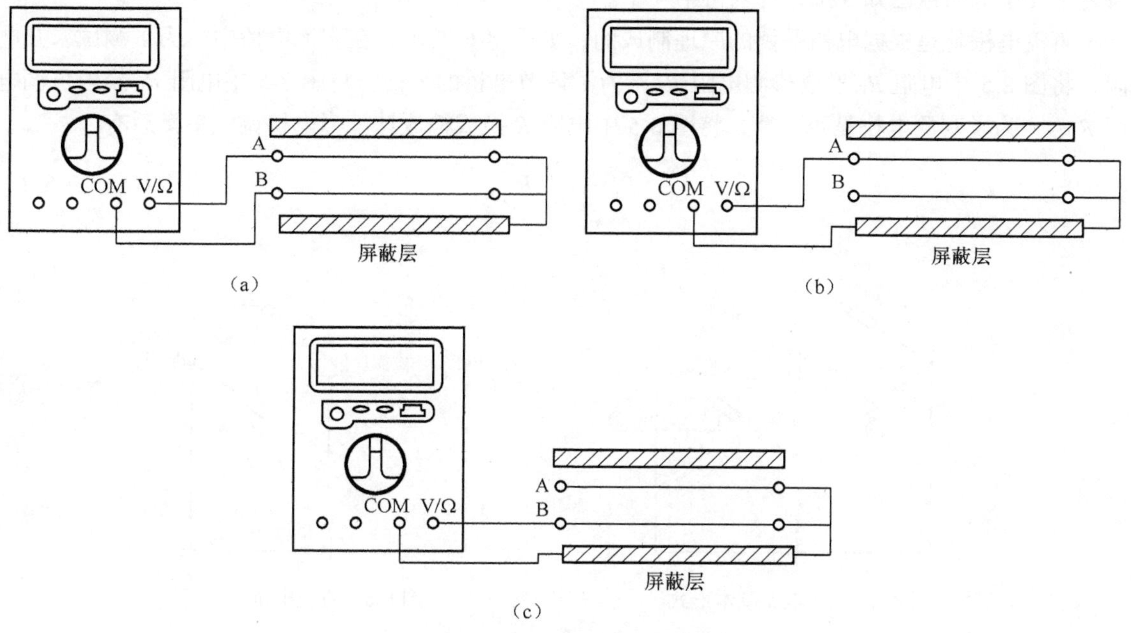

图 8-4　万用表测电缆屏蔽层连通电阻

用式（8-1）来计算电缆每公里屏蔽层连通电阻。

$$R_{屏}=\frac{R_{AE}+R_{BE}-R_{AB}}{2\times L}(\Omega/\text{km}) \tag{8-1}$$

式（8-1）中：L 为被测电缆长度，单位 km。

本地网全塑电缆屏蔽层连通电阻标准：全塑主干电缆屏蔽层连通电阻不大于 2.6Ω/km，全塑架空配线电缆屏蔽层连通电阻不大于 5.0Ω/km。

- 数字式万用表测试环阻和屏蔽层连通电阻的方法。

8.3 直流电桥测试

直流电桥有多种型号，它们是根据电桥电路原理而制成的。现在普遍采用的是 QJ-45 型携带式电桥，又称电缆故障测试器。下面以此为例介绍。

8.3.1 QJ-45 型直流电桥使用方法

1. 电桥电路基本原理

电桥电路基本形式如图 8-5 所示。

若电桥电路平衡，则流经电阻 R 上的电流为零。电桥平衡的条件为相邻桥臂上的电阻的比值相等（或相对臂上的电阻值的乘积相等），即：$R_A/R_B=R_D/R_C$。根据这一特点，当电桥平衡时，若桥臂上 4 个电阻值已知 3 个，可求得第 4 个。

直流电桥就是根据电桥平衡的原理制成的，如图 8-6 所示，在直流电桥中，为了测试未知电阻，将图 8-5 中电阻 R_D 换成待测电阻 R_X；为了调节电桥的平衡，将图 8-5 中电阻 R_C 换成可调电阻 $R_{可调}$；为了观测电桥是否平衡，将图 8-5 中电阻 R 换成检流计。当电桥调试平衡后有

$$R_X=\frac{R_A}{R_B}R_{可调} \tag{8-2}$$

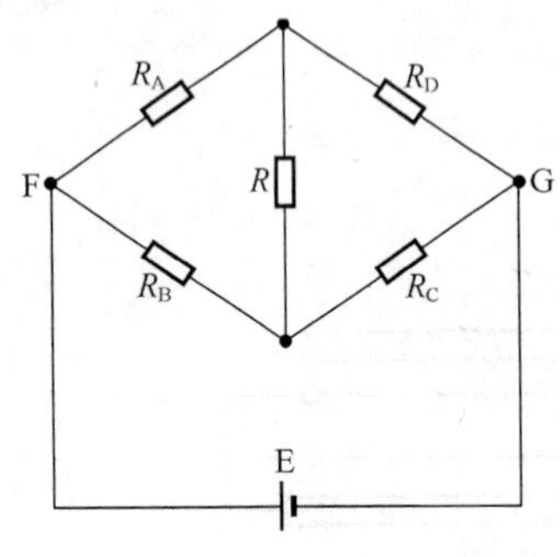

图 8-5　电桥电路基本形式

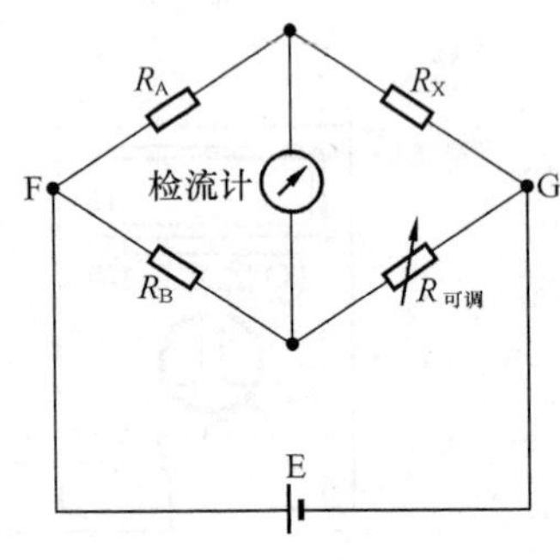

图 8-6　直流电桥

2．QJ-45 型直流电桥的结构

QJ-45 型直流电桥实物照片如图 8-7 所示。QJ-45 型直流电桥面板结构如图 8-8 所示。

QJ-45 电桥面板上各部件功能如下。

① G 接线端：为外接检流计接线柱。若电桥内检流计灵敏度低时，可以接灵敏度高的检流计。当外接检流计或耳机时，内接检流计自动从电路断开，并且本身短路。

② 比率臂旋钮（比率盘）：用来改变 R_A 和 R_B 之比，有八挡比例值，三挡电阻值。

③ B（+，−）接线端：为外接电源接线柱。电桥内部电源为 4.5V，为了提高电桥灵敏度或延长测试距离，可以外接较高电压。当外接电压超过 22.5V（最大 200V），每 1V 应串接 50Ω的限流保护电阻。

④ 比较臂旋钮（变阻盘）：共 4 个，分为个、十、百、千，用来选择 4 组串联的电阻箱，并使电桥平衡，相当于可调电阻，电阻最大可到无穷大。

图 8-7　QJ-45 型直流电桥实物照片

⑤ X（1、2）接线端：为连接被测线路接线端。

⑥ G 按钮：检流计分流按钮，共分 3 挡，0.01、0.1、1 表示电桥由粗到细的平衡状态，测量时依此顺序，不得任意颠倒，部分电桥只有两挡。

⑦ 内、外接检流计转换开关。

⑧ R 接线端：比较臂引出端，当本机比较臂不够用时使用。

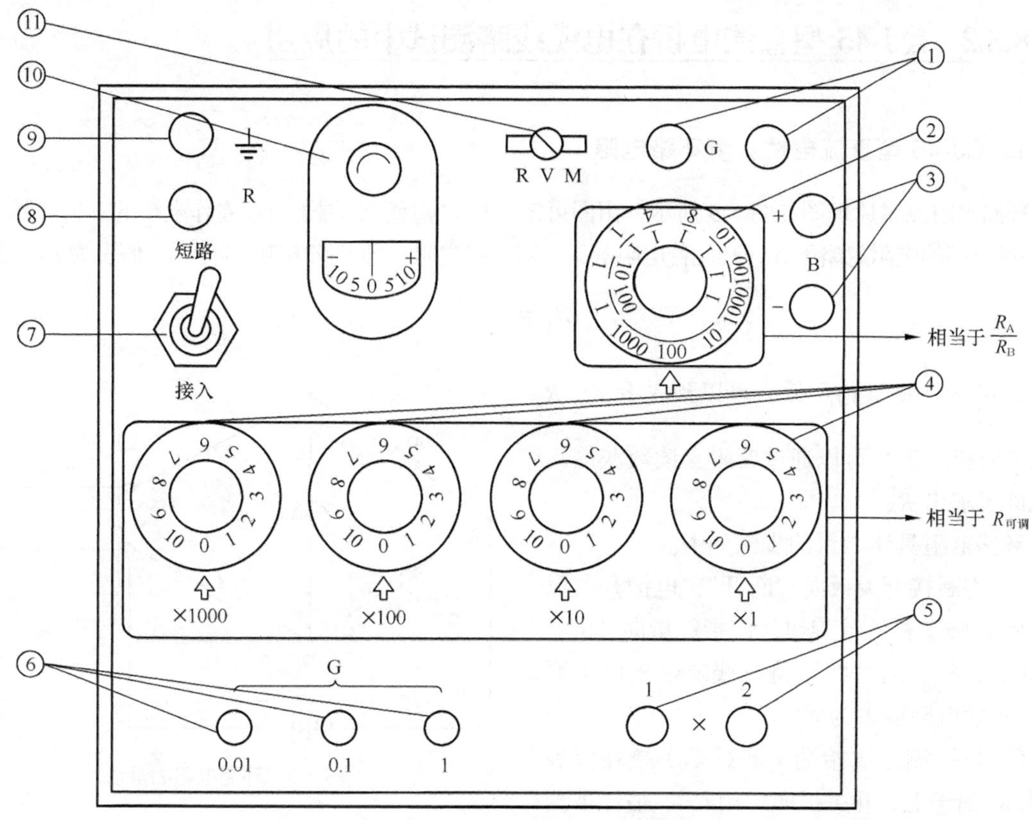

图 8-8　QJ-45 型直流电桥面板结构

⑨ 接地：为接地接线端。

⑩ 检流计：为判断电桥是否平衡的指示器，是一种高灵敏度检流计，也是本仪器的核心部件。

⑪ R-V-M 电键⑪：为测量方法变换电键。扳向“R”为测量未知电阻（普通电桥法）；扳向“M”为可变比例臂测试法（茂来法）；扳向“V”为固定比例测试法（伐来法）。

3．QJ-45 型直流电桥使用注意事项

使用 QJ-45 型直流电桥时应注意以下事项。

① 使用时电桥要平放。

② 应正确使用仪表，正确选择比率臂，按 G 按钮时一定要按照 0.01、0.1、1 的顺序，否则易损坏表头。

③ 在使用前，如表的指针不在 0 位应校正表的指针指向 0 位。

④ 在测量环路电阻时，指针指向“+”时，增加比较臂阻值。指针指向“−”时减小比较臂阻值。

⑤ 仪表不用时，及时取出电池。

- 要想早点结束，一定按照说明去连线并操纵，否则事倍功半！
- 想一想调节变阻盘怎样更快呢？

8.3.2　QJ-45 型直流电桥在电缆线路测试中的应用

1．QJ-45 型直流电桥测量环路电阻

环路电阻测量原理图如图 8-9 所示，由图可知，从 C 点到 X_2 端子可以看作电桥的一臂，从 C 点到 X_1 端子间的电阻忽略不计，则此臂电阻等于一对芯线电阻，即环路电阻（环阻），假设为 R_X，则有

$$R_X = \frac{A}{B}R$$

式中，$\frac{A}{B}$ 为比率臂指示值，可以预先设定，R 为比较臂指示值，可以通过变阻盘读数获得，由此即可求出 R_X。

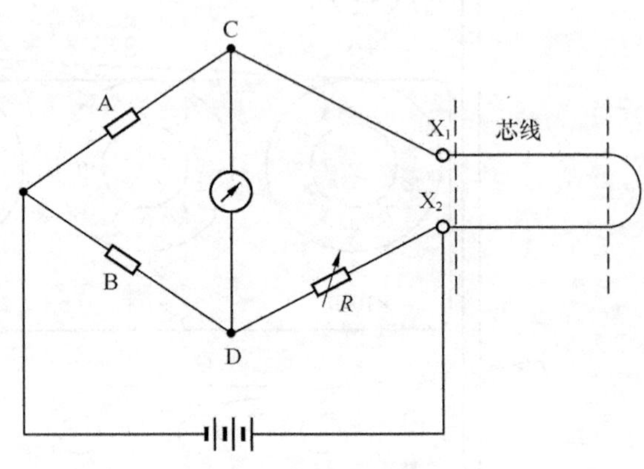

图 8-9　环路电阻测量法

环路电阻具体测量的步骤如下。

① 将断接开关扳向“断开”，电键开关扳向“R”，转动检流计旋钮，使指针指向“0”。

② 选择一对好线，将芯线末端短路（混线），接触电阻要求为零。

③ 将被测芯线始端（测试端）接在仪表 X_1 和 X_2 端子上、开关扳向“接入”、估计被测电阻值，选择（调整）合适的比率臂。

④ 在调电桥平衡前，一般使比较臂旋钮处于中间数值。

⑤ 先按下“0.01G（粗调）”按钮，观察检流计指针偏向。当指针指向“+”时，增加比较臂阻值；当指针指向“-”时减小比较臂阻值，当指针指向“0”时，说明电桥基本平衡。重复上述步骤，依次按“0.1（中调）”“1（细调）”G 挡分别调比较臂旋钮直至电桥平衡。一般由高到低调比较臂值。

⑥ 电桥平衡后，进行读数。

如：比较臂的读数（R）$= 1\,000 \times 3 + 100 \times 8 + 10 \times 4 + 1 \times 2 = 3\,842$；比率臂值$\left(\frac{R_A}{R_B}\right) = 1/1\,000$，则待测电阻的环阻（$R_X$）$= \frac{R_A}{R_B} \times R = 1/1\,000 \times 3\,842 = 3.84\Omega$。

警示

- 在测量阻值较大时，若发现检流计指针偏转不显著，可在仪器 G 接线端子外接高灵敏度检流计。

2．QJ-45 型直流电桥测定混线、地气障碍点

（1）固定比率臂测定法

① 地气障碍点的测定。

- 先用测量环路电阻法，测量出环路电阻值 R_{AB}。
- 在电缆的末端，把被测的好线与地气线各一根互相连接起来。

- 测试端，将好线接在 X_1 端子上，坏线接在 X_2 端子上。
- 地端子连接电缆屏蔽层，如图 8-10 所示。

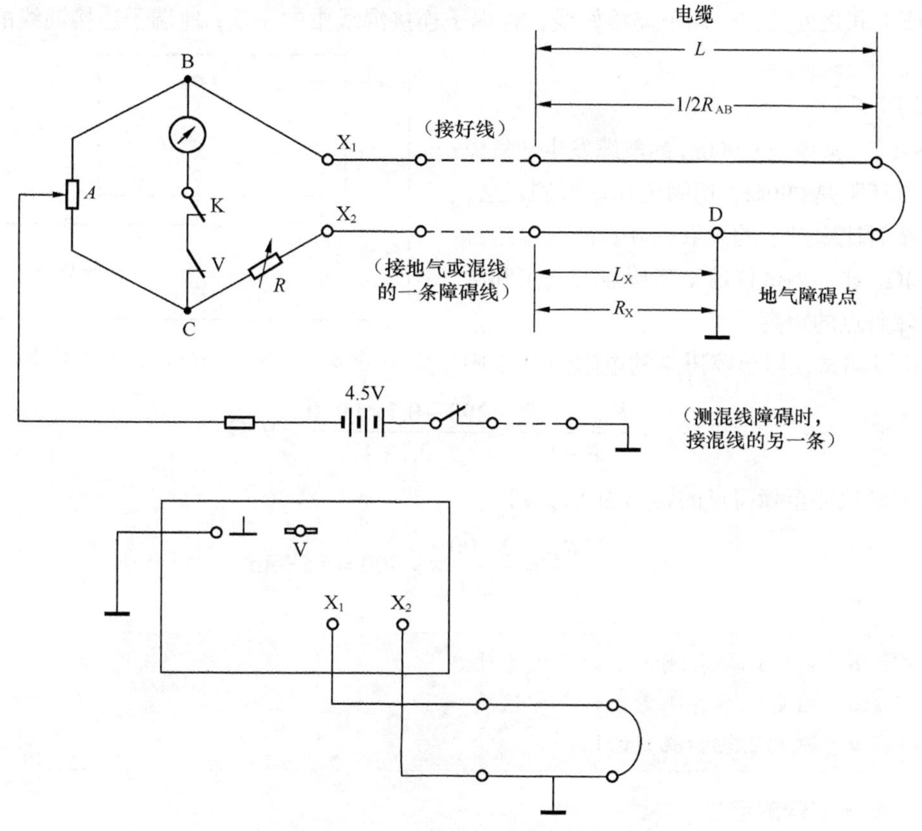

图 8-10 固定比率臂测定地气障碍点的方法

- 将电键变换倒向“V”。
- 选择比率盘的比值，再调节变阻盘，使电桥平衡。
- 计算方法如下。

由图 8-10 可知，C 点到 D 点作为电桥一臂，B 点到 D 点作为电桥一臂，假设 R_{AB} 为环阻，R_X 为 X_2 端子到障碍点的电阻，A 为比率盘上的固定比例，R 为变阻盘的测定数，则根据电桥基本原理有

$$A = \frac{R_{AB} - R_X}{R + R_X}$$

则可得

$$R_X = \frac{R_{AB} - AR}{A+1} \tag{8-3}$$

当芯线的直径一样时，令 L 为电缆长度，L_X 是测试端到障碍点的距离，则

$$L : L_X = \frac{R_{AB}}{2} : R_X$$

则可得

$$L_X = \frac{2LR_X}{R_{AB}} = \frac{2L(R_{AB} - AR)}{R_{AB}(A+1)} \tag{8-4}$$

② 混线障碍点的测定。

混线障碍的测试原理和操作步骤基本上与地气障碍点的测定方法一样，计算也完全使用同样的公式。所不同之处是：X_1 端子连接好线，X_2 端子连接混线中的一条，地端子连接混线的另一条。如图 8-11 所示。

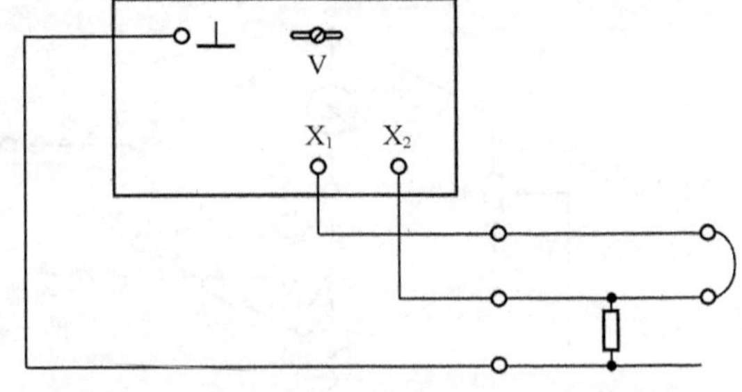

图 8-11　固定比率臂测定混线障碍点的方法

③ 应用。

【例 8-1】 某条长 9 000m 的电缆发生地气障碍，测出其环阻是 290Ω。用固定比率臂测定法，当电路平衡时比率盘上的读数是 0.1，测定盘的总值是 1 910Ω。求：测试仪器至障碍点的电阻和测试仪器至障碍点的距离。

解：假设测试仪器至障碍点的电阻为 R_X，则

$$R_X = \frac{R_{AB} - AR}{A+1} = \frac{290 - 0.1\times 1910}{0.1+1} = 90\Omega$$

假设测试仪器至障碍点的距离为 L_X，则

$$L_X = \frac{2LR_X}{R_{AB}} = \frac{2\times 90}{290}\times 9\,000 = 5\,586\text{m}$$

- 固定比率臂测定法的连线方法。
- 固定比率臂测定法计算方法。
- 测量地气和混线的区别。

（2）可变比率臂测定法

① 地气障碍点的测定。

- 先用测量环路电阻法，测量出环路电阻值 R_{AB}。
- 在电缆的末端，把被测的好线与地气线各一根互相连接起来。
- 测试端，将好线接在 X_1 端子上，地气线接在 X_2 端子上。
- 地端子连接电缆屏蔽层，如图 8-12 所示。
- 将电键变换倒向"M"。
- 选择比率盘的 M 值，再调节变阻盘，使电桥平衡。
- 计算方法如下。

由图 8-12 可知，C 点到 D 点作为电桥一臂，B 点到 D 点作为电桥一臂，假设 R_{AB} 为环阻，R_X 为 X_2 端子到障碍点的电阻，M 为比率盘上的固定电阻值，R 为变阻盘的测定数，则根据电桥基本原理有

$$\frac{\text{M}}{R} = \frac{R_{AB} - R_X}{R_X}$$

则可得

$$R_X = \frac{R_{AB}R}{\text{M}+R} \tag{8-5}$$

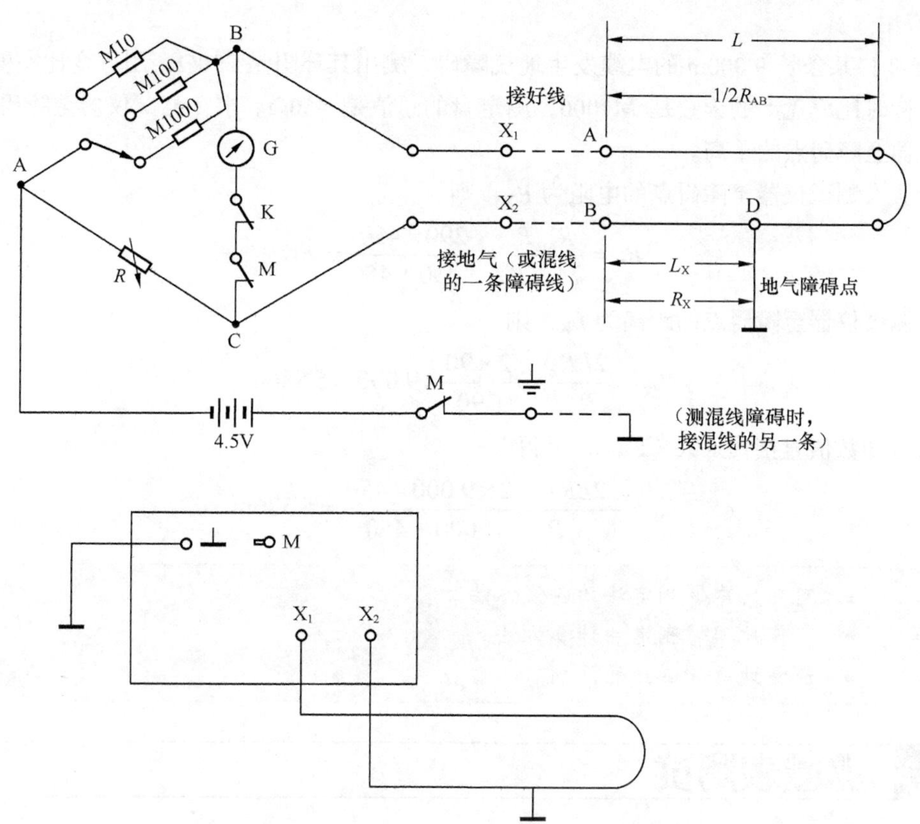

图 8-12　可变比率臂测定地气障碍点的方法

当芯线的直径一样时，令 L 为电缆长度，L_X 是测试端到障碍点的距离，则

$$L : L_x = \frac{R_{AB}}{2} : R_X$$

则可得

$$L_X = \frac{2LR_X}{R_{AB}} = \frac{2LR}{M+R} \tag{8-6}$$

② 混线障碍点的测定。

混线障碍的测试原理和操作步骤基本上与地气测定方法一样，计算也完全使用同样的公式。所不同之处是：X_1 端子连接好线，X_2 端子连接混线中的一条，地端子连接混线的另一条，如图 8-13 所示。

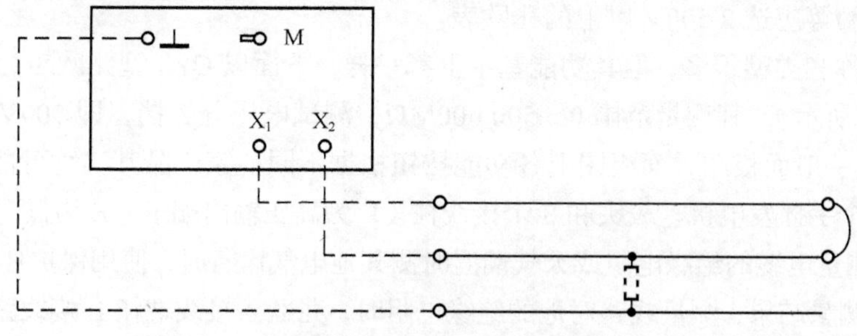

图 8-13　可变比率臂测定混线障碍点的方法

③ 应用。

【例 8-2】某条长 9 000m 的电缆发生地气障碍，测出其环阻是 290Ω，用可变比率臂测定法，当电路平衡时比率盘上的读数是 M1000，测定盘的总值是 450Ω。求：测试仪器至障碍点的电阻和测试仪器至障碍点的距离。

解：假设测试仪器至障碍点的电阻为 R_X，则

$$R_X = \frac{R_{AB}R}{M+R} = \frac{290\times 450}{1\,000+450} = 90\Omega$$

假设测试仪器至障碍点的距离为 L_X，则

$$L_X = \frac{2LR_X}{R_{AB}} = \frac{2\times 90}{290}\times 9\,000 = 5\,586\text{m}$$

或将已知数值直接代入式（8-6），可得

$$L_X = \frac{2LR}{M+R} = \frac{2\times 9\,000\times 450}{1\,000+450} = 5\,586\text{m}$$

- 可变比率臂测定法的连线方法。
- 可变比率臂测定法计算方法。
- 测量地气和混线的区别。

8.4 兆欧表测试

市内通信全塑电缆的绝缘电阻测试是为了发现潜在电缆障碍，当塑料护套破损、受潮、进水时可及时发现地气障碍并进行修复。绝缘电阻测试是市内通信全塑电缆线路测试项目之一，测试 A、B 线间及 A 或 B 线对屏蔽层（屏蔽层接地）的绝缘电阻。测试仪表经常使用兆欧表。

8.4.1 兆欧表使用方法

1．兆欧表的结构

兆欧表又叫摇表或绝缘电阻测试仪，是一种简便、常用的测量高电阻的直读式仪表，可用来测量电路、电机绕组、电缆、电气设备等的绝缘电阻。

兆欧表的常用规格有 250V、500V、1 000V、2 500V 和 5 000V 等挡级。选用兆欧表主要应考虑它的输出电压及其测量范围。通常 500V 以下的电气设备和线路选用 500～1 000V 的兆欧表，而瓷瓶、母线、刀闸等应选 2 500V 以上的兆欧表。

兆欧表的名称和类型很多，但其功能基本上都一样，下面以 QZ3 型兆欧表为例进行介绍（实物照片如图 8-14 所示），其测量范围 0～500 000MΩ，测试电压分 3 挡，即 500V、250V、100V。图 8-15 所示为其一般面板图，面板图上各功能按钮根据不同厂家产品其实物可能有所不同。

兆欧表由一个手摇发电机、表头和 3 个接线柱（L 为高压输出端子、E 为低电压端子、G 为保护端子）组成。测量电缆的绝缘电阻或天气潮湿时测其他电气设备时，使用保护环 G 以避免被测设备表面漏电影响测量结果；测量线路对地的绝缘电阻时，兆欧表接线端钮 L 接线路的导线，接线端钮 E 接地；测量电缆的对地（表皮）绝缘电阻，L 接电缆芯线，E 接电缆表皮，G 接绝缘层。

图 8-14　QZ3 型兆欧表实物照片

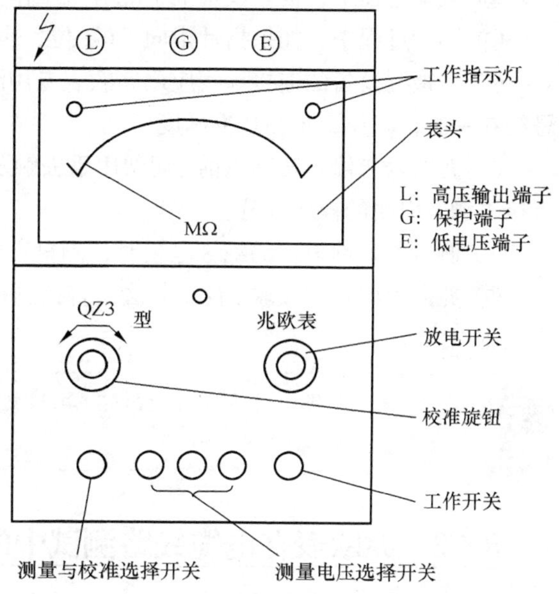

图 8-15　QZ3 型兆欧表面板示意图

2．兆欧表的使用方法

（1）使用前的准备工作

① 检查兆欧表是否能正常工作。将兆欧表水平且平稳放置，检查指针偏转情况：将 E、L 两端开路，以约 120r/min 的转速摇动手柄，观测指针是否指到"∞"处；然后将 E、L 两端短接，缓慢摇动手柄，观测指针是否指到"0"处，如果开路时指向"∞"处且短接时指向"0"处，说明仪表完好，否则存在问题，经检查完好才能使用。注意在摇动手柄时不得让 L 和 E 短接时间过长，否则将损坏兆欧表。

② 检查被测线路，应将测量室竖列保安单元拔出及断开用户线，避免高压直流进入机房或用户。绝对不允许设备和线路带电时用兆欧表去测量。

③ 测量前，应对设备和线路先行放电，以免设备或线路的电容放电危及人身安全和损坏兆欧表，这样还可以减少测量误差。另外，注意将被测试点擦拭干净。

（2）使用方法

① 兆欧表必须水平放置于平稳牢固的地方，以免在摇动时因抖动和倾斜产生测量误差。

② 接线：E、L 和 G 接线必须正确无误，L 接电缆芯线，E 接电缆表皮，G 接绝缘层，连接线必须用单根线，绝缘良好，不得绞合，表面不得与被测物体接触。

③ 测量：摇动手柄的转速要均匀，一般规定为 120r/min，允许有±20%的变化，最多不应超过±25%。通常都要摇动一分钟后，待指针稳定下来再读数（读数要在摇的过程中进行）。如被测电路中有电容时，先持续摇动一段时间，让兆欧表对电容充电，指针稳定后再读数。若测量中发现指针指"0"，应立即停止摇动手柄。

④ 测量完毕，应充分放电，否则容易引起触电事故。

（3）注意事项

① 禁止在雷电时或高压设备附近测绝缘电阻，只能在设备不带电、也没有感应电的情况下测量。

② 测量过程中，被测设备上不能有人工作。

③ 测量过程中，如果指针指向“0”位，表示被测设备短路，应立即停止转动手柄。

④ 与被测设备的连接导线应用兆欧表专用测量线或选用绝缘强度高的单芯多股软线，导线切忌绞在一起，以免影响测量准确度。

⑤ 兆欧表未停止转动以前，切勿用手去触及设备的测量部分或兆欧表接线柱。拆线时也不可直接去触及引线的裸露部分。

⑥ 测量电容性设备的绝缘电阻时，测量完毕，应将设备充分放电。

⑦ 兆欧表应定期校验。校验方法是直接测量有确定值的标准电阻，检查其测量误差是否在允许范围以内。

警示

- 兆欧表未停止转动以前其接线柱是带有高压的，千万不要接触！不相信你也别试！

8.4.2 兆欧表在电缆线路测试中的应用

1. 测试芯线间绝缘电阻

测试芯线间绝缘电阻是为了检查芯线绝缘程度以及芯线间是否有混线现象，接线方法如图 8-16 所示。将兆欧表的 L 接线柱接一根芯线，E 接线柱接至另一根芯线，G 保护环接地，测试时要把仪表放平，然后摇动手摇发电机，转速由慢逐渐加快，表针稳定后即可直接读出绝缘电阻值。

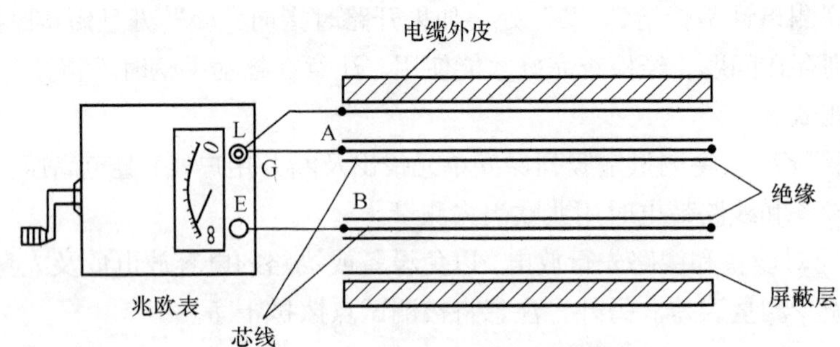

图 8-16　测试芯线间绝缘电阻

测试读数换算：单位绝缘电阻数值 = 电缆芯线测试读数值/电缆长度（单位：MΩ/km），将电缆芯线测试读数值正确换算为单位数值，并根据所测电缆型号判断其绝缘电阻是否符合规定标准。

2. 测试芯线对地（电缆屏蔽层）绝缘电阻

测试芯线对地（电缆屏蔽层）之间的绝缘电阻是为检查芯线是否有地气现象和对地之间的绝缘程度，接线方法如图 8-17 所示。将芯线与金属屏蔽层之间保持开路，L 接线柱接至被测芯线，E 接线柱接至金属屏蔽层，G 保护环接至芯线绝缘层表面。通过模块型接线子和测试塞子，可测试芯线与地之间的绝缘电阻，测试方法与测试芯线间的绝缘电阻相似。

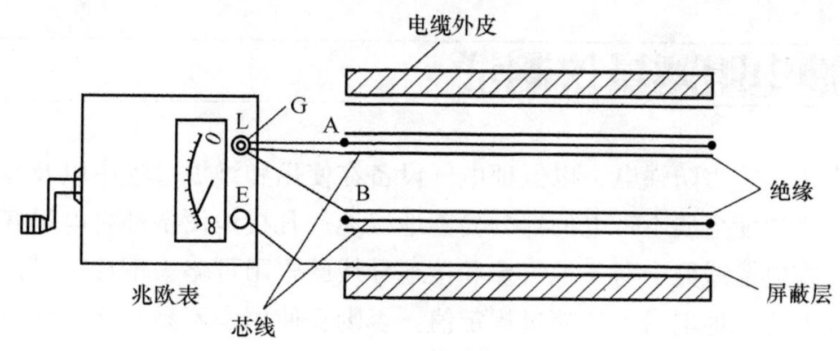

图 8-17　测试芯线对地绝缘电阻

3．测试电缆芯线障碍

（1）检验芯线障碍的测试方法

如图 8-18 所示，A 端将芯线连成良好混线和地气状态，B 端以不混线地气为原则全疏散状态，将兆欧表打开，从混线束中抽一根，测一根，表针指“0”位，则为坏线对。等全部芯线测试之后，甩掉地线校测，以证明是地气还是混线等，若是混线再根据故障线对查找是自混还是他混。此种方法对于地气、自混、他混和绝缘不良均可测试。

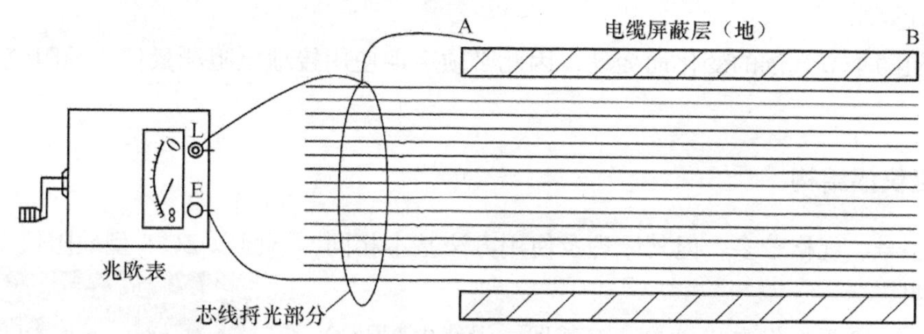

图 8-18　芯线地气、自混、他混和绝缘不良测试连接方法

（2）断线测试连线方法

如图 8-19 所示，A 端以不混线地气为原则，全疏散状态，B 端将芯线连接良好混线和地气状态，从 A 端抽出一根，测试一根。表针指“0”，该线为好线，指“∞”，该线为断线。

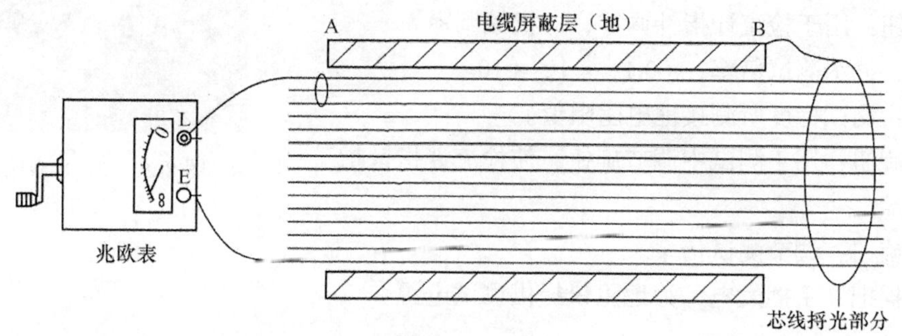

图 8-19　断线测试连接方法

- 兆欧表测试芯线间绝缘电阻的方法。
- 兆欧表测试芯线对地绝缘电阻的方法。
- 兆欧表测试芯线障碍的方法。

8.5 接地电阻测量仪测试

地线的主要作用是防雷防强电，以保证电气设备在使用和维护过程中以及障碍时期人身与设备的安全，因此，必须使金属不带电的部分妥善地接地。凡接地设备都有电阻存在，它对所通过的电流均有阻抗。在电缆线路中对于地气棒和接地导线的电阻可略去不计，可认为接地电阻等于散流电阻。不同装置的接地电阻不应超过规定值，否则在使用中不易保证安全。

1．接地电阻的额定值

① 架空电缆吊线接地电阻要求见第 7 章表 7-9 所示。

② 分线设备接地电阻不大于 15Ω。

③ 交接设备接地电阻不大于 10Ω。

④ 用户保安器接地电阻不大于 50Ω。

⑤ 再生中继器机箱、电缆和光缆金属屏蔽层接地电阻不大于 20Ω。

⑥ 防止通信线路受高压电力线危害及干扰影响的地线（包括屏蔽线及放电器等），其接地电阻应符合设计要求。

接地电阻随季节气候的变化而变动，因此必须定期使用接地电阻测量仪（地阻仪）测试接地电阻值。

2．地阻仪的结构

地阻仪型号、规格较多，但其原理及使用方法基本相同，下面以 ZC-8 型地阻仪（见图 8-20）为例进行说明。

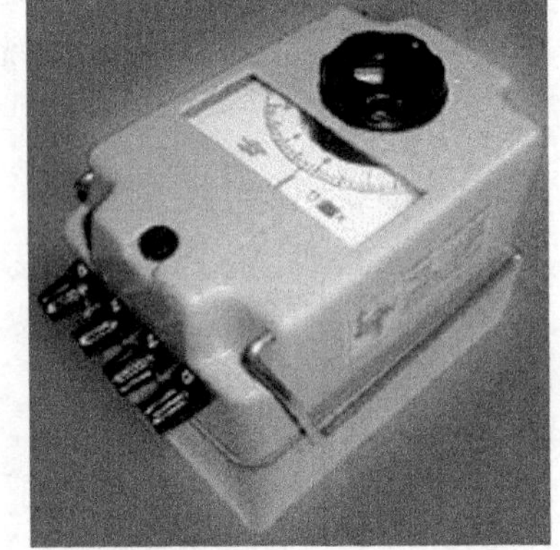

图 8-20　ZC-8 型地阻仪照片

地阻仪一般由手摇发电机、电流互感器、滑线电阻及检流计等组成，附有接地探测针、连接导线等，其面板如图 8-21 所示。

接线端钮：接地极（C_2 与 P_2 短接）、电位极（P_1）、电流极（C_1），用于连接相应的探测针。

调整旋钮：用于检流计指针调零，即机械调零。

倍率盘：显示测试倍率，× 0.1、× 1、× 10。

测量盘：测试标度所测接地电阻阻值。

测量盘旋钮：用于测试中调节旋钮，使检流计指针指于中心线。

倍率盘旋钮：调节测试倍率。

发电机摇把：手摇发电，为地阻仪提供测试电源。

3．地阻仪的使用方法

① 地阻仪有 3 个接线端子（E、P、C）和 4 个接线端子两种，测量前做机械调零和短路试验，将接线端子全部短路，慢摇摇把，调整测量标度盘，使指针返回“0”位，这时指针盘“0”线、表盘“0”线大体重合，则说明仪表是好的。

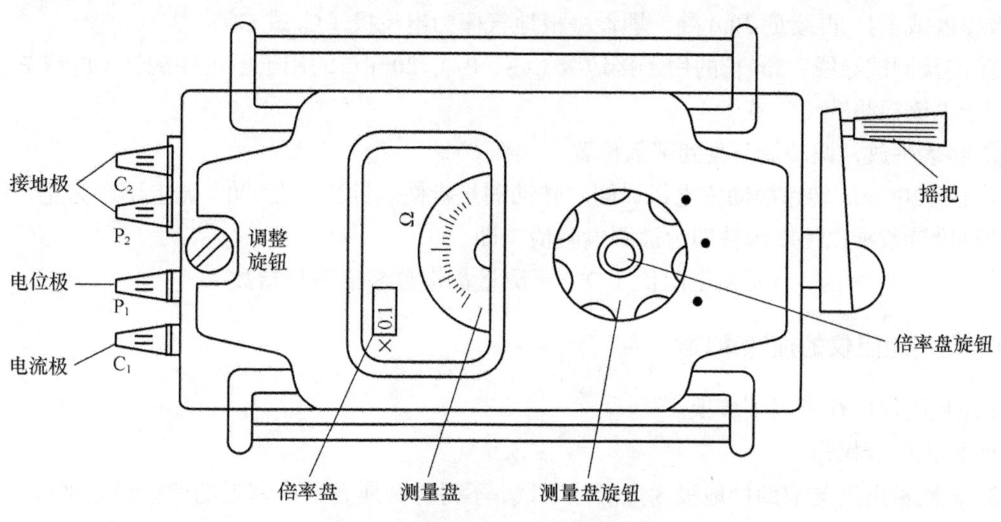

图 8-21　ZC-8 型地阻仪面板示意图

② 接地电阻的测量方法如图 8-22 所示，接地体及电极间距离如表 8-8 所示。

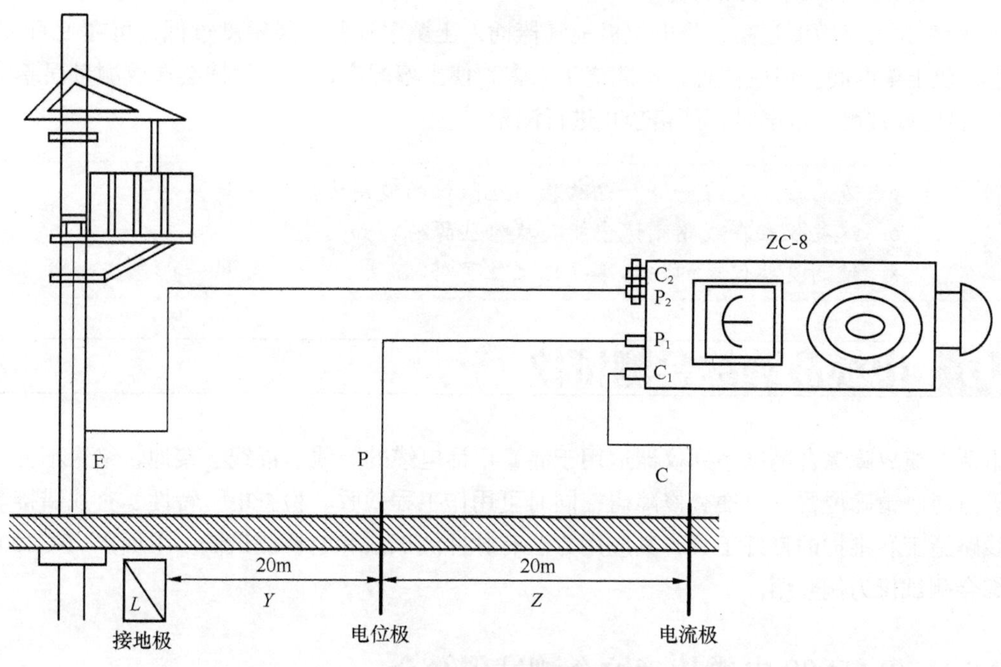

图 8-22　接地电阻测量连接方法

表 8-8　接地体及电极间距

接地体形状		Y（m）	Z（m）
棒与板	L≤4m	≥20	≥20
	L>4m	≥5L	≥40
沿地面成带状或网状	L>4m	≥5L	≥40

如所测地气棒埋深 2m，则按表中小于 4m 规定作，依直线丈量 20m 处，埋设一根地气棒为

电位极（P_1或P），再续量20m处．埋设一根地气棒为电流极（C_1或C）。

③ 连接测试导线，5m长的用于接地级（C_2、P_2），20m长的用于电位探测针（P_1或P），40m长的用于电流探测针（C_1或C）。

④ 将表平放，调动倍率盘到某数位置。

⑤ 以120r/min转速摇动发电机，同时转动测量盘使表针稳定在“0”位上不动为止，则测量盘指的刻度读数乘以倍率读数即为被测电阻值，即

被测电阻值（Ω）= 测量盘指数 × 倍率盘指数

4．使用地阻仪的注意事项

使用地阻仪应注意以下事项。

① 两人配合操作。

② 被测量电阻与辅助接地极3点所成直线，不得与金属管道或邻近的架空线路平行，测量导线要平行无交叉。

③ 在测量时被测接地极应与设备断开。

④ 地阻仪不允许做开路试验。

⑤ 检流表的灵敏度过高，将电位极地气棒插入土壤中浅些，灵敏度过低，可在P和C棒周围浇水，使土壤湿润。但应注意，不能浇水太多，使土壤湿度过大，这样会造成测量误差。

⑥ 雷电或被测物带电时，严格禁止进行测量。

- 万用表、直流电桥、兆欧表、地阻仪的使用方法。
- 这些仪表在线路测试中能查找哪些障碍？如何查找？
- 使用这些仪表的注意事项你记住了吗？

8.6 电缆故障综合测试仪

市话电缆故障综合测试系列仪器适用于测量市话电缆的断线、混线、接地、绝缘不良、接触不良等障碍的精确位置，以便查修障碍；同时可用作工程验收、检查电气特性、查找错接等，是市话线路施工和维护的良好工具，其应用方法有脉冲测试法和电桥测试法。下面以T-C300电缆故障综合测试仪为例介绍。

8.6.1 T-C 300电缆故障综合测试仪简介

1．T-C 300电缆故障综合测试仪仪器结构

（1）整机结构

T-C300电缆故障综合测试仪包括主机、充电器、测试导引线、培训及联机软件，以及作为可选件的微型打印机和调制解调器等，如图8-23所示。

（2）面板结构

T-C 300电缆故障综合测试仪面板图如图8-24所示。

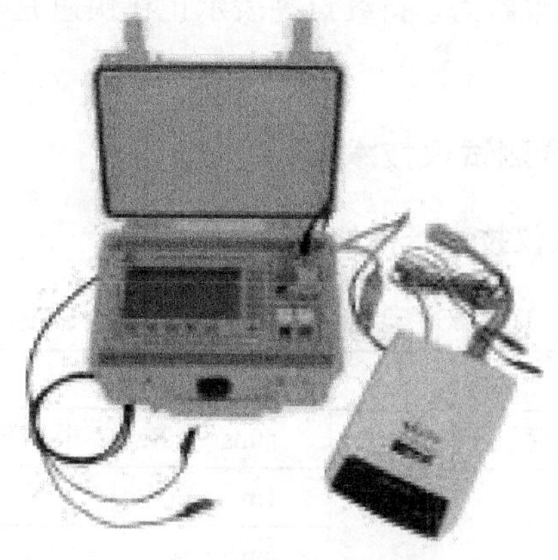

图 8-23　T-C 300 电缆故障综合测试仪照片

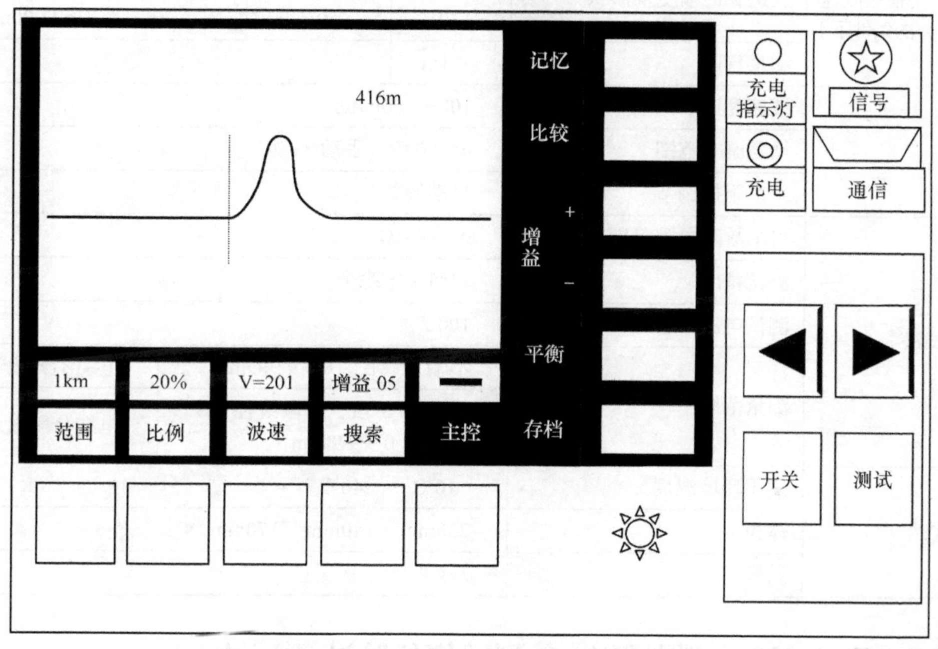

图 8-24　T-C 300 电缆故障综合测试仪面板图

面板主要功能如下。

① 液晶显示器：用来显示波形和各种信息。

② 功能键区：配合液晶上显示的功能键名，对仪器进行各种控制。

③ 背光键（液晶右下角正对的黄色圆形键）：用来开关夜晶背光。

④ 开关键：用来开关仪器电源。

⑤ 测试键：按一下单次测试，连续按一秒钟以上自动测试。

⑥ 左右箭头为光标移动键：用来左右移动光标，确定故障距离。

⑦ 信号插口：用来接测试导引线。不同的测试方法需要接不同的导引线。

⑧ 通信插口：RS232 标准串行口，可以接打印机打印，可以接计算机进行联机控制，可以接调制解调器进行远程测试服务。

⑨ 充电插口：用来接充电器，对仪器机内可充电池充电。

⑩ 充电指示：用来指示充电状态。持续点亮表示正在快速充电，快速闪烁表示充电完成，慢速闪烁表示涓流充电。

2．T-C 300 电缆故障综合测试仪技术指标

T-C 300 电缆故障综合测试仪技术指标如表 8-9 所示。

表 8-9　　　　T-C 300 电缆故障综合测试仪技术指标

脉冲测试法（有关长度数据，均指在波速在200m/μs的条件下）	测量范围	1～8km		
	发送脉冲宽度	80ns～10μs ，根据测量范围自动调节		
	测量分辨率	1m		测量范围<2 000m
		8m		测量范围>2 000m
	发送脉冲幅度及形状	30V	单极性脉冲	测量范围<2 000m
		±30V	双极性脉冲	测量范围>2 000m
	测量盲区	< 1m		
	波速度调节范围	100～300m/μs		
	增益调节范围	0～80dB，手动/自动		
	平衡阻抗调节	自动调整		
电桥测试法	可测故障电阻范围	0～30MΩ		
	测试精度	±1% × 电缆全长		
	测试电压	100V		
	测量范围	不输入线径，0～9 999m		电缆不分段输入
		最多分 3 段，每段线径 0.3～0.99mm，0～9 999m		电缆分段输入
其他参数	使用环境温度	−10℃～＋40℃		
	体积	230mm × 140mm × 170mm		
	质量	3kg		

8.6.2　T-C 300 电缆故障综合测试仪的脉冲测试法

1．脉冲测试法原理

T-C 300 电缆故障综合测试仪采用脉冲反射原理：向线路发送脉冲 U_i，线路有障碍时，障碍点输入阻抗 Z_i 发生变化，不再是线路的特性阻抗 Z_c，从而引起反射，其反射系数为

$$\rho = (Z_i - Z_c)/(Z_i + Z_c) \tag{8-7}$$

则反射脉冲电压为

$$U_n = \rho U_i = [(Z_i - Z_c)/(Z_i + Z_c)]U_i \tag{8-8}$$

由式（8-7）可知，当线路出线断线障碍时 $Z_i \to \infty$，则 $\rho = 1$，根据式（8-8），反射脉冲 $U_n = U_i$ 且为正，如图 8-25（a）所示；当线路出线短路障碍时 $Z_i \to 0$，则 $\rho = -1$，根据式（8-8），反射脉冲 $U_n = -U_i$ 且为负，如图 8-25（b）所示。实际情况下，往往是线路接触不良，或者线路绝缘阻抗

下降，反射系数的绝对值小于 1。

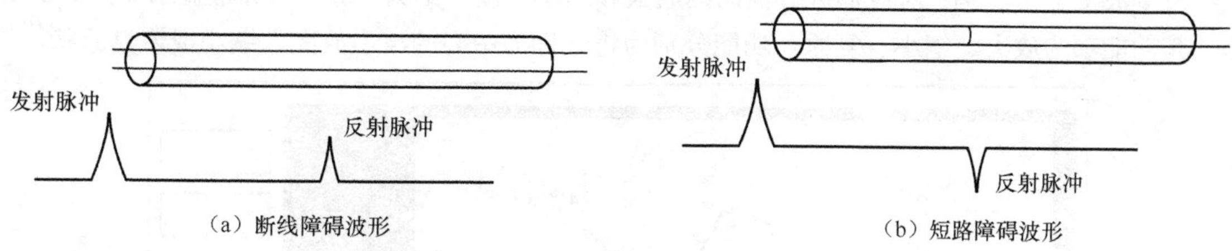

（a）断线障碍波形　　（b）短路障碍波形

图 8-25　障碍点反射脉冲波形

从仪器发射脉冲开始计时，接收到障碍点反射脉冲的时间延迟Δt，对应脉冲在测量点与障碍点往返一次所需时间。设障碍距离为 L_X，脉冲在线路中的传播速度为 V，则

$$L_X = V \cdot \Delta t / 2 \tag{8-9}$$

实际上脉冲在电缆传播过程中，遇到所有的阻抗不匹配点，如接头、复接点等，均会产生反射，仪表用波形的形式把被测电缆状况呈现在屏幕上，通过识别反射脉冲的位置、形状及幅度，可测定障碍点或阻抗不匹配点的距离，判别障碍及阻抗不匹配性质等。

2．脉冲测试法界面

按“开关”键，约 2s 后进入工作界面。屏幕上显示主要有：波形，5 个菜单及相应的功能项，在范围、比例、电缆菜单名的上方分别显示当前的范围、比例、波速度值，以及光标距离、电池水平等。

（1）范围菜单

选择测试范围（量程）。按“范围”键后，屏幕如图 8-26 所示，其功能项为 200m、400m、1km、2km、4km、8km。若要选择某一测试范围，只需按相应键即可。

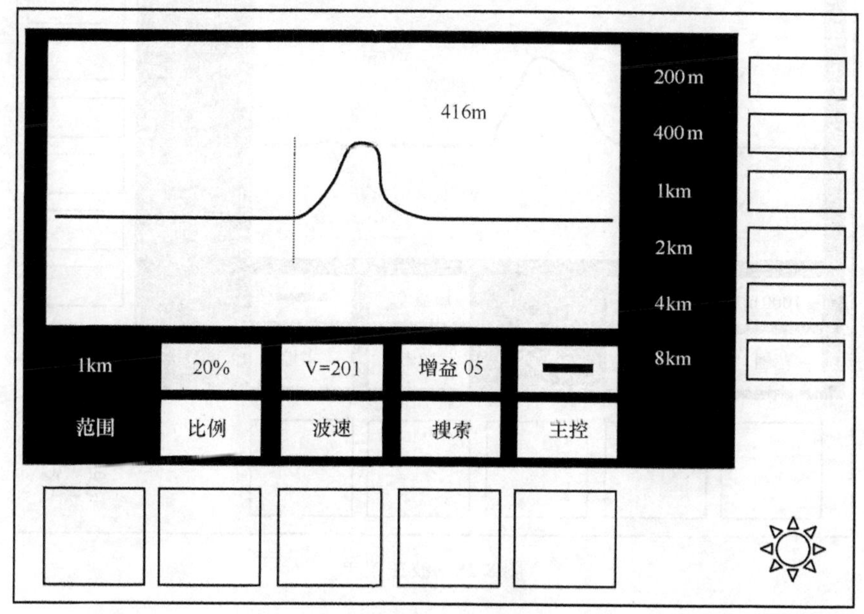

图 8-26　范围菜单

（2）比例菜单

改变波形显示比例，对波形进行横向的放大和缩小。按“比例”键后，屏幕显示如图 8-27 所示。其功能项为放大、缩小、复原。功能分别为将光标为中心的波形放大、缩小或恢复原状。

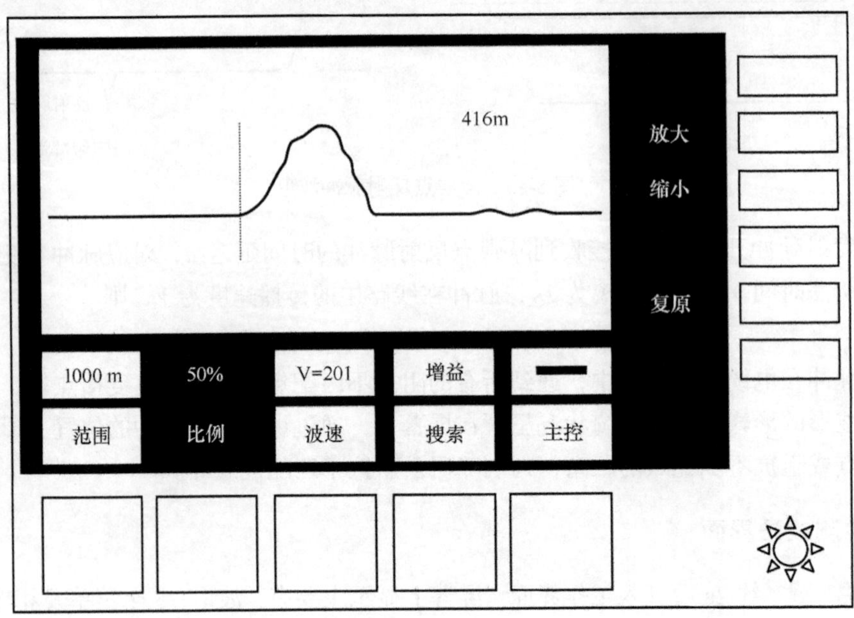

图 8-27　比例菜单

（3）波速菜单

选择电缆类型，确定波速度。按“波速”键后，屏幕显示如图 8-28 所示。

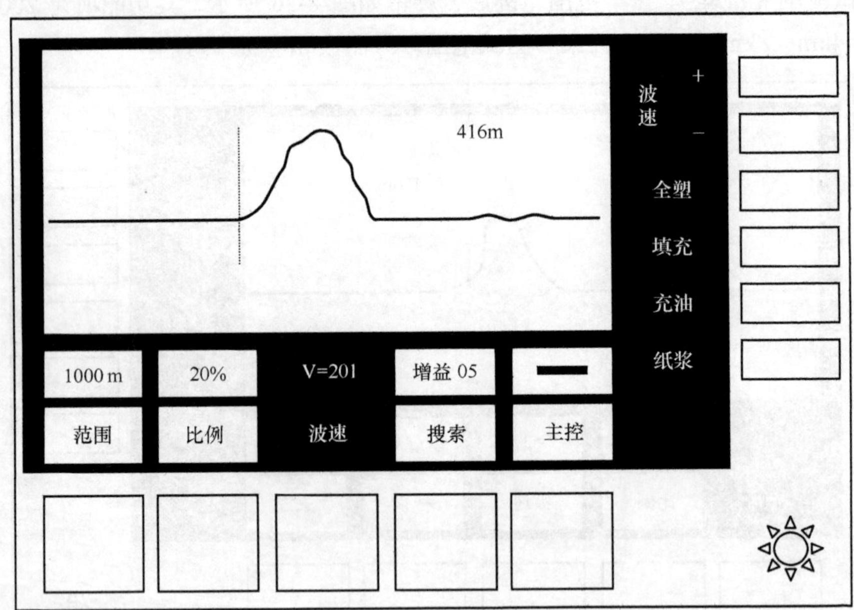

图 8-28　波速菜单

具体功能项如下。

- 波速+：按一下，波速加一，连续按，连续加。

- 波速−：按一下，波速减一，连续按，连续减。
- 全塑：将波速设为全塑电缆对应的波速，即 201m/μs。
- 填充：将波速设为填充电缆对应的波速，即 192m/μs。
- 充油：将波速设为充油电缆对应的波速，即 160m/μs。
- 纸浆：将波速设为纸浆电缆对应的波速，即 216m/μs。

（4）搜索菜单

自动测试完成后，用来翻看可疑点，重新定位。按“搜索”键后，屏幕显示如图 8-29 所示。

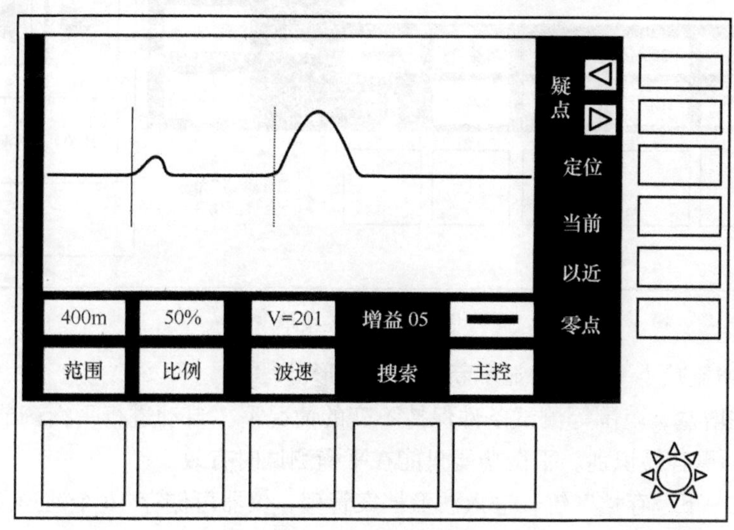

图 8-29　搜索菜单

其功能项如下。

- 疑点左箭头：察看前一个可疑点。
- 疑点右箭头：察看后一个可疑点。
- 定位：在当前状态下，光标重新自动定位。
- 当前：在当前测试范围，进行平衡和增益调节，并且自动定位。
- 以近：搜索当前范围“以近”的电缆障碍。先根据电缆全长，确定最大测试范围，按“以近”键，仪器从最小范围（200m）到当前范围依次搜索、定位。这样做能够缩小搜索范围，减少测试时间，减少虚假可疑点（如二次反射）。
- 零点：按一下“零点”键，虚光标位置处显示一实线光标，并作为坐标零点。如果在故障点前后不远处有接头反射，为了确定故障点和接头的相对位置，可以将接头位置定为零点，将虚光标移到故障点处，这样显示的距离为接头到故障点的距离，波形如图 8-29 所示。

（5）主控菜单

完成各种主要控制功能，主要在手动测试时使用。按“主控”键后，屏幕显示如图 8-30 所示。具体功能项如下。

- 记忆：记忆当前显示波形，以备比较。
- 比较：同时显示当前测试波形和记忆波形。将故障线对和完好线对的波形比较显示，其明显分岔之处，一般就是故障点。波形如图 8-30 所示。
- 增益+：增益增高一级，并显示新的测试波形。

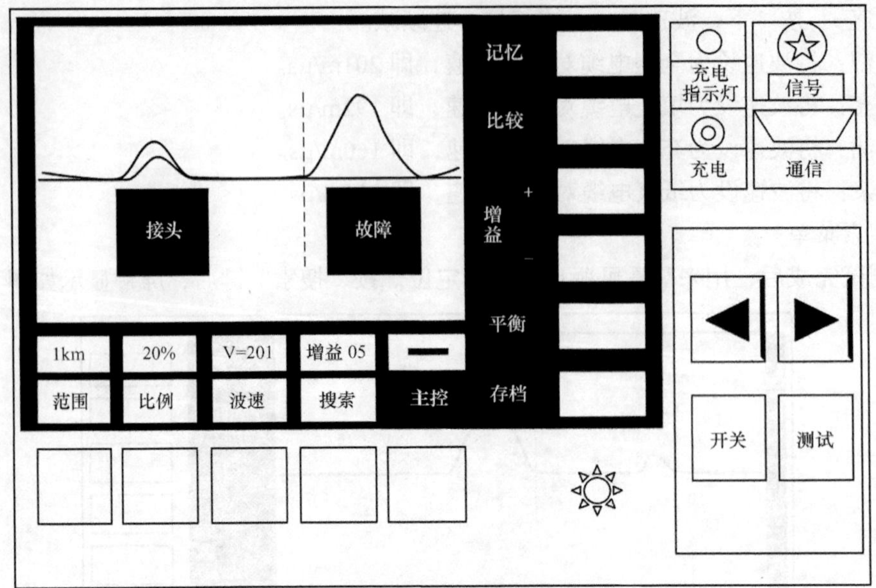

图 8-30　主控菜单

- 增益-：增益减小一级，并显示新的测试波形。
- 平衡：在增益、范围等测试条件保持不变的情况下，自动进行平衡调节，尽量减弱发射脉冲影响，令波形更容易识别。平衡功能只能在平衡测试时有效。
- 存档：按一下“存档”键，进入波形档案管理，仪器可储存 10 个波形及测试时间，关机后不会丢失。

3．接线方法

测试导引线上有一个控制盒，盒上有一个 3 档开关，分别对应“平衡”、“差分”、“电桥”3 种工作方式。控制盒上引出 3 组带鳄鱼夹的测试线，也对应 3 种方式，如图 8-31 所示。

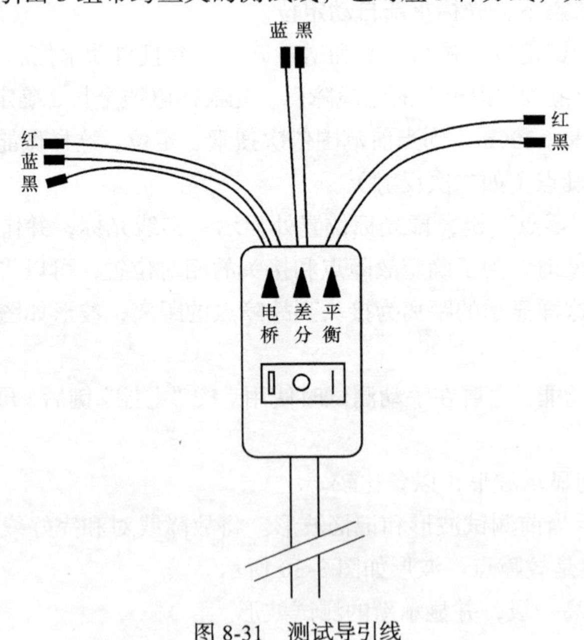

图 8-31　测试导引线

在接线以前应充分了解电缆基本情况：如电缆类型、全长，故障性质等，这对快速、准确地测试非常重要。

① 接测试导引线：将测试导引线插到“信号”插口。插的时候注意测试导引线插头上有固定螺丝钉的方向向上。

② 选择测试方法：首先使用平衡法，当不好判断时，再用差分法。

③ 平衡法测试接线：将测试导引险控制盒上的开关打到右边“平衡”位置，使用“平衡”二字相对应的两条测试线接故障电缆。线间故障时，两测试线的夹子分别接故障线对的两条芯线。接地时，分别接发生接地的芯线和地。

④ 差分法测试接线：将测试导引线控制盒上的开关打到中间“差分”位置，将“差分”二字相对应的蓝黑一组夹子接良好线对，“平衡”对应的红黑一组夹子接故障线对。

4．脉冲自动测试法

① 全自动测试：连续按“测试”键 1s 以上，进入全自动测试。仪器将从小到大，搜索每一个范围，最后将距离最近的一个可疑点的波形、故障性质及故障距离显示出来。图 8-32 所示为自动测试结束后的画面（一个典型的双极性脉冲反射）。

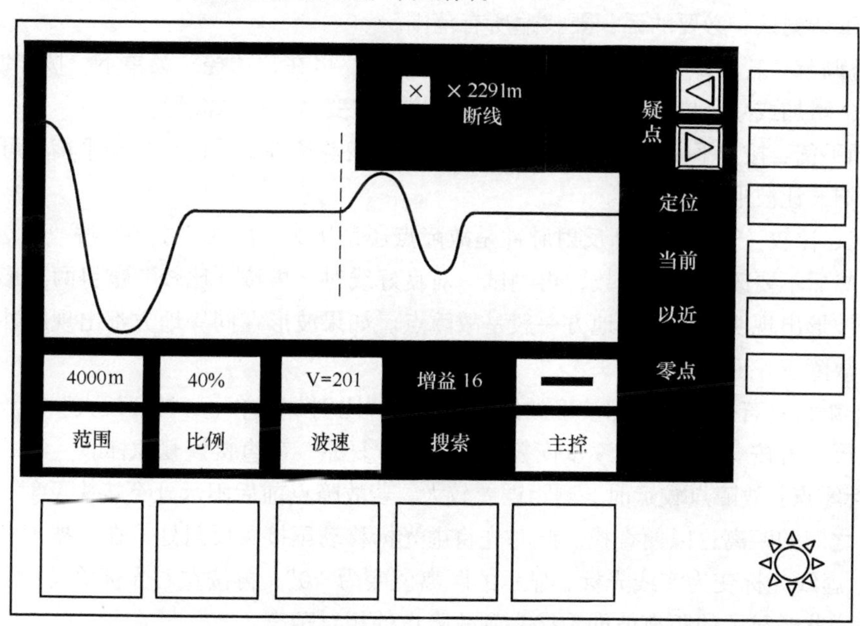

图 8-32　自动测试结束后的画面

② 查看可疑点：全自动测试完后，仪器停在“搜索”菜单，并在屏幕右上角显示一串“×”标记，表示有几个可疑点，其中有一个反显，表示这一个正在显示，如 8-32 上图所示。如果要观察前一可疑点，按疑点左箭头键，即显示前一个可疑点的波形及故障距离和性质，同样，按疑点右箭头键可观察后一可疑点。

③ 排除虚假可疑点：仪器给出的可疑点，有些不是真正的故障点，需要人工排除。比如，已知电缆全长是 1 000m，那么故障距离肯定小于等于 1 000m，1 000m 左右的可疑点是电缆末端全长反射，是全长两倍的可疑点是二次反射，都不是故障点。再如，已知电缆是断线故障，那么，所有显示为混线障碍的可疑点都不可能是故障点。

④ 调整波速：如果当前电缆波速与实际不符，则要进入“电缆”菜单，选择电缆类型，或直接调整波速到合适的数值。

⑤ 微调光标，精确定位：若认为仪器自动标定的故障距离不够精确，可以按动光标移动键，调整光标位置，得到更精确的结果。

⑥ 已知电缆全长的自动测试：若已知电缆的大概全长，可以先设定仪器的测试范围，然后转到“搜索”菜单，按“以近”键，仪器即在设个范围以前搜索，得到的可疑点将缩小范围，更易于判断。

5．脉冲手动测试法

当情况比较复杂，自动测试没有得到正确结果时，再用手动测试。

① 选择测试范围：注意测试范围要长于电缆全长。

② 调整波速度：根据待测电缆直接选择电缆类型，或直接调整波速。

③ 测试：单次按动“测试”键，即进行单次手动测试，波形显示在屏幕上（注意不要按的时间太长，超过 1s 会进入自动测试）。按左右光标移动键将光标移到反射脉冲的起始点，屏幕右上角显示的距离值即为故障距离。如果当前范围看不到故障反射脉冲，可以进入“范围”菜单改变测试范围，重新测试。必要的话，要找遍所有范围。

④ 增益调节：若测试得到的波形幅值太大或太小，可在“主控”菜单下，按“增益+”键或“增益-”键，增加或减小增益，仪器会立即显示增益改变后的测试波形。

⑤ 自动平衡：按“平衡”键，仪器在当前范围和增益条件下，进行自动平衡，可尽量减小发射脉冲的影响，让波形更好识别。

⑥ 记忆、比较：若不好判断反射脉冲是故障点还是接头，可在“主控”按“记忆”键，记忆当前波形，然后不要改变任何参数，再测试一对良好线对，再按“比较”键将两波形同时显示进行比较，两波形出现明显分岔的地方一般是故障点。如果波形在同一地方都出现脉冲反射，则可以肯定不是故障点，而可能是接头。

⑦ 波形缩放：若想看清局部波形的细节，可在“比例”菜单下，按“放大”键放大虚光标周围的局部波形，可按“缩小”键逐步恢复，也可按“复原”键直接恢复原样。

⑧ 光标零点：故障点较远时，测距误差较大。若故障点前后不远处有接头反射，则可测出故障点和接头之间的距离，以便查找。此时先将虚光标移动至接头反射处，在“搜索”菜单下，按“零点”键，虚线光标变为实线光标，显示的距离值变为“0”，再按左右光标移动键，将虚光标移到故障点处，此时显示的距离值即为接头到故障点的相对距离。

8.6.3 T-C 300 电缆故障综合测试仪的电桥测试法

当发生绝缘不良故障时，故障电阻很高，脉冲反射微乎其微，无法分辨，需要换用电桥法进行测试。电桥法附带有简易兆欧表和欧姆表功能。

1．电桥测试法工作原理

T-C300 电缆故障综合测试仪采用比例计算法，测出芯线从测量点到故障点电阻和全长电阻的比值，再乘以电缆全长，即得到故障距离。

2．电桥测试法操作界面

测试导引线接仪器面板上的“信号”插口，将导引线控制盒上的方式开关打到“电桥”位置，按“开关”键打开仪器电源，屏幕显示欢迎信息，约 2s 后，进入正常工作界面，如图 8-33 所示。

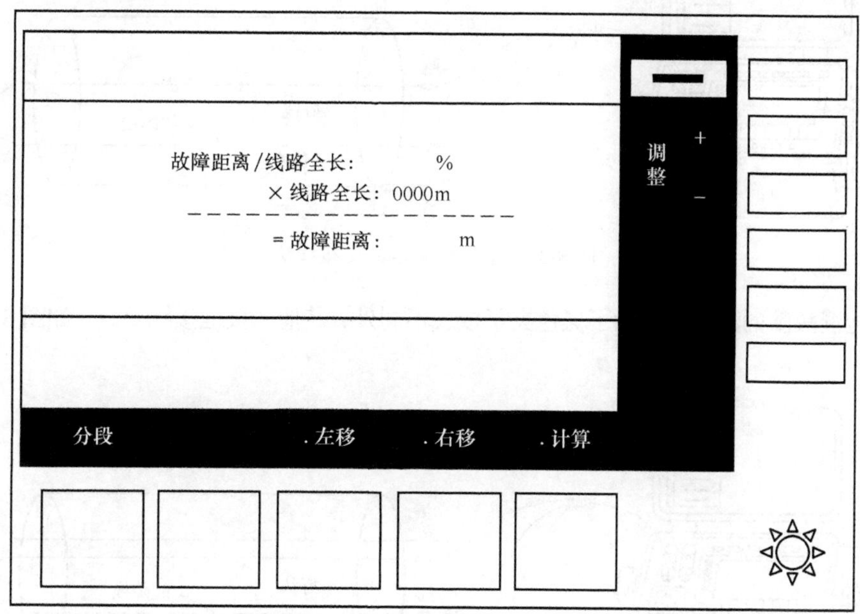

图 8-33　电桥方式初始界面

屏幕上显示的内容如下。

① “故障距离/线路全长：%”：仪器的直接测量结果，测试完毕后显示数值，“线路全长：××××m”，需要用户输入的被测电缆的全长。

② “=故障距离：m”：仪器在一次测试完毕，用户输入线路长度以后，按“计算”键得到的最后结果。

③ 屏幕最上部的空白区域，将在测试时显示绝缘电阻值和环路电阻值。

④ 菜单有分段、左移、右移、计算和调整。

- “分段”、“右移”、“左移”：用于输入线路长度及分段情况。
- “计算”：当一次测试完成、线路全长已经输入后，按“计算”键可得到故障距离的值。
- “调整±”：用来输入线路全长。

3．电桥测距接线方法

以下以最常见的芯线对地绝缘不良故障（接地）为例，介绍电桥测距接线方法。

① 确定电缆故障区间，在近端接仪器测试，在远端做接线配合。

② 在所有的故障线中找出一条对地绝缘电阻数值较小（绝缘较低）且稳定的线作为待测故障线，在线路两端将故障线与其他线路（如局内设备、用户线）断开。

③ 再找出一条对地绝缘良好的芯线作为辅助线，在两端将与其连接的其他线路断开。好线对地电阻要高于故障线对地电阻 100～1 000 倍以上，越大越好。

④ 在远端将好线与故障线良好短接。

⑤ 将测试导引线控制盒开关打到“电桥”挡，对应的 3 条测试线中，红、蓝色测试线接故障线和好线，黑色测试线接地，如图 8-34 所示。

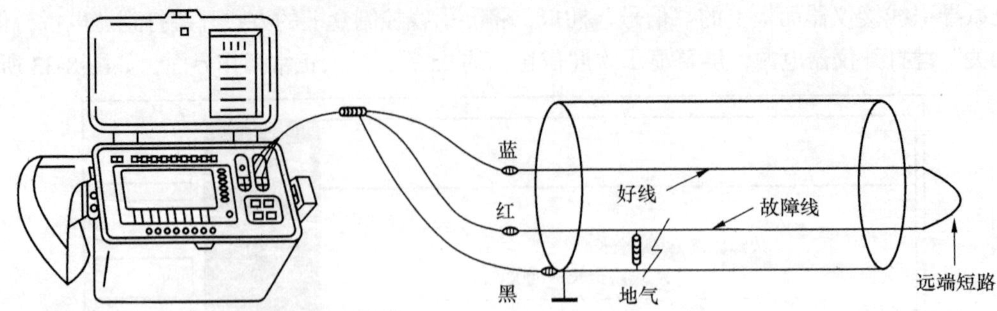

图 8-34　电桥法接地故障接线法

自混和他混故障的测试接线除了黑色夹子接线不同外，其他和接地接线一致，如图 8-35、图 8-36 所示。

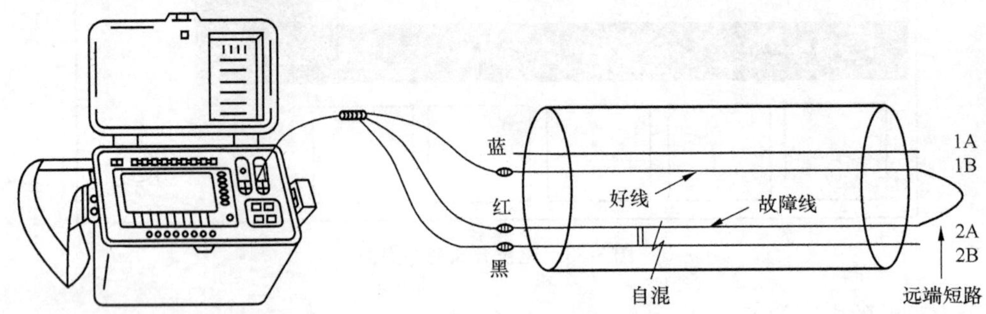

图 8-35　电桥法自混故障接线法

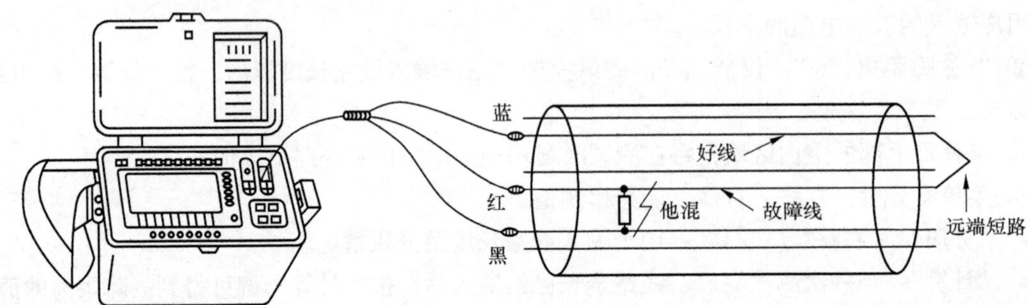

图 8-36　电桥法他混故障接线法

电桥测试的接线对测试成败至关重要，也比较烦琐，要注意：红色和蓝色测试线一定对应远端环路的电缆芯线；另外，红色和蓝色两条测试线，在测距时可以不必区分谁接好线，谁接坏线，仪器能够自动识别。

4. 电桥测距方法

① 在测试前，应仔细检查接线是否正确，尤其确认对端是否已环路，环路的两芯线是否是选中的线。判别方法：用脉冲测试法测试这两条芯线，如果对端已环路，则会在电缆末端看到一个向下的反射脉冲，如果没有环路，则反射脉冲向上。也可以用万用表测量一下环路电阻，如电阻

小于数 kΩ，则已形成环路，如电阻无穷大，说明没有环路。

② 按“测试”键，这时屏幕左下部显示“稍候…”，仪器首先测量线路绝缘电阻和环路电阻，显示于屏幕最上部，如图 8-37 所示。

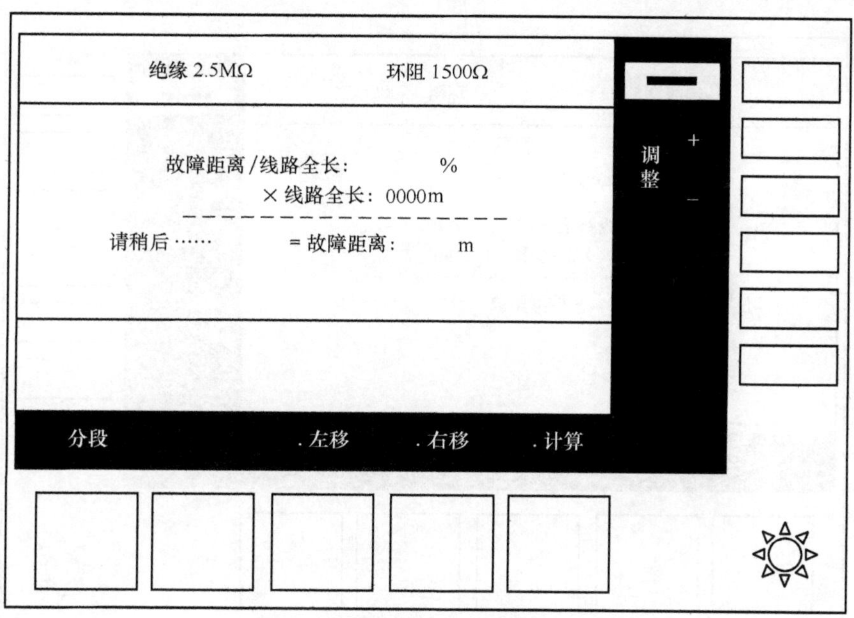

图 8-37　电桥正常测试状态

如果电缆对端没有短接，则分别显示红线对黑线的绝缘电阻、蓝线对黑线的绝缘电阻，以及“未环路”的字样，如图 8-38 所示。这时需要检查接线是否正确，然后再重新测试。

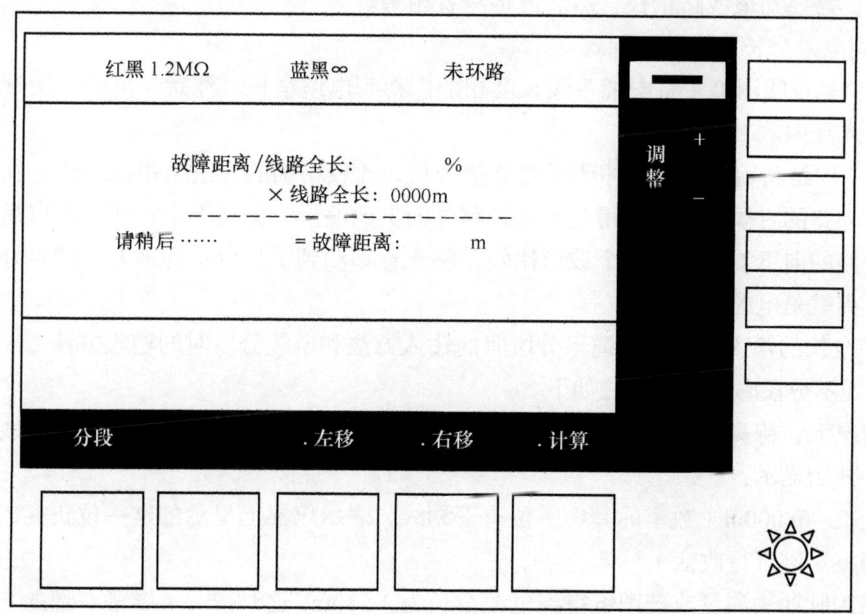

图 8-38　远端未环路显示画面

从显示的红黑、蓝黑绝缘阻值上，可以区分好线和故障线，好线绝缘阻值很大，而故障线阻值低得多。如果测试时未带兆欧表，可以用这种功能来找出完好线和故障线。

③ 如果接线正确，则仪器会继续进行内部调整、增益调节、测量并计算，最后得到故障距离和全长的比例："故障距离/线路全长"。例如，故障距离为600m，全长为1 000m，则得到的比值为60%，如图8-39所示。整个测试过程大约需要1min。

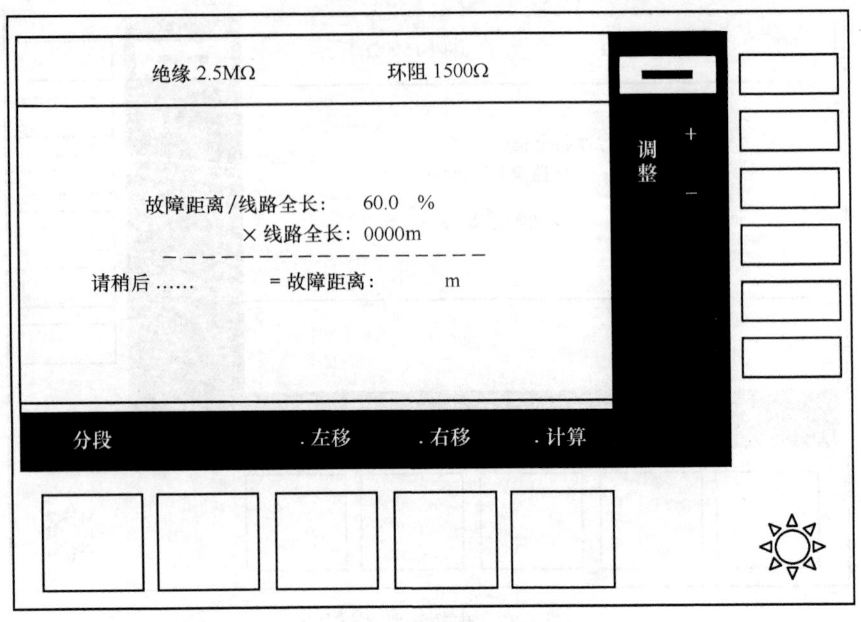

图8-39 电桥法测试结果

④ 输入线路全长，计算障碍距离。以上只是得到了故障距离与全长的比值，要得到准确的故障距离数值，需要知道线路全长，然后再将两者相乘。

- 得到电缆全长方法有两种。

➢ 一种是查阅图纸，将电缆各段长度相加即得到电缆全长，注意：电缆在两端和接头处的盘余都要计入在内。

➢ 另一种是利用仪器的脉冲测试法测量全长，比较精确的方法是用比较法：在故障线和辅助好线没有环路的时候测一次，得到对端开路的向上的波形，记忆下来；在环路以后再测一次，得到对端短路的向下波形，将两个波形比较，将光标移动到明显分岔的地方，调整好波速度，屏幕显示的距离就是电缆全长。

- 电缆全长的输入方法有电缆不分段时的输入方法和电缆分段时的输入方法。

➢ 电缆不分段时的输入方法如下。

一般情况下，待测电缆的故障区间由同一线径的电缆组成，不分段，这时输入线路全长比较简单，如一开始显示：

线路全长 = 0 000m（数字的其中一位有下划线，表示仪器上显示的这一位正在闪烁，表示可以通过"调整"键进行改变）。

如已经用脉冲法测量或查图纸得到电缆全长为1 580m，这时按一下屏幕右部的"调整 + "键，显示变为：线路全长 = 1 000m。

按动"右移"键，数字下面的下划线将向右移动，并使该数字闪烁，此时屏幕上的显示为：线路全长 = 1 000m。

连续按“调整+”键 5 次，显示变为：线路全长 = 1 500m。

后面按此方法依次输入，将 1 580m 输入到仪器内，显示变为：线路全长 = 1 580m，输入完成。

按“计算”键，将会得到故障距离，如图 8-40 所示。

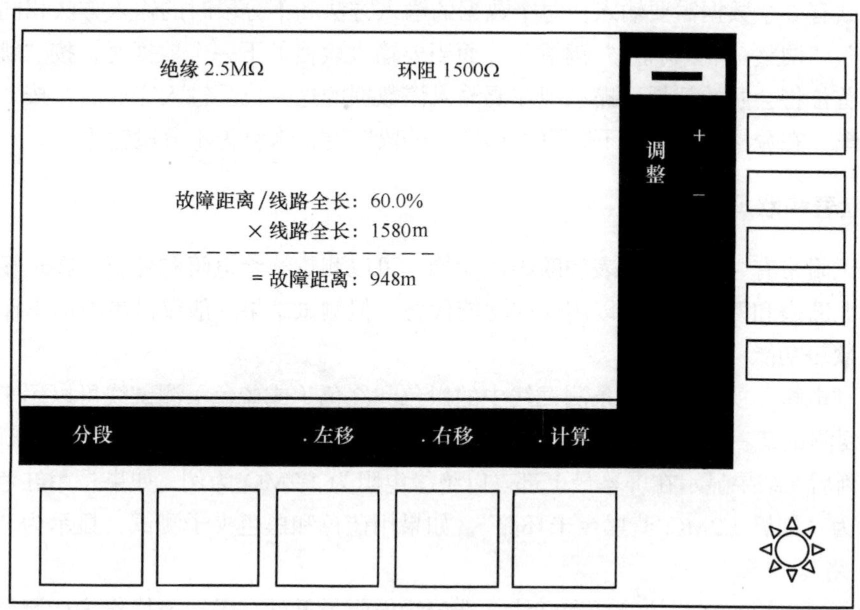

图 8-40　故障距离的显示

➢　电缆分段时的输入方法如下。

有些情况下，待测电缆障碍区间由数段不同线径的电缆组成，由于不同线径芯线的单位长度电阻不同，如果不进行校准，最后得到的障碍距离将会有较大误差，这时需要分别输入电缆每一段的长度和线径。

按“分段”键，屏幕上的线路全长显示成一个表格，如图 8-41 所示。

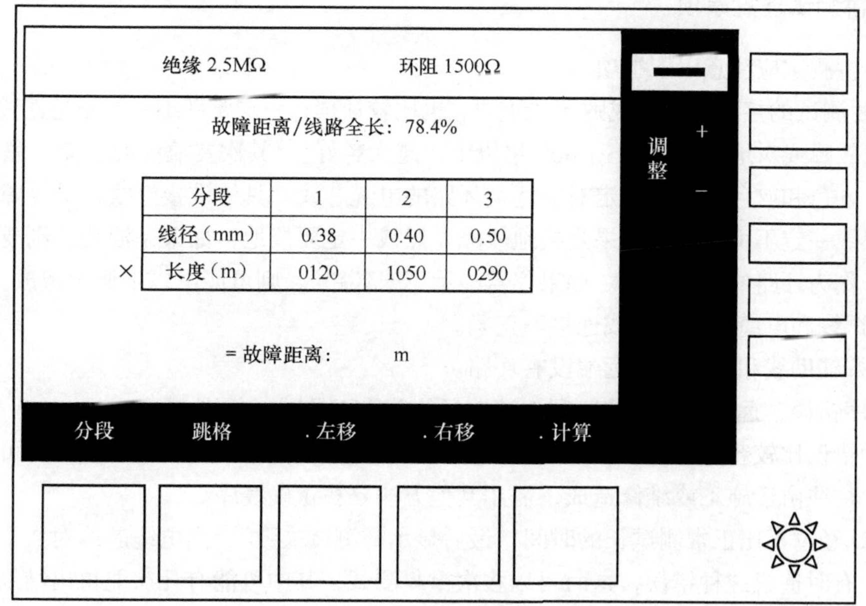

图 8-41　电缆分段测量显示

其内容分别为：分段序号 1～3，用于输入每段电缆的线径及长度，仪器最多可输入 3 段电缆的数据，线径为 0.30～0.99mm，长度为 0～9 999m。每段的数据要按由近到远的顺序依次输入，如果只有两段，则第 3 段的长度要输入 0。

表格中共有 6 个数据需要输入，每个数据的输入方法和不分段时的输入方法相同，使用“左移”、“右移”、“调整+”、“调整−”键输入。而当要输入表格的下一个数据时，按“跳格”键，则下个数据的首位将会开始闪烁，提示现在要输入该数据的这一位。输入完成后，按“计算”键，得到障碍距离。在分段输入状态下，可以再按“分段”键，恢复为不分段输入。

5．兆欧表和欧姆表功能

电桥测试附带有 100V 兆欧表和欧姆表功能，可以测量绝缘电阻和环阻。在现场测试时，如果手头没有兆欧表和万用表，可以用这些功能代替，但测试结果一般仅供参考而不作计量使用。

（1）兆欧表功能

导引线“电桥”所对应的 3 条测试线中的黑色和红色（或蓝色）测试线可以用来进行兆欧表测试。例如要测试某一芯线对地绝缘电阻，将黑色夹子接地，红色或蓝色夹子接待测芯线。按“测试”键，片刻后，结果显示在屏幕最上部。以绝缘电阻为 1.2MΩ 为例，如果是用红色和黑色夹子测试，显示为“红黑 1.2MΩ 蓝黑∞未环路”，如果用蓝色和黑色夹子测试，显示为“红黑∞蓝黑 1.2MΩ 未环路”。

这种功能可以用来寻找故障线和好线。选绝缘电阻最低的一条故障线作为待测故障线；选一条绝缘电阻尽量高的线作为辅助线，在对端与故障线环路。

（2）欧姆表功能

红色和蓝色测试线可以用来进行欧姆表测试。例如要测试某一线对的环路电阻，将红色和蓝色夹子分别接两芯线。按“测试”键，片刻后结果显示在屏幕最上部，假如环阻 2 300Ω，则显示为“绝缘∞环阻 2 300Ω”。

6．电桥测试注意事项

使用电桥测试应注意以下事项。

① 电桥测试的接线对测试成败至关重要，也比较烦琐，一定要仔细。首先是选线，好线对绝缘电阻高于故障线对地电阻 100～1 000 倍以上，越大越好。 其次要搞清红、蓝、黑 3 条测试线各自接谁：红色和蓝色测试线一定对应远端环路的电缆芯线。具体谁接好线，谁接障碍线可以不必区分；黑线一定不可接错，如果是接地故障，黑线一定要接地，如果是混线，则要接在 3 根芯线中对端未作为环路的那一条上。如果仪器显示“未环路”，则可能由以下原因造成。

- 测试线和电缆没有连接或连接不正确。
- 良好辅助线和障碍线在远端没有环路。
- 线序错误，远端环路的芯线和近端选择的芯线不是同一条线。

前两种错误比较容易发现和改正，只需参照“接线方法”中的说明将线接好即可。最后一种线序错误，往往由于施工或维修造成，需用其他方法寻找正确线序。

② 测试经过了比正常测试长的时间，最后显示“测试失败”：当电缆芯线对数很多，通话十分繁忙时，有时造成这种错误，这时可以多次重复测试，其中可能有几次能得出结果。如果连续多次显示干扰过大，可以等线路相对空闲时再进行测试。

③ 多次复测：为了尽可能地消除干扰，得到正确结果，最好重复测试多次，每次得到的结果越一致，结果越可信；如果相差越大，但其中有几次在某个值附近集中，则可以取这几个的平均值作为结果；如果没有任何规律，说明干扰太大，得到的结果不对，需要等到线路相对空闲时再测。

④ 寻找故障点：在寻找故障点时，要将测试结果和周围情况结合考虑，测试结果肯定会有一定误差，距离越远误差越大，根据测试结果判断大概位置也会有误差，因此要在前后一定范围内寻找可疑点。一般地，如在估计的范围内有接头，则一般可判定是接头发生了故障。但也不能一概而论，如果仪器多次复测，结果非常稳定，输入的电缆全长也确信正确，但在测距值周围就是没有接头，也不能就此下结论认为仪器测的结果不对，应仔细检查电缆。

- 了解 T-C300 电缆故障综合测试仪的相关内容。

实做项目与教学情境

实做项目一：万用表的使用

目的：通过实际操作，掌握万用表的使用方法。

实做项目二：直流电桥的使用

目的：通过实际操作，掌握直流电桥的使用方法。

实做项目三：兆欧表的使用

目的：通过实际操作，掌握兆欧表的使用方法。

实做项目四：地阻仪的使用

目的：通过实际操作，掌握地阻仪的使用方法。

本章小结

本章主要介绍电缆线路障碍的查找，主要包括以下内容。

① 电缆线路障碍：电缆障碍的类型及其成因，电缆障碍的修复要求及其检修步骤。

② 万用表：万用表的使用方法及其在电缆线路测试中的应用，主要包括环路电阻测试和电缆屏蔽层连通电阻测试方法。

③ QJ-45 型直流电桥：电桥的结构、原理及其使用方法，测量环路电阻的方法，利用固定比例臂、可变比例臂测试地气、混线障碍的方法。

④ QZ 型兆欧表：兆欧表的使用方法，芯线间绝缘电阻测试、芯线对地（电缆屏蔽层）绝缘电阻测试及相关电缆芯线障碍测试方法。

⑤ 地阻仪：地阻仪的结构及其使用方法。

⑥ T-C 300 电缆故障综合测试仪：测试仪的原理及其使用界面，脉冲测试法和电桥测试法的使用。

习题

8-1 简述电缆测试及维护的要求。

8-2 简述电缆障碍的种类及其成因。

8-3 简述万用表测试环路电阻和电缆屏蔽层连通电阻的方法并画出示意图。

8-4 简述 QJ-45 型直流电桥利用固定比例臂、可变比例臂测试地气、混线障碍的方法。

8-5 简述 QZ 型兆欧表测试电缆芯线障碍的方法并画出示意图。

8-6 简述地阻仪的使用方法。

第9章 安全技术规程

本章教学说明

- 主要介绍一般施工和维护安全、急救常识
- 介绍登高作业、电力线附近作业、人孔内作业、工具和仪器使用

本章内容

- 一般施工和维护安全
- 登高作业
- 电力线附近工作
- 人孔内工作
- 工具和仪器的使用
- 急救常识

本章重点、难点

- 各项安全工作的要求
- 急救方法

本章学习目的和要求

- 掌握各项工作的安全要求、具体实施方法等
- 掌握急救的方法

本章实做要求及教学情境

- 实际操作掌握相关的安全操作
- 实际操作掌握急救的方法

本章学习能力要素及基础要求

- 课前预习相关内容
- 掌握相关的安全技术规程
- 掌握必要的急救知识

本章学习方法建议

- 预习复习结合
- 实际操作与课堂学习结合
- 自学与探讨结合
- 课后作业与章节个人总结结合
- 寻求教师答疑与学习反馈结合

本章建议学时数：4 学时

9.1 一般施工和维护安全

- 设备重要还是人身重要？
- 两者同时碰到问题，先保证谁？

按照国家特种作业人员管理规定，线路作业人员属于特种作业人员（原称特殊工种）。按照特种作业人员管理规定，对特种作业人员应进行安全技术培训，考核合格后方可上岗操作。线路作业不仅涉及线务人员安全，也涉及社会人员的安全，同时，还涉及机房设备的安全。因此，线路作业安全是通信企业安全生产管理工作的重点。

在通信线路施工和维护工作中，必须把人身安全放在首要位置。线路安全工作包括以下三个方面：一是施工人员的人身安全，包括作业人员及现场其他人员的安全；二是通信设备及器材的安全，包括线路器材安全，如电光缆线路等；三是施工环境的安全，主要指在施工时，不得对周围的环境造成损害。

9.1.1 人身安全

1．一般规定

人身安全的一般规定如下。

① 必须经过岗前技术培训和安全操作知识培训的人员，方可从事通信线路作业。

② 施工维护作业前，应检查劳动保护用品、器具是否完好、齐全。

③ 作业人员在从事有潜在危险性作业时，在未采取有效保护措施之前不得作业。

2．“三不伤害”及“三防”

①“三不伤害”指：不伤害别人、不伤害自己、不被别人伤害。

②“三防”指：防触电、防坠杆、防交通事故。

3．季节性预防

春夏季预防虫、蛇叮咬、预防食物中毒、有害气体、溺水、中暑、雷击等。秋冬季注意安全用电，严禁使用电炉取暖，预防煤气中毒等。冬雨季路滑，防交通事故，防冻伤，防坠杆。

9.1.2　器材搬运

1．一般安全规定

器材搬运的一般安全规定如下。

① 搬运器材前，必须检查担杠、撬扛、绳索、倒链、滑轮、滑车、绞车等器材能否承担足够的负荷，破损、腐蚀、腐朽的器材不准使用。

② 人工挑、扛、抬工作时的注意事项如下。

- 每人负载一般不超过 50kg。
- 物体捆绑要牢靠，结解简便，着力点应放物体允许处，受剪切力位置应加衬垫保护。
- 肩扛电杆或笨重物体时，应配带垫肩，抬杆时要顺肩抬，脚步一致，同时换肩。过坎、越沟、遇泥泞时，前者要打招呼，稳步慢行。必要时应有备用人员替换，抬起和放下时统一号令，互相照应。

③ 短距离移动笨重器材，采用滚木等撬运、拉运时，应注意以下事项。

- 物体下所垫滚木，须保持两根以上，如遇软土，滚木下应垫木板或铁板，以免下陷。
- 撬动点应放在器材允许承力位置，滚移时要保持左右平衡，上下应注意用三角木等随时支垫并用绳索徐徐拉住器材。
- 应注意滚木和器材移动方向，统一指挥，不可站在滚木运行的前方，以免不慎压伤。上、下坡地段严禁使用此法。

④ 利用叉车进行短距离运输时，要叉牢器材并离地不宜过高，以方便行驶为度。

⑤ 用跳板或坡度坑进行装卸时应注意以下事项。

- 坡度坑的坡度应小于 30°，坑位应选择坚实土质处；若土质不坚实，应在上下车位置设置挡土板。
- 普通跳板应选用大于 6cm 厚没有死节的坚实木材，放置坡度不大于 1∶3（高∶底长），跳板上端最好用钩、绳固定，如遇雨、冰或地滑时，除清除泥冰外，地上应铺垫草包等防滑。若装卸较重（如光、电缆、钢绞线等）物体时，其跳板厚度应大于 15cm 并在中间位置加垫支撑木。跳板使用前必须仔细检查有无破损、开裂、腐朽现象。

⑥ 汽车载运行驶时，必须严格遵照交通法规。随车押运人员除注意器材在运行中的变化（如器材移动、跳动、下滑、滚摇等），还应协助司机眺望前进方向和上空可能触及的障碍物（如树枝、电线、桥梁、隧道等），以提醒司机停车或慢行。

⑦ 器材传递不得抛递。堆放器材应不妨碍交通，五金器材要随时放好。必要时设标志或专人看管，以免碰伤行人。

⑧ 搬运脆弱物品，要轻拿轻放，不可与金属材料或其他笨重物体放在一起。

2．电杆器材的搬运

电杆搬运注意事项如下。

① 汽车装运杆材时，杆材平放在车厢内时一般根向前、梢向后；装运较长电杆时，车上应装有支架，尽量使杆材重心落在车厢中部。用两只捆杆器将前后车架一齐绑住。严禁电杆支架超出

车厢两侧，以免行车时发生挂碰事故。

② 用板车装运电杆，应先垫好支架，随时调整板车前后重量的平衡，逐杆架起，捆绑牢固；停车时用木枕或石块垫住车轮前后，防止车辆移动。

③ 用车辆运杆，杆上不能坐人。

④ 装卸杆料时，应检查杆料有无伤痕，如有折断现象，应予剔除。

⑤ 卸车时，应逐个松捆，不可全部解开，以防电杆从车厢两边滚下，发生危险。严禁将电杆直接由车上向地面抛掷，以免摔伤杆材。

⑥ 沿铁路抬运杆料，严禁放在轨道上或路基边道的里侧。停留休息时，要选择安全的地方。抬运杆料器材需通过铁路桥梁、涵洞时，须事先取得铁路桥驻守人员的同意。

⑦ 堆放电杆应统一使杆根放在同侧，杆堆两侧应用短木或石块塞住，以免滚塌。电杆码放时，木杆最高不得超过 6 层，水泥杆不超过两层并且垫木要平放，堆完后用铁线捆牢，以免杆堆塌散，伤人损材。

3．搬运线缆（光、电缆）

搬运线缆注意事项如下。

① 线缆宜用汽车或拖车载运，不宜在地上作长距离滚动。如须在地上做短距离滚动时，应按线缆绕在盘上的逆转方向进行；线缆盘若在软土上滚动，地上应垫木板或铁板。汽车装运线缆如图 9-1 所示。

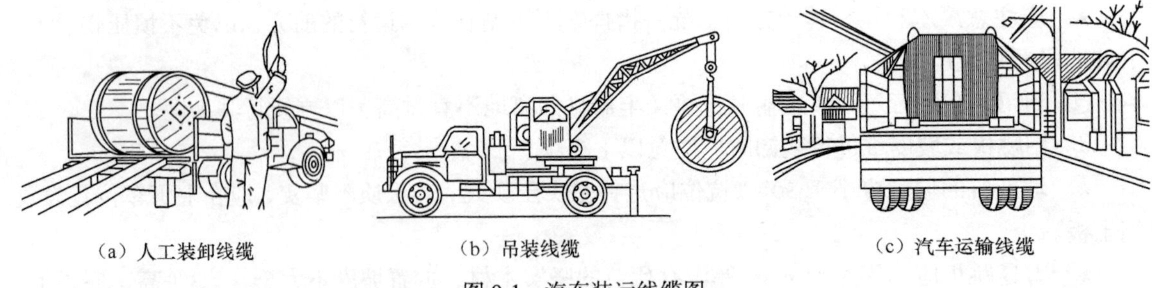

（a）人工装卸线缆　（b）吊装线缆　（c）汽车运输线缆

图 9-1　汽车装运线缆图

② 装卸线缆盘时，必须有专人指挥，全体人员应行动一致。

③ 线缆盘不可放在斜坡上；安放线缆盘时，必须在盘两面垫木枕，以免滚动。

④ 线缆盘不可平放，也不能长期屯放在潮湿的地方，以免木盘腐烂。若盘已坏朽，应立即更换好盘，倒盘时，各盘均应安置在稳固的千斤顶上。

⑤ 线缆如需放在路旁过夜，必须将线缆盘上的护板完全钉好，以免遭受损失，必要时，可派专人值守。

⑥ 人工转动线缆盘时，撬棍（铁或木质）应坚实有楞，长度适宜，上端顶冲点要对着线缆盘的坚固位置（如穿钉头、铁盘的角钢或槽钢梁）。如遇软土，顶杠下面应垫木板。动作时要统一听口令行动。

⑦ 装运线缆前，必须检查线缆有无破损，若发现破损不可运出，应立即通知相关人员修复。

⑧ 线缆装车后，应用绳索将缆盘绑固在车身铁架上，若车上无线缆盘座架时，必须垫木枕。车行驶中，工作人员不得坐立在缆盘的前后方以及上面。押运者还应随时检查木枕和盘的移动情况，如发现问题，停车加固处理。

⑨ 线缆装卸车，一般用吊车。如用人工装卸时，不可将缆盘直接从车上推下；应用粗细合适的绳索绕在盘上或中心孔的铁轴上，用绞车、滑车及足够的人力控制线缆，使其慢慢从跳板上滚下。工作人员应远离跳板两侧，在 3m 内不准有人行动。装卸时非工作人员不可在附近停留。

⑩ 装卸线缆如使用线缆拖车，根据不同对象，用三角木枕恰当制动车轮。行车前应捆绑牢固，防止缆盘受震跳出槽外。

⑪ 用两轮线缆拖车装卸线缆时，无论用绞盘或人拉控制，都需要用绳着力拉住拖车拉端，慢慢拉下或撬下，不可猛然撬上或落下。装卸时，不得有人站在拖车下面和后面，以免伤人和摔坏线缆。用四轮线缆拖车装运时，两侧的起重绞盘提拉速度应一致，保持缆盘平稳上升落入槽内。

⑫ 使用线缆拖车运输线缆，除按规定设标志外，必须较一般汽车行驶速度低，并要特别注意来往车辆和行人。

⑬ 线缆盘不可骤然坠下，以免盘缘损坏或陷入地下压伤线缆。

归纳思考

- 各种器材的搬运有什么要求、特点及注意事项？

9.1.3　场地及行车安全

1．工作场地安全

工地场地安全注意事项如下。

① 作业现场需要设置安全信号标志的地点。

街道拐角处或公路转弯处；在街道上有碍行人或车辆行驶处；在跨越道路架线需要车辆暂时停止时；行人、车辆有可能陷入地沟、杆坑或拉线洞的处所；架空光、电缆接头处；已经打开盖的人孔；在高速公路上进行通信线路维修作业时等，应设置安全信号标志。

② 作业现场设置信号标志的要求及注意事项。

在工作现场需要设置信号标志时，白天用红旗，晚上用红灯，以便引起行人和各种车辆的注意。必要时应设围栏，并请交通警察协助，以保证安全。信号标志设备应随工作地点变动而转移，工作完毕应及时撤除。在通行的公路、街道上挖沟、坑、洞，除须设立标志外，必要时应用盖板盖好或搭设临时便桥，以保证交通安全。在高速公路上临时停车进行维护作业的，安全标志应放置在维护点后方 1km。施工现场安全标志如图 9-2 所示。

（a）人孔周围标志　　（b）铁路旁施工

（c）街道转弯处

图 9-2　施工现场安全标志图

③ 信号标志设备应随工作地点变动而转移，工作完毕应即撤除。

④ 凡需要阻断公路或街道通行时，应事先取得当天有关单位的批准。

⑤ 在铁路、桥梁及有船只航行的河道附近，不得使用红旗或红灯，以免引起误会造成事故；应使用市政有关规定的标志。

⑥ 在工作进行时，应制止一切非工作人员，尤其是儿童，走近工作地区。注意禁止接近和触碰下列事物：揭盖人（手）孔或立杆吊架以及悬挂物；接续电缆的用品，如带有毒性的填充剂和点燃的喷灯、照明灯等；正在使用着的绳索、滑车、紧线钳以及其他料具；使用着的各种机械设备，如发电机车、充气机、射钉枪、起重吊车、凿孔机、抽水机、人工和机动绞盘等；正在放设的线条、电缆和杆根部的一切临时设施等。

- 现场施工必须设立必要的标志。
- 注意不是所有场合都能使用红旗或红灯。

2．车辆行驶

车辆行驶注意事项如下。

① 驾驶机动车和非机动车，都要严格遵守交通规则。

② 汽车运送人员和物品时，不能客货混装，不能超载。车辆行驶时，严禁将头、手及身体其他部位伸出车厢之外。要注意沿途的电线、树枝及其他障碍物，防止碰伤。禁止在车内吸烟和打闹。汽车停稳后，方可上下车。

9.1.4 挖沟立杆

1．勘测

勘察注意事项如下。

① 勘测时，应对拟定的通信线路所经过的沿线环境进行详细的调查，如有毒植物、毒蛇、血吸虫、猛兽和狩猎器具、陷阱等，应告知测量和施工人员，采取预防措施。

② 凡遇到河流、深沟、陡坎等，要小心通过，不能盲目泅渡和贸然跳跃。

③ 传递标杆、吊线锤，禁止抛掷，不得耍弄，以免伤人。

④ 冬季在雪地测量超过 3 日以上的，应戴有色防护镜，以免雪光刺伤眼睛。

2．土方挖沟

土方挖沟注意事项如下。

① 施工前，按照正式批准的设计位置，与有关部门办好挖掘手续，并与有关的工厂、学校、机关、住户进行联系，做好施工安全宣传工作，劝告居民教育小孩不要在沟边、坑内玩耍。

② 在开始挖土时，须在两端放设标志（如红旗或红灯、绳索等），以免发生危险。

③ 人工挖沟时，沟内作业人员须保持安全距离，防止作业工具的误伤。

④ 流沙、疏松土坡在沟深超过 1m 时，均应装置挡土板。一般结实土壤，其侧壁与沟底面所成夹角小于 115° 者，须装置挡土板。

⑤ 挖沟时如发现在挖沟地区有坑道枯井，应立即停止，处理后再进行施工。

⑥ 在斜坡地区内挖沟时，须防止由于松散的石块、悬垂的土层及其他可能坍塌的物体滚下，而发生危险。

⑦ 挖沟时，应避开地下各种障碍物，如电力线、上下水、煤气、热力、防空洞以及其他缆线等，确保人身和设备的安全。

⑧ 由地沟内抛出土石于沟外时，应注意以下事项，以防伤人伤物：使土石不致回落于有人的沟内；不应堆积过高，并须有适当的坡度；及时运清行人要道及妨碍交通的土石；注意周围情况，不得乱扔工具、石子、土块；从沟中或土坑向上掀土，应注意沟、坑上边是否有人；沟深在 1.5m 以上时，须有专人在沟上面清土，堆在距离沟、坑边缘 60cm 以外；所挖出的土、石块，不得堆在消火栓、邮政信筒、上下水道井、雨水口及各种井盖上面；挖掘土方石块，应该从上而下施工，禁止采用挖空底脚的方法；在雨季施工时应该做好排水，预防塌方；在靠近建筑物旁挖土方的时候，应该视挖掘深度，做好必要的安全措施。如采取支撑办法无法解决时，应拆除可能倒塌的房屋墙壁等。

⑨ 挖沟后，视需要在单位、居民门口及时搭建临时通道，维持交通。所搭各种临时通道，必须事前检查，确保牢固安全，符合要求。

⑩ 挖隧道时的注意事项：挖隧道时，应随时注意上顶与两侧土质有无变化情况，如发现有松裂现象，全体人员应退出洞外，向上级报告，待支好挡土板与撑架后，再进行工作。工作人员不得将工具碰撞撑架及挡土板；遇天气炎热时，挖洞人员应轮流在洞内工作；挖隧道时应有足够的照明和通风设备；注意有毒气体的检查，遇有可疑现象，应立即停止工作，并报告上级处理；隧道贯通时，须通知对方挖洞人员留意，以防碰伤对方人员。

⑪ 每天开工前或雨后复工时，必须检查隧道顶壁和边缘是否有裂缝，撑木是否有变动，如有必要，应先加固，才能下去工作。

⑫ 雨季挖沟时应做好防水工作，避免大量雨水灌入隧道。雨后洞内泥泞应及时清理。发现侧壁垮塌迹象时，应将松土打下并采取支撑措施。

⑬ 严禁在沟坑内或隧道中休息或玩耍，以免发生危险。

⑭ 在原有人孔处改建、增添新人孔或新管道时，注意做好原有光、电缆的保护。

⑮ 回土的一般要求：回土打夯时，注意平稳，用力均匀。电动打夯机，要用橡皮绝缘线，夯机不得碰伤电源线。使用内燃打夯机时，要防止喷出的气体及废油伤人；对原有的地下建筑物，回土时不得将其损坏；在土洞内回土，应逐步的拆去挡土板和撑架，并逐层夯实，不得一次将所有的挡土板或撑木架拆去。

3．打洞

打洞注意事项如下。

① 在市区打洞时，应先了解打洞地区是否有煤气管、自来水管或电力光缆等地下设备，如有上述地下设备，切勿使用钢钎或铁镐硬凿。

② 靠近墙根打洞时，应注意墙壁安全，如有倒塌迹象，应采取安全加固措施，如图 9-3（a）所示。

③ 在土质松软或流沙地区，打长方形或 H 杆洞有坍塌危险时，洞深在 1m 以上时，必须加挡土板支撑，如图 9-3（b）所示。

（a）近墙打洞时　　（b）支撑护土板

图 9-3　特殊地点打洞采取支撑挡土板的保护方式

④ 打石洞需用火药爆破者，对执行爆破任务的人员应进行安全教育，持证上岗。在市区或居民区、行人、车辆等繁忙地带，禁止使用爆破方法。

⑤ 打炮眼时，掌锤人要站在扶钢钎人的左、右侧，严禁对面操作。

⑥ 土石方爆破注意事项：打眼、装药、放炮要有严密的组织和严格的安全检查制度；装药严禁使用铁器，装置带有雷管的药包要轻塞，不准重击，不准边打眼边装药；放炮前要明确规定警戒时间、范围和信号，人员全部避入安全地带，方准起爆；用电雷管起爆，应设专用线路，起爆装置要由接线人员负责管理；用火雷管起爆，要使用燃烧速度相同的导火线；遇有瞎炮、哑炮，严禁掏挖或在原炮眼内重装炸药爆破，应指派熟悉爆破人员专门处理。未处理完，其他人员不准进入险区；大、中型爆破，事先应制订方案，报经相关部门批准。

⑦ 在建筑物、电力线、通信线及其他设施附近，一般不得使用爆破法。如必须采用爆破手段时，只能放小炮（炮眼一次深度小于 50cm），并采取有效的措施防止石块飞起伤人损物。

4．立杆、拆杆、换杆

立杆、拆杆、换杆注意事项如下。

① 立杆必须由有经验的人员负责组织，明确分工。立杆前检查立杆工具是否齐全牢固，参加立杆人员听从统一指挥，各负其责。

② 立杆时，非工作人员一律不得进入工作现场，在房屋附近立杆时，不要碰触屋檐，以免砖、瓦、石块落下伤人。在铁路、公路、厂矿附近及人烟稠密的地区，要有专人维持现场，确保安全。

③ 立起的电杆未回土夯实前，不准上杆工作。

④ 上杆解绳和拆线前，应首先检查电杆根部是否牢固，如发现电杆危险时，必须用临时拉线或杆叉支撑稳妥后，才可上杆工作。

⑤ 拆除电杆，必须首先拆移杆上缆线，再拆除拉线，最后才能拆除电杆。

⑥ 不在原洞更换电杆时，必须把新立电杆立好并把新旧电杆捆扎在一起后，自新立电杆攀登，然后才能拆除旧杆上的缆线和附属设备。

⑦ 更换电杆时，如利用原有电杆挂设滑轮吊立新电杆时，应先检查旧电杆腐朽情况，必要时，应设置临时拉线或支持物；放倒粗大旧电杆时，应在新杆上挂设滑轮。如旧电杆细小，亦可用绳索以一端系牢旧杆，另一端环绕新电杆一整圈后，用手徐徐放送，杆下禁止站人，以免发生危险。

⑧ 使用吊车立、拆电杆时，钢丝套应固定在电杆的适当位置上，以防“打前沉”，吊车位置应适当，发现下沉或倾斜应采取措施。用吊车拔电杆，应先试拔，如有问题，应挖开检查有无横木或卡盘等设施。

9.1.5　线路架设及拆除

线路架设及拆除注意事项如下。

① 在电杆上紧线前，应检查缆线有无被树枝卡住、泥土埋住、河水冻住现象及其他障碍物，避免收紧时崩断伤人。

② 在跨越列车往返频繁的铁路上架设或拆除缆线时，应采用稳妥的措施，并设专人观察指挥，确保安全。

③ 当架线中遇火车到来时，必须迅速将缆线收紧，避免机车或列车挂着缆线。

④ 室内架设引入线时，必须装妥引入支架后方可架设，用力收紧，避免缆线下垂。跨越低压电力线时，采取必要措施，防止触碰电力线。

⑤ 在拆除线路的工作地方，禁止非工作人员接近。

⑥ 拆除终端杆缆线时，先由最下层两边逐条向中间松脱，不得一次将一边全部剪断。

⑦ 对中间杆的缆线，应将全部扎线拆开，拆至最后几条时，必须注意电杆本身有无变化。如发现电杆有折断的可能，应立即下杆，采取措施后再行工作。

⑧ 在剪断缆线时，应先与有关电杆上人员联系，提醒有关人员注意。

⑨ 电杆上作业时，角杆应站在外线侧，中间杆应站在线路侧面，避免被缆线拖跌。

⑩ 在收紧线时，扳动紧线器以 2 人为限，工作时必须在紧线器后边左右侧。

⑪ 跨越供电线路、公路、街道、河流、铁路等缆线，应将其跨越部分首先拆除。

9.1.6　砍伐树木

砍伐树木注意事项如下。

① 在砍伐树木之前（当树枝已危及线路畅通的特殊情况），应与有关主管部门或树主取得联系，取得同意后方可进行。

② 整树的砍伐，原则上应由主管部门自行解决，如需由线务人员砍伐时，应注意以下几点。

- 工作人员应注意站立位置或工作梯的放置方法，防止树枝落下时，被打伤压倒或因工作梯滑动摔跤。
- 砍伐较大树木时，应先砍伐树枝、支干，再砍伐主干。
- 为了防止被砍伐的树木或其他支干倒折在线路或其他建筑物上，应用绳索绑在树头上，在将要锯断树木时，要有足够的人力拽，使树木倒向线路或建筑物的反侧，以保障设备安全。
- 沿街道砍伐时，必须在树木两侧加设标志，并设专人指挥行人和车辆通行，以免发生危险。

- 在攀登树木时，须了解树木的脆韧性质，充分估计站立的树枝能否承担身体的重量。
- 遇树枝上有蜂窝和毒蛇等有害人体的动物，伐树前，应采取有效措施，如天亮前烧窝或打药等。

③ 风力在 5 级以上时，不许进行砍伐树木工作。

9.1.7 消防设施

消防设施注意事项如下。

① 光、电缆地下室、水线房、无（有）人站，以及施工工地、材料库等处，应设置适当的消防设备，如各种型号的灭火器、消防水龙及用具等。

② 消防器材应设置于明显的地方，并应注意使分布位置合理，便于取用。

③ 对各种消防器材、设备，应定期检查，确保有效。

④ 所有工作人员应熟知各种消防设备的性能及其使用方法。

9.1.8 野外工作

野外工作注意事项如下。

① 遇有地势高低不平的地方，切勿贸然下跳，以防跌撞扎伤。地面被积雪、积水覆盖时，应用棍棒试探前进。

② 在农田中工作，注意保护农作物。

③ 进入山区和草原工作时，应注意下列事项。

- 攀登山岭，不要站在活动的石块或裂缝松动的土方边缘上。
- 在山区应遵守当地政府规定，要注意防火。
- 必须熟悉工作地区的环境，了解有毒动、植物或攻击性动物情况，以便引起注意。必要时，应带防护手套、眼镜，并绑扎裹腿，以防止各种动植物的伤害，必要时应有两人以上并携带防护用具。
- 不要触碰或玩弄猎人设置的捕兽陷阱或器具。勿食不知名的果食或野菜，并不得喝生水，防止受伤和中毒。

④ 在水田、泥沼、河流小溪工作时应注意以下几点。

- 在水田和泥沼地带长时间工作时，须穿长筒胶靴以防吸血动物，如蚂蝗等。
- 在未弄清河水的深浅时不得涉水过河。因工作需要涉渡河流小溪时，应以竹竿探测前进。不得任意下河洗澡、游泳。
- 洪水季节时，禁止游泳过河。冬季结冰的承载力不够或融冰季节禁止贸然从冰上通过。
- 在船只和木排上工作时，要有熟悉水性的工作人员负责安全工作，并备有救生用具。遇到有风浪惊险或急流、旋涡的水道上航行时，应听从船务人员的指挥。

⑤ 在铁路沿线工作，注意下列要求：不许在铁轨、桥梁上休息、睡觉或吃饭；不要在铁轨当中行走；携带较长的工具时，工具一定要与路轨平行。

⑥ 野外工作应根据不同地区，携带防毒及解毒药品，以备应急使用。

⑦ 架设帐篷时，应选择安全、合适的位置，注意避开山洪和泥石流的危害。

9.1.9　其他注意事项

与施工和维护工作相关的其他注意事项如下。

① 工作现场，首先应详细观察了解周围环境设备情况，对可能发生的灾害，采取有效防止措施。

② 所有工作设施必须安全牢固，不准使用不符合安全规定的材料。

③ 在离开工作地点时，应清除工地、杆下、沟坑内等地方的破碎割刺器材，并检查工、器具，防止遗失。

④ 使用有毒物品时，应配带口罩、风镜及胶皮手套，必要时还需配戴防毒面具，以防中毒。饭前一定要洗手消毒。携带有毒物品、易燃易爆物品，根据不同情况至少两人以上共同工作，并做好隔热、防火、防爆或防寒措施。

⑤ 在气候特别寒冷和特大风雪天，外出修线、施工时，应备有足够的防寒用品。

⑥ 冰棱季节应防止被落下的冰棱或折断的大树、工具打伤，并注意防滑倒跌伤。

- 各项工作的注意事项是不是特别多？
- 这些注意事项你能记住多少？

9.2　登高作业

9.2.1　高处坠落事故

1．高处作业的定义及分级

GB3608-83《高处作业分级》规定：凡在坠落高度基准面 2m 以上（含 2m）有可能坠落的高处进行的作业，均称为高处作业。

根据以上定义，判断高处作业时，不但要有它是否具有规定的高度，而且还需要看它是否存在着坠落的危险性。

高处作业的分级（按坠落高度）：作业高度在 2～5m 时，称为一级高处作业；作业高度在 5～15m 时，称为二级高处作业；作业高度在 15～30m 时，称为三级高处作业；作业高度在 30m 以上时称为特级高处作业。

2．高处坠落事故原因

高处坠落事故有以下原因。

① 高处作业人为失误：不打安全带；砍树坠落；攀登建筑物失足；超出攀登物承重力。

② 安全带或脚扣损坏。

③ 杆上作业时由于杆根腐朽倒杆，或外力影响造成倒杆或断杆。

④ 高处作业触电坠落（二次）事故。

⑤ 梯脚打滑或竖立过陡倾倒。

⑥ 脚扣与杆径不匹配或上杆动作不正确。

⑦ 坐滑板（吊板）作业由于人的失误或滑板（吊板）损坏。

9.2.2　登高作业的一般要求

登高作业的一般要求如下。

① 从事登高作业人员必须定期进行身体检查，患有心脏病、贫血、高血压、癫痫病以及其他不适于登高作业的人，不得从事登高作业。

② 上杆前必须认真检查杆根有无折断危险，如发现已折断腐烂者或不牢固的电杆，在未加固前切勿攀登。还应观察周围附近地区有无电力线或其他障碍物等情况。

③ 上杆前仔细检查脚扣和保安带等各种工具的安全，发现问题及时更换。

④ 到达杆顶后，安全带放置位置应在距杆梢 50cm 的下面。

⑤ 利用上杆钉上杆时，必须检查上杆钉是否牢固。

⑥ 利用上杆钉、脚扣上杆时不准两人同时上下。

⑦ 利用上杆钉或脚扣在杆上工作，必须使用安全带，并扣好安全带后方可开始工作。

⑧ 杆上有人工作时，杆下一定范围内不许有人，在市区内，必要时用绳索拦护。

⑨ 登高作业所用材料应放置稳妥，所用工具应随手装入工具袋内，防止坠落伤人。

⑩ 上杆时除个人配备工具外，不准携带任何笨重的材料工具。站在杆上、建筑物上等登高处，不得抛扔工具和材料。

⑪ 在已经朽蚀、腐烂电杆或用邻杆工作而张力不平衡的电杆上工作时，必须加做临时拉线或临时支撑装置后才能攀登。

⑫ 在紧拉线时，杆上不准有人，待拉紧后再上杆工作。

⑬ 在楼房上工作时，如窗外无走廊晒台，勿立或蹲在窗台上工作；如必须站在窗台上工作时，须扎安全带。

⑭ 遇有恶劣气候（如大风、雷雨），应停止登高、起重和打桩作业。雷雨天气禁止上杆，雨后上杆须防止滑落。

⑮ 上建筑物工作时，必须检查建筑物是否牢固，情况不明、不牢固不允许登高。

⑯ 升高或降低吊线时，必须使用紧线器，不许肩扛，并注意周围有无电力线。

⑰ 在吊线上工作时，不论是用滑行车或梯子，必须先检查吊线，用绳索跨挂于吊线中间，以两人的重量悬于绳上，检验吊线承重能力，确认吊线在工作时不致中断，同时两端电杆不致倾斜倒折、吊线卡担不致松脱时，方可进行工作。

⑱ 使用平台接续架空光、电缆时，必须仔细检查平台是否安全可靠。

- 爬上电杆了，电杆突然断了，你认为电杆不会有问题吗？
- 在施工过程中，在任何环节我们都不要想当然！

9.2.3　架空杆路登高

1．防护用具、工具

① 安全带。

使用前必须严格检查，确保坚固可靠，才能使用。如出现有折痕、安全扣不灵活或不能扣牢、

皮带眼孔有裂缝、安全带绳索磨损和断头超过 1/10 时均禁止使用。

使用时，切勿使皮带扭绞，皮带上各扣套要全数扣妥，皮带头穿过皮带小圈。安全带的绳索和安全绳不得乱扣节，也不可吊装物件，以免损坏绳索。

应与酸性物、锋刃工具等分开保管、存放，不得放在火炉、暖气片和其他过热过湿之处，以免损坏。

安全带每使用或存放一段时间应进行可靠性试检。试检办法是，可将 200kg 重物穿过安全带，悬空挂起，检查有无伤痕、折断，扣紧处要牢靠。

② 脚扣。

经常检查脚扣是否完好，勿使过于滑钝和锋利，脚扣带必须坚固耐用，脚扣登板与钩处必须铆固。

脚扣的大小要适合电杆的粗细，严禁人为将脚扣扩大、缩小，以防折断。脚扣试检办法是：把脚扣卡在电杆上离地面 30cm，一脚悬起，一脚用力猛踩；或在脚板中心采用悬空吊物 200kg，若无任何受损变形迹象，方能使用。

③ 检查脚钉装设是否牢固，有无断裂危险。

④ 检查滑板的吊线钩和绳索等的牢固程度。

⑤ 用梯子登高时，检查梯子是否安全。

⑥ 切勿使用一般绳索或各种绝缘皮线代替安全带。

2．杆路登高

杆路登高注意事项如下。

① 上杆前，必须认真检查杆根埋深和有无折断危险；如发现已折断、腐烂或不牢的电杆，在未加固前，切勿攀登。

② 上杆前，检查电杆的拉线，特别是角杆拉线，看其是否牢固与锈蚀。

③ 上杆前，仔细观察周围附近地区有无电力线或其他障碍物等情况，上杆后使用试电笔检查每根钢绞线。

④ 利用脚钉，脚扣上杆，均不得两人同时上下。

⑤ 上杆到杆顶后，安全带在杆上放置位置应在距杆梢 50cm 以下。

⑥ 在角杆上作业时，应站在与缆线拉力相反的一面，以防缆线脱落将人弹下摔伤。

⑦ 在杆上作业时，遇到雷雨、大风天气，应立即下杆停止作业，禁止在易受雷击的物体下面停留。

9.2.4　吊线作业

吊线作业时注意事项如下。

① 使用滑板前，应先检查滑板的吊线钩和绳索等的牢固程度，滑板钩如已磨损 1/4 时，不准再用。坐滑板必须将安全带搭在吊线上。

② 坐滑板时，必须用干燥绳子把安全带和滑板系在一起。严禁两人同时在一档内坐滑板作业。

③ 7/2.0 以下的吊线和吊线终结做在墙壁上的，均不得使用滑板。

④ 坐滑板过电杆、电缆接头、光缆接头、吊线接头时，应使用脚扣或梯子，严禁爬抱而过，以防造成人身事故。

⑤ 在吊线周围 70cm 以内有电力线或用户电线时，不准坐滑板作业。

9.2.5　其他登高

其他登高注意事项如下。

① 在房上作业时，应检查屋顶是否坚固、安全。在屋顶上行走时应：瓦房走尖、平房走边、石棉瓦房走钉、机制水泥瓦房走脊、楼顶内走梭。在屋顶内天花板工作时，必须使用行灯，注意天花板是否坚固。

② 在楼房内外登高作业时，勿站在晒台、窗台上向下扔引线，以防与电力线相触造成人身事故。

归纳思考

- 都有哪些登高工作？
- 各种登高工作有什么要求？

9.3　电力线附近工作

在电力线附近工作，主要是防止人员及设备与电力线相碰，防止触电、烧坏通信设备等情况发生。应注意以下事项。

① 工作人员应熟悉并注意各种供电线的设备，在电力线下或附近紧线时，必须严防与电力线接触。在高压线附近进行架线、做拉线等工作时，离开高压线最小空距：35kV 以下线路为 2.5m，35kV 以上线路为 4m，如图 9-4 所示。

图 9-4　离开高压线最小空距图

② 在通信线路附近有其他缆线时，没有辨明该线使用性质前，一律按电力线对待。

③ 在通过电力线工作时，不得将供电线擅自剪断，须与有关单位联系停电，确认停电后才能开始工作，工作时应带胶皮手套、穿橡胶绝缘鞋、使用胶把钳子等防护措施。

④ 上杆前，沿杆路检查架空电缆、光缆及其吊线，确知其不与供电线接触后方可上杆。上杆后，先用试电笔检查附挂的电缆、光缆、吊线，确知没有电后再进行工作，如发现有电应立即下杆，并沿线检查与供电线接触之处，妥善处理。

⑤ 在三电（电力线、电车线、电话线）合用的水泥杆上工作时，必须注意电力线、电话线、电车馈电线、变压器及刀闸等电力设备，并不得接触。

⑥ 如需在供电线（220V、380V）上方架线时，不可用石头或工具等系于线的一端经供电线上面抛过，应使用下列的方法牵引缆线：在跨越两杆各装滑车一个，以干燥绳索做成环形（绳索距电力线至少 2m），再将缆线缚于绳上，牵动绳环，将缆线慢慢拖过。在牵动缆线时，勿使过松，免得下垂触及电力线，也可在跨越电力线处做安全保护支架，将电力线罩住，施工完毕后再拆除。放线车和导线应做好接地。

⑦ 如敷设缆线的杆档过大时，将应挂缆线缚于绳环内，在引渡时每隔一定距离用细绳在绳环上系一小绳圈，套入缆线，以免缆线下垂触碰供电线。

⑧ 遇有电力线在通信线杆顶上交越的情况时，工作人员的头部不得超过杆顶，所用的工具与材料不得接触电力线及其附属设备。

⑨ 当通信线与电力线接触或电力线落在地上时，应指定专人采取有效措施排除事故，其他人员立即停止施工，保护现场，不可用工具触动缆线或电力线。事故未排除不得恢复工作。

⑩ 在吊线周围 70cm 以内有电力线或电灯线时，不得使用滑板。

⑪ 在地下光、电缆与电力电缆交叉平行埋设的地段施工时，要核准位置后再进行施工。

⑫ 在带有金属顶棚的建筑物上工作时应接好地线，拆除地线时，必须先将身体离开地线，戴上胶皮手套将地线拆下。

⑬ 现场需用临时电灯时，应指派专人装设。所用的电工工具必须绝缘良好，所用的导线要仔细检查，发现漏电时应及时修理或更换。

⑭ 在高压线下穿缆线时，应将缆线用绳索控制；在通信线吊档放线或紧线时，更要采取可靠措施，防止缆线跳起，碰到高压线发生触电事故。

- 电对任何人都一样对待，关键是你如何对待它！

9.4 人孔内工作

1. 启闭人孔盖

启闭人孔盖注意事项如下。

① 启闭人孔盖时应用专用工具，以免挤伤手。如不易找到，应用木块垫在铁盖边缘上，再用铁锤等敲打垫木震松，不可用锤击打铁盖，以免孔盖破裂。

② 人孔周围如有冰雪，打开人孔盖前必须先铲除，必要时，人孔周围可垫砂土或草袋防滑。

③ 人孔盖打开后，应设置明显的标志，必要时派人值守。

2. 人孔内工作

在人孔内工作注意事项如下。

① 打开人孔后必须通风。人孔通风采用排风布或排风扇，排风布在井口上下各不小于 1m，并将布面设在迎风方面，下人孔前必须确知人孔内无有害气体。下人孔时应使用梯子，不得踩蹬

光、电缆或托板。

② 在人孔内工作时，如感觉头晕呼吸困难，必须立即离开人孔，并采取通风措施。

③ 在人孔内抽水时，抽水机的排气管不得靠近人孔口，应放在人孔的下风方向。

④ 在人（手）孔内工作时，必须事先在井口处设置井围、红旗，夜间设红灯，上面设专人看守。

⑤ 在人（手）孔内工作时，不许吸烟，不准在人孔内点燃喷灯。

⑥ 在刮风或下雨时，应在人孔上设置蓬帐。雨季工作时应采取必要的措施，防止雨水流入人孔。

- 通风是千万不能忘记的！
- 遇有不适，千万不要逞强，及时离开人孔！

9.5 工具和仪器的使用

9.5.1 一般安全规定

一般安全规定主要包括以下要求。

① 工作时必须选择合适的工具，不得任意代替。工具应定期进行检查保持完好无损，发现缺损应及时更换。

② 各种锋利的工具不准插入腰带或放置在衣服口袋内；运输或存放时，锋刃口不可朝向外，以免伤人。

③ 使用手锤、榔头不允许带手套，双人操作时应斜对面站立，不可对面站立。

④ 传递工具时，不准上扔下掷。放置较大的工具和材料时必须平放，以免伤人。

⑤ 工具、器械的安装应牢固、松紧适当，防止使用过程中脱落或断裂，发生危险。

⑥ 使用钢锯时，锯条要装牢固、松紧适中，用力要均匀，不要左右摆动，以免钢锯条折断伤人。

⑦ 使用扳手、钳子时，应检查其活动部件，当发现损坏或活动不灵活时，不准使用，使用时不要用力过猛。

⑧ 滑车、滑轮、紧线器等工具，应注意定期保养、加注润滑油，保持活动部位活动自如。不准以小代大或以大代小。紧线器手柄不准加装套管或接长。

⑨ 使用绳索前必须检查，如有断股、霉变等损坏情况时，不准使用。不准多条绳索连接使用。在电力线下方或附近，不准使用潮湿的绳索牵拉缆线。

9.5.2 喷灯

通信工程中常用的喷灯如图 9-5 所示。

图 9-5　汽油喷灯

1．一般规定

使用喷灯规定如下。

① 检查喷灯是否漏气、漏油。喷灯加油只能加到其容量的 2/3，不可太满；气压不可过高，应使用规定的油类，禁止随意代

用，避免发生危险。

② 检查底部，若发现外凸或其他部件损坏，必须调换。

2．操作要求

使用喷灯时的操作要求如下。

① 点火时稍旋开点火开关，在避风处用火点燃喷嘴。点火时，人应站在喷嘴侧面。禁止利用喷灯互相点火或到炉灶上点火。

② 点燃的喷灯，不准倒放，不准加油，加油时必须将火焰熄灭，待冷却后才能加油。

③ 火力不足时，应熄火检查油路是否通畅，先用通针疏通喷嘴，倘若仍有污物阻塞，应停止使用。

④ 使用中经常检查油量是否过少，灯体是否过热，安全阀是否有效，以防止爆炸。

⑤ 火力正常时切勿再多打气。

⑥ 不准用喷灯烧水、烧饭。

⑦ 熄火时旋紧点火开关，熄灭喷嘴上余火。并再次开关一次点火开关、避免喷灯堵塞。

⑧ 不准在任何易燃物附近点燃和修理喷灯。在登高使用喷灯时，必须用绳子吊上或吊下。

⑨ 喷灯用过后应擦拭干净并放在安全的地方。

9.5.3 发电机

1．一般规定

发电机使用规定如下。

① 新购发电机，首先要认真阅读厂家说明书。按说明书要求启动、使用和保养。

② 发电机使用前应先检查是否注入机油。

③ 使用或搬运发电机时，应保持机身平衡，以避免造成炭化器或油箱漏油。

④ 发电机工作时，发动机及消声器非常灼热，严禁身体任何部位或衣物与之碰触。

⑤ 小型发电机一般使用汽油，补充油时须关闭发动机。严禁在附近有火种或吸烟时补充油。补充油时注意不要滴在发动机或消声器上。

⑥ 避免超负荷运行。

2．使用环境

发电机的使用环境如下。

① 使用时发电机应放在空气流通的地方启动，严禁在密闭的室内、人孔内启动发电机，以免导致昏迷或死亡。

② 发电机必须有良好的接地，并使用有足够电流容量的导线。

③ 发电机使用时，可燃物应远离排气孔，四周应保持半径 1m 的空间给予发电机散热，注意不要用抹布盖着发电机。

④ 不要在雨中或雪中使用发电机，手湿时不要触及发电机，以免发生危险。

9.5.4 电锤

常用电锤（电钻）如图 9-6 所示。

图 9-6 电锤

1．一般规定

电锤一般规定如下。

① 电锤使用前应检查外壳、手柄不出现裂缝、破损，软线及插头等完好无损。开关启闭正常，保护接地连接正确、牢固可靠，防护罩齐全牢固，电气保护装置可靠。久置不用的要测量绕组与机壳间绝缘电阻是否符合规定，否则应进行干燥处理。

② 电锤使用前应检查电源电压，一般不应超过电压额定值的 ± 10%。

③ 使用前应先空转 1min，检查各部位运动是否灵活，然后才能装上钻头工作。

④ 应定期检查电源线插头、开关、碳刷、换向器、轴承等部分，以免使用时发生事故。

2．操作使用

操作使用电锤应注意以下事项。

① 使用电锤时，应注意防止电源线擦破、割破和轧坏现象，严禁拉着电源线拖动电锤。

② 在墙上钻孔时，应事先了解墙内有无电源线，以防止钻破电源线造成触电事故。

③ 钻孔过程中，钻头如遇到钢筋应立即退出、重新选位钻孔。

④ 电锤使用中过分发烫时，应停机让其自然冷却，切不可浇水冷却。

⑤ 换用钻头时，要用专用扳手，不能用其他工具敲打钻头。

⑥ 向上钻孔时应带防护眼镜，防止碎片杂物损伤眼睛。

⑦ 取电锤时，不得提着电钻的电线和钻头。

⑧ 不准在易燃、易爆的气体、物品附近使用电锤。

⑨ 不应将电锤用于说明书规定以外的用途，以防损坏工具。

⑩ 电锤的电机发生故障，不要随便自行拆开，应找有经验、懂技术或厂家维修部门检修。

9.5.5 手拉葫芦

图 9-7 手拉葫芦

手拉葫芦（倒链）如图 9-7 所示。

手拉葫芦的使用注意事项如下。

① 挂钩、销子、链条、刹车等装置必须齐全、有效。吊具、吊索及悬挂葫芦的构架必须牢固可靠。

② 不准超负荷使用，被吊物件必须捆缚牢固；物件吊起后不准有人靠近，构架下方不准有人停留。放下被吊物件时，必须缓慢轻放，不准自由落下。

③ 使用两个葫芦同时吊一物件时，必须专人指挥，操作人员动作应协调一致，负荷应均匀分担。

④ 使用手拉葫芦收紧吊线时，必须将葫芦放置平稳，固定牢固。除操作者外周围不准他人停留。

⑤ 被吊物件在空中停留时间较长时，须将小链拴在大链上。

- 各种工具的使用方法及注意事项。

9.6 急救常识

急救是指对威胁人体生命安全的意外损伤或急病所采取的一种现场紧急救护措施。急救的工作只是暂时性使伤者脱危，还需尽快送医院进行抢救治疗，以挽救伤者生命。

9.6.1 出血

出血的急救原则：对大出血伤者首先要进行止血，如应用压迫垫或止血带等止血；对出血过多的伤者要及时进行抢救，除止血外还可采用强心剂止痛药物，并尽快送医院抢救。

1．动脉止血

动脉出血危险性高，稍有延误可造成伤者死亡。如伤者是动脉出血，应使用手指压迫伤口与心脏间一定部位使其止血。手指止血法，对未经救护训练的人，执行比较困难，故此法只能临时应用一下，应继续施行其他止血法并速请医生救治。

2．止血带止血法

止血带止血法是应用一种特制或临时采用的带子，缠绕在肢体上，使其强压血管，以中断血流。这种办法，伤者痛苦大，而且紧绕太久，血流不通，容易造成肢体坏死，除非大出血，不宜滥用。

使用止血带的方法是：先用一卷纱布或海绵条垫在动脉上面，然后把止血带缠绕肢体，打一个半结，在外侧再用笔杆、短棒、竹筷等插入结内，并把它临时固定，此后如需紧或松，就旋转短棒，以达到止血和通血的目的。

9.6.2 骨折

骨折急救主要是限制肢体移动，保持骨折局部的静止状态，避免骨折移位及骨折残端刺破组织及血管等。可使用小夹板将骨折处局部固定。

骨折的处理措施如下。

① 夹板的长短、宽窄，根据使用部位来决定，原则上长度要超过骨折处上下两关节，以保证固定可靠。使用时，在夹板两端，最好用棉花、海绵、布、纸张等垫好，以免伤及皮肤。

② 四肢骨头长，容易骨折，处理的原则是“腿要直着绑，手臂要弯着绑”。

③ 骨折后应先用手握住断骨两端，顺着肢体的方向，微微拉开或用砖头、木块等物垫住骨折两端，避免移位重叠，等着上夹板。

④ 夹板固定要用带子在骨折上下两端缠起，不能直接绑在折断处，并且先绑下端，后绑上端。固定后，要随时注意是否牢固，松紧是否适宜；如果看出伤肢的手指或足趾发紫色或摸着发冷时，就是太紧了，要赶快放松一些。

⑤ 腿断找不到夹板时，可以把未伤的腿与骨折的腿绑在一起，中间垫上棉花或海绵等软物，做临时固定，以方便运送伤者。

⑥ 如果骨折情况较重，发生大量出血、休克的症状时，一定要先行处理出血和休克，再处理骨折。

⑦ 电杆摔下或触电摔下大多是臀部先着地，容易使脊椎骨折。遇到这种情况，一定要把伤者放在木板上平卧，或把伤者的脚部及两腋下部轻轻用布带向两侧固定，以免发生脊椎骨折引起脊髓损伤，然后抬送医院。

9.6.3 中暑

中暑的处理措施如下。

① 对中暑者的急救，应立即送到凉爽通风的地方去，静卧休息，解开衣扣，能喝水的供给大量的食盐水或凉茶，用冷毛巾敷头部和胸部。

② 一般轻中暑者，可服用人丹；若有头痛头晕、恶心呕吐等症状者，可服用中药藿香正气水或丸。

9.6.4 触电

1．低电压触电解救方法

低电压触电解救方法如下。

① 为了将触电人脱离电路，可用干衣服、干绳子、干木棒、干木板或干的不导电物体等工具，将两者分开。如触电人衣服是干的，不是紧裹在身上，可以拉他的衣服，但不能触及身体，同时也不能触及附近的导电物体。救护人没有戴橡皮手套，不可拉触电人的脚，因为救护人可能是穿的湿鞋或鞋上有钉或带有脚扣，会使救护人同时触电。

② 做救护工作时，特别是要接触触电人的身体及皮肉时，须戴橡胶手套，穿橡胶绝缘靴或用自己的干衣服将手包裹起来、用自己的帽子套在手上、将自己的手缩进袖子里、用袖子将手裹住等方法，救护人自己要站在干木板上或在脚下垫上干布干草等不导电的物体，然后才可接触触电人的身体。

③ 在救触电人的时候，最好只用一只手。

④ 触电人因发生痉挛将电线紧握手中时，不要直接去松开手，既有危险，也不容易，如立在地面上时，使触电人与地隔离比较简便，可在其脚下插入干木板、用干绳子、干衣服套在他脚上将他拉倒。若必须将触电人所接触的一般低压线断开时，须用干燥的木柄斧子、刀、锯或适当的绝缘工具方可进行，同时还要戴橡胶手套或穿橡胶绝缘靴，不可直接接触电线。

2．高压电触电的解救方法

在使触电人与大地或带电设备分开时，救护人员应穿耐压胶靴、戴耐压胶手套，使用适合该

电压的操作棒或绝缘把的钳子。在室外架空线路上救护触电人时，必须用三相短路接地法很好地接地，注意扔出的接地短线不要搭连触电人的身体。同时注意下列事项。

① 如果触电人所在的地方位置较高，须妥善预防在短路后摔下的危险。

② 如果触电人所触的只是一条电线，可只将这一相接地。

③ 实行接地短路时，必须先将接地的一端妥善接地。

④ 容量较大的线路电源断开后，仍存有危险的残余电荷，必须接好地线。

3．救护中的原则

对触电人救护的原则如下。

① 当触电人完全停止呼吸或呼吸非常困难，断续不畅，出现痉挛现象，或呼吸渐短促时应施行人工呼吸。

② 人工呼吸应在触电人救下后，抬至安全地方，立即迅速不间断地进行。

③ 做人工呼吸时，必须时时观察触电人的面孔，如果发现他的嘴唇开合，或眼皮活动，以及喉嗓有咽东西的动作，即应注意他是否要开始自主呼吸，这时不能再继续施行人工呼吸，应停止几秒钟。如果仍不能自主呼吸，再继续施行人工呼吸。

9.6.5　人工呼吸法

人工呼吸方法很多，有口对口吹气法、俯卧压背法、仰卧压胸法，但以口对口吹气式人工呼吸最为方便和有效。

1．施行人工呼吸前注意事项

在施行人工呼吸前，应注意下列事项。

① 应将伤者身上妨碍呼吸的衣服（包括领子、上衣、裤带等）全部解开；不要浪费时间，越快越好。

② 迅速将伤者口中镶的假牙取出。

③ 如果牙关紧闭，须使伤者的口张开，其法可把他下颚骨抬起向前移动，用两手的四指托在下颚骨后角处，慢慢往前移动，使下牙移到上牙前。

若用此法仍不能使伤者的口张开时，可用小木板、小金属片、匙柄等插入上下齿缝中间，但不能从前面门齿中插入，必须从口角伸入，插向门、臼齿间，注意不要损坏牙齿。

2．口对口（或鼻）吹气法

此法操作简便容易掌握，而且气体的交换量大，接近或等于正常人呼吸的气体量，如图 9-8 所示。

口对口人工呼吸操作方法如下。

① 病人取仰卧位，即胸腹朝天。

② 救护人站在其头部的一侧，自己深吸一口气，对着伤病人的口（两嘴要对紧不要漏气）将气吹入，造成吸气。为使空气不从鼻孔漏出，此时可用一手将其鼻孔捏住，然后救护人嘴离开，将捏住的鼻孔放开，并用一手压其胸部，以帮助呼气。这样反复进行，每分钟进行 14～16 次。

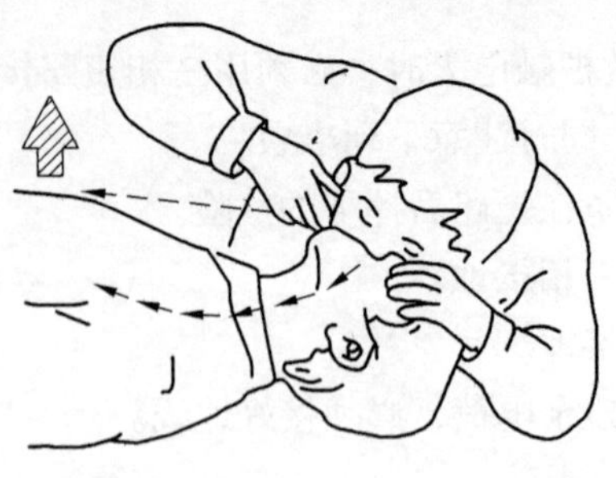
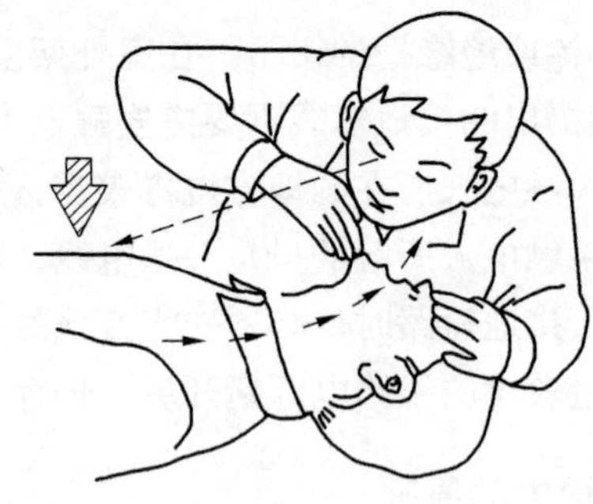

图 9-8　口对口人工呼吸法

如果病人口腔有严重外伤或牙关紧闭时，可对其鼻孔吹气(必须堵住口)即为口对鼻吹气。救护人吹气力量的大小，依病人的具体情况而定。一般以吹进气后，病人的胸廓稍微隆起为最合适。口对口之间，如果有纱布，则放一块叠二层厚的纱布，或一块一层的薄手帕，但注意，不要因此影响空气出入。

3．俯卧压背法

俯卧压背法应用较普遍，气体交换量小于口对口吹气法，但在人工呼吸中是一种较古老的方法。由于病人取俯卧位，舌头能略向外坠出，不会堵塞呼吸道，救护人不必专门来处理舌头，节省了时间（在极短时间内将舌头拉出并固定好并非易事），能及早进行人工呼吸。目前，在抢救触电，溺水时，现场还多用此法。俯卧压背法如图 9-9 所示。

图 9-9　俯卧压背法

操作方法如下。

① 伤病人取俯卧位，即胸腹贴地，腹部可微微垫高，头偏向一侧，两臂伸过头，一臂枕于头下，另一臂向外伸开，以使胸廓扩张。

② 救护人面向其头，两腿屈膝跪地于伤病人大腿两旁，把两手平放在其背部肩胛骨下角（大约相当于第 7 对肋骨处）、脊柱骨左右，大拇指靠近脊柱骨，其余 4 指稍开微弯。

③ 救护人俯身向前，慢慢用力向下压缩，用力的方向是向下、稍向前推压。当救护人的肩膀与病人肩膀将成一直线时，不再用力。在这个向下、向前推压的过程中，即将肺内的空气压出，形成呼气。然后慢慢放松回身，使外界空气进入肺内，形成吸气。

④ 按上述动作，反复有节律地进行，每分钟 14～16 次。

4．仰卧压胸法

仰卧压胸法便于观察病人的表情，而且气体交换量也接近于正常的呼吸量，但缺点是伤员的

舌头由于仰卧而后坠，阻碍空气的出入，所以做本法时要将舌头拽出。仰卧压胸法如图 9-10 所示。

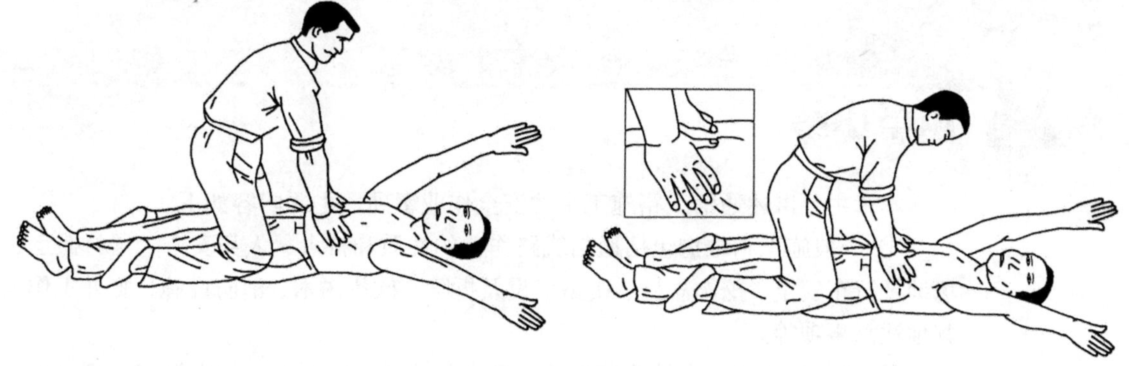

图 9-10 仰卧压胸法

操作方法如下。

① 病人取仰卧位，背部可稍加垫，使胸部凸起。

② 救护人屈膝跪地于病人大腿两旁，把双手分别放于乳房下面（相当于第 6、7 对肋骨处），大拇指向内，靠近胸骨下端，其余 4 指向外，放于胸廓肋骨之上。

③ 向下稍向前压，其方向、力量、操作要领与俯卧压背法相同。

9.6.6 心脏按摩法

救护人将自己的右手平放在被救护人的胸前心脏位置上，指尖向着他的头部，均匀地用手掌后部轻轻地推压，再轻轻地松开。频率适合健康人的心脏跳动次数（每分钟 70～80 次），这样周而复始地反复继续下去，如图 9-11 所示。

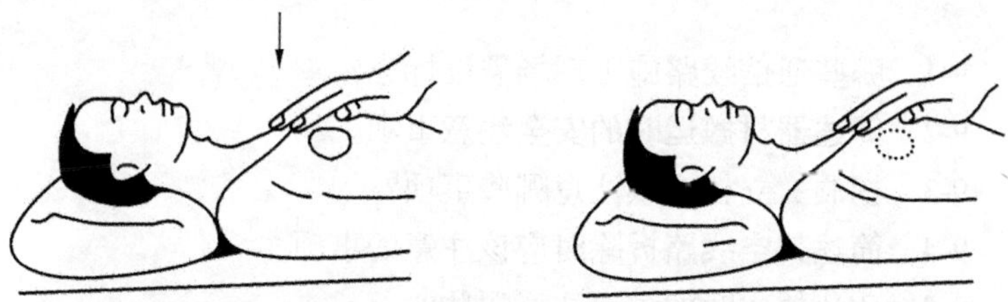

图 9-11 心脏按摩法

- 这些安全规程你都掌握了吗？
- 安全规程掌握了多少，你的生命就有多少保证！
- 急救方法掌握了多少，别人的生命就增加了多少保证！

实做项目与教学情境

实做项目一：喷灯的使用

目的：通过实际操作，掌握喷灯的使用方法，理解安全操作的重要性。

实做项目二：人工呼吸法的练习

目的：通过实际操作，掌握人工呼吸法的使用。

本章小结

本章主要讲述通信线路施工中的安全作业事项，主要内容如下。

① 一般施工和维护包括通信线路作业的性质和特点、人身安全、器材搬运、场地及行车安全、挖沟立杆、线路架设及拆除、砍伐树木、消防设施、野外工作及其他注意事项等。

② 登高作业包括高处坠落事故、登高作业的一般要求，架空杆路登高、吊线作业及其他登高等相关操作及安全事项。

③ 电力线附近工作应注意的安全事项及相关操作等。

④ 人孔内工作的操作方法及相关安全注意事项等。

⑤ 工具和仪器使用包括一般安全规定，喷灯、发电机、电锤、手拉葫芦等相关工具的使用及其安全事项。

⑥ 急救常识包括出血、骨折、中暑、触电等的急救处理措施以及人工呼吸法、心脏按摩法的使用。

习题

9-1　哪些通信线路施工现场需设标志？

9-2　简述器材搬运时的安全注意事项。

9-3　挖洞、立杆应该注意哪些事项？

9-4　简述架空线路拆除时应该注意的事项。

9-5　砍伐树木时的需要注意哪些？

9-6　爆破时应该注意哪些事项？

9-7　怎样检查安全带和脚扣？

9-8　登高作业需要注意哪些事项？

9-9　坐滑板时需要注意哪些事项？

9-10　辨别高低压线路应该注意哪些？

9-11　在高压线附近架线工作时，与高压线保持的最小空距是多少？

9-12　人孔作业前准备包括哪些方面？人孔内作业时需注意哪些事项？

9-13　简述工具和仪器使用的一般安全规定。

9-14　试述使用喷灯、发电机、电锤、手拉葫芦时需要注意的事项。

9-15　简述出血、骨折、中暑的处理措施。

9-16　简述人工呼吸法。

参考文献

[1] 信息产业部通信行业职业技能鉴定指导中心编. 线务员（上册）[M]. 2002.

[2] 刘世春. 通信线路维护实用手册 [M]. 北京：人民邮电出版社，2007.

[3] 胡庆等. 通信光缆和电缆工程 [M]. 北京：人民邮电出版社，2005.

[4] 陈昌海. 通信电缆线路 [M]. 北京：人民邮电出版社，2005.

[5] 徐丙垠，李胜祥，陈宗军. 通信电缆线路障碍测试技术 [M]. 北京：人民邮电出版社，2000.

[6] 陈东升. 通信线路测量新技术与运行维护检修实用手册 [M]. 西安：科大电子出版社，2005.

[7] 陈东升. 通信光缆电缆线路工程设计与施工新技术及验收规范实用手册 [M]. 西安：科大电子出版社，2008.

[8] 中华人民共和国信息产业部. 中华人民共和国通信行业标准 YD/T—841. 地下通信管道用塑料管. 2008.

[9] 中华人民共和国工业和信息化部. 中华人民共和国通信行业标准 YD5201—2011. 通信建设工程安全生产操作规范. 2010.

[10] 中华人民共和国工业和信息化部. 中华人民共和国通信行业标准 YD5102—2009. 通信线路工程设计规范. 2009.